Le Règne animal distribué d'après son organisation

VOLUME 1

GEORGES CUVIER

CAMBRIDGE
UNIVERSITY PRESS

CAMBRIDGE UNIVERSITY PRESS

Cambridge, New York, Melbourne, Madrid, Cape Town,
Singapore, São Paolo, Delhi, Mexico City

Published in the United States of America by Cambridge University Press, New York

www.cambridge.org
Information on this title: www.cambridge.org/9781108058889

© in this compilation Cambridge University Press 2012

This edition first published 1817
This digitally printed version 2012

ISBN 978-1-108-05888-9 Paperback

This book reproduces the text of the original edition. The content and language reflect
the beliefs, practices and terminology of their time, and have not been updated.

Cambridge University Press wishes to make clear that the book, unless originally published
by Cambridge, is not being republished by, in association or collaboration with, or
with the endorsement or approval of, the original publisher or its successors in title.

CAMBRIDGE LIBRARY COLLECTION

Books of enduring scholarly value

Life Sciences

Until the nineteenth century, the various subjects now known as the life sciences were regarded either as arcane studies which had little impact on ordinary daily life, or as a genteel hobby for the leisured classes. The increasing academic rigour and systematisation brought to the study of botany, zoology and other disciplines, and their adoption in university curricula, are reflected in the books reissued in this series.

Le Règne animal distribué d'après son organisation

French zoologist and naturalist Georges Cuvier (1769–1832), one of the most eminent scientific figures of the early nineteenth century, is best known for laying the foundations of comparative anatomy and palaeontology. He spent his lifetime studying the anatomy of animals, and broke new ground by comparing living and fossil specimens – many he uncovered himself. However, Cuvier always opposed evolutionary theories and was during his day the foremost proponent of catastrophism, a doctrine contending that geological changes were caused by sudden cataclysms. He received universal acclaim when he published his monumental *Le règne animal*, which made significant advances over the Linnaean taxonomic system of classification and arranged animals into four large groups. The sixteen-volume English translation and expansion, *The Animal Kingdom* (1827–35), is also reissued in the Cambridge Library Collection. First published in 1817, Volume 1 of the original version covers mammals and birds.

LE
RÈGNE ANIMAL

DISTRIBUÉ

D'APRÈS SON ORGANISATION.

LE
RÈGNE ANIMAL

DISTRIBUÉ

D'APRÈS SON ORGANISATION,

POUR SERVIR DE BASE A L'HISTOIRE NATURELLE DES ANI=
MAUX ET D'INTRODUCTION A L'ANATOMIE COMPARÉE,

Par M. le Ch^{ER} CUVIER,

Conseiller d'État ordinaire, Secrétaire perpétuel de l'Académie des
Sciences de l'Institut Royal, Membre des Académies et Sociétés
Royales des Sciences de Londres, de Berlin, de Pétersbourg, de
Stockholm, d'Édimbourg, de Copenhague, de Gœttingue, de Turin,
de Bavière, des Pays-Bas, etc., etc.

Avec Figures, dessinées d'après nature.

TOME I,

CONTENANT
L'INTRODUCTION, LES MAMMIFÈRES ET LES OISEAUX.

A PARIS,

Chez DETERVILLE, Libraire, rue Hautefeuille, n° 8.

DE L'IMPRIMERIE DE A. BELIN.

1817.

PRÉFACE.

M'ÉTANT voué par goût, dès ma première jeunesse, à l'étude de l'anatomie comparée, c'est-à-dire des lois de l'organisation des animaux et des modifications que cette organisation éprouve dans les diverses espèces, et ayant depuis près de trente ans consacré à cette science tous les momens dont mes devoirs m'ont permis de disposer, j'ai eu pour but constant de mes travaux, de la ramener à des règles générales, et à des propositions qui en continssent l'expression la plus simple. Mes premiers essais me firent bientôt apercevoir que je n'y parviendrais qu'autant que les animaux dont j'aurais à faire connaître la structure, seraient distribués conformément à cette structure même, en sorte que l'on pût embrasser sous un seul nom, de classe, d'ordre, de genre, etc. toutes les espèces qui auraient entre elles, dans leur conformation tant intérieure qu'extérieure, des rapports plus généraux ou plus particuliers. Or c'est ce que la plupart des naturalistes de cette époque n'avaient point cherché à faire, et ce que bien peu d'entre eux auraient pu faire quand ils l'eussent voulu, puisqu'une distribution pareille supposait déjà une connaissance assez étendue des structures dont elle devait être en quelque sorte la représentation.

Il est vrai que Daubenton et Camper avaient
fourni des faits; que Pallas avait indiqué des vues:
mais les idees de ces savans hommes n'avaient point
encore exercé sur leurs contemporains l'influence
qu'elles méritaient d'avoir. Le seul catalogue général
des animaux que l'on possédât alors et que l'on ait
encore aujourd'hui, le Système de Linnæus, venait
d'être défiguré par un éditeur malheureux qui ne
s'était pas même donné le soin d'approfondir les
principes de cet ingénieux méthodiste, et qui partout
où il avait rencontré quelque désordre, avait semblé
faire des efforts pour le rendre plus inextricable.

Il est vrai encore qu'il existait sur des classes
particulières, des travaux tres-étendus, qui avaient
fait connaître un grand nombre d'espèces nouvelles; mais leurs auteurs n'avaient guère considéré
que les rapports extérieurs de ces espèces, et personne ne s'était occupé de coordonner les classes
et les ordres d'après l'ensemble de la structure;
les caractères de plusieurs classes restaient faux ou
incomplets, même dans des ouvrages anatomiques
justement célèbres; une partie des ordres étaient
arbitraires; dans presque aucune de ces divisions,
les genres n'étaient rapprochés conformément à la
nature.

Je dus donc, et cette obligation me prit un temps
considérable, je dus faire marcher de front l'anatomie et la zoologie, les dissections et le classement;
chercher dans mes premières remarques sur l'organisation, des distributions meilleures; m'en servir
pour arriver à des remarques nouvelles; employer

encore ces remarques à perfectionner les distributions ; faire sortir enfin de cette fécondation mutuelle des deux sciences l'une par l'autre, un système zoologique propre à servir d'introducteur et
de guide dans le champ de l'anatomie, et un corps
de doctrine anatomique propre à servir de développement et d'explication au système zoologique.

Les premiers résultats de ce double travail parurent en 1795, dans un mémoire spécial sur une
nouvelle division des animaux à sang blanc. Une
ébauche de leur application aux genres et à leur
division en sous-genres, fit l'objet de mon Tableau
élémentaire des Animaux, imprimé en 1798, et
j'améliorai ce travail avec le concours de M. Duméril, dans les tables annexées au premier volume
de mes Leçons d'Anatomie comparée, en 1800.

Peut-être me serais-je contenté de perfectionner
ces tables, et aurais-je passé immédiatement à la publication de ma grande anatomie, si dans le cours de
mes recherches, je n'avais été bien souvent frappé
d'un autre vice de la plupart des systèmes généraux ou partiels de zoologie ; je veux dire de la
confusion où le défaut de critique y a laissé un
grand nombre d'espèces, et même plusieurs genres.

Non-seulement les classes et les ordres n'étaient
pas assez conformes à la nature intime des animaux, pour servir commodément de base à un
traité d'anatomie comparée, mais les genres, quoique d'ordinaire mieux constitués, n'offraient eux-
mêmes, dans leur nomenclature, que des ressources
insuffisantes, parce que les espèces n'avaient pas

été rangées sous chacun d'eux, conformément à leurs caractères. Ainsi, en plaçant le lamantin sous le genre des morses, la sirène sous celui des anguilles, Gmelin avait rendu toute proposition générale relative à l'organisation de ces genres impossible; tout comme en rapprochant dans la même classe, dans le même ordre, et à côté l'un de l'autre, la seiche et le polype à bras, il avait rendu impossible de dire rien de général sur la classe et sur l'ordre qui embrassaient des êtres si disparates.

Je cite là des exemples pris parmi les plus frappans; mais il en existait une infinité de moins sensibles au premier coup d'œil, qui n'avaient pas des inconvéniens moins réels.

Il ne suffisait donc pas d'avoir imaginé de nouvelles distributions de classes et d'ordres, d'y avoir placé convenablement les genres ; il fallait encore examiner toutes les espèces, afin de savoir si effectivement elles appartenaient aux genres où on les avait mises.

Or quand j'en vins là, je trouvai non-seulement des espèces groupées ou dispersées contre toute raison, mais je remarquai que plusieurs n'étaient pas même établies d'une manière positive, ni par les caractères qu'on leur assignait, ni par les figures et les descriptions que l'on en alléguait.

Tantôt l'une d'elles, au moyen des synonymes, en représente sous un seul nom plusieurs, et souvent tellement différentes, qu'elles ne doivent pas entrer dans le même genre; tantôt une seule est doublée, triplée, et reparaît successivement dans plusieurs sous-genres, dans plusieurs genres, quelquefois dans des ordres différens.

Que dire, par exemple, du trichecus manatus de Gmelin, qui, sous un seul nom spécifique, comprend trois espèces et deux genres, deux genres différens presque en tout? Sous quel nom parler de la vélelle qui y figure deux fois parmi les méduses et une parmi les holothuries? Comment y rassembler les biphores, qui y sont appelées les unes du nom de dagysa, le plus·grand nombre de celui de salpa, et dont plusieurs sont rangées parmi les holothuria?

Ainsi il ne suffisait pas, pour atteindre complètement le but, de revoir les espèces; il aurait fallu revoir jusqu'à leurs synonymes; c'est-à-dire qu'il aurait fallu refaire le système des animaux.

Une telle entreprise, après le prodigieux développement que la science a pris depuis quelques années, eût été inexécutable dans son entier pour tout homme isolé, même en lui supposant la plus longue vie, et nulle autre occupation; je n'aurais pas même été en état de préparer la simple esquisse que je donne aujourd'hui, si j'avais été livré à mes seuls moyens; mais les ressources de ma position me parurent pouvoir suppléer à ce qui me manquait de temps et de talent. Vivant au milieu de tant d'habiles naturalistes; puisant dans leurs ouvrages à mesure qu'ils paraissaient; usant avec autant de liberté qu'eux des collections rassemblées par leurs soins; en ayant moi-même formé une très-considérable spécialement appropriée à mon objet, une grande partie de mon travail ne devait consister que dans l'emploi de tant de riches matériaux. Il n'était pas possible qu'il me restât beaucoup à faire, par exemple, sur des coquilles étudiées par M. de Lamarck, ni sur des quadrupèdes décrits par M. Geoffroi. Les nombreux rapports nouveaux saisis par M. de Lacépède, étaient autant de traits pour mon tableau des poissons. M. Levaillant, parmi tant de beaux oiseaux rassemblés de toute part, apercevait des détails d'organisation que j'adaptais aussitôt à mon plan. Mes propres recherches employées et fécondées par d'autres naturalistes, produisaient pour moi des fruits qu'elles n'eussent pas donnés tous entre mes seules mains. Ainsi M. de Blainville, M. Oppel, en examinant les préparations anatomiques que je destinais à fonder mes divisions des reptiles, en tiraient d'avance, et peut-être mieux que je n'aurais pu le faire, des résultats que je ne fesais encore qu'entrevoir, etc., etc.

Ces réflexions m'encouragèrent, et je me déterminai à faire précéder mon Traité d'Anatomie comparée, d'une espèce de système abrégé des animaux, où je présenterais leurs divisions et subdivisions de tous les degrés, établies parallèlement sur leur structure intérieure et extérieure; où je donnerais l'indication des espèces bien authentiques qui appartiennent avec certitude à chacune des subdivisions, et où, pour mettre plus d'intérêt, j'entrerais dans quelques détails sur celles de ces espèces que leur abondance dans notre pays, les services que nous en tirons, les dommages qu'elles nous causent, les singularités de leurs mœurs et de leur économie, leurs formes extraordinaires, leur beauté ou leur grandeur, rendent plus remarquables.

J'ai espéré par là devenir utile aux jeunes naturalistes qui, pour la plupart, se doutent peu de la confusion et des erreurs de critique dont fourmillent les ouvrages les plus accrédités, et qui, surtout dans les pays étrangers, ne s'occupent point assez de l'étude des vrais rapports de conformation des êtres; j'ai cru rendre encore un service plus direct aux anatomistes qui ont besoin de connaître d'avance, sur quelles classes, sur quels ordres ils doivent porter leurs recherches, lorsqu'ils se proposent d'éclairer par l'anatomie comparée quelque problême d'anatomie humaine ou de physiologie, mais que leurs occupations ordinaires ne préparent point assez à bien remplir cette condition essentielle à leur succès.

Cependant, je n'ai pas prétendu étendre également cette double vue à toutes les classes du règne; les animaux vertébrés ont dû m'occuper de préférence comme plus intéressans sous tous les rapports. Parmi les non vertébrés, j'ai dû étudier plus particulièrement les mollusques nus et les grands zoophytes; mais les innombrables variations des formes·extérieures des coquilles et des coraux, les animaux microscopiques, et les autres familles qui ne jouent pas dans la nature un rôle très apparent, ou dont l'organisation offre peu de prise au scalpel, ne demandaient pas d'être traitées avec le même détail. Je pouvais d'ailleurs, pour la partie des

coquilles et des coraux, m'en rapporter à l'ouvrage que M. de Lamarck publie en ce moment,
et où l'on trouvera tout ce que le plus ardent
désir de savoir peut exiger.

Quant aux insectes, si intéressans par leurs
formes extérieures, par leur organisation, par
leurs habitudes, par leur influence sur toute
la nature vivante, j'ai eu le bonheur de trouver un secours qui, en rendant mon ouvrage
infiniment plus parfait qu'il n'aurait pu sortir de
ma plume, en a beaucoup accéléré la publication. Mon confrère et mon ami M. de Latreille,
l'homme de l'Europe qui a le plus profondément
étudié ces animaux, a bien voulu présenter en un
seul volume, et à peu près dans l'ordre que j'ai
suivi pour les autres parties, le résumé de ses immenses recherches, et le tableau abrégé de ces
innombrables genres que les entomologistes ne cessent d'établir.

Au reste, si dans quelques endroits j'ai donné moins
d'étendue à l'exposition et des sous-genres et des
espèces, cette inégalité n'a pas eu lieu pour ce qui
concerne les divisions supérieures et les indications
des rapports, que j'ai fondées partout sur des bases
également solides en fesant partout des recherches
également assidues.

J'ai examiné une à une toutes les espèces que
j'ai pu me procurer en nature; j'ai rapproché celles
qui ne différaient l'une de l'autre que par la taille,
la couleur ou le nombre de quelques parties peu
importantes, et j'en ai fait ce que j'ai nommé un
sous-genre.

Toutes les fois que je l'ai pu, j'ai disséqué au moins une espèce de chaque sous-genre; et si l'on excepte ceux auxquels le scalpel ne peut pas être appliqué, il existe dans mon livre très-peu de groupes de ce degré dont je ne puisse produire au moins quelque portion considérable des organes.

Après avoir déterminé les noms des espèces que j'ai observées, et qui avaient été auparavant bien représentées ou bien décrites, j'ai placé dans les mêmes sous-genres celles que je n'ai point vues, mais dont j'ai trouvé dans les auteurs des figures assez exactes, ou des descriptions assez précises pour ne laisser aucun doute sur leurs rapports naturels; mais j'ai passé sous silence ce grand nombre d'indications vagues sur lesquelles on s'est trop pressé selon moi d'établir des espèces, et dont l'adoption est ce qui a le plus contribué à mettre dans le catalogue des êtres, cette confusion qui lui ôte une si grande partie de son utilité.

J'aurais pu ajouter presque partout des espèces nouvelles en quantité notable; mais comme je ne pouvais renvoyer à des figures, il aurait fallu en étendre les descriptions au delà de ce que l'espace me permettait; j'ai donc mieux aimé priver mon ouvrage de cet ornement, et je n'ai indiqué que celles qui, par une conformation singulière, donnent lieu à des sous-genres nouveaux.

Une fois mes sous-genres établis sur des rapports certains et composés d'espèces bien constatées, il ne s'agissait plus que d'en construire ce grand échafaudage de genres, de tribus, de familles, d'ordres, de classes et d'embranchemens qui constitue l'ensemble du règne animal.

Ici j'ai marché en partie en montant des divisions inférieures aux supérieures par voie de rapprochemens et de comparaisons; en partie aussi en descendant des supérieures aux inférieures par le principe de la subordination des caractères; comparant soigneusement les résultats des deux méthodes, les vérifiant l'une par l'autre, et ayant soin d'établir toujours la correspondance des formes extérieures et intérieures qui, les unes comme les autres, font partie intégrante de l'essence de chaque animal.

Telle a été ma marche toutes les fois qu'il a été nécessaire et possible d'introduire de nouveaux arrangemens; mais je n'ai pas besoin de dire que dans plusieurs parties du règne, les résultats auxquels elle m'aurait conduits, avaient déjà été obtenus à un degré si satisfesant qu'il ne m'est resté d'autre peine que celle de suivre les traces de mes prédécesseurs. Néanmoins, dans ces cas mêmes où je n'avais rien à faire de plus qu'eux, j'ai vérifié et constaté par des observations nouvelles ce qu'ils avaient reconnu avant moi, et je ne l'ai adopté qu'après l'avoir soumis à des épreuves sévères.

Le public a pu prendre une idée de ce genre d'examen dans les mémoires sur l'anatomie des mollusques qui ont paru dans les Annales du Muséum, et dont je donne en ce moment une collection séparée et augmentée. J'ose l'assurer que j'ai fait un travail tout aussi étendu sur les animaux

vertébrés, les annélides, les zoophytes et sur beaucoup d'insectes et de crustacés. Je n'ai pas cru nécessaire de le publier avec le même détail ; mais
toutes mes préparations sont exposées au cabinet
d'Anatomie comparée du Jardin du Roi, et servi-
ront ultérieurement à mon Traité d'Anatomie.

Un autre travail bien considérable, mais dont les
pièces ne peuvent être rendues aussi authentiques,
c'est l'examen critique des espèces. J'ai vérifié
toutes les figures alléguées par les auteurs, et rapporté chacune autant que je l'ai pu à sa véritable
espèce, avant de faire choix de celles que j'ai
indiquées ; c'est aussi uniquement d'après cette vé-
rification, et jamais d'après le classement des méthodistes précédens, que j'ai rapporté à mes
sous-genres les espèces qui y appartenaient. Voilà
pourquoi l'on doit voir sans étonnement que tel
genre de Gmelin, est aujourd'hui réparti même
dans des classes et des embranchemens différens ;
que de nombreuses espèces nominales sont réduites
à une seule ; et que des noms vulgaires sont appli-
qués tout autrement qu'auparavant. Il n'est pas un
de ces changemens que je ne sois en état de justifier,
et dont le lecteur ne puisse trouver lui-même la
preuve, s'il veut recourir aux sources que je lui
indique.

Afin d'alléger sa peine, j'ai eu soin de choisir
pour chaque classe un auteur principal, d'ordinaire
le plus riche en bonnes figures originales, et je ne
cite des ouvrages secondaires qu'autant que celui-là

ne me fournit rien, ou qu'il est bon d'établir quelque
comparaison pour mieux constater des synonymes.

Ma matière aurait pu remplir bien des volumes;
mais je me suis fait un devoir de la resserrer, en
imaginant des moyens abrégés de rédaction. C'est
par des généralités graduées que j'y suis parvenu.
En ne répétant jamais pour une espèce ce que l'on
peut dire pour tout un sous-genre, ni pour un genre
ce que l'on peut dire pour tout un ordre, et ainsi
de suite, on arrive à la plus grande économie de
paroles. C'est à quoi j'ai tendu par-dessus tout,
d'autant que c'était là au fond le but principal de
mon ouvrage. On remarquera cependant que je
n'ai pas employé beaucoup de termes techniques, et
que j'ai cherché à rendre mes idées sans tout cet
appareil barbare de mots factices qui rebute dans
les ouvrages de tant de naturalistes modernes; il ne
me semble pas que ce soin m'ait rien fait perdre
en précision ni en clarté.

Il m'a fallu malheureusement introduire beaucoup de noms nouveaux, quoique j'aie mis une
grande attention à conserver ceux de mes devanciers; mais les nombreux sous-genres que j'ai établis, exigeaient ces dénominations; car dans des
choses si variées, la mémoire ne se contente pas
d'indications numériques. Je les ai choisies, soit de
manière à indiquer quelque caractère, soit dans les
dénominations usuelles que j'ai latinisées, soit enfin,
à l'exemple de Linnæus, parmi les noms de la
mythologie, qui sont en général agréables à l'oreille,
et que l'on est loin d'avoir épuisés.

Je conseille néanmoins, quand on nommera les espèces, de n'employer que le substantif du grand genre, et le nom trivial. Les noms de sous-genres ne sont destinés qu'à soulager la mémoire, quand on voudra indiquer cés subdivisions en particulier. Autrement, comme les sous-genres, déjà très-multipliés, se multiplieront beaucoup plus par la suite, à force d'avoir de substantifs à retenir continuellement, on sera exposé à perdre les avantages de cette nomenclature binaire si heureusement imaginée par Linnæus.

C'est pour la mieux consacrer que j'ai démembré le moins qu'il m'a été possible, les grands genres de cet illustre réformateur de la science. Toutes les fois que les sous-genres dans lesquels je les divise n'ont pas dû aller à des familles différentes, je les ai laissés ensemble sous leur ancien nom générique. C'était non-seulement un égard que je devais à la mémoire de Linnæus, mais c'était aussi une attention nécessaire pour conserver la tradition et l'intelligence mutuelle des naturalistes des différens pays.

Pour faciliter encore davantage l'étude de ce livre, car il est fait pour être étudié plus que pour être lu, j'y ai fait employer les divers caractères de l'imprimerie, de manière à correspondre aux divers degrés de généralité des idées. Tout ce qui peut se dire des divisions supérieures, jusqu'aux tribus ou sous-familles inclusivement, est en saint-augustin ; tout ce qui regarde les genres en cicéro ; les sous-genres et autres subdivisions en petit-romain; les espèces dont j'ai cru devoir parler en particulier, sont aussi en petit-romain, mais à lignes plus courtes, ou rentrées d'un quadrat; enfin les notes placées au bas des pages, contenant l'indication des espèces moins importantes, et les discussions sur la synonymie ou sur quelques erreurs que je reprends dans les ouvrages de mes prédécesseurs, sont en petit texte. Partout les noms des divisions supérieures sont en grandes majuscules; ceux des familles, des genres et des sous-genres, en petites majuscules, correspondantes aux trois caractères employés dans le texte; ceux des espèces en italiques; le nom latin est à la suite du nom français, mais entre deux parenthèses, et l'on a observé des règles à peu près semblables dans les tables méthodiques qui précèdent chaque volume, et qui sont destinées à guider d'abord les commençans. Ainsi l'œil distinguera d'avance l'importance de chaque chose et l'ordre de chaque idée, et l'imprimeur aura secondé l'auteur de tous les artifices que son art peut prêter à la mnémonique.

Cette habitude que l'on prend nécessairement en étudiant l'histoire naturelle, de classer dans son esprit un très-grand nombre d'idées, est l'un des avantages de cette science dont on a le moins parlé, et qui deviendra peut-être le principal, lorsqu'elle aura été généralement introduite dans l'éducation commune; on s'exerce par-là dans cette partie de la logique qui se nomme la méthode, à peu près comme on s'exerce par l'etude de la géométrie dans celle qui se nomme le syllo-

gisme, par la raison que l'histoire naturelle est la
science qui exige les méthodes les plus précises,
comme la géométrie celle qui demande les raison-
nemens les plus rigoureux. Or cet art de la méthode, une fois qu'on le possède bien, s'applique
avec un avantage infini aux études les plus étrangères à l'histoire naturelle. Toute discussion qui
suppose un classement des faits, toute recherche
qui exige une distribution de matières, se fait
d'après les mêmes lois; et tel jeune homme qui
n'avait cru faire de cette science qu'un objet d'a-
musement, est surpris lui-même, à l'essai, de la
facilité qu'elle lui a procurée pour débrouiller tous
les genres d'affaires.

Elle n'est pas moins utile dans la solitude. Assez
étendue pour suffire à l'esprit le plus vaste, assez
variée, assez intéressante pour distraire l'âme la
plus agitée, elle console les malheureux, elle calme
les haines. Une fois élevé à la contemplation de
cette harmonie de la Nature irrésistiblement réglée
par la Providence, que l'on trouve faibles et petits
ces ressorts qu'elle a bien voulu laisser dépendre
du libre arbitre des hommes! Que l'on s'étonne de
voir tant de beaux génies se consumer si inuti-
lement, pour leur bonheur et pour celui des autres,
à la recherche de vaines combinaisons dont quelques années suffisent pour faire disparaître jusqu'aux
traces.

Je l'avoue hautement : ces idées n'ont jamais été
étrangères à mes travaux, et si j'ai cherché de tous
mes moyens à propager cette paisible étude, c'est

que dans mon opinion elle est plus capable qu'aucune autre, d'alimenter ce besoin d'occupation qui
a tant contribué aux troubles de notre siècle ; mais
il est tems de revenir à mon objet.

Il me reste à rendre compte des principaux
changemens que j'ai faits aux méthodes dernièrement reçues, et à témoigner ce que je dois aux
naturalistes dont les ouvrages m'en ont fourni ou
suggéré une partie.

Pour prévenir une critique qui se présentera naturellement à beaucoup de personnes, je dois
remarquer d'abord, que je n'ai eu ni la préten-
tion, ni le désir de classer les êtres de manière
à en former une seule ligne, ou à marquer leur
supériorité réciproque. Je regarde même toute
tentative de ce genre comme inexécutable ; ainsi
je n'entends pas que les mammifères ou les oiseaux, placés les derniers, soient les plus imparfaits de leur classe ; j'entends encore moins que
le dernier des mammifères soit plus parfait que
le premier des oiseaux, le dernier des mollusques plus parfait que le premier des annélides
ou des zoophytes ; même en restreignant ce mot
vague de plus parfait, au sens de plus complètement organisé. Je n'ai considéré mes divisions
et subdivisions que comme l'expression graduée de
la ressemblance des êtres qui entrent dans chacune ;
et quoique il y en ait où l'on observe une sorte de
dégradation et de passage d'une espèce à l'autre,
qui ne peut être niée, il s'en faut de beaucoup
que cette disposition soit générale. L'échelle pré-

tendue des êtres n'est qu'une application erronée à
la totalité de la création de ces observations par-
tielles, qui n'ont de justesse qu'autant qu'on les
restreint dans les limites où elles ont été faites, et
cette application, selon moi, a nui, à un degré que
l'on aurait peine à imaginer, aux progrès de l'histoire naturelle dans ces derniers tems.

C'est en conformité de cette manière de voir,
que j'ai établi ma division générale en quatre embranchemens, qui a déjà été exposée dans un mémoire particulier ; je crois toujours qu'elle exprime
les rapports réels des animaux plus exactement que
l'ancienne division en vertébrés et non vertébrés,
par la raison que les animaux vertébrés se ressemblent beaucoup plus entre eux que les non vertébrés, et qu'il était nécessaire de rendre cette différence dans l'étendue des rapports.

M. Virey, dans un article du nouveau Dictionnaire d'Histoire naturelle, avait déjà saisi une partie
des bases de cette division, et principalement celle
qui repose sur le système nerveux.

Le rapprochement particulier des vertébrés ovipares entre eux, a pris sa source dans les curieuses
observations de M. Geoffroy sur la composition des
têtes osseuses, et dans celles que j'y ai ajoutées relativement au reste du squelette et à la myologie.

Dans la classe des mammifères, j'ai ramené les
solipèdes aux pachydermes ; j'ai divisé ceux-ci en
familles d'après de nouvelles vues ; j'ai rejeté les
ruminans à la fin des quadrupèdes ; j'ai placé le la-

mantin près des cétacés; j'ai distribué un peu autrement l'ordre des carnassiers; j'ai séparé les ouistitis
de tout le genre des singes; j'ai indiqué une sorte de
parallélisme des animaux à bourse avec les autres
mammifères digités, le tout d'après mes propres
études anatomiques. Les travaux récens et approfon-
dis de mon ami et collègue M. Geoffroy de Saint-
Hilaire, ont servi de base à tout ce que je donne
sur les quadrumanes et sur les chauves-souris. Les
recherches de mon frère, M. Frédéric Cuvier, sur
les dents des carnassiers et des rongeurs, m'ont été
d'une grande utilité pour les sous-genres de ces
deux ordres. Les genres de feu M. Illiger ne sont
guère que le résultat de ces mêmes recherches et
de celles de quelques naturalistes étrangers; cependant j'ai adopté ses noms toutes les fois que ses
genres se sont rencontrés avec mes sous-genres.
M. de Lacépède avait aussi saisi et indiqué plusieurs excellentes divisions de ce degré, que je me
suis également empressé d'adopter; mais les caractères de tous les degrés et toutes les indications
d'espèces ont été faites d'après nature, soit dans
le cabinet d'Anatomie, soit dans les galeries du
Muséum.

Il en a été de même des oiseaux; j'ai examiné
avec la plus grande attention plus de quatre mille
individus au Muséum; je les ai rangés d'après mes
vues dans la galerie publique, depuis plus de cinq
ans, et j'en ai tiré tout ce que je dis de cette classe
dans cette partie de mon ouvrage. Ainsi, les rapports
que mes subdivisions pourraient avoir avec quel-

ques tableaux récents, sont de ma part purement accidentels.

J'espère que les naturalistes approuveront les nombreux sous-genres que j'ai cru devoir établir parmi les oiseaux de proie, les passereaux et les oiseaux de rivages; ils me paraissent avoir apporté la plus grande clarté dans des genres auparavant fort embrouillés. J'ai marqué aussi exactement que je l'ai pu, la concordance de ces subdivisions avec les genres de MM. de Lacépède, Meyer, Wolf, Temmink, Savigny, et j'ai rapporté à chacune toutes les espèces dont j'ai pu avoir une connaissance bien positive. Ce travail fatigant sera agréable à ceux qui s'occuperont à l'avenir d'une véritable histoire des oiseaux. Les beaux ouvrages d'ornithologie publiés depuis quelques années, et principalement ceux de M. le Vaillant, qui sont remplis de tant d'observations intéressantes, et ceux de M. Vieillot, m'ont été fort utiles pour désigner avec précision les espèces qu'ils représentent.

La division générale de cette classe est restée telle que je l'avais publiée en 1798, dans mon Tableau élémentaire (1).

J'ai cru aussi devoir conserver pour les reptiles

---

(1) Je n'en fais l'observation, que parce qu'un naturaliste estimable (M. Vieillot) s'est attribué par oubli, dans un ouvrage de cette année 1816, la réunion des *picæ* avec les *passeres*. Je l'avais faite dès 1798. Je dois consigner ici le regret de n'avoir pu profiter de son travail, qui n'a paru que long-temps après que mon premier volume était déjà achevé d'imprimer.

la division générale de mon ami M. Brongniart ; mais j'ai fait de grands travaux anatomiques pour arriver aux subdivisions ultérieures. M. Oppel, comme je l'ai dit, a profité en partie de ces travaux préparatoires ; et toutes les fois qu'en définitif mes genres se sont accordés avec les siens, j'en ai averti. L'ouvrage de Daudin, tout médiocre qu'il est, m'a été utile pour des indications de détail ; mais les divisions particulières que j'ai données dans les genres des monitors et des geckos, sont le produit de mes propres observations, faites sur un grand nombre de reptiles nouvellement apportés au Muséum par Péron et par M. Geoffroy.

Mes travaux sur les poissons me paraissent ce que j'ai fait de plus considérable touchant les animaux vertébrés. Notre Muséum ayant reçu un grand nombre de poissons, depuis que le célèbre ouvrage de M. de Lacépède a été publié, j'ai pu ajouter plusieurs subdivisions à celles de ce savant naturaliste, combiner autrement plusieurs espèces, et multiplier les observations anatomiques. J'ai eu aussi des moyens de mieux constater les espèces de Commerson et de quelques autres voyageurs ; et, à cet égard, je dois beaucoup à une revue qu'a faite M. Duméril des dessins de Commerson, et des poissons secs qu'il avait apportes, mais qui n'ont été recouvrés que depuis peu : ressources auxquelles j'ai joint celles que m'offraient les poissons rapportés par Péron de l'Océan et de l'Archipel des Indes ; ceux que j'ai recueillis dans la Méditerranée, et les collections faites à la côte de Coromandel par

feu Sonnerat, à l'Isle de France par M. Mathieu,
dans le Nil et dans la Mer rouge par M. Geoffroi, etc.
J'ai pu ainsi vérifier la plupart des espèces de Bloch,
de Russel et d'autres, et faire préparer les squelettes et les viscères de presque tous les sous-genres,
en sorte que cette partie offrira, j'espère, beaucoup
de nouveautés aux Ichthyologistes.

Quant à ma division de cette classe, je conviens
qu'elle est peu commode pour l'usage, mais je la
crois au moins plus naturelle qu'aucune des précédentes; en la publiant, il y a quelque temps,
je ne l'ai donnée que pour ce qu'elle vaut; et si
quelqu'un découvre un principe de division plus
net et aussi conforme à l'organisation, je m'em-
presserai de l'adopter.

Il est connu que tous les travaux qui ont eu lieu
sur la division générale des animaux sans vertèbres,
ne sont que des modifications de ce que j'ai proposé
en 1795, dans le plus ancien de mes mémoires, et
l'on sait en particulier combien de soins et de
temps j'ai consacré à l'anatomie des mollusques en
général, et principalement à la connaissance des
mollusques nus. La détermination de cette classe,
ainsi que ses divisions et subdivisions, reposent sur
mes observations; le magnifique ouvrage de M. Poli,
m'avait seul devancé par des descriptions et des
anatomies utiles à mon but, mais des multivalves et
des bivalves seulement. J'ai vérifié tous les faits que
cet habile anatomiste m'a fournis, et je crois avoir
marqué avec plus de justesse les fonctions de
quelques organes. J'ai cherché aussi à déterminer

les animaux auxquels appartiennent les principales
formes des coquilles, et à répartir celles-ci d'après
cette considération ; mais quant aux divisions ultérieures des coquilles dont les animaux se ressemblent, je ne m'en suis guères occupé, que pour me
mettre en état d'exposer brièvement celles qu'ont
admises MM. de Lamark et de Montfort ; et même
le petit nombre de genres ou de sous-genres qui
me sont propres, dérivent principalement de l'observation des animaux. Je me suis borné à citer
par voie d'exemple, un certain nombre des espèces
de Martini, de Chemnitz, de Lister, de Soldani, et
cela uniquement parce que le volume où M. de
Lamark doit traiter de cette partie n'ayant pas encore paru, j'étais obligé de fixer sur des objets
précis l'attention de mes lecteurs. Mais je n'ai pas
prétendu mettre dans le choix et la détermination
de ces espèces, la même critique que pour celles
des animaux vertébrés et des mollusques nus.

Les belles observations de MM. Savigny, Lesueur
et Desmarets sur les ascidies composées, rapprochent cette dernière famille de mollusques, de certains ordres de zoophytes ; c'est un rapport curieux
et une preuve de plus que les animaux ne peuvent
être rangés sur une même ligne.

Je crois avoir retiré les annélides, dont l'établissement m'appartient de fait, quoique je n'aie pas
imaginé leur nom, du mélange où ils étaient confondus auparavant, parmi les mollusques, les tes-
tacés et les zoophytes, et les avoir rapprochés dans
l'ordre naturel ; leurs genres mêmes n'ont acquis

quelque clarté que par les déterminations que j'en
ai données dans le Dictionnaire des Sciences naturelles et ailleurs.

Je ne parlerai point des trois classes contenues
dans le troisième volume; M. Latreille, seul auteur
de cette partie, si l'on excepte quelques détails
d'anatomie que j'ai intercalés dans son texte, d'après
mes observations et celles de M. Ramdohr, expo-
sera dans un avertissement ce que son travail a de
particulier.

Quant aux zoophytes qui terminent le règne
animal, je me suis aidé pour les échinodermes du
travail récent de M. de Lamarck ; et pour les vers
intestinaux, de l'ouvrage de M. Rudolphi, intitulé
Entozoa; mais j'ai fait moi-même l'anatomie de tous
les genres, dont quelques-uns n'ont encore été déterminés que par moi. Au reste il existe sur l'anatomie des échinodermes un travail excellent de
M. Tiedemann, que l'Institut a couronné il y a
quelques années et qui paraîtra bientôt; il ne lais-
sera rien à désirer sur ces curieux animaux. Les
coraux et les infusoires n'offrant presque point de
prise à l'anatomie, j'en ai traité fort briévement.
L'ouvrage nouveau de M. de Lamarck suppléera
à ce qui me manque (1).

Je n'ai pu rappeler ici que les auteurs qui m'ont
fourni ou qui ont fait naître en moi des vues géné-

---

(1) Je reçois à l'instant même l'*Histoire des Polypiers coralligènes
flexibles* de M. Lamouroux, qui donnera elle-même un excellent
supplément à M. Lamarck.

rales (1). Il en est beaucoup d'autres auxquels j'ai
dû des faits particuliers, et que j'ai cités avec soin
aux articles où je profite de leurs observations. On
pourra voir leurs noms à toutes les pages de mon
livre. Si j'avais négligé de rendre justice à quelqu'un d'entre eux, ce serait un oubli bien invo-
lontaire, et j'en demande excuse d'avance; il n'est
à mes yeux aucune propriété plus sacrée que celle
des conceptions de l'esprit, et l'usage devenu trop
commun parmi les naturalistes, de masquer des
plagiats par des changemens de noms, m'a toujours paru un véritable délit.

Je vais maintenant m'occuper sans relâche de la
publication de mon Anatomie comparée; les matériaux en sont prêts, une grande quantité de préparations et de dessins sont terminés et classés; et
j'aurai soin de diviser cet ouvrage par parties, dont
chacune fera un tout, en sorte que si mes forces ne
suffisent pas pour exécuter la totalité de mon plan,
ce que j'aurai donné au public formera cependant des suites complètes, chacune dans son objet;
et que les matériaux que j'aurai rassemblés, pour-
ront être employés immédiatement par ceux qui
voudront bien entreprendre la continuation de mes
travaux.

Au Jardin du Roi, octobre 1816.

---

(1) M. de Blainville vient de publier récemment sur toute la
zoologie des tables, dont j'ai aussi le regret de n'avoir pu profiter,
parce qu'elles ont paru au moment où mon ouvrage était presque entièrement imprimé.

TABLE MÉTHODIQUE

DU PREMIER VOLUME.

Introduction .... pag. 1
De l'Histoire Naturelle et de ses méthodes en
général .... *Ib.*
Des Êtres vivans et de l'organisation en général. 12
Division des Êtres organisés en animaux et
végétaux. 21
Des formes propres aux élémens organiques du
corps animal, et des combinaisons principales
de ses élémens chimiques. 25
Des forces qui agissent dans le corps animal.... 30
Idée sommaire des fonctions et des organes du
corps des animaux, ainsi que des divers degrés
de leur complication 36
Exposé rapide des fonctions intellectuelles des
animaux 47
De la méthode dans son application au règne
animal 55
Distribution du règne animal en quatre grandes
divisions 57
Animaux vertébrés en général. 62
Leur subdivision en quatre grandes classes..... 67

MAMMIFÈRES. pag. 70
Leur division en ordres. 76
BIMANES.......... 81
Homme.......... *Ib.*
Conformation particu-
lière de l'homme ... 82
Développement phy-
sique et moral de
l'homme........... 88
Variétés de l'espèce

humaine............ 94
QUADRUMANES.. 100
Singes............. 101
Singes proprement
dits.............. 102
Orangs.......... Ib.
Guenons 104
Babouins........ 107
Magots........ Ib.
Macaques..... 108
Cynocéphales.. 109
Mandrils..... 111
Pongos........ Ib.
Sapajous........... 112
Sapajous propre-
ment dits...... Ib.
Alouattes..... Ib.
Sapajous ordi-
naires........ 113
Atèles........ Ib.
Sajous........ 114
Sakis 115
Ouistitis............ Ib.
Makis 116
Makis proprem. dits. 117
Indris............. 118
Loris .... Ib.
Galago .... Ib.
Tarsiers........... 119
CARNASSIERS .... Ib.
CHEIROPTÈRES...... .21
Chauve-souris..... 122
Roussettes......... 123
Roussettes pro-
prement dites.. Ib.
Céphalotes...... 124
Chauve-souris pro-
ment dites....... Ib.
Molosses 125

Nyctinomes..... Ib.
Noctilions....... Ib.
Phyllostomes.... 126
Rhinolophes..... Ib.
Mégadermes 127
Nyctères....... 128
Rhinopomes. ... Ib.
Taphiens....... Ib.
Vespertilions.... 129
Oreillards...... 130
Galéopithèques.... Ib.
INSECTIVORES....... 131
Hérissons 132
Musaraignes....... Ib.
Desmans 134
Scalopes........ Ib.
Chrysochlores... 135
Tenrecs........... 137
Taupes........... 137
CARNIVORES........ 138
PLANTIGRADES. 141
Ours.............. Ib.
Ratons.......... 143
Coatis.......... Ib.
Kinkajous........ 144
Blaireaux........ Ib.
Gloutons. 145
DIGITIGRADES....... 147
Martes........... Ib.
Putois.......... Ib.
Martes proprement
dites........... 149
Mouffettes 150
Loutres 151
Chiens........... 152
Renards......... 154
Civettes.......... 156
Civettes propre-

ment dites...... *Ib.*
Genettes .... *Ib.*
Mangoustes. 157
Suricates. 158
Hyènes........... *Ib.*
Chats........... 159
AMPHIBIES 163
Phoques 164
  Phoques propre-
    ment dits....... 165
  Otaries 166
Morses.......... 167
MARSUPIAUX 169
Didelphis 172
  Chironectes...... *Ib.*
  Dasyures 175
  Perameles....... 176
  Phalangers 178
    Phalangers pro-
      prement dits.. *Ib.*
    Petaurus 179
    Hypsiprimnus.... 180
    Kanguroos....... 182
    Koala... 184
    Phascolomes ..... *Ib.*
RONGEURS 186
A CLAVICULES...... 189
Castors.......... *Ib.*
Rats............. 191
  Campagnols...... *Ib.*
    Ondatras 192
  Campagnols pro-
    prement dits . *Ib.*
  Lemmings..... 193
  Echimys 194
  Loirs 195
  Hydromys....... 196
  Rats proprem. dits. 197

Hamsters........ 198
Gerboises........ 199
Rats-taupes du cap
  ou Bathyergus.. 201
Hélamys........ 202
Marmottes....... 203
Écureuils........ 204
  Polatouches...... 206
Aye-Aye 207
SANS CLAVICULES.... 208
Porc-Épics .... *Ib.*
Lièvres.......... 209
  Lièvres proprem.
    dits........... 210
  Lagomys........ 211
Cabiais.......... 212
  Cochons d'Inde... 213
  Agoutis 214
  Pacas. .... *Ib.*
ÉDENTÉS......... 215
TARDIGRADES....... *Ib.*
Paresseux .... *Ib.*
Megatherium.
  Voyez les additions et
  corrections, au 4e. vol.
EDENTÉS ORDINAIRES 218
  Tatous .... *Ib.*
  Orycteropes 121
  Fourmiliers 222
  Pangolins 223
MONOTRÈMES...... 224
  Echidnes........ 226
  Ornithorinques.... *Ib.*
PACHYDERMES... 227
PROBOSCIDIENS..... 228
  Elephans........ 230

Mastodontes...... 232
PACHYDERMES ORDIN. 233
Hippopotames 234
Cochons.......... 235
Cochons propre-
ment dits....... Ib.
Phacochœres. 236
Pécaris 237
Anoplotherium. .. 238
Rhinoceros....... 239
Daman.......... 240
Palæotherium..... 241
Tapirs.......... 242
SOLIPÈDES 243
Chevaux.......... Ib.
RUMINANS....... 246
SANS CORNES...... 249
Chameaux .... Ib.
Chameaux propre-
ment dits....... 250
Lamas.......... 251
Chevrotains. ..... Ib.
AVEC CORNES.
Cerfs 253
Girafes 258
Antilopes 259
Chèvres.......... 265
Moutons.. 266
Bœufs 269
CÉTACÉS 271
HERBIVORES....... 273
Lamantins........ Ib.
Dugongs 274
Rytines 275
ORDINAIRES....... Ib.
A PETITE TÊTE.

Dauphins......... 277
Dauphins propre-
ment dits....... Ib.
Marsouins....... 279
Delphinaptères.. 280
Hypéroodons..... Ib.
Narvals.......... Ib.
A GROSSE TÊTE.
Cachalots 282
Physétères....... 284
Baleines........ .. Ib.
Balénoptères à ven-
tre lisse......... 286
Balénoptères à ven-
tre plissé....... 287
Vertébrés ovipares
en général......304
OISEAUX 290
OISEAUX DE PROIE. 303
DIURNES.......... 304
Vautours........ Ib.
Vautours propre-
ment dits....... 305
Sarcoramphes. ... 306
Percnopteres. 307
Griffons......... 308
Faucons 309
Faucons propre-
ment dits....... Ib.
Gerfauts....... 312
Ignobles........ 313
Aigles.......... Ib.
Aigles propre-
ment dits..... Ib.
Aigles pêcheurs. 315
Orfrayes..... Ib.
Balbusards... 316
Harpies..... 317

Aigles-autours.. 318
Cymindis...... 319
Autours........ Ib.
Eperviers...... 321
Milans.......... Ib.
Milans propr. dits. 322
Bondrées........ Ib.
Buses............ 323
Buzards........ 324
Messager........ 325
NOCTURNES...... 326
Strix............ 327
Hibous.......... Ib.
Chouettes........ 329
Effrayes........ Ib.
Chat-huans...... 330
Ducs............ 331
Chevèches........ Ib.
Ch. à.aigrettes.... Ib.
Scops........... 333
PASSEREAUX..... 334
DENTIROSTRES.... 336
Piègrièches....... Ib.
Piegr. propr. dites. Ib.
à Mach. sup. arq.
à M. sup. droite.
à bec renflé.
à huppes.
Vangas.......... 339
Langrayens...... Ib.
Cassicans........ 340
Bécardes........ Ib.
Choucaris....... 341
Bethyles........ Ib.
Tangaras........ 342
Tang. euphones... Ib.
Tang. gros becs... Ib.
Tang. propr. dits.. Ib.

Tang. loriots..... 343
Tang. cardinals... Ib.
Tang. ramphocèles Ib.
Gobe-mouches.... Ib.
Tyrans.......... Ib.
Moucherolles.... 344
Gobe mouches
proprement dits.. 345
Gymnocéphales... 346
Céphaloptères.... 347
Cotingas........ Ib.
Cotingas ordin.. Ib.
Echenilleurs... 348
Jaseurs........ 349
Procnias........ Ib.
Gymnodères... Ib.
Drongos........ 350
Merles.......... Ib.
Merles propr. dits. 351
Grives.......... 352
Chocards........ 355
Loriots.......... 356
Fourmiliers...... Ib.
Cincles.......... 358
Philedons........ Ib.
Martins.......... 360
Mænura......... 361
Manakins........ 362
Coq de roches.... 363
Vrais Manakins. Ib.
Becs-fins......... Ib.
Traquets........ Ib.
Rubiettes........ 364
Fauvettes....... 365
Accentor........ 368
Roitelets........ 369
Troglodites...... 370
Hochequeues.... 370

Hochequeues pro-
prement dits.. *Ib.*
Bergeronettes .. 371
Farlouses........ *Ib.*
FISSIROSTRES...... 372
Hirondelles....... 373
Martinets........ *Ib.*
Hirondelles propr. 374
Engoulevents...... 375
Podargés. (Voy. les
addit. et corr.)
CONIROSTRES...... 377
Alouettes......... *Ib.*
Alouettes propre-
ment dites...... *Ib.*
Calandres........ 378
Sirlis........... 379
Mésanges......... 379
Mésanges propre-
ment dites...... *Ib.*
Moustaches 380
Remiz......... 581
Bruants.......... *Ib.*
Moineaux........ 383
Tisserins........ *Ib.*
Moineaux propre-
ment dits....... 385
Pinçons........ 386
Linottes et Char-
donnerets....... *Ib.*
Veuves........ 388
Gros-becs 389
Pitylus........... 390
Bouvreuils........ *Ib.*
Becs-croisés...... 391
Dur-becs......... *Ib.*
Colious.......... 392
Glaucopes. 393

Piquebœuf........ *Ib.*
Cassiques......... 393
Cassiques propre-
ment dits...... 394
Troupiales....... *Ib.*
Carouges........ *Ib.*
Pitpits 395
Etourneaux .... *Ib.*
Sittelles. 396
Corbeaux......... *Ib.*
Corbeaux propre-
ment dits....... 397
Pies. 398
Geais........... 399
Cassenoix........ *Ib.*
Témia 400
Rolliers.......... *Ib.*
Rolliers proprem.
dits............. *Ib.*
Rolles........... 401
Mainates........ *Ib.*
Oiseaux de paradis. 402
TENUIROSTRES..... 405
Huppes 406
Craves.......... *Ib.*
Huppes proprem.
ment dites...... *Ib.*
Promerops....... 407
Epimaques....... *Ib.*
Grimpereaux...... 408
Grimpereaux pro-
prement dits.... *Ib.*
Picucules 409
Echelettes....... *Ib.*
Sucriers........ 410
Dicées.......... *Ib.*
Héorotaires. 411
Souïmangas...... *Ib.*
Colibris.......... 412

Colibris proprement dits....... 413
Oiseaux mouches.. 414
SYNDACTYLES...... Ib.
Guêpiers......... 415
Motmots......... Ib.
Martins-Pêcheurs.. 416
Ceix............. 417
Todiers.......... Ib.
Calaos........... 418

GRIMPEURS....... 419
Jacamars......... 420
    Jacamars proprement dits....... Ib.
    Jacamerops...... Ib.
Pics............. 421
Picoïdes......... 423
Torcols.......... Ib.
Coucous......... 424
    Vrais Coucous.... Ib.
    Couas.......... 425
    Coucals......... Ib.
    Courols......... 426
    Indicateurs...... Ib.
    Barbacous....... Ib.
    Malcohas........ 427
Scythrops........ Ib.
Barbus........... Ib.
    Barbicans....... 428
    Barbus propres... Ib.
    Tamatias........ 429
Couroucous....... Ib.
Anis............. 430
Toucans.......... Ib.
    Toucans propr. dits. 431
    Aracaris......... Ib.
Perroquets........ Ib.

Aras............. 432
Perruches....... Ib.
Cacatoës......... 433
Perroquets proprement dits.... 434
Perroquets à trompe Ib.
Pézopores......... Ib.
Touracos......... 435
Musophages...... 436
GALLINACÉS...... Ib.
Paons........... 438
Dindons.......... Ib.
Alectors......... 439
    Hoccos.......... Ib.
    Pauxi.......... 440
    Guans.......... 441
    Parraquas....... 442
Hoazin.......... 443
Faisans.......... Ib.
    Coqs........... Ib.
    Faisans proprement dits........ 444
    Houppifères...... 445
    Lophophores..... 445
    Cryptonyx....... Ib.
Peintades........ 447
Tétras........... Ib.
    Coqs de bruyères.. Ib.
    Perdrix......... 450
    Francolins....... Ib.
    Cailles.......... 452
    Colins.......... Ib.
    Tridactyles...... 453
        Turnix....... Ib.
        Syrrhaptes..... Ib.
    Tinamous....... 454
Pigeons.......... Ib.
    Colombigallines... 455

Colombes........ 456
Colombars....... 457
ECHASSIERS 458
BRÉVIPENNES...... 459
Autruches........ 460
Casoar ....·.... 462
PRESSIROSTRES 463
Outardes........ 464
Pluviers.......... 465
  Œdicnèmes...... Ib.
  Pluviers propre-
    ment dits....... 466
Vanneaux........ 467
  Vanneau-pluviers. Ib.
  Vanneaux propre-
    ment dits....... Ib.
Huîtriers.. 468
Coure-vite........ 469
Cariama .... Ib.
CULTRIROSTRES.... 470
Grues........... 471
  Agami.......... Ib.
  Numidiques..... 472
  Grues propre-
    ment dites...... Ib.
  Courlans........ 473
  Caurales........ Ib.
Savacous........ 474
Hérons 475
Cigognes 477
Jabirus 478
Ombrettes........ 479
Bec-ouverts....... Ib.
Tantale 480
Spatules....... .481
LONGIROSTRES..... 482
Ibis.............. Ib.

Courlis........... 485
  Corlieus......... Ib.
  Falcinelles....... 486
Bécasses .... Ib.
  Bécasses......... Ib.
  Rhynchées....... 487
  Barges. 488
  Maubèches 489
  Alouettes de mer.. 490
  Combattans...... Ib.
  Sanderlings...... 491
  Phalaropes....... Ib.
  Tournepierres ... 492
  Chevaliers....... Ib.
  Lobipèdes 495
  Echasses. .... Ib.
Avocettes 496
MACRODACTYLES... Ib.
Jacanas.......... 497
Kamichi.......... 499
Rales........... 500
Foulques. 501
  Poules d'eau..... Ib.
  Talève 502
  Foulques propre-
    ment dites...... Ib.
Giaroles.......... 503
Flammans........ 504
PALMIPÈDES...... 505
PLONGEURS........ 506
Plongeons........ 507
  Grèbes.......... Ib.
  Plongeons propre-
    ment dits........ 508
  Guillemots 509
  Céphus.......... 510
Pingouins......... Ib.
  Macareux........ 511

Pingouins propre-
ment dits....... 511
Manchots........ 512
Manchots prop. dits *Ib.*
Gorfous......... 513
Sphénisques..... *Ib.*
LONGIPENNES..... 514
Petrels .... *Ib.*
Petrels propr. dits. 515
Puffins.......... 516
Pelecanoïdes..... *Ib.*
Prions 517
Albatrosses....... *Ib.*
Goëlands........ 518
Goëlands et Mouet-
tes............ 519
Labbes. 520
Hirondelles de mer. *Ib.*
Noddis.......... 521
Becs en ciseau..... 522
TOTIPALMES...... 522
Pelicans.. 523

Pélicans propre-
ment dits....... 523
Cormorans...... 524
Frégattes........ 525
Fous. .... *Ib.*
Anhinga........ 526
Paille-en-queue.. 527
LAMELLIROSTRES... *Ib.*
Canards.......... 528
Cignes.......... *Ib.*
Oies............ 530
Bernacles. 551
Canards propres.. 532
Macreuses...... *Ib.*
Garrots 533
Eiders 534
Millouins...... *Ib.*
Souchets 536
Tadornes ...... *Ib.*
Canards spécia-
lement dits... 537
Sarcelles........ 539
Harles.......... *Ib.*

LE

RÈGNE ANIMAL,

DISTRIBUÉ

D'APRÈS SON ORGANISATION.

INTRODUCTION.

DE L'HISTOIRE NATURELLE ET DE SES MÉTHODES EN GÉNÉRAL.

Peu de personnes se faisant une idée juste de l'histoire naturelle, il nous a paru nécessaire de commencer notre ouvrage, en définissant bien l'objet que cette science se propose, et en établissant des limites rigoureuses entre elle et les sciences qui l'avoisinent.

Dans notre langue et dans la plupart des autres, le mot NATURE signifie : tantôt, les propriétés qu'un être tient de naissance, par opposition à celle qu'il peut devoir à l'art ; tantôt, l'ensemble des êtres qui composent l'univers ; tantôt enfin, les lois qui régissent ces êtres.

TOME I. I

C'est surtout dans ce dernier sens que l'on a coutume de personnifier la nature et d'employer par respect son nom pour celui de son auteur.

La *physique* ou *science naturelle* considère la nature sous ces trois rapports. Elle est, ou générale, ou particulière. La *physique générale* examine, d'une manière abstraite, chacune des propriétés de ces êtres mobiles et étendus, que nous appelons les corps. Sa partie, appelée dynamique, considère les corps en masse, et fixe mathématiquement, en partant d'un très-petit nombre d'expériences, les lois de l'équilibre, celles du mouvement et de sa communication, elle prend dans ses différentes divisions les noms de *statique*, de *mécanique*, d'*hydrostatique*, d'*hydrodynamique*, d'*aérostatique*, etc. selon la nature des corps dont elle examine les mouvemens. L'*optique* ne s'occupe que des mouvemens particuliers de la lumière, et les phénomènes qui n'ont pu encore être déterminés que par l'expérience y deviennent plus nombreux.

La *chimie*, autre partie de la physique générale, expose les lois selon lesquelles les molécules élémentaires des corps agissent les unes sur les autres à des distances prochaines, les combinaisons ou les séparations qui résultent de la tendance générale de ces molécules à s'unir, et des modifications que les diverses circonstances, capables de les écarter ou de les rapprocher, apportent à cette tendance. C'est une science presque toute expérimentale et qui n'a pu être réduite au calcul.

La théorie de la chaleur et celle de l'électricité, selon le côté par lequel on les envisage, appartiennent presque également à la dynamique ou à la chimie.

La méthode qui domine dans toutes les parties de la physique générale, consiste à isoler les corps, à les réduire à leur plus grande simplicité, à mettre séparément en jeu chacune de leurs propriétés, soit par la pensée, soit par l'expérience, à en reconnaître ou en calculer les effets, enfin à généraliser et à lier ensemble les lois de ces propriétés pour en former des corps de doctrine, et s'il était possible pour les rapporter toutes à une loi unique, qui serait l'expression universelle de toutes les autres.

La *physique particulière* ou l'*histoire naturelle* (car ces deux termes ont la même signification) a pour objet d'appliquer spécialement aux êtres nombreux et variés qui existent dans la nature, les lois reconnues par les diverses branches de la physique générale, afin d'expliquer les phénomènes que chacun de ces êtres présente

Dans ce sens étendu elle embrasserait aussi l'astronomie ; mais cette science suffisamment éclairée par les seules lumières de la mécanique, et complètement soumise à ses lois, emploie des méthodes trop différentes de celles que permet l'histoire naturelle ordinaire, pour être cultivée par les mêmes personnes,

On restreint donc cette dernière aux objets qui n'admettent pas de calculs rigoureux, ni de mesures précises dans toutes leurs parties ; encore lui soustrait-on d'ordinaire la *météorologie*, pour la réunir à la physique générale ; l'*histoire naturelle* ne considère donc proprement que les corps bruts, appelés minéraux, et les diverses sortes d'êtres vivans, dont il n'est presque aucun où l'on ne puisse observer des effets plus ou moins variés des lois du mouvement et des attractions chimiques, et de toutes les autres causes analysées par la physique générale.

L'histoire naturelle devrait, à la rigueur, employer les mêmes procédés que les sciences générales, et elle les emploie réellement toutes les fois que les objets qu'elle étudie sont assez simples pour le lui permettre. Mais il s'en faut de beaucoup qu'elle le puisse toujours.

En effet, une différence essentielle entre les

sciences générales et l'histoire naturelle, c'est que dans les premières on n'examine que des phénomènes dont on règle toutes les circonstances pour arriver, par leur analyse, à des lois générales, et que dans l'autre les phénomènes se passent sous des conditions qui ne dépendent pas de celui qui les étudie et qui cherche à démêler, dans leur complication, les effets des lois générales déjà reconnues. Il ne lui est pas permis de les soustraire successivement à chaque condition, et de réduire le problème à ses élémens, comme le fait l'expérimentateur; mais il faut qu'il le prenne tout entier avec toute ses conditions à la fois, et ne l'analyse que par la pensée. Que l'on essaie, par exemple, d'isoler les phénomènes nombreux dont se compose la vie d'un animal un peu élevé dans l'échelle : un seul d'entre eux supprimé, la vie entière s'anéantit.

Ainsi la dynamique est devenue une science presque toute de calcul : la chimie est encore une science toute d'expérience ; l'histoire naturelle restera long-temps dans un grand nombre de ses parties, une science toute d'observation.

Ces trois épithètes désignent assez bien les procédés qui dominent dans les trois branches des sciences naturelles ; mais en établissant entre elles des degrés très-différens de certitude, elles indiquent en même temps le but auquel les deux dernières de ces sciences doivent tendre pour s'élever de plus en plus vers la perfection.

Le calcul commande, pour ainsi dire, à la nature ; il en détermine les phénomènes plus exactement que l'observation ne peut les faire connaître ; l'expérience la contraint à se dévoiler ; l'observation l'épie quand elle est rebelle, et cherche à la surpendre.

L'histoire naturelle a cependant aussi un principe rationel qui lui est particulier, et qu'elle emploie avec avantage en beaucoup d'occasions ; c'est celui *des conditions d'existence*, vulgairement nommé *des causes finales*. Comme rien ne peut exister s'il ne réunit les conditions qui rendent son existence possible, les différentes parties de chaque être doivent être coordonnées de manière à rendre possible l'être total, non-seulement en lui-même, mais dans ses rapports avec ceux qui l'entourent, et l'analyse de ces conditions conduit souvent à des lois générales tout aussi démontrées que celles qui dérivent du calcul, ou de l'expérience.

Ce n'est que lorsque toutes les lois de la physique générale et celles qui résultent des conditions d'existence sont épuisées que l'on est réduit aux simples lois d'observations.

Le procédé le plus fécond pour les obtenir est celui de la comparaison. Il consiste à observer successivement le même corps dans les différentes positions où la nature le place, ou à comparer entre eux les différens corps jusqu'à ce que l'on ait reconnu des rapports constans entre leurs structures et les phénomènes qu'ils manifestent. Ces corps divers sont des espèces d'expériences toutes préparées par la nature, qui ajoute ou retranche à chacun d'eux différentes parties, comme nous pourrions désirer de le faire dans nos laboratoires, et nous montre elle-même les résultats de ces additions ou de ces retranchemens.

On parvient ainsi à établir de certaines lois qui règlent ces rapports, et qui s'emploient comme celles qui ont été déterminées par les sciences générales.

La liaison de ces lois d'observation avec les lois générales, faite, soit directement, soit par le principe des conditions d'existence, compléterait le système des sciences naturelles en faisant sentir dans toutes ses parties l'influence mutuelle de tous les êtres : c'est à quoi doivent tendre les efforts de tous ceux qui cultivent ces sciences.

Mais toutes les recherches de ce genre sup-

posent que l'on a les moyens de distinguer
sûrement et de faire distinguer aux autres les
corps dont on s'occupe; autrement l'on serait
sans cesse exposé à confondre les êtres innombrables que la nature présente. L'histoire naturelle doit donc avoir pour base ce que l'on
nomme un *système de la nature*, ou un grand
catalogue dans lequel tous les êtres portent des
noms convenus, puissent être reconnus par des
caractères distinctifs, et soient distribués en
divisions et subdivisions, elles-mêmes nommées
et caractérisées, où l'on puisse les chercher.

Pour que chaque être puisse toujours se
reconnaître dans ce catalogue, il faut qu'il
porte son caractère avec lui : on ne peut donc
prendre les caractères dans des propriétés ou
dans des habitudes dont l'exercice soit momentané, mais ils doivent être tirés de la
conformation.

Presque aucun être n'a de caractère simple,
ou ne peut être reconnu seulement par un des
traits de sa conformation; il faut presque toujours
la réunion de plusieurs de ces traits pour distinguer un être des êtres voisins qui en ont bien
aussi quelques-uns, mais qui ne les ont pas
tous, ou les ont combinés avec d'autres qui
manquent au premier être; et, plus les êtres

que l'on a à distinguer sont nombreux, plus il faut accumuler de traits; en sorte que, pour distinguer de tous les autres un être pris isolément, il faut faire entrer dans son caractère sa description complète.

C'est pour éviter cet inconvénient que les divisions et subdivisions ont été inventées. L'on compare ensemble seulement un certain nombre d'êtres voisins, et leurs caractères n'ont besoin que d'exprimer leurs différences qui, par la supposition même, ne sont que la moindre partie de leur conformation. Une telle réunion s'appelle un *genre*.

On retomberait dans le même inconvénient pour distinguer les genres entre eux, si l'on ne répétait l'opération en réunissant les genres voisins, pour former un *ordre ;* les ordres voisins, pour former une *classe*, etc.... On peut encore établir des subdivisions intermédiaires.

Cet échafaudage de divisions, dont les supérieures contiennent les inférieures, est ce qu'on appelle une *méthode*. C'est, à quelques égards, une sorte de dictionnaire où l'on part des propriétés des choses pour découvrir leurs noms, et qui est l'inverse des dictionnaires ordinaires où l'on part des noms pour apprendre à connaître les propriétés.

Mais, quand la méthode est bonne, elle ne se borne pas à enseigner les noms. Si les subdivisions n'ont pas été établies arbitrairement, mais si on les a fait reposer sur les véritables rapports fondamentaux, sur les ressemblances essentielles des êtres, la méthode est le plus sûr moyen de réduire les propriétés de ces êtres à des règles générales, de les exprimer dans les moindres termes et de les graver aisément dans la mémoire.

Pour la rendre telle, on emploie une comparaison assidue des êtres dirigées par le principe de la *subordination des caractères*, qui dérive lui-même de celui des conditions d'existence. Les parties d'un être devant toutes avoir une convenance mutuelle, il est tels traits de conformation qui en excluent d'autres; il en est qui, au contraire, en nécessitent; quand on connaît donc tels ou tels traits dans un être, on peut calculer ceux qui coexistent avec ceux-là, ou ceux qui leur sont incompatibles; les parties, les propriétés ou les traits de conformation qui ont le plus grand nombre de ces rapports d'incompatibilité ou de coexistence avec d'autres, ou en d'autres termes, qui exercent sur l'ensemble de l'être, l'influence la plus marquée, sont ce que l'on appelle les *caractères importans*, les *caractères dominateurs ;* les autres sont les *caractères subordonnés*, et il y en a ainsi de différens degrés.

Cette influence des caractères se détermine quelquefois d'une manière rationnelle par la considération de la nature de l'organe ; quand cela ne se peut, on emploie la simple observation, et un moyen sûr de reconnaître les caractères importans, lequel dérive de leur nature même, c'est qu'ils sont les plus constans ; et que dans une longue série d'êtres divers, rapprochés d'après leurs degrés de similitude, ces caractères sont les derniers qui varient.

De leur influence et de leur constance résulte également la règle, qu'ils doivent être préférés pour distinguer les grandes divisions ; et qu'à mesure que l'on descend aux subdivisions inférieures, on peut descendre aussi aux caractères subordonnés et variables.

Il ne peut y avoir qu'une méthode parfaite, qui est la *méthode naturelle ;* on nomme ainsi un arrangement dans lequel les êtres du même genre seraient plus voisins entre eux que de ceux de tous les autres genres ; les genres du même ordre, plus que de ceux de tous les autres ordres, et ainsi de suite. Cette méthode est l'idéal auquel l'histoire naturelle doit tendre ; car il est évident que si l'on y parvenait, l'on aurait l'expression exacte et complète de la nature entière. En effet, chaque être est déterminé par ses ressemblances et ses différences avec d'autres, et tous ces rapports seraient parfaitement rendus par l'arrangement que nous venons d'indiquer.

En un mot, la méthode naturelle serait toute la science, et chaque pas qu'on lui fait faire approche la science de son but.

La vie étant de toutes les propriétés des êtres la plus importante, et de tous les caractères le plus élevé, il n'y a rien d'étonnant que l'on en ait fait dans tous les temps le plus général des principes de distinction, et que l'on ait toujours réparti les êtres naturels en deux immenses divisions, celle des *êtres vivans*, et celle des *êtres bruts*.

DES ÊTRES VIVANS, ET DE L'ORGANISATION EN GÉNÉRAL.

Si pour nous faire une idée juste de l'essence de la vie nous la considérons dans les êtres où ses effets sont les plus simples, nous

nous apercevrons promptement qu'elle consiste dans la faculté qu'ont certaines combinaisons corporelles de durer pendant un temps et sous une forme déterminée , en attirant sans cesse dans leur composition une partie des substances environnantes , et en rendant aux élémens des portions de leur propre substance.

La vie est donc un tourbillon plus ou moins rapide , plus ou moins compliqué , dont la direction est constante , et qui entraîne toujours des molécules de mêmes sortes , mais où les molécules individuelles entrent et d'où elles sortent continuellement , de manière que la *forme* du corps vivant lui est plus essentielle que sa *matière*.

Tant que ce mouvement subsiste, le corps où il s'exerce est *vivant ; il vit*. Lorsque le mouvement s'arrête sans retour, le corps *meurt*. Après la mort, les élémens qui le composent , livrés aux affinités chimiques ordinaires , ne tardent point à se séparer , d'où résulte plus ou moins promptement la dissolution du corps qui a été vivant. C'était donc par le mouvement vital que la dissolution était arrêtée, et que les élémens du corps étaient momentanément réunis.

Tous les corps vivans meurent après un

temps dont la limite extrême est déterminée pour chaque espèce, et la mort paraît être un effet nécessaire de la vie, qui, par son action même, altère insensiblement la structure du corps où elle s'exerce, de manière à y rendre sa continuation impossible.

Effectivement, le corps vivant éprouve des changemens graduels, mais constans, pendant toute sa durée. Il croît d'abord en dimensions, suivant des proportions et dans des limites fixées pour chaque espèce et pour chacune de ses parties ; ensuite il augmente en densité dans la plupart de ses parties : c'est ce second genre de changement qui paraît être la cause de la mort naturelle.

Si l'on examine de plus près les divers corps vivans, on leur trouve une structure commune qu'un peu de réflexion fait bientôt juger essentielle à un tourbillon tel que le mouvement vital.

Il fallait, en effet, à ces corps des parties solides pour en assurer la forme, et des parties fluides pour y entretenir le mouvement. Leur tissu est donc composé de réseaux et de mailles, ou de fibres et de lames solides qui renferment des liquides dans leurs intervalles ; c'est dans les liquides que le mouvement est le plus continuel et le plus étendu ; les substances étrangères pénètrent le tissu intime du corps en s'incorporant à eux ; ce sont eux qui nourrissent les solides en y interposant leurs molécules ; ce sont eux aussi qui détachent des solides les molécules superflues; c'est sous la forme liquide ou gazeuse que les matières qui doivent s'exhaler traversent les pores du corps vivant; mais ce sont à leur tour les solides qui contiennent les liquides et qui leur impriment une partie de leur mouvement par leurs contractions.

Cette action mutuelle des solides et des liquides, ce passage des molécules des uns aux autres, nécessitait de grands rapports dans leur composition chimique; et effectivement, les solides des corps organisés sont en grande partie composés d'élémens susceptibles de devenir facilement liquides ou gazeux.

Le mouvement des liquides, exigeant aussi une action continuellement répétée de la part des solides, et leur en faisant éprouver une, demandait que les solides eussent à la fois de la flexibilité et de la dilatabilité; et c'est, en effet, encore là un caractère presque général des solides organisés.

Cette structure commune à tous les corps vivans, ce tissu aréolaire dont les fibres ou les lames plus ou moins flexibles interceptent des liquides plus ou moins abondans, est ce qu'on appelle l'*organisation*; et, en conséquence de ce que nous venons de dire, il n'y a que les *corps organisés* qui puissent jouir de la vie.

L'organisation résulte, comme on voit, d'un grand nombre de dispositions qui sont toutes des conditions de la vie; et l'on conçoit que le mouvement général de la vie doive s'arrêter, si son effet est d'altérer quelqu'une de ces conditions, de manière à arrêter seulement l'un des mouvemens partiels dont il se compose.

Chaque corps organisé, outre les qualités communes de son tissu, a une forme propre, non-seulement en général et à l'extérieur, mais jusque dans le détail de la structure de chacune de ses parties; et c'est de cette forme, qui détermine la direction particulière de chacun des mouvemens partiels qui s'exercent en lui, que dépend la complication du mouvement général de la vie, qui constitue son espèce, et fait de lui ce qu'il est. Chaque partie concourt à ce mouvement général par une action propre et en éprouve des effets particuliers, en sorte que, dans chaque être, la vie est un ensemble qui résulte de l'action et de la réaction mutuelle de toutes ses parties.

La vie, en général, suppose donc l'organisation en général, et la vie propre de chaque être suppose l'organisation propre de cet être, comme la marche d'une horloge suppose l'horloge ; aussi ne voyons - nous la vie que dans des êtres tout organisés et faits pour en jouir ; et tous les efforts des physiciens n'ont pu encore nous montrer la matière s'organisant , soit d'elle - même , soit par une cause extérieure quelconque. En effet, la vie exerçant sur les élémens qui font à chaque instant partie du corps vivant, et sur ceux qu'elle y attire , une action contraire à ce que produiraient sans elle les affinités chimiques ordinaires, il répugne qu'elle puisse être elle-même produite par ces affinités , et l'on ne connaît cependant dans la nature aucune autre force capable de réunir des molécules auparavant séparées.

La naissance des êtres organisés est donc le plus grand mystère de l'économie organique et de toute la nature ; jusqu'à présent nous les voyons se développer, mais jamais se former; il y a plus : tous ceux à l'origine desquels on a pu remonter, ont tenu d'abord à un corps de la même forme qu'eux, mais développé avant eux ; en un mot, à un *parent*. Tant que le petit n'a point de vie propre, mais participe à celle de son parent, il s'appelle un *germe.*

Le lieu où le germe est attaché, la cause occasionnelle qui le détache et lui donne une vie isolée varient, mais cette adhérence primitive à un être semblable est une règle sans exception. La séparation du germe est ce qu'on nomme *génération.*

Tous les êtres organisés produisent leurs semblables; autrement la mort étant une suite nécessaire de la vie, leurs espèces ne pourraient subsister.

Les êtres organisés ont même la faculté de reproduire dans un degré variable, selon leurs espèces, certaines de leurs parties quand elles leur sont enlevées. C'est ce qu'on nomme le pouvoir de *reproduction.*

Le développement des êtres organisés est plus ou moins prompt et plus ou moins étendu, selon que les circonstances lui sont plus ou moins favorables. La chaleur, l'abondance et l'espèce de la nourriture, d'autres causes encore y influent, et cette influence peut être générale sur tout le corps, ou partielle pour certains organes; de là vient que la similitude des descendans avec leurs parens ne peut jamais être parfaite.

Les différences de ce genre, entre les êtres

organisés, sont ce qu'on appelle des *variétés*.

On n'a aucune preuve que toutes les différences, qui distinguent aujourd'hui les êtres, soient de nature à être ainsi produites par les circonstances. Tout ce que l'on a pu dire sur ce sujet est hypothétique; l'expérience paraît montrer au contraire que, dans l'état actuel du globe, les variétés sont renfermées dans des limites assez étroites, et, aussi loin que nous pouvons remonter dans l'antiquité, nous voyons que ces limites étaient les mêmes qu'aujourd'hui.

On est donc obligé d'admettre certaines formes, qui se sont perpétuées depuis l'origine des choses, sans excéder ces limites; et tous les êtres appartenans à l'une de ces formes constituent ce que l'on appelle une *espèce*. Les variétés sont des subdivisions accidentelles de l'espèce.

La génération étant le seul moyen de connaître les limites auxquelles les variétés peuvent s'étendre, on doit définir l'espèce, *la réunion des individus descendus l'un de l'autre ou de parens communs, et de ceux qui leur ressemblent autant qu'ils se ressemblent entre eux;* mais, quoique cette définition soit rigoureuse, on sent que son application à des individus déterminés peut être fort difficile quand on n'a pas fait les expériences nécessaires.

En résumé, l'absorption, l'assimilation, l'exhalation, le développement, la génération, sont les fonctions communes à tous les corps vivans; la naissance et la mort, les termes universels de leur existence; un tissu aréolaire, contractile, contenant dans ses mailles des liquides ou des gaz en mouvement, l'essence générale de leur structure; des substances presque toutes susceptibles de se convertir en liquides ou en gaz, et des combinaisons capables de se transformer aisément les unes dans les autres, le fonds de leur composition chimique. Des formes fixes, et qui se perpétuent par la génération, distinguent leurs espèces, déterminent la complication des fonctions secondaires propres à chacune d'elles, et leur assignent le rôle qu'elles doivent jouer dans l'ensemble de l'univers. Ces formes ne se produisent ni ne se changent elles-mêmes; la vie suppose leur existence; elle ne peut s'allumer que dans des organisations toutes préparées; et les méditations les plus profondes, comme les observations les plus délicates, n'aboutissent qu'au mystère de la préexistence des germes.

DIVISION DES ÊTRES ORGANISÉS EN ANIMAUX ET EN VÉGÉTAUX.

Les êtres vivans ou organisés ont été subdivisés, dès les premiers temps, en *êtres animés*, c'est-à-dire, sensibles et mobiles, et en *êtres inanimés*, qui ne jouissent ni de l'une ni de l'autre de ces facultés, et qui sont réduits à la faculté commune de végéter. Quoique plusieurs plantes retirent leurs feuilles quand on les touche, que les racines se dirigent constamment vers l'humidité, les feuilles vers l'air et vers la lumière, que quelques parties des végétaux paraissent même montrer des oscillations auxquelles l'on n'aperçoit point de cause extérieure, ces divers mouvemens ressemblent trop peu à ceux des animaux pour qu'on y trouve des preuves de perception et de volonté

La spontanéïté dans les mouvemens des animaux a exigé des modifications essentielles même dans leurs organes simplement végétatifs. Leurs racines ne pénétrant point la terre, ils devaient pouvoir placer en eux-mêmes des provisions d'alimens et en porter le réservoir avec eux. De là dérive le premier caractère des animaux, ou leur cavité intestinale, d'où leur fluide nourricier pénètre leurs autres parties par des pores ou par des vaisseaux, qui sont des espèces de racines intérieures.

L'organisation de cette cavité et de ses appartenances a dû varier selon la nature des alimens, et les opérations qu'ils ont à subir avant de fournir des sucs propres à être absorbés ; tandis que l'atmosphère et la terre n'apportent aux vegétaux que des sucs déjà prêts à être absorbés.

Le corps animal, qui avait à remplir des fonctions plus nombreuses et plus variees que la plante, pouvant en conséquence avoir une organisation beaucoup plus compliquée ; ses parties ne pouvant d'ailleurs conserver entre elles une situation fixe, il n'y avait pas moyen que le mouvement de leurs fluides fût produit par des causes extérieures, et il devait être indépendant de la chaleur et de l'atmosphère; telle est la cause du deuxième caractère des animaux, ou de leur système circulatoire, qui est moins essentiel que le digestif, parce qu'il n'était pas nécessaire dans les animaux les plus simples.

Les fonctions animales exigeaient des systèmes organiques dont les végetaux n'avaient pas besoin : celui des muscles pour le mouvement volontaire, et celui des nerfs pour la sensibilité ; et ces deux systèmes n'agissant, comme tous les autres, que par des mouvemens et des transformations de liquides ou de fluides, il fallait que ceux-ci fussent plus nombreux dans les animaux, et que la composition chimique du corps animal fût plus compliquée que celle de la plante ; aussi y entre-t-il une substance de plus (l'azote), comme élément essentiel, tandis qu'il ne se joint qu'accidentellement dans les végétaux aux trois autres élémens généraux de l'organisation, l'oxygène, l'hydrogène et le carbone. C'est là le troisième caractère des animaux.

Le sol et l'athmosphère présentent aux végétaux pour leur nutrition de l'eau, qui se compose d'oxigène et d'hydrogène, de l'air qui contient de l'oxigène et de l'azote ; et de l'acide carbonique qui est une combinaison d'oxygène et de carbone. Pour tirer de ces alimens leur composition propre, il fallait qu'ils conservassent l'hydrogène et le carbone, qu'ils exhalassent l'oxygène superflu, et qu'ils absorbassent peu ou point d'azote. Telle est aussi la marche de la vie végétale, dont la fonction essentielle est l'exhalation de l'oxygène, qui s'exécute à l'aide de la lumière.

Les animaux ont de plus que les végétaux, pour nourriture médiate ou immédiate, le composé végétal, ou l'hydrogène et le carbone, entrent comme parties principales. Il faut pour les ramener à leur composition propre, qu'ils se débarrassent du trop d'hydrogène, surtout du trop de carbone, et qu'ils accumulent davantage d'azote ; c'est ce qu'ils font dans la respiration, par le moyen de l'oxygène de l'atmosphère qui se combine avec l'hydrogène et le carbone de leur sang, et s'exhale avec eux sous forme d'eau et d'acide carbonique. L'azote, de quelque part qu'il pénètre dans leur corps, paraît y rester.

Les rapports des végétaux et des animaux avec l'atmosphère sont donc inverses ; les premiers défont de l'eau et de l'acide carbonique, et les autres en reproduisent. La respiration est la fonction essentielle à la constitution du corps animal ; c'est elle en quelque sorte qui l'animalise, et nous verrons aussi que les animaux exercent d'autant plus complètement leurs fonctions animales, qu'ils jouissent d'une respiration plus complète. C'est dans ces différences de rapports que consiste le quatrième caractère des animaux.

DES FORMES PROPRES AUX ÉLÉMENS ORGANIQUES DU CORPS ANIMAL, ET DES COMBINAISONS PRINCIPALES DE SES ÉLÉMENS CHIMIQUES.

Un tissu aréolaire et trois élémens chimiques sont essentiels à tous les corps vivans; un quatrième élément l'est en particulier aux animaux; mais ce tissu se compose de diverses formes de mailles, et ces élémens s'unissent en diverses combinaisons.

Il y a trois sortes de matériaux organiques ou de formes de tissu, la *cellulosité*, la *fibre musculaire* et la *matière médullaire;* et, à chaque forme, appartient une combinaison propre d'élémens chimiques ainsi qu'une fonction particulière.

La *cellulosité* se compose d'une infinité de petites lames jetées au hasard et interceptant de petites cellules qui communiquent toutes ensemble. C'est une espèce d'éponge qui a la même forme que le corps entier, et toutes les autres parties la remplissent ou la traversent. Sa propriété est de se contracter indéfiniment

quand les causes qui la tiennent étendue
viennent à cesser : cette force est ce qui retient
le corps dans une forme et dans des limites
déterminées.

La cellulosité serrée forme ces lames plus ou
moins étendues que l'on appelle *membranes ;*
les membranes contournées en cilindres forment
ces tuyaux plus ou moins ramifiés que l'on
nomme *vaisseaux* ; les filamens, nommés
fibres, se résolvent en cellulosité ; les os ne sont
que de la cellulosité durcie par l'accumulation
de substances terreuses.

La matière générale de la cellulosité est cette
combinaison qui porte le nom de *gélatine*, et
dont le caractère consiste à se dissoudre dans
l'eau bouillante et à se prendre, par le refroi-
dissement, en une gelée tremblante.

La *matière médullaire* n'a encore pu être
réduite en ses molécules organiques ; elle paraît
à l'œil comme une sorte de bouillie molle où
l'on ne distingue que des globules infiniment
petits ; elle n'est point susceptible de mouvemens
apparens, mais c'est en elle que réside le pouvoir
admirable de transmettre au MOI les impressions
des sens extérieurs et de porter aux muscles
les ordres de la volonté. Le cerveau en est
composé en grande partie ; la moelle épinière

et les nerfs, qui se distribuent à toutes les parties sensibles, ne sont, quant à leur essence, que des faisceaux de ses ramifications.

La *fibre charnue* ou *musculaire* est une sorte particulière de filamens dont la propriété distinctive, dans l'état de vie, est de se contracter quand ils sont touchés ou frappés par quelque corps, ou quand ils éprouvent, par l'intermédiaire du nerf, l'action de la volonté.

Les muscles, organes immédiats du mouvement volontaire, ne sont que des faisceaux de fibres charnues; toutes les membranes, tous les vaisseaux qui ont besoin d'exercer une compression quelconque sont armés de ces fibres; elles sont toujours intimément unies à des filets nerveux; mais celles qui concourent aux fonctions purement végétatives se contractent à l'insçu du moi, en sorte que la volonté est bien un moyen de faire agir les fibres, mais ce moyen n'est ni général, ni unique.

La fibre charnue a pour base une substance particulière appelée *fibrine*, qui est indissoluble dans l'eau bouillante, et dont la nature semble être de prendre d'elle-même cette forme filamenteuse.

Le *fluide nourricier* ou le *sang*, tel qu'il est dans les vaisseaux de la circulation, non-seulement peut se résoudre, pour la plus grande partie, dans les élémens généraux du corps animal, le carbone, l'hydrogène, l'oxygène et l'azote; mais il contient déjà la fibrine et la gélatine presque toutes disposées à se contracter et à prendre les formes de membranes ou de filamens qui leur sont propres, du moins suffit-il d'un peu de repos pour qu'elles s'y manifestent. Le sang manifeste aussi aisément une combinaison qui se rencontre dans beaucoup de solides et de fluides animaux, l'*albumine* dont le caractère est de se coaguler dans l'eau bouillante, et l'on y trouve presque tous les élémens qui peuvent entrer dans la composition du corps de chaque animal, comme la chaux et le phosphore qui durcissent les os des animaux vertébrés, le fer qui colore le sang lui-même et diverses autres parties, la graisse ou l'huile animale qui se dépose dans la cellulosité pour l'assouplir, etc. Tous les liquides et les solides du corps animal se composent d'élémens chimiques contenus dans le sang ; et c'est seulement par quelques élémens de moins ou par d'autres proportions que chacun d'eux se distingue, d'où l'on voit que leur formation ne dépend que de la soustraction de tout ou partie d'un ou de plusieurs des élémens du

sang, et dans un petit nombre de cas, de
l'addition de quelque élément venu d'ailleurs.

Ces opérations, par lesquelles le fluide nourricier entretient la matière solide ou liquide de
toutes les parties du corps, peuvent prendre en
général le nom de *sécrétions*. Cependant on
réserve souvent ce nom à la production des
liquides, et on donne plus spécialement celui de
nutrition à la production et au dépôt de la
matière nécessaire à l'entretien des solides.

Chaque organe solide, chaque fluide a la
composition convenable pour le rôle qu'il doit
jouer, et la conserve tant que la santé subsiste,
parce que le sang la renouvelle à mesure qu'elle
s'altère. Le sang, en y fournissant continuellement, altère lui-même la sienne à chaque
instant; mais il y est ramené par la digestion
qui renouvelle sa matière, par la respiration
qui le délivre du carbone et de l'hydrogène
superflus, par la transpiration et diverses autres
excrétions qui lui enlèvent d'autres principes
surabondans.

Ces transformations perpétuelles de composition chimique forment une partie non moins
essentielle du tourbillon vital que les mouvemens visibles et de translation : ceux-ci n'ont
même pour objet que d'amener les premiers.

DES FORCES QUI AGISSENT DANS LE CORPS ANIMAL.

La fibre musculaire n'est pas seulement l'organe du mouvement volontaire; nous venons de voir qu'elle est encore le plus puissant des moyens que la nature emploie pour opérer les mouvemens de translation nécessaire à la vie végétative. Ainsi les fibres des intestins produisent le mouvement péristaltique qui fait parcourir ce canal aux alimens; les fibres du cœur et des artères sont les agens de la circulation, et par elle, de toutes les sécrétions, etc.

La volonté met la fibre en contraction par l'intermède du nerf; et les fibres involontaires, telles que celles que nous venons de citer, sont aussi toutes animées par des nerfs qui s'y rendent; il est donc probable que ce sont ces nerfs qui les font contracter.

Toute contraction, et en général tout changement de dimension dans la nature, s'opère par un changement de composition chimique, ne fut-ce que par l'afflux ou la retraite d'un fluide impondérable, tel que le calorique; c'est même ainsi que se font les plus violens

mouvemens connus sur la terre, les inflamma-
tions, les détonnations, etc.

Il y a donc grande apparence que c'est par
un fluide impondérable que le nerf agit sur
la fibre, d'autant qu'il est bien démontré qu'il
n'y agit pas mécaniquement.

La matière médullaire de tout le système
nerveux est homogène, et doit pouvoir exercer
partout où elle se trouve les fonctions qui
appartiennent à sa nature ; toutes ses ramifications reçoivent une grande abondance de
vaisseaux sanguins.

Tous les fluides animaux étant tirés du sang
par sécrétion, il n'y a pas à douter que le
fluide nerveux ne soit dans le même cas, ni
que la matière médullaire ne le sécrète.

D'un autre côté, il est certain que la matière médullaire est le seul conducteur du fluide
nerveux ; tous les autres élémens organiques
lui servent de cohibants, et l'arrêtent, comme
le verre arrête l'électricité.

Les causes extérieures qui sont capables de
produire des sensations ou d'occasionner des
contractions dans la fibre, sont toutes des agens
chimiques, capables d'opérer des décomposi-
tions, tels que la lumière, le calorique, les

sels, les vapeurs odorantes, la percussion, la
compression, etc., etc.

Il y a donc grande apparence que ces causes
agissent sur le fluide nerveux d'une manière
chimique, et en altèrent sa composition; cela
est d'autant plus vraisemblable, que leur action s'émousse en se continuant, comme si le
fluide nerveux avait besoin de reprendre sa
composition primitive pour pouvoir être altéré
de nouveau.

Les organes extérieurs des sens sont des
sortes de cribles qui ne laissent parvenir sur
le nerf que l'espèce d'agent qui doit l'affecter
à chaque endroit; la langue a des papilles spongieuses qui s'imbibent des dissolutions salines;
l'oreille, une pulpe gélatineuse qui est ébran-
lée par les vibrations sonores; l'œil, des len-
tilles transparentes qui ne sont perméables qu'à
la lumière, etc.

Ce que l'on appelle les irritans ou les agens
qui occasionnent les contractions de la fibre,
exercent probablement cette action en faisant
produire sur la fibre, par le nerf, le même effet
qu'y produit la volonté; c'est-à-dire en altérant
le fluide nerveux de la manière nécessaire pour
changer les dimensions de la fibre sur laquelle il
influe; mais la volonté n'est pour rien dans leur

action ; souvent même le *moi* , n'en a aucune connaissance. Les muscles séparés du corps sont encore susceptibles d'irritation tant que la portion de nerf restée avec eux conserve le pouvoir d'agir sur eux , et la volonté est évidemment étrangère à ce phénomène.

Le fluide nerveux s'altère par l'irritation musculaire aussi-bien que par la sensibilité, et que par le mouvement volontaire, et a de même besoin d'être rétabli dans sa composition.

Les mouvemens de translation nécessaires à la vie végétative sont déterminés par des irritations : les alimens irritent l'intestin, le sang irrite le cœur, etc. Ces mouvemens sont tous soustraits à la volonté, et en général (tant que la santé dure), à la connaissance du *moi ;* les nerfs qui les produisent ont même dans plusieurs parties une distribution différente des nerfs affectés aux sensations ou soumis à la volonté, et cette distribution paraît avoir précisément pour objet de les y soustraire.

Les fonctions nerveuses , c'est-à-dire la sensibilité et l'irritabilité musculaire, sont d'autant plus fortes dans chaque point, que leur agent y est plus abondant ; et comme cet agent, ou

le fluide nerveux, est produit par une sécrétion, il doit être d'autant plus abondant qu'il
y a plus de matière médullaire ou sécrétoire, et
que cette matière reçoit plus de sang.

Dans les animaux qui ont une circulation,
le sang arrive aux parties par les artères qui le
transportent, au moyen de leur irritabilité et
de celle du cœur. Si ces artères sont irritées, elles
agissent plus vivement et amènent plus de sang;
le fluide nerveux devient plus abondant et augmente la sensibilité locale; il augmente à son
tour l'irritabilité des artères, et cette action
mutuelle peut aller fort loin. On l'appelle *or-
gasme*, et quand elle devient douloureuse et
permanente, *inflammation*. L'irritation peut
aussi commencer par le nerf quand il éprouve
des sensations vives.

Cette influence mutuelle des nerfs et des
fibres, soit du système intestinal, soit du système artériel, est le véritable ressort de la vie
végétative dans les animaux.

Comme chaque sens extérieur n'est perméa-
ble qu'à telle ou telle substance sensible, de
même chaque organe intérieur peut n'être ac-
cessible qu'à tel ou tel agent d'irritation. Ainsi
le mercure irrite les glandes salivaires, les can-

tharides irritent la vessie , etc..... Ces agens sont ce que l'on nomme des *spécifiques*.

Le système nerveux étant homogène et continu , les sensations et irritations locales le fatiguent tout entier ; et chaque fonction, portée trop loin , peut affaiblir les autres. Trop d'alimens empêchent de penser ; des méditations trop prolongées affaiblissent la digestion , etc.

Une irritation locale excessive peut affaiblir le corps entier, comme si toutes les forces de la vie se portaient en un seul point.

Une seconde irritation produite sur un autre point peut diminuer ou, comme on dit, *détourner* la première ; tel est l'effet des purgatifs, des vessicatoires, etc.

Tout rapide qu'est notre énoncé , il doit suffire pour établir la possibilité de se rendre compte de tous les phénomènes de la vie physique , par la seule admission d'un fluide tel que nous venons de le définir, d'après les propriétés qu'il présente.

IDÉE SOMMAIRE DES FONCTIONS ET DES ORGANES DU CORPS DES ANIMAUX, AINSI QUE DES DIVERS DEGRÉS DE LEUR COMPLICATION

Après ce que nous venons de dire des élémens organiques du corps, de ses principes chimiques et des forces qui agissent en lui, nous n'avons plus qu'à donner une idée sommaire des fonctions de détail dont la vie se compose, et des organes qui leur sont affectés.

Les fonctions du corps animal se divisent en deux classes.

Les fonctions animales ou propres aux animaux, c'est-à-dire la sensibilité et le mouvement volontaire.

Les fonctions vitales, végétatives, ou communes aux animaux et aux végétaux, c'est-à-dire la nutrition et la génération.

La sensibilité réside dans le système nerveux.

Le sens extérieur le plus général est le toucher; son siège est à la peau, membrane enveloppant le corps entier, et traversée de toute part par des nerfs dont les derniers filets s'épanouissent en papilles à sa surface, et y sont garantis par l'épiderme, et par d'autres tégumens insensibles, tels que poils, écailles, etc. Le goût et l'odorat ne sont que des touchers plus délicats, pour lesquels la peau de la langue et des narines est particulièrement organisée ; la première, au moyen de papilles plus bombées et plus spongieuses ; la seconde, par son extrême délicatesse et la multiplication de sa surface toujours humide. Nous avons déjà parlé de l'œil et de l'oreille en général. L'organe de la génération est doué d'un sixième sens qui est dans sa peau intérieure ; celle de l'estomac et des intestins fait connaître aussi, par des sensations propres, l'état de ses viscères. Il peut naître enfin dans toutes les parties du corps, par des accidens ou par des maladies, des sensations plus ou moins douloureuses.

Beaucoup d'animaux manquent d'oreilles et de narines ; plusieurs d'yeux ; il y en a qui sont réduits au toucher, lequel ne manque amais.

L'action reçue par les organes extérieurs se propage par les nerfs jusqu'aux masses centrales du système nerveux qui, dans les animaux supérieurs, se composent du cerveau et de la moelle épinière. Plus l'animal est d'une nature élevée, plus le cerveau est volumineux, plus le pouvoir sensitif y est concentré; à mesure que l'animal est placé plus bas dans l'échelle, les masses médullaires se dispersent; dans les genres les plus imparfaits, la substance nerveuse toute entière semble se fondre dans la substance générale du corps.

On nomme tête, la partie du corps qui contient le cerveau et les principaux organes des sens.

Quand l'animal a reçu une sensation, et qu'elle détermine en lui une volonté, c'est encore par les nerfs qu'il transmet cette volonté aux muscles.

Les muscles sont des faisceaux de fibres charnues dont les contractions produisent tous les mouvemens du corps animal. Les extensions des membres, tous les prolongemens des parties, sont l'effet de contractions musculaires, aussi-bien que les flexions et les raccourcissemens. Les muscles de chaque animal sont disposés en nombre et en direction pour les mouvemens qu'il peut avoir à exécuter; et quand ces mouvemens doivent se faire avec quelque vigueur, les muscles s'insèrent à des parties dures articulées les unes sur les autres, et qui peuvent être considérées comme autant de leviers. Ces parties portent le nom d'os dans les animaux vertébrés, où elles sont intérieures et formées d'une masse gélatineuse, pénétrée de molécules de phosphate de chaux. On les appelle coquilles, croûtes, écailles dans les mollusques, les crustacés, les insectes, où elles sont extérieures et composées de substance calcaire ou cornée, qui transsude entre la peau et l'épiderme.

Les fibres charnues s'insèrent aux parties dures, par le moyen d'autres fibres d'une nature gélatineuse, qui ont l'air d'être la continuation des premières, et qui forment ce que l'on appelle des tendons.

Les configurations des faces articulaires des parties dures limitent leurs mouvemens, qui sont encore contenus par des faisceaux ou des enveloppes attachées aux côtés des articulations, et qu'on appelle des ligamens.

C'est d'après les diverses dispositions de ces appareils osseux et musculaires, et d'après la forme et la proportion des membres qui en résultent, que les animaux sont en état d'exécuter les innombrables mouvemens qui entrent dans la marche, le saut, le vol et la natation.

Les fibres musculaires affectées à la digestion et à la circulation ne sont pas soumises à la volonté ; elles reçoivent cependant des nerfs, mais, comme nous l'avons dit , les principaux de ceux qui s'y rendent éprouvent des subdivisions et des renflemens qui paraissent avoir pour objet de les soustraire à l'empire du *moi.* Ce n'est que dans les passions et les autres affections fortes de l'àme que l'empire du moi se fait sentir malgré ces barrières, et presque toujours c'est pour troubler l'ordre de ces fonctions végétatives. Ce n'est aussi que dans l'état maladif que ces fonctions sont accompagnées de sensations. Ordinairement la digestion s'opère sans que l'animal s'en aperçoive.

Les alimens , divisés par les mâchoires et par les dents , ou pompés quand l'animal n'en prend que de liquides , sont avalés par des mouvemens musculaires de l'arrière-bouche et du gosier, et déposés dans les premières parties du canal alimentaire, ordinairement renflées en un ou plusieurs estomacs ; ils y sont pénétrés par des sucs propres à les dissoudre.

Conduits ensuite dans le reste du canal, ils y reçoivent encore d'autres sucs destinés à achever leur préparation. Les parois du canal ont des pores qui tirent de cette masse alimentaire la portion convenable pour la nutrition , et le résidu inutile est rejeté comme excrément.

Le canal dans lequel s'opère ce premier acte de la nutrition, est une continuation de la peau, et se compose de lames semblables aux siennes; les fibres même qui l'entourent sont analogues à celles qui adhèrent à la face interne de la peau, et qu'on nomme la pannicule charnue ; il se fait dans tout l'intérieur du canal une transsudation qui a des rapports avec la transpiration cutanée, et qui devient plus abondante quand celle-ci est supprimée ; la peau exerce même une absorption fort analogue à celle des intestins.

Il n'y a que les derniers des animaux où les excrémens ressortent par la bouche, et dont l'intestin ait la forme d'un sac sans issue.

Le nombre de ceux où le suc nourricier, absorbé par les parois de l'intestin, se répand immédiatement dans toute la spongiosité du corps, est plus considérable, car toute la classe des insectes paraît aussi y appartenir.

Mais à compter des arachnides et des vers, le suc nourricier circule dans un système de vaisseaux clos, dont les derniers rameaux seuls en dispensent les molécules aux parties qui doivent en être entretenues; les vaisseaux qui portent ainsi le fluide nourricier aux parties se nomment *artères* ; ceux qui le rapportent

au centre de la circulation se nomment *veines;*
le tourbillon circulatoire est tantôt simple ,
tantôt double , et même triple (en comptant
celui de la veine porte); la rapidité de son
mouvement est souvent aidée par les contractions de certains appareils charnus que l'on
nomme *cœurs* , et qui sont placés à l'un ou
à l'autre des centres de circulation, quelquefois à tous les deux.

Dans les animaux vertébrés et à sang rouge ,
le fluide nourricier sort blanc des intestins , et
porte alors le nom de chyle ; il aboutit par des
vaisseaux particuliers , nommés lactés , dans le
système veineux , où il se mêle avec le sang.
Des vaisseaux semblables aux lactés , et formant avec eux un ensemble appelé système
lymphatique , rapportent aussi dans le sang
veineux le résidu de la nutrition des parties ,
et les produits de l'absorption cutanée.

Pour que le sang soit propre à nourrir les
parties , il faut qu'il éprouve de la part de l'é-
lément ambiant, par la respiration, la modification dont nous avons parlé ci-dessus. Dans
les animaux qui ont une circulation, une partie
des vaisseaux est destinée à porter le sang dans
des organes où ils le subdivisent sur une grande
surface, pour que l'action de l'élément ambiant

soit plus forte. Quand cet élément est de l'air,
la surface est creuse et se nomme *poumon ;*
quand c'est de l'eau, elle est saillante, et s'appelle *branchie.* Il y a toujours des organes de
mouvement disposés pour amener l'élément
ambiant dans ou sur l'organe respiratoire.

Dans les animaux qui n'ont pas de circulation, l'air se répand dans tous les points du
corps par des vaisseaux élastiques appelés trachées, où l'eau agit, soit en pénétrant aussi
par des vaisseaux, soit en baignant seulement
la surface de la peau.

Le sang qui a respiré est propre à rétablir la
composition de toutes les parties, et à opérer
ce qu'on appelle la nutrition proprement dite.
C'est une grande merveille que cette facilité
qu'il a de se décomposer dans chaque point de
manière à y laisser précisément l'espèce de molécules qui y est nécessaire ; mais c'est cette
merveille qui constitue toute la vie végétative.
On ne voit, pour la nutrition des solides, d'autre arrangement qu'une grande subdivision des
dernières branches artérielles ; mais pour la
production des liquides, les appareils sont plus
variés et plus compliqués ; tantôt ces dernières
extrémités des vaisseaux s'épanouissent simplement sur de grandes surfaces d'où s'exhale le

liquide produit; tantôt c'est dans le fond de petites cavités, d'où ce liquide suinte; le plus souvent ces extrémités artérielles, avant de se
changer en veines, donnent naissance à des vaisseaux particuliers qui transportent ce liquide,
et c'est au point d'union des deux genres de
vaisseaux qu'il paraît naître; alors les vaisseaux
sanguins et ces vaisseaux appelés *propres*, forment, par leur entrelacement, des corps nommés *glandes conglomérées* ou sécrétoires. Dans
les animaux qui n'ont pas de circulation, le
fluide nourricier baigne toutes les parties; chacune d'elles y puise les molécules nécessaires à
son entretien; s'il faut que quelque liquide soit
produit, des vaisseaux propres flottent dans le
fluide nourricier, et y pompent, par leurs pores,
les élémens nécessaires à la composition de ce
liquide.

C'est ainsi que le sang entretient sans cesse
la composition de toutes les parties et y répare
les altérations qui sont la suite continuelle et
nécessaire de leurs fonctions. Les idées générales que nous pouvons nous faire de cette opération, sont assez claires, quoique nous n'ayons
pas de notion distincte et détaillée de ce qui se
passe sur chaque point; et que, faute de connaître la composition chimique de chaque partie

avec assez de précision, nous ne puissions nous rendre un compte exact des transformations nécessaires pour la produire.

Outre les glandes qui séparent du sang les liquides qui doivent jouer quelque rôle dans l'économie intérieure, il en est qui en séparent des liquides destinés à être rejetés au dehors, soit simplement comme matières superflues, telles que l'*urine* qui est produite par les *reins*, soit pour quelque utilité de l'animal, comme l'encre des sèches, la pourpre de divers autres mollusques, etc...

Quant à la génération, il y a une opération ou un phénomène encore bien autrement difficile à concevoir que les sécrétions, c'est la production du germe. Nous avons vu même qu'on doit la regarder à peu près comme incompréhensible; mais, une fois l'existence du germe admise, il n'y a point sur la génération de difficulté particulière. Tant qu'il adhère à sa mère, il est nourri comme s'il était un de ses organes; et une fois qu'il s'en détache, il a lui-même sa vie propre qui est au fond semblable à celle de l'adulte.

Le germe, l'embrion, le fétus, le petit nouveau-né ne sont cependant jamais parfaitement de la même forme que l'adulte, et leur différence est quelquefois assez grande pour que leur assimilation ait mérité le nom de *métamorphose.* Ainsi, personne ne devinerait, s'il ne l'avait observé ou appris, qu'une chenille dût devenir un papillon.

Tous les êtres vivans se métamorphosent plus ou moins dans le cours de leur accroissement, c'est-à-dire, qu'ils perdent certaines parties et en développent qui étaient auparavant moins considérables. Les antennes, les ailes, toutes les parties du papillon étaient enfermées sous la peau de chenille; cette peau disparaît avec des mâchoires, des pieds et d'autres organes qui ne restent pas au papillon. Les pieds de la grenouille sont renfermés dans la peau du têtard, et le têtard, pour devenir grenouille, perd sa queue, sa bouche et ses branchies. L'enfant même, en naissant, perd son placenta et ses enveloppes; à un certain âge, il perd presque son tymus, et il gagne petit à petit des cheveux, des dents et de la barbe; les rapports de grandeur de ses organes changent, et son corps augmente à proportion plus que sa tête, sa tête plus que son oreille interne, etc.

Le lieu où les germes se montrent, l'assemblage de ces germes se nomme l'*ovaire;* le canal, par où les germes une fois détachés se rendent au dehors, l'*oviductus ;* la cavité où ils sont obligés, dans plusieurs espèces, de séjourner un temps plus ou moins long avant de naître, la *matrice* ou l'*utérus ;* l'orifice extérieur par lequel ils sortent, la *vulve.* Quand il y a des sexes, le sexe mâle est celui qui féconde ; le sexe femelle celui dans lequel les germes paraissent. La liqueur fécondante se nomme *sperme ;* les glandes qui la séparent du sang, *testicules ;* et, quand il faut qu'elle soit introduite dans le corps de la femelle, l'organe qui l'y porte s'appelle *verge.*

EXPOSÉ RAPIDE DES FONCTIONS INTELLEC-TUELLES DES ANIMAUX.

L'impression des objets extérieurs sur le moi, la production d'une sensation, d'une image, est un mystère impénétrable pour notre esprit, et le matérialisme une hypothèse d'autant plus hasardée que la philosophie ne peut donner aucune preuve directe de l'existence effective de la matière. Mais le naturaliste doit examiner quelles paraissent être les conditions matérielles de la sensation; il doit suivre les opérations ultérieures de l'esprit, reconnaître jusqu'à quel point elles s'élèvent dans chaque être, et s'assurer s'il n'y a pas encore pour elles des conditions de perfection dépendantes de l'organisation de chaque espèce ou de l'état momentané du corps de chaque individu.

Pour que le MOI perçoive, il faut qu'il y ait une communication nerveuse non interrompue entre le sens extérieur et les masses centrales du système médullaire. Ce n'est donc que la modification éprouvée par ces masses que le moi perçoit; aussi peut-il y avoir des sensations très-réelles sans que l'organe extérieur soit affecté, et qui naissent, soit dans le trajet nerveux, soit dans la masse centrale même : ce sont les rêves et les visions, ou certaines sensations accidentelles.

Par masses centrales, nous entendons une partie du système nerveux d'autant plus circonscrite que l'animal est plus parfait. Dans l'homme, c'est exclusivement une portion restreinte du cerveau; mais dans les reptiles, c'est déjà le cerveau et la moelle entière de chacune de leurs parties prise séparément, en sorte que l'absence de tout le cerveau n'empêche pas de sentir. L'extension est bien plus grande encore dans les classes inférieures.

La perception acquise par le moi produit

l'*image* de la sensation éprouvée. Nous reportons hors de nous la cause de la sensation, et nous nous donnons ainsi l'*idée* de l'objet qui l'a produite. Par une loi nécessaire de notre intelligence, toutes les idées d'objets matériels sont dans le temps et dans l'espace.

Les modifications éprouvées par les masses médullaires y laissent des impressions qui se reproduisent, et rappellent à l'esprit les images et les idées : c'est la *mémoire*, faculté corporelle qui varie beaucoup selon l'âge et la santé.

Les idées qui se ressemblent, ou qui ont été acquises en même temps, se rappellent l'une l'autre : c'est l'*association des idées*. L'ordre, l'étendue et la promptitude de cette association constituent la perfection de la mémoire.

Chaque objet se présente à la mémoire avec toutes ses qualités ou avec toutes les idées accessoires.

L'*intelligence* a le pouvoir de séparer ces idées accessoires des objets, et de réunir celles qui se retrouvent les mêmes dans plusieurs objets, sous une *idée générale*, dont l'objet n'existe réellement nulle part et ne se présente non plus nullement isolé : c'est l'*abstraction*.

Toute sensation étant plus ou moins agréable ou désagréable, l'expérience et des essais répétés montrent promptement les mouvemens qu'il faut faire pour se procurer les unes et éviter les autres, et l'intelligence s'abstrait, à cet égard, des règles générales pour diriger la *volonté*.

Une sensation agréable pouvant avoir des suites qui ne le sont pas, et réciproquement les sensations subséquentes s'associent à l'idée de la sensation primitive, et modifient à son égard les règles abstraites par l'intelligence : c'est la *prudence*.

De l'application des règles aux idées générales, résultent des espèces de formules qui s'adaptent ensuite aisément aux cas particuliers : c'est le *raisonnement*.

Un vif souvenir des sensations primitives et associées, et des impressions de plaisir et de peine qui s'y rattachent : c'est l'*imagination*.

Un être privilégié, l'homme, a la faculté d'associer ses idées générales à des images particulières et plus ou moins arbitraires, aisées à graver dans la mémoire, et qui lui servent à rappeler les idées générales qu'elles représentent. Ces images associées sont ce qu'on appelle des *signes ;* leur ensemble est le *langage.* Quand le langage se compose d'images relatives au sens de l'ouïe ou de *sons*, on le nomme la *parole*.

Quand ce sont des images relatives au sens de la vue, on les nomme *hyéroglyphes*. L'*écriture* est une suite d'images relatives au sens de la vue par lesquelles nous représentons les sons élémentaires, et, en les combinant, toutes les images relatives au sens de l'ouïe dont se compose la parole; elle n'est donc qu'une représentation médiate des idées.

Cette faculté de représenter les idées générales par des signes ou images particulières qu'on leur associe, aide à en retenir distinctement dans la mémoire, et à s'en rappeler sans confusion, une quantité immense, et fournit au raisonnement et à l'imagination d'innombrables matériaux, et aux individus des moyens de communication qui font participer toute l'espèce à l'expérience de chacun d'eux; en sorte que les connaissances peuvent s'élever indéfiniment par la suite des siècles : elle est le caractère distinctif de l'intelligence humaine.

Les animaux les plus parfaits sont infiniment au dessous de l'homme pour les facultés intellectuelles, et il est cependant certain que leur intelligence exécute des opérations du même genre. Ils se meuvent en conséquence des sensations qu'ils reçoivent; ils sont susceptibles d'affections durables; ils acquièrent par l'expé-

rience une certaine connaissance des choses,
d'après laquelle ils se conduisent, indépendam-
ment de la peine et du plaisir actuels, et par la
seule prévoyance des suites. En domesticité,
ils sentent leur subordination, savent que l'être
qui les punit est libre de ne le pas faire,
prennent devant lui l'air suppliant quand ils
se sentent coupables ou qu'ils le voient fâché.
Ils se perfectionnent ou se corrompent dans la
société de l'homme; ils sont susceptibles d'émulation et de jalousie; ils ont entre eux un
langage naturel qui n'est, à la vérité, que
l'expression de leurs sensations du moment;
mais l'homme leur apprend à entendre un langage beaucoup plus compliqué par lequel il
leur fait connaître ses volontés et les détermine
à les exécuter.

En un mot, on aperçoit dans les animaux
supérieurs un certain degré de raisonnement
avec tous ses effets bons et mauvais, et qui
paraît être à peu près le même que celui des
enfans lorsqu'ils n'ont pas encore appris à parler.
A mesure qu'on descend à des animaux plus
éloignés de l'homme, ces facultés s'affaiblissent;
et, dans les dernières classes, elles finissent par
se réduire à des signes, encore quelquefois équivoques, de sensibilité, c'est-à-dire, à quelques

mouvemens peu énergiques pour échapper à la douleur. Les degrés entre ces deux extrêmes sont infinis.

Mais il existe dans un grand nombre d'animaux une faculté différente de l'intelligence; c'est celle qu'on nomme *instinct*. Elle leur fait produire de certaines actions nécessaires à la conservation de l'espèce, mais souvent tout à fait étrangères aux besoins apparens des individus, souvent aussi très-compliquées, et qui, pour être attribuées à l'intelligence, supposeraient une prévoyance et des connaissances infiniment supérieures à celles qu'on peut admettre dans les espèces qui les exécutent. Ces actions, produites par l'instinct, ne sont point non plus l'effet de l'imitation, car les individus qui les pratiquent ne les ont souvent jamais vu faire à d'autres; elles ne sont point en proportion avec l'intelligence ordinaire, mais deviennent plus singulières, plus savantes, plus désintéressées, à mesure que les animaux appartiennent à des classes moins élevées, et, dans tout le reste, plus stupides. Elles sont si bien la propriété de l'espèce, que tous les individus les exercent de la même manière sans y rien perfectionner.

Ainsi les abeilles ouvrières construisent, depuis le commencement du monde, des édifices très-ingénieux, calculés d'après la plus haute géométrie, et destinés à loger et à nourrir une postérité qui n'est pas même la leur. Les abeilles et les guêpes solitaires forment aussi des nids très-compliqués pour y déposer leurs œufs. Il sort de cet œuf un ver qui n'a jamais vu sa mère, qui ne connaît point la structure de la prison où il est enfermé, et qui, une fois métamorphosé, en construit cependant une parfaitement semblable pour son propre œuf.

On ne peut se faire d'idée claire de l'instinct, qu'en admettant que ces animaux ont dans leur sensorium des images ou sensations innées et constantes, qui les déterminent a agir comme les sensations ordinaires et accidentelles déterminent communément. C'est une sorte de rêve ou de vision qui les poursuit toujours et dans tout ce qui a rapport à leur instinct; on peut les regarder comme des espèces de somnambules.

L'instinct a été accordé aux animaux comme supplément de l'intelligence, et pour concourir avec elle, et avec la force et la fécondité, au juste degré de conservation de chaque espèce.

L'instinct n'a aucune marque visible dans la conformation de l'animal; mais l'intelligence, autant qu'on a pu l'observer, est dans une pro—

portion constante avec la grandeur relative du cerveau, et surtout de ses hémisphères.

DE LA MÉTHODE DANS SON APPLICATION AU RÈGNE ANIMAL.

D'APRÈS ce que nous avons dit sur les méthodes en général, il s'agit de savoir quels sont dans les animaux les caractères les plus influens dont il faudra faire les bases de leurs premières divisions. Il est clair que ce doivent être ceux qui se tirent des fonctions animales ; c'est-à-dire, des sensations et du mouvement, car non-seulement ils font de l'être un animal, mais ils établissent en quelque sorte le degré de son animalité.

L'observation confirme ce raisonnement, en montrant que leurs degrés de développement et de complication concordent avec ceux des organes des fonctions végétatives.

Le cœur et les organes de la circulation sont une espèce de centre pour les fonctions végétatives, comme le cerveau et le tronc du système nerveux pour les fonctions animales. Or, nous voyons ces deux systèmes se dégrader et disparaître l'un avec l'autre. Dans les derniers des

animaux , lorsqu'il n'y a plus de nerfs visibles,
il n'y a plus de fibres distinctes , et les organes
de la digestion sont simplement creusés dans la
masse homogène du corps. Le système vascu-
laire disparaît même avant le système nerveux
dans les insectes; mais, en général , la dispersion
des masses médullaires répond à celle des agens
musculaires ; une moelle épinière sur laquelle
des nœuds ou ganglions représentent autant de
cerveaux , correspond à un corps divisé en anneaux nombreux et porté sur des paires de
membres réparties sur sa longueur , etc.

Cette correspondance des formes générales ,
qui résultent de l'arrangement des organes mo-
teurs, de la distribution des masses nerveuses,
et de l'énergie du système circulatoire, doit
donc servir de base aux premières coupures à
faire dans le règne animal.

Nous examinerons ensuite , dans chacune de
ces coupures, quels caractères doivent succéder
immédiatement à ceux-là et donner lieu aux
premières subdivisions.

DISTRIBUTION GÉNÉRALE DU RÈGNE ANIMAL EN QUATRE GRANDES DIVISIONS.

Si l'on considère le règne animal d'après les principes que nous venons de poser, en se débarrassant des préjugés établis sur les divisions anciennement admises, en n'ayant égard qu'à l'organisation et à la nature des animaux, et non pas à leur grandeur, à leur utilité, au plus ou moins de connaissance que nous en avons, ni à toutes les autres circonstances accessoires, on trouvera qu'il existe quatre formes principales, quatre plans généraux, si l'on peut s'exprimer ainsi, d'après lesquels tous les animaux semblent avoir été modelés, et dont les divisions ultérieures, de quelque titre que les naturalistes les aient décorées, ne sont que des modifications assez légères, fondées sur le développement ou l'addition de quelques parties, qui ne changent rien à l'essence du plan.

Dans la première de ces formes, qui est celle de l'homme et des animaux qui lui ressemblent le plus, le cerveau et le tronc principal du système nerveux sont renfermés dans une enveloppe osseuse, qui se compose du crâne et des vertèbres; aux côtés de cette colonne mitoyenne

s'attachent les côtes et les os des membres qui
forment la charpente du corps ; les muscles
recouvrent en général les os qu'ils font agir, et
les viscères sont renfermés dans la tête et dans
le tronc.

Nous appelerons les animaux de cette forme
les ANIMAUX VERTÉBRÉS. (*Animalia vertebrata.*)

Ils ont tous le sang rouge, un cœur musculaire ; une bouche à deux mâchoires horizon-
tales ; des organes distincts de la vue, de l'ouïe,
de l'odorat et du goût, placés dans les cavités de
la face ; jamais plus de quatre membres ; des
sexes toujours séparés, et une distribution à
peu près la même des masses médullaires et des
principales branches du sytème nerveux.

En examinant de plus près chacune des parties de ce grand système, on y trouve toujours
quelque analogie, même dans les espèces les
plus éloignées l'une de l'autre, et l'on peut suivre les dégradations d'un même plan, depuis
l'homme jusqu'au dernier des poissons.

Dans la deuxième forme, il n'y a point de
squelette ; les muscles sont attachés seulement
à la peau, qui forme une enveloppe molle, contractile en divers sens, dans laquelle s'engen-
drent, en beaucoup d'espèces, des plaques pierreuses, appelées coquilles, dont la position et

la production sont analogues à celle du corps muqueux ; le système nerveux est avec les viscères dans cette enveloppe générale, et se compose de plusieurs masses éparses, réunies par des filets nerveux, dont les principales, placées sur l'œsophage, portent le nom de cerveau. Des quatre sens propres, on ne distingue plus que les organes de celui du goût et de celui de la vue; encore ces derniers manquent-ils souvent. Une seule famille montre des organes de l'ouïe. Du reste il y a toujours un système complet de circulation, et des organes particuliers pour la respiration. Ceux de la digestion et des sécrétions sont à peu près aussi compliqués que dans les animaux vertébrés.

Nous appelerons ces animaux de la seconde forme, ANIMAUX MOLLUSQUES. (*Animalia mollusca.*)

Quoique le plan général de leur organisation ne soit pas aussi uniforme, quant à la configuration extérieure des parties, que celui des animaux vertébrés, il y a toujours entre ces parties une ressemblance au moins du même degré dans la structure et dans les fonctions.

La troisième forme est celle qu'on observe dans les insectes, les vers, etc. Leur système nerveux consiste en deux longs cordons régnans le long du ventre, renflés d'espace en espace en nœuds ou ganglions. Le premier de ces nœuds, placé sur l'œsophage, et nommé cerveau, n'est guère plus grand que les autres. L'enveloppe de leur tronc est divisée par des plis transverses en un certain nombre d'anheaux, dont les tégumens sont tantôt durs, tantôt mous, mais où les muscles sont toujours attachés à l'intérieur. Le tronc porte souvent à ses côtés des membres articulés ; mais souvent aussi il en est dépourvu.

Nous donnerons à ces animaux le nom d'ANIMAUX ARTICULÉS. (*Animalia articulata.*)

C'est parmi eux que s'observe le passage de la circulation dans des vaisseaux fermés, à la nutrition par imbibition, et le passage correspondant de la respiration dans les organes circonscrits, à celle qui se fait par des trachées ou vaisseaux aériens répandus dans tout le corps. Les organes du goût et de la vue sont les plus distincts chez eux : une seule famille en montre pour l'ouïe. Leurs mâchoires, quand ils en ont, sont toujours latérales.

Enfin la quatrième forme, qui embrasse tous les animaux connus sous le nom de *Zoophytes*, peut aussi porter le nom d'ANIMAUX RAYONNÉS. (*Animalia radiata.*)

Dans tous les précédens, les organes du mouvement et des sens étaient disposés symétriquement aux deux côtés d'un axe. Dans ceux-ci, ils le sont circulairement autour d'un centre. Ils approchent de l'homogénéité des plantes ; on ne leur voit ni système nerveux bien distinct , ni organes de sens particuliers : à peine aperçoit-on dans quelques-uns des vestiges de circulation ; leurs organes respiratoires sont presque toujours à la surface de leur corps ; le plus grand nombre n'a qu'un sac sans issue , pour tout intestin , et les dernières familles ne présentent qu'une sorte de pulpe homogène , mobile et sensible (1).

---

(1) *N. B.* Avant moi, les naturalistes divisaient tous les animaux non vertébrés en deux classes, les insectes et les vers. J'ai commencé à attaquer cette manière de voir, et présenté une autre division, dans un mémoire lu à la société d'Histoire naturelle de Paris , le 21 floréal an III, ou le 10 mai 1795 , et imprimé dans la Décade philosophique , où je marque les caractères et les limites des mollusques, des crustacés , des insectes , des vers , des échinodermes et des zoophytes. J'ai distingué les vers à sang rouge ou annelides , dans un mémoire lu à l'Institut le 11 nivose an X, ou le 31 décembre 1801. J'ai ensuite réparti ces diverses classes en trois embranchemens comparables chacun à celui des animaux vertébrés , dans un mémoire lu à l'Institut en juillet 1812 , imprimé dans les annales du mus. d'Hist. nat. , tome XIX.

PREMIÈRE GRANDE DIVISION DU RÈGNE ANIMAL.

LES ANIMAUX VERTÉBRÉS.

LEUR corps et leurs membres étant soutenus par une charpente composée de pièces liées et mobiles les unes sur les autres, ils ont plus de précision et de vigueur dans leurs mouvemens ; la solidité de ce support leur permet d'atteindre une grande taille, et c'est parmi eux que se trouvent les plus grands des animaux.

Leur système nerveux plus concentré, ses parties centrales plus volumineuses, donnent à leurs sentimens plus d'énergie et plus de durée, d'où résulte une intelligence supérieure et plus de perfectibilité.

Leur corps se compose toujours de la tête, du tronc et des membres.

La tête est formée du crâne qui renferme le cerveau, et de la face, qui se compose des deux mâchoires et des réceptacles des organes des sens.

Leur tronc est soutenu par l'épine du dos, et les côtes.

L'épine est composée de vertèbres mobiles

les unes sur les autres, dont la première porte la tête, et qui ont toutes une partie annulaire et forment ensemble un canal, où se loge ce faisceau commun du système nerveux, qu'on appelle moelle de l'épine.

Le plus souvent l'épine se prolonge en une queue, en dépassant les membres postérieurs.

Les côtes sont des demi-cerceaux qui garantissent les côtés de la cavité du tronc; le plus souvent elles s'articulent par une extrémité aux vertèbres, et par-devant au sternum : elles sont quelquefois à peine visibles.

Il n'y a jamais plus de deux paires de membres; mais elles manquent quelquefois l'une ou l'autre, ou toutes les deux, et prennent des formes relatives aux mouvemens qu'elles doivent exécuter. Les membres antérieurs peuvent être faits en mains, en pieds, en ailes ou en nageoires; les postérieurs, en pieds ou en nageoires.

Le sang est toujours rouge et paraît avoir une composition propre à entretenir cette énergie de sentiment et cette vigueur de muscles, mais dans des degrés divers et qui correspondent à la quantité de respiration, ce qui motive la subdivision des animaux vertébrés en quatre classes.

Les sens extérieurs sont toujours deux yeux,
deux oreilles, deux narines, les tégumens de
la langue, et ceux de la totalité du corps.

Les nerfs se rendent à la moelle par les trous
des vertèbres, ou par ceux du crâne; ils paraissent s'unir tous en un double faisceau qui
forme cette moelle, et qui, après avoir croisé
ses filamens, s'épanouit pour former en se ren-
flant les divers tubercules dont le cerveau se
compose, et pour se terminer dans les deux
voûtes médullaires appelées hémisphères, dont
le volume correspond à l'étendue de l'intelligence.

Il y a toujours deux mâchoires; le principal
mouvement est dans l'inférieure, qui s'élève ou
s'abaisse; la supérieure est quelquefois entièrement fixe; l'une et l'autre sont presque toujours
armées de dents, excroissances d'une nature
particulière, assez semblable à celle des os pour
la composition chimique, mais qui croissent
par couches et par transsudation; une classe
entière, cependant (celle des oiseaux), a les
mâchoires revêtues de cornes, et le genre des
tortues, dans la classe des reptiles, est dans le
même cas.

Le canal intestinal va de la bouche à l'anus,
éprouvant divers renflemens et rétrécissemens,

ayant des appendices, et recevant des liqueurs dissolvantes , dont les unes , qui se versent dans la bouche , sont appelées salive ; les autres , qui n'entrent que dans les intestins , portent divers noms : les deux principales sont le suc de la glande nommée le pancréas, et la bile qui est produite par une autre glande fort considérable appelée le foie.

Pendant que les alimens digérés parcourent le canal alimentaire , leur partie propre à la nutrition , et qui se nomme le chyle , est absorbée par des vaisseaux particuliers, nommés lactés , et portée dans les veines; le résidu de la nutrition des parties est aussi reporté dans les veines par des vaisseaux analogues aux lactés , et formant avec eux un même système , nommé *système des vaisseaux lymphatiques.*

Les veines reportent au cœur le sang qui a servi à nourrir les parties , et que le chyle et la lymphe viennent de renouveler ; mais ce sang est obligé de passer en tout ou en partie dans l'organe de la respiration , pour y reprendre sa nature artérielle, avant d'être reporté aux parties par les artères. Dans les trois premières classes , cet organe de respiration est un poumon, c'est-à-dire , un assemblage de cellules où l'air pénètre. Dans les poissons seulement , ce sont des branchies ou des séries de lames entre lesquelles l'eau passe.

Dans tous les animaux vertébrés, le sang qui fournit au foie les matériaux de la bile, est du sang veineux qui a circulé dans les intestins, et qui, après s'être rassemblé dans un tronc appelé *veine porte*, se subdivise de nouveau au foie.

Tous ces animaux ont aussi une sécrétion particulière, qui est celle de l'*urine*, et qui se fait dans deux grosses glandes attachées aux côtés de l'épine du dos, et appelées *reins* : la liqueur que ces glandes produisent, séjourne le plus souvent dans un réservoir appelé la *vessie*.

Les *sexes* sont séparés; la femelle a toujours un ou deux ovaires, d'où les œufs se détachent au moment de la conception.

Le mâle les féconde par la liqueur séminale; mais le mode de cette fécondation varie beaucoup.

Dans la plupart des genres des trois premières classes, elle exige une intromission de la liqueur; dans quelques reptiles, et dans la plupart des poissons, elle se fait quand les œufs sont déjà pondus.

SUBDIVISION DES ANIMAUX VERTÉBRÉS, EN QUATRE CLASSES.

On vient de voir à quel point les animaux vertébrés se ressemblent entre eux ; ils offrent cependant quatre grandes subdivisions ou classes, caractérisées par l'espèce ou la force de leurs mouvemens , qui dépendent eux-mêmes de la quantité de leur respiration , attendu que c'est de la respiration que les fibres musculaires tirent l'énergie de leur irritabilité.

La quantité de respiration dépend de deux facteurs ; le premier est la quantité relative du sang qui se présente dans l'organe respiratoire dans un instant donné ; le second , la quantité relative d'oxigène qui entre dans la composition du fluide ambiant.

La quantité du sang qui respire dépend de la disposition des organes de la respiration et de ceux de la circulation.

Les organes de la circulation peuvent être doubles, de sorte que tout le sang qui arrive des parties par les veines, est obligé d'aller circuler dans l'organe respiratoire avant de retourner aux parties par les artères ; ou bien ils peuvent être simples , de sorte qu'une portion seu-

lement du sang qui revient du corps est obligée
de passer par l'organe respiratoire, mais que le
reste retourne au corps sans être allé respirer.

Ce dernier cas est celui des reptiles. Leur
quantité de respiration et toutes les qualités
qui en dépendent varient selon la proportion
du sang qui se rend dans le poumon à chaque
pulsation.

Les poissons ont une circulation double,
mais leur organe respiratoire est formé pour
respirer par l'intermède de l'eau; et leur sang
n'y éprouve d'action que de la part de la
portion d'oxigène dissoute ou mêlée dans cette
eau, en sorte que leur quantité de respiration
est peut-être moindre encore que celle des
reptiles.

Dans les mammifères, la circulation est double
et la respiration aérienne est simple, c'est-à-
dire, qu'elle ne se fait que dans le poumon
seulement; leur quantité de respiration est
donc supérieure à celle des reptiles à cause de
la forme de leur organe circulatoire, et à celle
des poissons à cause de la nature de leur élément
ambiant.

Mais la quantité de respiration des oiseaux
est encore supérieure à celle des quadrupèdes,
parce que non-seulement ils ont une circulation

double et une respiration aérienne, mais encore
parce qu'ils respirent par beaucoup d'autres
cavités que le poumon, l'air pénétrant par tout
leur corps, et baignant les rameaux de l'aorte,
ou artère du corps, aussi-bien que ceux de
l'artère pulmonaire.

De là résultent les quatre sortes de mouvemens auxquelles les quatre classes d'animaux
vertébrés sont plus particulièrement destinées;
Les quadrupèdes, où la quantité de respiration
est modérée, sont généralement faits pour marcher et courir en développant de la force; les
oiseaux, où elle est plus grande, ont la légèreté
et la vigueur de muscles nécessaires pour le
vol; les reptiles, où elle est plus faible, sont
condamnés à ramper, et plusieurs d'entre eux
pàssent une partie de leur vie dans une sorte
de torpeur; les poissons enfin ont besoin, pour
exécuter leurs mouvemens, d'être soutenus dans
un liquide spécifiquement presque aussi pesant
qu'eux.

Toutes les circonstances d'organisation propres
à chacune de ces quatre classes, et nommément
celles qui concernent le mouvement et les
sensations extérieures, sont en rapport nécessaire avec ces caractères essentiels.

Cependant, la classe des mammifères a des

caractères particuliers dans leur génération vivipare, dans la manière dont leur fœtus se nourrit dans la matrice, au moyen du placenta et dans les mammelles qui allaitent leurs petits.

Au contraire, les autres classes sont ovipares, et, si on les oppose en commun à la première, on leur trouve des ressemblances qui annoncent pour elles un plan spécial d'organisation dans le grand plan général de tous les vertébrés.

PREMIÈRE CLASSE DES ANIMAUX VERTÉBRÉS.

LES MAMMIFÈRES.

Les mammifères doivent être placés à la tête du règne animal, non-seulement parce que c'est la classe à laquelle nous appartenons nous-mêmes, mais encore parce que c'est celle de toutes qui jouit des facultés les plus multipliées, des sensations les plus délicates, des mouvemens les plus variés, et où l'ensemble de toutes les propriétés paraît combiné pour produire une intelligence plus parfaite, plus féconde en ressources, moins esclave de l'instinct et plus susceptible de perfectionnement.

Comme leur quantité de respiration est modérée, ils sont en général disposés pour marcher sur la terre, mais pour y marcher avec force et d'une manière continue. En conséquence, toutes les articulations de leur squelette ont des formes très-précises qui déterminent leurs mouvemens avec rigueur.

Quelques-uns cependant peuvent s'élever en l'air au moyen de membres prolongés et de membranes étendues; d'autres ont les membres tellement raccourcis qu'ils ne se meuvent aisément que dans l'eau, mais ils ne perdent pas pour cela les caractères généraux de la classe.

Ils ont tous la mâchoire supérieure fixée au crâne, l'inférieure composée de deux pièces seulement, articulée par un condyle saillant à un temporal fixe; le cou de sept, et une seule espèce de neuf vertèbres; les côtes antérieures attachées en avant à un sternum formé d'un certain nombre de pièces à la file; leur extrémité de devant commence par une omoplate non articulée, mais seulement suspendue dans les chairs, s'appuyant souvent sur le sternum par un os intermédiaire nommé clavicule. Cette extrémité se continue par un bras, un avant-bras et une main formée elle-même de deux rangées d'osselets appelées poignet ou carpe, d'une rangée d'os nommée métacarpe, et de doigts composés chacun de deux ou trois os nommes phalanges.

Si l'on excepte les cétacés, ils ont tous la première partie de l'extrémité postérieure fixée à l'épine et formant une ceinture ou un bassin qui dans la jeunesse se divise en trois paires d'os, l'iléon qui tient à l'épine, le pubis qui forme la ceinture antérieure, et l'ischion qui forme la postérieure. Au point de réunion de ces trois os est la fosse où s'articule la cuisse, qui porte elle-même la jambe, formée de deux os, le tibia et le péroné; cette extrémité est terminée par le pied, lequel se compose de parties analogues à celles de la main; savoir, d'un tarse, d'un métatarse et de doigts.

La tête des mammifères s'articule toujours par deux condyles sur leur atlas ou première vertèbre.

Leur cerveau se compose toujours de deux hémisphères réunis par une lame médullaire dite corps calleux, renfermant deux ventricules, et enveloppant les quatre paires de tubercules appelées corps cannelés, couches optiques, nates et testes. Entre les couches optiques est un troisième ventricule qui communique avec le quatrième situé sous le cervelet; les jambes de leur cervelet forment toujours sous la moelle allongée une proéminence transverse appelée pont de varole.

Leur œil, toujours logé dans son orbite, préservé par deux paupières et un vestige de troisième, a son cristallin fixé par le procès-ciliaire et sa sclérotique simplement celluleuse.

Dans leur oreille, on trouve toujours une cavité nommée caisse, fermée en dehors par une membrane nommée tympan, avec quatre osselets appelés marteau, lenticulaire, enclume et étrier; un vestibule sur l'entrée duquel appuie l'étrier et qui communique avec trois canaux sémi-circulaires; enfin, un limaçon qui donne par une de ses rampes dans la caisse, par l'autre dans le vestibule.

Leur crâne se subdivise comme en trois ceintures formées : l'antérieure, par les deux frontaux et l'éthmoïde ; l'intermédiaire, par les pariétaux et le sphénoïde ; la postérieure, par l'occipital ; entre l'occipital, les pariétaux et le sphénoïde, sont intercalés les temporaux, dont une partie appartient proprement à la face.

Dans le fœtus, l'occipital se divise en quatre parties : le corps du sphénoïde en deux, et trois de ses paires d'ailes sont séparées; le temporal en trois, dont l'une sert à compléter le crâne, l'autre à renfermer le labyrinthe de l'oreille, la troisième à former les parois de la

caisse, etc. Ces parties d'os s'unissent plus ou
moins promptement selon les espèces, et les
os eux-mêmes finissent par s'unir dans les
adultes.

Leur face est formée essentiellement par les
deux maxillaires, entre lesquels passe le canal
des narines, et qui ont en avant les deux intermaxillaires, en arrière les deux palatins ;
entre eux descend la lame impaire de l'éthmoïde, nommée *vomer ;* sur les entrées du
canal nazal sont les os propres du nez ; à ses parois externes adhèrent les cornets inférieurs ; les
cornets supérieurs qui occupent sa partie supérieure et postérieure, appartiennent à l'éthmoïde. Le jugal unit de chaque côté l'os maxillaire au temporal, et souvent au frontal ; enfin,
le lacrymal occupe l'angle interne de l'orbite,
et quelquefois une partie de la joue.

Leur langue est toujours charnue et attachée
à un os appelé hyoïde, suspendu au crâne par
des ligamens.

Leurs poumons, au nombre de deux, composés d'une infinité de cellules, sont toujours
renfermés sans adhérence dans une cavité formée par les côtes et le diaphragme, et tapissée
par la plèvre ; leur organe de la voix toujours
à l'extrémité supérieure de la trachée artère ;

nn prolongement charnu, nommé voile du palais, établit une communication directe entre leur larynx et leurs arrières-narines.

Leur séjour à la surface de la terre les exposant moins aux alternatives du froid et du chaud, leur corps n'a que l'espèce moyenne de tégument, le poil, qui même est généralement rare dans ceux des pays chauds.

Les cétacés qui vivent entièrement dans l'eau, sont les seuls qui en manquent absolument.

Leur canal intestinal est suspendu à un repli du péritoine, nommé mésentère, qui contient de nombreuses glandes conglobées pour les vaisseaux lactés ; une autre production du péritoine, nommée épiploon, pend au-devant et au-dessous des intestins.

L'urine retenue pendant quelque temps dans une vessie, sort, dans les deux sexes, à un très-petit nombre d'exceptions près, par les orifices de la génération.

Celle-ci dans tous les mammifères est essentiellement vivipare ; c'est-à-dire que le fœtus, immédiatement après la conception, descend dans la matrice, enfermé dans ses enveloppes, dont la plus extérieure, nommée *chorion*, se fixe aux parois de cet organe par un ou plusieurs plexus de vaisseaux, appelés *placentas*,

qui établissent entre lui et sa mère une communication, d'où il tire sa nourriture, et probablement aussi son oxygénation. Cependant,
les fœtus de mammifères ont au moins dans les
premiers temps de la grossesse une vésicule
analogue à celle qui contient le jaune dans les
ovipares; et recevant de même des vaisseaux
du mésentère. Ils ont aussi une autre vessie,
qui communique avec celle de l'urine, et qu'on
a nommée allantoïde.

La conception exige toujours un accouplement effectif, où le sperme du mâle sóit lancé
dans la matrice de la femelle.

Les petits se nourrissent pendant quelque
temps, après leur naissance, d'une liqueur particulière à cette classe (le lait), laquelle est
produite par les mammelles, dès l'instant du
part, et pour aussi long-temps que les petits
en ont besoin. Ce sont les mammelles qui ont
valu à cette classe son nom de mammifères, attendu que lui étant exclusivement propres, elles
la distinguent mieux qu'aucun autre caractère
extérieur.

Division de la classe des mammifères en ordres.

Les caractères variables qui établissent les

diversités essentielles des mammifères entre eux, sont pris des organes du toucher, d'où dépend leur plus ou moins d'habileté ou d'adresse, et des organes de la manducation qui déterminent la nature de leurs alimens, et entraînent après eux, non-seulement tout ce qui a rapport à la fonction digestive, mais encore une foule d'autres différences relatives, même à l'intelligence.

La perfection des organes du toucher s'estime d'après le nombre et la mobilité des doigts, et d'après la manière plus ou moins profonde dont leur extrémité est enveloppée dans l'ongle ou dans le sabot.

Un sabot qui enveloppe tout-à-fait la partie du doigt qui touche à terre, y émousse le tact, et rend le pied incapable de saisir.

L'extrême opposé est quand un ongle formé d'une seule lame ne couvre qu'une des faces du bout du doigt, et laisse à l'autre face toute sa délicatesse.

Le régime se juge par les dents mâchelières, à la forme desquelles répond toujours l'articulation des mâchoires.

Pour couper de la chair, il faut des mâchelières tranchantes comme une scie, et des mâchoires serrées comme des ciseaux, qui ne puissent que s'ouvrir ou se fermer.

Pour broyer des grains ou des racines, il faut des mâchelières à couronne plate, et des mâchoires qui puissent se mouvoir horizontalement; il faut encore, pour que la couronne de ces dents soit toujours inégale comme une meule, que sa substance soit formée de parties inégalement dures, et dont les unes s'usent plus vite que les autres.

Les animaux à sabot sont tous de nécessité herbivores ou à couronnes des mâchelières plates, parce que leurs pieds ne leur permettraient pas de saisir une proie vivante.

Les animaux à doigts onguiculés étaient susceptibles de plus de variétés; il y en a de tous les régimes; et outre la forme des mâchelières, ils diffèrent encore beaucoup entre eux par la mobilité et la délicatesse des doigts. On a surtout saisi à cet égard un caractère qui influe prodigieusement sur l'adresse et multiplie leurs moyens d'industrie; c'est la faculté d'opposer le pouce aux autres doigts, pour saisir les plus petites choses, ce qui constitue la *main* proprement dite; faculté qui est portée à son plus haut degré de perfection dans l'homme, où l'extrémité antérieure toute entière est libre et peut être employée à la préhension.

Ces diverses combinaisons qui déterminent rigoureusement la nature des divers mammifères, ont donné lieu à distinguer les ordres suivans :

Parmi les onguiculés, le premier, qui est en même temps privilégié sous tous les autres rapports, *l'homme*, a des mains aux extrémités antérieures seulement ; ses extrémités postérieures le soutiennent dans une situation verticale.

L'ordre le plus voisin de l'homme, celui des *quadrumanes*, a des mains aux quatre extrémités.

Un autre ordre, celui des *carnassiers*, n'a point de pouce libre et opposable aux extrémités antérieures.

Ces trois ordres ont d'ailleurs chacun les trois sortes de dents, savoir : des mâchelières, des canines et des incisives.

Un quatrième, celui des *rongeurs*, dont les doigts diffèrent peu de ceux des carnassiers, manque de canines et porte en avant des incisives disposées pour une sorte toute particulière de manducation.

Viennent ensuite des animaux dont les doigts sont déjà fort gênés, fort enfoncés dans de grands ongles, le plus souvent crochus, et qui ont encore cette imperfection de manquer d'incisives. Quelques-uns manquent même de canines, et d'autres n'ont point de dents du tout. Nous les comprenons tous sous le nom *d'édentés.*

Cette distribution des animaux onguiculés serait parfaite et formerait une chaîne très-régulière, si la Nouvelle-Hollande ne nous avait pas fourni récemment une petite chaîne collatérale, composée des *animaux à bourse,* dont tous les genres se tiennent entre eux par l'ensemble de l'organisation, et dont cependant les uns répondent aux carnassiers ; les autres aux rongeurs ; les troisièmes aux édentés, par les dents et par la nature du régime.

Les animaux à sabots, moins nombreux, ont aussi moins d'irrégularité.

Les *ruminans* composent un ordre très-distinct, par ses pieds fourchus, sa mâchoire supérieure sans vraies incisives, et ses quatre estomacs.

Tous les autres quadrupèdes à sabots se laissent réunir en un seul ordre que j'appellerai *pachydermes* ou *jumenta,* excepté l'*éléphant* qui pourrait faire un ordre à part, et qui se lie par quelques rapports éloignés avec l'ordre des rongeurs.

Enfin viennent les mammifères, qui n'ont point du tout d'extrémités postérieures, et dont la forme de poisson et la vie aquatique pourraient engager à faire une classe particulière, si tout le reste de leur économie n'était pas la même que dans la classe où nous les laissons. Ce sont les poissons à sang chaud des anciens ou les *cétacés* qui, réunissant à la force des autres mammifères l'avantage d'être soutenus par l'élément aqueux, comptent parmi eux les plus gigantesques de tous les animaux.

PREMIER ORDRE DES MAMMIFÈRES.

LES BIMANES OU L'HOMME.

L'homme ne forme qu'un genre, et ce genre est unique dans son ordre. Comme son histoire nous intéresse plus directement et doit former l'objet de comparaison auquel nous rapporterons celle des autres animaux, nous la traiterons avec plus de détail.

Nous exposerons rapidement ce que l'homme offre de particulier dans chacun de ses systèmes organiques, parmi tout ce qu'il a de commun avec les autres mammifères; nous examinerons les avantages que ces particularités lui donnent sur les autres espèces ; nous ferons connaître ses principales races et leurs caractères distinctifs ; enfin, nous indiquerons l'ordre naturel du développement de ses facultés, soit individuelles, soit sociales.

Conformation particulière de l'homme.

Le pied de l'homme est très-différent de celui des singes : il est large ; la jambe porte verticalement sur lui ; le talon est renflé en dessous ; ses doigts sont courts et ne peuvent presque se ployer ; le pouce, plus long, plus gros que les autres, est placé sur la même ligne, ne leur est point opposable ; ce pied est donc propre à supporter le corps, mais il ne peut servir, ni à saisir, ni à grimper, et comme de leur côté les mains ne servent point à la marche, l'homme est le seul animal vraiment *bimane* et *bipède*.

Le corps entier de l'homme est disposé pour la station verticale. Ses pieds, comme nous venons de le voir, lui fournissent une base plus large que ceux d'aucun mammifère ; les muscles qui retiennent le pied et la cuisse dans l'état d'extension sont plus vigoureux, d'où résulte la saillie du mollet et de la fesse ; les fléchisseurs de la jambe s'attachent plus haut, ce qui permet au genou une extension complète, et laisse mieux paraître le mollet ; le bassin est plus large, ce qui écarte les cuisses et les pieds, et donne au tronc une forme pyramidale favorable à l'équilibre : les cols des os des cuisses forment, avec le corps de l'os, un angle qui augmente encore l'écartement des pieds et élargit la base du corps; enfin la tête, dans cette situation verticale, est en équilibre sur le tronc, parce que son articulation est alors sous le milieu de sa masse.

Quand l'homme le voudrait, il ne pourrait marcher commodément à quatre; son pied de derrière court et presque inflexible, et sa cuisse trop longue, ramèneraient son genou contre terre; ses épaules écartées et ses bras jetés trop loin de la ligne moyenne, soutiendraient mal le devant de son corps; le muscle grand dentelé qui, dans les quadrupèdes, suspend le tronc entre les omoplates comme une sangle, est plus petit dans l'homme que dans aucun d'entre eux; la tête est plus pesante à cause de la grandeur du cerveau et de la petitesse des sinus ou cavités des os, et cependant les moyens de la soutenir sont plus faibles, car l'homme n'a ni ligament cervical, ni disposition des vertèbres propre à les empêcher de se fléchir en avant; il pourrait donc tout au plus maintenir sa tête dans la ligne de l'épine, et alors ses yeux et sa bouche seraient dirigés contre terre; il ne verrait pas devant lui; la position de ces organes est au contraire parfaite, en supposant qu'il marche debout.

Les artères qui vont à son cerveau ne se subdivisant point, comme dans beaucoup de quadrupèdes, et le sang nécessaire pour un organe si volumineux, s'y portant avec trop d'affluence, de fréquentes apoplexies seraient la suite de la position horizontale.

L'homme doit donc se soutenir sur ses pieds seulement. Il conserve la liberté entière de ses mains pour les arts, et ses organes des sens sont situés le plus favorablement pour l'observation.

Ces mains, qui tirent déjà tant d'avantages de leur liberté, n'en ont pas moins dans leur structure. Leur pouce, plus long à proportion que dans les singes, donne plus de facilité pour la préhension des petits objets; tous les doigts, excepté l'annulaire, ont des mouvemens séparés, ce qui n'est pas dans les autres animaux, pas même dans les singes. Les ongles ne garnissant qu'un des côtés du bout du doigt, prêtent un appui au tact sans rien ôter à sa délicatesse. Les bras qui portent ces mains ont une attache solide par leur large omoplate et leur forte clavicule, etc.

L'homme, si favorisé du côté de l'adresse, ne l'est point du côté de la force. Sa vitesse à la course est beaucoup moindre que celle des animaux de sa taille; n'ayant ni mâchoires avancées, ni canines saillantes, ni ongles crochus, il est sans armes offensives; et, son corps n'ayant pas même de poils à sa partie supérieure ni sur les côtés, il est absolument sans armes défensives; enfin, c'est de tous les animaux celui qui est le plus long-temps à prendre les forces nécessaires pour se subvenir à lui-même.

Mais cette faiblesse a été pour lui un avantage de plus, en le contraignant de recourir à ses moyens intérieurs, et surtout à cette intelligence qui lui a été accordée à un si haut degré.

Aucun quadrupède n'approche de lui pour la grandeur et les replis des hémisphères du cerveau, c'est-à-dire, de la partie de cet organe qui sert d'instrument principal aux opérations intellectuelles ; la partie postérieure du même organe s'étend en arrière de façon à recouvrir le cervelet ; la forme même de son crâne annonce cette grandeur du cerveau, comme la petitesse de sa face montre combien la partiedu système nerveux, affectée aux sens externes, est peu prédominante.

Cependant ces sensations extérieures, toutes d'une force médiocre dans l'homme, y sont aussi toutes délicates et bien balancées.

Ses deux yeux sont dirigés en avant ; il ne voit point de deux côtés à la fois comme beaucoup de quadrupèdes, ce qui met plus d'unité dans les résultats de sa vue et fixe davantage son attention sur les sensations de ce genre. Le globe et l'iris de son œil sont l'un et l'autre peu variables, ce qui restreint l'activité de sa vue à une distance et à un degré de lumière déterminés ; la conque de son oreille peu mobile et peu étendue n'augmente pas l'intensité des sons, et cependant, c'est de tous les animaux celui qui distingue le mieux les intonations ; ses narines, plus compliquées que celles des singes, le sont moins que celles de tous les autres genres, et cependant il paraît le seul dont l'odorat soit assez délicat pour être affecté par les mauvaises odeurs. La délicatesse de l'odorat doit influer sur celle du goût, et l'homme doit d'ailleurs avoir de l'avantage, à cet égard, au moins sur les animaux dont la langue est revêtue d'écailles ; enfin, la finesse de son toucher résulte, et de celle de ses tégumens, et de l'absence de toutes parties insensibles, aussi-bien que de la forme de sa main mieux faite qu'aucune autre pour s'adapter à toutes les petites inégalités des surfaces.

L'homme a une prééminence particulière dans les organes de sa voix ; il peut seul articuler des sons ; la forme de sa bouche et la grande mobilité de ses lèvres en sont probablement les causes ; il en résulte pour lui un moyen de communication bien précieux, car des sons variés sont, de tous les signes que l'on pourrait employer commodément pour la transmission des idées, ceux que l'on peut faire percevoir le plus loin et dans plus de directions à la fois.

Il semble que jusqu'à la position du cœur et des gros vaisseaux soient relatives à la station verticale ; le cœur est posé obliquement sur le diaphragme et sa pointe répond à gauche, ce qui occasionne une distribution de l'aorte différente dè celle de la plupart des quadrupèdes.

L'homme paraît fait pour se nourrir principalement de fruits, de racines et d'autres parties succulentes des végétaux. Ses mains lui donnent la facilité de les cueillir ; ses mâchoires courtes et de force mediocre d'un côté, ses canines égales aux autres dents, et ses molaires tuberculeuses de l'autre, ne lui permettraient guère ni de paître de l'herbe, ni de dévorer de la chair, s'il ne préparait ces alimens par la cuisson ; mais une fois qu'il a possédé le feu, et que ses arts l'ont aidé à saisir ou à tuer de loin les animaux, tous les êtres vivans ont pu servir à sa nourriture, ce qui lui a donné les moyens de multiplier infiniment son espèce.

Ses organes de la digestion sont conformes à ceux

de la mastication ; son estomac est simple, son canal intestinal de longueur médiocre, ses gros intestins bien marqués, son coecum court et gros, augmenté d'un appendice grèle, son foie divisé seulement en deux lobes et un lobule ; son épiploon pend au-devant des intestins jusque dans le bassin.

Pour compléter l'idée abrégée de la structure anatomique de l'homme, nécessaire pour cette introduction, nous ajouterons qu'il a trente-deux vertèbres, dont sept cervicales, douze dorsales, cinq lombaires, cinq sacrées, et trois coccygiennes. De ses côtes, sept paires s'unissent au sternum par des allonges cartilagineuses et se nomment vraies côtes ; les cinq paires suivantes sont nommées fausses côtes. Son crâne a huit os ; savoir, un occipito-basilaire, deux temporaux, deux pariétaux, un frontal, un ethmoïde et un sphénoïdal. Les os de sa face sont au nombre de quatorze ; deux maxillaires, deux jugaux, dont chacun se joint au maxillaire du même côté par une espèce d'anse nommée arcade zygomatique, deux naseaux, deux palatins en arrière du palais, un vomer entre les narines, deux cornets du nez dans les narines, deux lachrymaux aux côtés internes des orbites et l'os unique de la mâchoire inférieure. Chaque mâchoire a seize dents, quatre incisives tranchantes au milieu, deux canines pointues aux coins, et dix molaires à couronne tuberculeuse, cinq de chaque côté : ce sont en tout trente-deux dents. Son omoplate a au bout de son épine ou arrête saillante une tubérosité, dite *acromion*, à laquelle s'attache la clavicule et, au-dessus de son articulation, une pointe, nommée bec coracoïde, pour l'attache de quelques muscles. Le radius tourne complètement sur le cubitus à cause de la manière dont il s'articule avec l'humerus. Le carpe a huit os, quatre par chaque rangée; le tarse en a sept; ceux du reste de la main et du pied se comptent aisément d'après le nombre des doigts.

L'homme jouissant, au moyen de son industrie, d'une nourriture uniforme, est en tout temps disposé aux plaisirs de l'amour sans y être jamais entraîné avec fureur; son organe mâle n'est point soutenu par un axe osseux; le prépuce ne le retient pas attaché à l'abdomen, mais il pend au-devant du pubis : des veines grosses et multipliées, qui reportent aisément dans la masse de la circulation le sang des testicules, paraissent contribuer à cette modération de désirs.

La matrice de la femme est une cavité simple et ovale; ses mammelles, au nombre de deux seulement, sont situées sur la poitrine, et répondent à la facilité qu'elle a de soutenir son enfant sur ses bras.

Développement physique et moral de l'homme.

La portée ordinaire n'est que d'un petit; sur cinq cents accouchemens, il n'y en a qu'un de deux enfans; il est beaucoup plus rare encore d'en voir de plus nombreux. La durée de la gestation est de neuf mois. Un fœtus d'un mois a ordinairement un pouce de haut; à deux mois, il a deux pouces et un quart; à trois mois, cinq pouces; à cinq mois, six ou sept

pouces; à sept mois, onze pouces; à huit mois, quatorze pouces; à neuf mois, dix-huit pouces. Ceux
qui naissent à moins de sept mois ne vivent point
pour la plupart. Les dents de lait commencent à
pousser quelques mois après la naissance. Il y en a
vingt à deux ans qui tombent successivement vers
la septième année, pour être remplacées par d'autres.
Des douze arrières-molaires qui ne doivent pas tomber, il y en a quatre qui paraissent à quatre ans et
demi, quatre à neuf ans; les quatre dernières ne paraissent quelquefois qu'à la vingtième année.

Le fœtus croît davantage à mesure qu'il approche
de la naissance. L'enfant, au contraire, croît toujours
de moins en moins. Il a à sa naissance plus du
quart de sa hauteur; il en atteint moitié à deux ans
et demi; les trois-quarts à neuf ou dix ans. Ce n'est
guère qu'à dix-huit ans qu'il cesse de croître. L'homme
surpasse rarement six pieds, et il ne reste guère au-
dessous de cinq. La femme a ordinairement quelques pouces de moins.

La puberté se manifeste par des signes extérieurs,
de dix ou douze ans dans les filles, de douze à
seize dans les garçons. Elle commence plus tôt dans
les pays chauds. L'un et l'autre sexe produisent rarement avant l'époque de cette manifestation.

A peine le corps a-t-il atteint le terme de son
accroissement en hauteur, qu'il commence à épais-
sir; la graisse s'accumule dans le tissu cellulaire.
Les différens vaisseaux s'obstruent graduellement;
les solides se roidissent; et après une vie plus ou
moins longue, plus ou moins agitée, plus ou moins

douloureuse, arrivent la vieillesse, la caducité, la décrépitude et la mort. Les hommes qui passent cent ans sont des exceptions rares; la plupart périssent long-temps avant ce terme, ou de maladies, ou d'accidens, ou même simplement de vieillesse.

L'enfant a besoin des secours de sa mère bien plus long-temps que de son lait, d'où résulte pour lui une éducation intellectuelle en même temps que physique, et entre tous deux un attachement durable. Le nombre égal des individus des deux sexes, la difficulté de nourrir plus d'une femme quand les richesses ne suppléent pas à la force, montrent que la monogamie est la liaison naturelle à notre espèce; et comme dans toutes celles où ce genre d'union existe, le père prend part à l'éducation du petit. La longueur de cette éducation lui permet d'avoir d'autres enfans dans l'intervalle, d'où résulte la perpétuité naturelle de l'union conjugale; comme de la longue faiblesse des enfans résulte la subordination de famille, et par suite tout l'ordre de la société, attendu que les jeunes gens qui forment les familles nouvelles, conservent avec leurs parens les rapports dont ils ont eu si long-temps la douce habitude. Cette disposition à se seconder mutuellement multiplie à l'infini les avantages que donnaient déja à l'homme isolé, son adresse et son intelligence; elle l'a aidé à dompter ou à repousser les autres animaux, et à se préserver partout des intempéries du climat, et c'est ainsi qu'il est parvenu à couvrir la face de la terre.

Du reste, l'homme ne paraît avoir rien qui ressemble à de l'instinct, aucune industrie constante et produite

par des images innées ; toutes ses connaissances
sont le résultat de ses sensations, ou de celles de
ses devanciers. Transmises par la parole , fécondées
par la méditation, appliquées à ses besoins et à ses
jouissances , elles lui ont donné tous ses arts. La
parole et l'écriture, en conservant les connaissances
acquises, sont pour l'espèce la source d'un perfectionnement indéfini. C'est ainsi qu'elle s'est fait des
idées, et qu'elle a tiré parti de la nature entière.

Il y a cependant des degrés très-différens dans le
développement de l'homme.

Les premières hordes , réduites à vivre de chasse ,
de pêche, ou de fruits sauvages, obligées de donner
tout leur temps à la recherche de leur subsistance,
ne pouvant beaucoup multiplier parce qu'elles auraient détruit le gibier, faisaient peu de progrès ;
leurs arts se bornaient à construire des huttes et des
canots ; à se couvrir de peaux, et à se fabriquer des
flèches et des filets ; elles n'observaient guère que les
astres qui les guidaient dans leurs courses, et quelques objets naturels dont les propriétés leur ren-
daient des services ; elles ne s'associèrent que le
chien , parce qu'il avait un penchant naturel pour
le même genre de vie. Lorsque l'on fut parvenu à
dompter des animaux herbivores , on trouva dans la
possession de nombreux troupeaux une subsistance
toujours assurée, et quelque loisir, que l'on employa
à étendre les connaissances ; on mit quelque industrie dans la fabrication des demeures et des vête-
mens ; on connut la propriété et par conséquent les
échanges , la richesse et l'inégalité des conditions,

sources d'une émulation noble et de passions viles ;
mais une vie errante pour trouver de nouveaux pâturages, et suivre le cours des saisons, retint encore
dans des bornes assez étroites.

L'homme n'est parvenu réellement à multiplier
son espèce à un haut degré, et à porter très-loin
ses connaissances et ses arts, que depuis l'invention
de l'agriculture et la division du sol en propriétés
héréditaires ; au moyen de l'agriculture, le travail
manuel d'une partie seulement des membres de la
société nourrit tous les autres, et leur permet de se
livrer aux occupations moins nécessaires, en même
temps que l'espoir d'acquérir par l'industrie une existence douce pour soi et pour sa postérité, a donné
à l'émulation un nouveau mobile. La découverte des
valeurs représentatives a porté cette émulation au
plus haut degré, en facilitant les échanges, en rendant les fortunes à la fois plus indépendantes et
susceptibles de plus d'accroissement ; mais par une
suite nécessaire, elle a porté aussi au plus haut
degré les vices de la mollesse et les fureurs de l'am-
bition.

Dans tous les degrés de développement de la société, la propension naturelle à tout réduire à des
idées générales, et à chercher des causes à tous les
phénomènes, a produit des hommes méditatifs, qui
ont ajouté des idées nouvelles à la masse de celles
que l'on possédait ; et tant que les lumières n'ont
pas été communes, ils ont presque tous cherché à
se faire de leur supériorité un moyen de domination
en exagérant leur mérite aux yeux des autres, et

en déguisant la faiblesse de leurs connaissances par la propagation d'idées superstitieuses.

Un mal plus irrémédiable est l'abus de la force; aujourd'hui que l'homme seul peut nuire à l'homme, il est aussi la seule espèce qui soit continuellement en guerre avec elle-même. Les sauvages se disputent leurs forêts, les nomades leurs pâturages; ils font aussi souvent qu'ils le peuvent des irruptions chez les agriculteurs pour s'emparer sans peine des résultats de longs travaux. Les peuples civilisés eux-mêmes, loin d'être satisfaits de leurs jouissances, combattent pour les prérogatives de l'orgueil ou pour le monopole du commerce. De là, la nécessité des gouvernemens pour diriger les guerres nationales, et pour réprimer ou réduire à des formes réglées les querelles particulières.

Des circonstances plus ou moins favorables ont retenu l'état social à certains degrés, ou ont avancé son développement.

Les climats glacés du nord des deux continens, les impénétrables forêts de l'Amérique, ne sont encore habités que par des sauvages chasseurs ou pêcheurs.

Les immenses plaines sablonneuses ou salées du centre de l'Asie et de l'Afrique, sont couvertes de peuples pasteurs et de troupeaux innombrables; ces hordes, à demi-civilisées, se rassemblent chaque fois qu'un chef enthousiaste les appelle, et fondent sur les pays civilisés qui les entourent, pour s'y établir et s'y amollir, jusqu'à ce que d'autres pasteurs viennent les y subjuguer : c'est la véritable cause du despotisme qui a écrasé dans tous les temps l'industrie née dans les beaux climats de la Perse, de l'Inde et la Chine.

Des climats doux, des sols naturellement arrosés, et riches en végétaux, sont les véritables berceaux de l'agriculture et de la civilisation; et quand leur position les met à l'abri des irruptions des Barbares, tous les genres de lumières s'y excitent mutuellement : telles furent les premières en Europe, la Grèce et l'Italie; telle est aujourd'hui presque toute cette heureuse partie du monde.

Il y a cependant aussi des causes intrinsèques qui paraissent arrêter les progrès de certaines races, même au milieu des circonstances les plus favorables.

Variétés de l'espèce humaine.

Quoique l'espèce humaine paraisse unique, puisque tous les individus peuvent se mêler indistinctement, et produire des individus féconds, on y remarque de certaines conformations héréditaires qui constituent ce qu'on nomme des *races*.

Trois d'entre elles surtout paraissent éminemment distinctes : la blanche, ou *caucasique*; la jaune, ou *mongolique*; la nègre, ou *éthiopique*.

La caucasique, à laquelle nous appartenons, se distingue par la beauté de l'ovale que forme sa tête; et c'est elle qui a donné naissance aux peuples les plus civilisés, à ceux qui ont le plus généralement dominé les autres : elle varie par le teint et par la couleur des cheveux.

La mongolique se reconnaît à ses pommettes sail-

lantes, à son visage plat, à ses yeux étroits et obliques, à ses cheveux droits et noirs, à sa barbe grêle,
à son teint olivâtre. Elle a formé de grands empires
à la Chine et au Japon, et elle a quelquefois étendu
ses conquêtes en-deçà du grand désert; mais sa civilisation est toujours restée stationnaire.

La race nègre est confinée au midi de l'Atlas; son
teint est noir, ses cheveux crépus, son crâne comprimé, et son nez écrasé; son museau saillant et ses
grosses lèvres, la rapprochent manifestement des singes : les peuplades qui la composent sont toujours
restées barbares.

On a appelé *caucasique* la race dont nous descen-
dons, parce que les traditions et la filiation des peuples, semblent la faire remonter jusqu'à ce groupe
de montagnes situé entre la mer Caspienne et la mer
Noire, d'où elle s'est répandue comme en rayonnant.
Les peuples du Caucase même, les Circassiens et les
Géorgiens, passent encore aujourd'hui pour les plus
beaux de la terre. On peut distinguer les principales
branches de cette race par l'analogie des langues. Le
rameau araméen ou de Syrie, s'est dirigé au midi; il
a produit les Assyriens, les Chaldéens, les Arabes
toujours indomptés, et qui, après Mahomet, ont
pensé devenir maîtres du monde; les Phéniciens, les
Juifs, les Abyssins, colonies des Arabes : il est très-
probable que les Egyptiens lui appartenaient. C'est
dans ce rameau, toujours enclin au mysticisme,
que sont nées les religions les plus répandues. Les
sciences et les lettres y ont fleuri quelquefois, mais
toujours avec des formes bizarres, un style figuré

Le rameau indien, germain et pélasgique, est beaucoup plus étendu, et s'est divisé bien plus anciennement ; cependant, l'on reconnaît les affinités les plus multipliées entre ses quatre langues principales : le sanscrit, langue aujourd'hui sacrée des Indous, mère de toutes les langues de l'Indostan ; l'ancienne langue des Pélages, mère commune du grec, du latin, de beaucoup de langues éteintes, et de toutes nos langues du midi de l'Europe ; le gothique ou tudesque, d'où sont dérivées les langues du nord et du nord-ouest, telles que l'allemand, le hollandais, l'anglais, le danois, le suédois et leurs dialectes ; enfin, la langue appelée esclavonne, et d'où descendent celles du nord-est, le russe, le polonais, le bohémien et le vende.

C'est ce grand et respectable rameau de la race caucasique, qui a porté le plus loin la philosophie, les sciences et les arts, et qui en est depuis trente siècles le dépositaire.

Il avait été précédé en Europe par les Celtes, dont les peuplades venues par le nord, et autrefois très-étendues, sont maintenant confinées vers les pointes les plus occidentales, et par les Cantabres passés d'Afrique en Espagne, et aujourd'hui presque fondus parmi les nombreuses nations dont la postérité s'est mêlée dans cette presqu'île.

Les anciens Perses ont la même origine que les Indiens, et leurs descendans portent encore à présent les plus grandes marques de rapports avec nos peuples d'Europe.

Le rameau scythe et tartare, dirigé d'abord vers le

nord et le nord-est, toujours vagabond dans les immenses plaines de ces contrées, n'en est revenu que pour dévaster les établissemens plus heureux de ses frères ; les Scythes, qui firent si anciennement des irruptions dans la haute Asie ; les Parthes, qui y détruisirent la domination grecque et romaine ; les Turcs, qui y renversèrent celle des Arabes, et subjuguèrent en Europe les malheureux restes de la nation grecque, étaient des essaims de ce rameau ; les Finlandais, les Hongrois, en sont des peuplades en quelque sorte égarées parmi les nations esclavonnes et tudesques. Le nord et l'est de la mer Caspienne, leur patrie originaire, nourrissent encore des peuples qui ont la même origine et parlent des langues semblables ; mais ils y sont entremêlés d'une infinité d'autres petites nations d'origines et de langues diverses. Les peuples tartares sont restés plus intacts dans tout cet espace d'où ils ont si long-temps menacé la Russie, et où ils ont enfin été subjugués par elle, depuis les bouches du Danube jusqu'au delà de l'Irtisch. Cependant les Mongoles, dans leurs conquêtes, y ont mêlé leur sang, et l'on en voit surtout beaucoup de traces chez les petits Tartares.

C'est à l'orient de ce rameau tartare de la race caucasique que commence la race mongolique, qui domine ensuite jusqu'à l'Océan oriental. Ses branches, encore nomades, les Calmouques, les Kalkas, parcourent le grand désert. Trois fois leurs ancêtres, sous Attila, sous Gengis et sous Tamerlan, ont porté au loin la terreur de leur nom. Les Chinois en sont une branche la plus anciennement civilisée, non-seulement de cette race, mais de tous les peuples connus. Une troisieme branche (les Mantchoux), ont conquis recemment la Chine, et la gouvernent encore. Les Japonais et les Coréens, et presque toutes les hordes qui s'étendent au nord-est de la Sibérie, sous la domination des Russes, y appartiennent aussi en très-grande partie. Si l'on en excepte quelques lettrés Chinois, toute la race mongolique est adonnée aux différentes sectes du culte de Fo.

L'origine de cette grande race paraît être dans les monts Altaï, comme celle de la nôtre dans le Caucase ; mais il n'est pas possible de suivre aussi-bien la filiation de ses différentes branches. L'histoire de tous ces peuples nomades est aussi fugitive que leurs établissemens ; et celle des Chinois, concentrée dans leur empire, ne donne que des notions courtes et peu suivies des peuples qui les avoisinent. Les affinités de leurs langues sont aussi trop peu connues pour diriger dans ce labyrinthe.

Les langues du nord de la péninsule au delà du Gange ont, aussi-bien que celle du Thibet, quelques rapports avec la langue chinoise, au moins par leur nature monosyllabique, et les peuples qui les parlent ne sont pas sans ressemblance avec les autres Mongoles pour les traits ; mais le midi de cette péninsule est habité par les Malais, peuple beaucoup plus beau, dont la race et la langue se sont répandues sur les côtes de toutes les îles de l'archipel indien, et ont occupé presque toutes celles

de la mer du Sud : dans les plus grandes des premières, surtout dans les lieux les plus sauvages,
habitent d'autres hommes à cheveux crépus, à teint
noir, à visage de nègre, tous extrêmement barbares.
Les plus connus portent le nom de Papous : on peut
le généraliser.

Ni ces Malais, ni ces Papous, ne se laissent aisément rapporter à l'une des trois grandes races ; mais
les premiers peuvent-ils être nettement distingués
de leurs voisins des deux côtés, les Indous cauca-
siques et les Chinois mongoliques ? Nous avouons
que nous ne leur trouvons pas encore de caractères
suffisans pour cela. Les Papous sont-ils des negres
anciennement égarés sur la mer des Indes ? On n'en
a pas encore de figures ni de descriptions assez nettes
pour répondre à cette question.

Les habitans du nord des deux continens, les Sa-
moyèdes, les Lapons, les Esquimaux, viennent, sélon
quelques-uns, de la race mongole ; selon d'autres, ils
ne sont que des rejetons dégénérés du rameau scythe
et tartare de la race caucasique.

Les Américains eux-mêmes n'ont pu encore
être ramenés clairement ni à l'une ni à l'autre de
nos races de l'ancien continent, et cependant ils
n'ont pas non plus de caractère à la fois précis et
constant qui puisse en faire une race particulière.
Leur teint rouge de cuivre n'en est pas un suffisant ; leurs cheveux généralement noirs, et leur
barbe rare, les feraient rapporter aux Mongoles, si
leurs traits bien prononcés, et leur nez assez saillant,
ne s'y opposaient ; leurs langues sont aussi innom-

brables que leurs peuplades, et l'on n'a pu encore
y saisir d'analogie ni entre elles, ni avec celles de
l'ancien monde.

DEUXIÈME ORDRE DES MAMMIFÈRES.

LES QUADRUMANES.

Outre les détails anatomiques propres à
l'homme, et exposés à son article, cette famille
diffère de notre espèce par le caractère très-
sensible, que ses pieds de derrière ont les
pouces libres et opposables aux autres doigts,
et que les doigts des pieds sont longs et flexibles
comme ceux de la main; aussi toutes les espèces
grimpent-elles aux arbres avec facilité, tandis
qu'elles ne se tiennent et ne marchent debout
qu'avec peine, leur pied ne se posant alors que
sur le tranchant extérieur, et leur bassin étroit
ne favorisant point l'équilibre. Elles ont toutes
des intestins assez semblables aux nôtres, les
yeux dirigés en avant, les mammelles sur la poitrine, la verge pendante, le cerveau à trois
lobes de chaque côté, dont le postérieur recouvre le cervelet, la fosse temporale, séparée de
l'orbite par une cloison osseuse ; mais pour le
reste elles s'éloignent de notre forme par degrés,
en prenant un museau de plus en plus alongé,

une queue, une marche plus exclusivement quadrupède ; néanmoins, la liberté de leurs avant-bras et la complication de leurs mains leur permettent à toutes beaucoup d'actions et de gestes semblables à ceux de l'homme.

On les divise depuis long-temps en deux genres, les *singes* et les *makis*, qui sont devenus, par la multiplication des formes secondaires, deux petites familles, et entre lesquels il faut placer un troisième genre, celui des ouistitis, qui ne se rapporte bien ni à l'un ni à l'autre.

Les Singes. (Simia. *Linn.*)

Sont tous les quadrumanes qui ont à chaque mâchoire quatre dents incisives droites, et à tous les doigts des ongles plats; deux caracteres qui les rapprochent de l'homme plus que les genres suivans; leurs molaires n'ont aussi, comme les nôtres, que des tubercules mousses, et ils vivent essentiellement de fruits; mais leurs canines, dépassant les autres dents, leur fournissent une arme qui nous manque, et exigent un vide dans la mâchoire opposée, pour s'y loger quand la bouche se ferme.

On peut les diviser en deux principaux sous-genres, qui se subdivisent eux-mêmes en des groupes nombreux.

LES SINGES proprement dits, ou de l'ancien continent.

Ils ont le même nombre de mâchelières que l'homme, mais diffèrent d'ailleurs entre eux par des caractères qui ont fourni les subdivisions suivantes :

LES ORANGS (1) (SIMIA Erxl. PITHECUS. Geoffr. Vulg. *Hommes Sauvages*).

A museau très-peu proéminent, (angle facial de 65°) sans aucune queue : ce sont les seuls singes dont l'os hyoïde, le foie et le cœcum ressemblent à ceux de l'homme. Les uns ont les bras assez longs pour atteindre à terre quand ils sont debout.

L'Orang-Outang (Simia satyrus. L.) (2)

Haut de trois à quatre pieds : le corps couvert de gros poils roux ; le front égalant en hauteur la moitié du reste du visage, la face bleuâtre ; point d'abajoues ni de callosités : les pouces de derrière très-courts. Ce singe célèbre est de tous les animaux celui qui ressemble le plus à l'homme par la forme de sa tête et le volume de son cerveau. Son histoire a été fort altérée par le mélange que l'on en a fait avec celle des autres grands singes, et surtout du Chimpansé. Après l'avoir soumise à une critique sévère, on trouve qu'il n'habite que les contrées les plus orientales, comme Malaca, la Cochinchine, et surtout la

---

(1) *Orang* est un mot malais, signifiant *être raisonnable*, et qui s'applique à l'homme, à l'orang-outang et à l'éléphant. *Outang* veut dire *sauvage* ou *des bois*. C'est pourquoi les voyageurs traduisent *orang-outang* par *homme des bois*.

(2) La seule bonne figure de l'orang-outang est celle de *Vosmaer*, faite d'après un individu qui a vécu à la Haye. Celle de *Buffon*, Supl. VII, pl. 1, pèche à tous égards : celle d'*Allamand* (Buff. d'Holl. XV, pl. XL) est un peu meilleure ; elle a été copiée dans *Schreber*, pl. 11 B. Celle de *Camper*, copiée *ib.*, pl. 11 C. ne manque pas d'exactitude ; mais on voit trop qu'elle est faite d'après un cadavre. *Bontius*, Méd. ind. n'en donne qu'une tout-à-fait imaginaire, quoique *Linneus* en ait fait le type de son troglodyte. (Amœn. ac. VI, pl. 1, § 1.)

grande île de Bornéo, d'où on l'a fait venir par Java en
Europe, mais très-rarement ; que c'est un animal assez
doux, qui s'apprivoise et s'attache aisément ; qui, par sa
conformation, parvient à imiter un grand nombre de nos
actions ; mais dont l'intelligence ne paraît pas s'élever à
beaucoup près autant qu'on l'a dit, ni même surpasser
beaucoup celle du chien. Camper a découvert et bien décrit
deux sacs membraneux qui communiquent avec les ventricules de la glotte de cet animal, et qui assourdissent
sa voix ; mais il a eu tort de croire que les ongles manquent toujours à ses pouces de derrière.

Le *Gibbon noir.* (*Simia Lar.*) Buff. XIV. 11.

Couvert de grossiers et longs poils noirs ; le tour du visage
et les mains cendrées ; presque point de front, et le crâne
fuyant en arrière ; de petites callosités sur les fesses. Des
Indes orientales (1).

Le *Gibbon cendre ; Vouwou.* (*Simia Leucisca.* Sch.) *Mo-*
loch. Audeb. Fam. I. Sect. II, pl. 11.

Semblable au précédent, mais couvert d'une laine douce
et cendrée. Le visage noir. Commun à Java et aux Moluques, où il se tient dans les roseaux et grimpe sur les plus
hautes tiges de bambou, s'y balançant avec ses longs bras.
Dans les autres Orangs, les bras ne descendent que jusqu'aux genoux ; ils n'ont point de front, et leur crâne fuit
immédiatement derrière la crète des sourcils.

___

(1) Le petit gibbon, décrit par Daubenton, ne se trouvant plus ; il est
difficile de dire si c'est une espèce ou une variété. Les gibbons en général
ont été peu remarqués par les voyageurs, et on connaît mal les limites des
pays où ils vivent.

Le *féfé* de la chine de *Neuhof* paraît un être fabuleux ; on lui fait
manger des hommes.

Le *golokk* du Bengale, grand comme un homme, fig. par Devisme,
Trans. phil. LIX, pl. 111, n'est pas bien authentique, et ne peut d'ailleurs
être le gibbon, dont il n'a pas les longs bras.

Le *Chimpansé*. (*Simia Troglodites*, I.) ·(1)

Couvert de poils noirs , ou bruns , rares en avant. Si l'on s'en fiait aux rapports des voyageurs , il approcherait de la taille de l'homme , ou la surpasserait ; mais on n'en a vu encore en Europe aucune partie qui indiquât cette grandeur. Il habite en Guinée et au Congo ; vit en troupes; se construit des huttes de feuillages , sait s'armer de pierres et de batons, et les emploie à repousser loin de sa demeure les hommes et les éléphants ; poursuit les négresses et les enlève quelquefois dans les bois , etc. Les naturalistes l'ont presque tous confondu avec l'*Orang-Outang*. En domesticité , il est assez docile pour être dressé à marcher , à s'asseoir et à manger à notre manière.

Tous les singes de notre ancien continent qui vont suivre, ont le foie divisé en plusieurs lobes ; le cœcum gros , court et sans appendice ; l'os hyoïde en forme de bouclier.

Les Guenons. Vulg. *Singes à Queue.* (Cercopithecus Erxl. : en partie.)

A museau médiocrement proéminent (de 60°) des abajoues : une queue ; les fesses calleuses ; la dernière molaire d'en bas a quatre tubercules comme les autres. Leurs espèces très-nombreuses , de grandeurs et de couleurs très-variees , remplissent l'Afrique et les Indes , vivent en troupes, et font de grands dégâts dans les jardins et les champs cultivés. Elles s'apprivoisent encore assez aisément.

---

(1) C'est le *quojas morou* ou le *satyre d'angola* de Tulpius , qui en donne une mauvaise figure. (Obs. med. p. 271.) Le *pymée*, beaucoup mieux représenté par *Tyson*. (Anat. of a *Pygmy*, pl. 1 ,) et copié par *Schrœber*, pl. 1 B. Scotin en avait donné une autre figure passable copiée *Amœn. acad. VI pl. I , f.* 5 , *et Schreb.* 1 C. Un individu qui a vécu chez *Buffon* , et que l'on conserve au muséum , est représenté, quoique assez mal , Hist. nat. XIV, I, où il est nommé *Jocko.* Le même individu est beaucoup mieux dans *Lecat* (*Traité du mouvement musc.* , *pl. I , fig. I* ,) sous le nom de *Quimpesé ;* c'est aussi lui que donne *Audebert* , mais d'après l'empaillé seulement. Il le nomme *pongo*.

L'Entelle. (*Simia entellus.* Dufresne.) Audeb. Fam.
IV. Sect. II, pl. 11.

Blanc jaunâtre ; les sourcils et les quatre mains noires.
C'est une des grandes espèces, et de celles qui ont la queue
la plus longue.

Le *Patas.* (*Simia rubra.* Gm.) Buff. XIV, xxv, xxvi.

Fauve roux assez vif en dessus, blanchâtre en dessous;
un bandeau noir sur les yeux, quelquefois surmonté de
blanc ; du Sénégal.

Le *Mangabey à collier.* (*Simia œthiops.*L.) Buff. XIV, xxxiii.

Brun de chocolat en dessus, blanchâtre en dessous et
sur la nuque ; calotte d'un roux vif, paupières blanches.

Buffon le dit de Madagascar : Hasselquist d'Abyssinie;
en effet, Sonnerat affirme qu'il n'y a point de singes à
Madagascar.

Le *Mangabey sans collier.* (*Simia fuliginosa.* Geoff.)
Buff. XIV, xxxii.

Brun de chocolat, uniforme en dessus, fauve pâle en
dessous, les paupières blanches. Buffon le dit de Madagascar et le croit une variété du précédent.

Le *Maure.* (*Simia maura.* L.) L'adulte Edw. 311. Le
jeune Schreb. XXII.

Tout noir, fauve dans la jeunesse. M. Léchenaud l'a
pris plusieurs fois à Java.

Le *Callitriche.* (*Simia sabœa.* L.) Buff XIV, xxxvii.

Verdâtre en dessus, blanchâtre en dessous, face noire,
joues blanchâtres et touffues, bout de la queue jaune. Du
Sénégal.

Le *Malbrouc.* Buff. (*Simia faunus.* Gm.) Buff. XIV, xxix. Simia
cynosuros scopol Schr. Var. du callitriche. Audeb. (1)

Verdâtre en dessus, cendré sur les membres, face couleur

---

(1) Le *cercop. barbatus* de *Clusius*, que Linn. cite comme exemple de
son *faunus*, est plutôt un *ouandcrou* qu'un *malbrouc.*

de chair, point de jaune à la queue, un bandeau blanc et un noir sur les sourcils. Buffon le dit du Bengale. Son *talapoin* (pl. xl) ne nous paraît qu'un jeune malbrouc.

La *Mone.* (*Simia mona* et S. *monacha*. Schr.) Buff. XIV, xxxvi.

Corps brun, membres noirs, poitrine, intérieur des bras et tour de la tête blanchâtres, bandeau noir sur le front, une tache blanche de chaque côté de la queue.

Le *Rolowai*. (*Simia diana*. L.) Exquima Margr. (1) Audeb. IVe Fam. sect. II, pl. vi, et Buff. Supp. VII, xx.

Noirâtre pointillé de blanc en dessus, blanc en dessous, la croupe d'un roux pourpré, la face noire entourée de blanc et une petite barbe blanchâtre au menton.

Le *Moustac*. (*Simia cephus*. L.) Buff. XIV, xxxiv.

Cendré brunâtre, une touffe jaune au devant de chaque oreille, une bande bleu clair, en forme de chevron renversé, sur la lèvre supérieure.

L'*Ascagne.* (*Simia petaurista*. Gm.) Audeb. IVe Fam. sect. II, pl. xiii.

Brun olivâtre en dessus, gris en dessous, visage bleu, nez blanc, touffe blanche devant chaque oreille, moustache noire.

Le *Hocheur*. (*Simia nictitans*. Gm.) Audeb. ib. XIV.

Noir brun pointillé de blanc, le nez seul blanc au milieu d'un visage noir, le tour des lèvres et des yeux roussâtre.

Ces cinq dernières espèces, toutes petites, joliment variées en couleur, et d'un naturel très-doux, sont communes en Guinée.

Il y a une grande guenon qui se fait remarquer par la forme extraordinaire de son nez, c'est

---

(1) La figure, jointe à la description de l'exquima dans Margrave, est celle d'une ouarine; et celle de l'exquima est à la description de l'*ouarine* ou *guartha*. Cette transposition a causé depuis beaucoup d'erreurs de synonymie.

Le *Nasique* ou *Kahau*. (*Simia nasica*. Schr.) Buff.
Supp. VII, xᶜ et xii.

Fauve, teint de roux, le nez excessivement long, en forme de spatule échancrée. Elle vit à Bornéo en grandes troupes, qui s'assemblent matin et soir sur les branches des grands arbres aux bords des rivières : *kahau* est son cri. On la dit aussi de la Cochinchine.

Une autre guenon , également assez grande , se distingue en ce qu'elle n'a point de callosités aux fesses (1) ; c'est

Le *Douc*. (*Simia nemœus*. L.) Buff. XIV , xli.

Le plus agréablement peint de tous les singes ; corps et bras gris, collier roux et noir, touffes jaunes de chaque côté de la tête, bandeau noir sur le front, cuisses, mains et pieds noirs, jambes rousses, grande tache triangulaire sur le croupion et queue blanches. Il habite aussi à la Cochinchine. Douc ou dok signifie singe dans ce pays-là.

Les Babouins. (Papio. Erxl.)

Ont des abajoues et des callosités comme les guenons ; mais leur museau est plus saillant, et leur dernière mâchelière d'en bas a un tubercule impair de plus. Ils varient pour la longueur de la queue et pour celle du museau. La plupart sont plus ou moins féroces ; et tous ont un sac qui communique avec le larynx sous le cartilage tyroïde , et qui se remplit d'air quand ils crient. Nous les divisons comme il suit :

Les Magots.

Ont le museau gros et médiocrèment long ; un petit tubercule leur tient lieu de queue.

---

(1) Je ne répondrais pas que les callosités du *douc* du muséum , le seul qu'on ait vu en Europe , n'aient disparu lors de l'empaillage. Je doute donc beaucoup que le genre *lasiopyga* d'Iliger soit fondé. Pennant indique aussi certaines guenons sans pouces, S. *polycomos* et S. *ferruginea* , dont Iliger a fait le genre *colobus* , mais qui ne sont peut-être pas assez authentiques.

Le *Magot* (1). (*Simia sylvanus*, *pithecus* et *inuus*. L.
　　Gm. et Schr.) Buff XIV, vii, viii.

Couvert tout entier d'un poil gris brun-clair; c'est de
tous les singes celui qui supporte le plus aisément notre
climat. Il est originaire de Barbarie, d'où on l'apporte
souvent en Europe. Il produit quelquefois chez nous, et s'est
même naturalisé dans les parties les moins accessibles du
rocher de Gibraltar.

LES MACAQUES (2)

Se distinguent des magots par une queue plus ou moins
longue, et des cynocéphales, parce que leurs narines sont
obliques à la face supérieure du museau.

Le *Macaque à crinière*. (*Sim. silenus* et *leonina*. L. et Gm.)
　　Ouanderou de Buff. Audeb. IIe Fam. sect. I, pl. iii.

Noir; une crinière cendrée et une barbe blanchâtre lui
entourent la tête. Il paraît qu'il y a des individus blancs
en tout ou en partie, et d'autres de diverses teintes de brun
et de fauve. De Ceylan.

Le *Bonnet chinois* et *la Guenon couronnée* de Buff.
　　(*Simia sinica*. Gm.) Buff. XIV, xxx.

Brun fauve assez vif dessus, blanc dessous; la face couleur

---

(1) Le *pithèque* décrit par Buff., Supplém. VII, n'était qu'un jeune magot. Son *petit cynocéphale*, ib., et *les grands* et *petits cynocéphales sans
queue*, de *Prosper-Alpin*, ne sont pas autre chose.

Πιϑηκος est le nom grec du singe en général, et celui dont Galien a
donné l'anatomie n'est autre chose qu'un magot, quoique Camper ait pensé
que c'était l'orang-outang, parce qu'il avait mal entendu ce que Galien dit
de son larynx. M. de Blainville s'est aperçu de cette méprise, et je l'ai cons-
tatée en comparant tout ce que Galien dit de l'anatomie du singe avec
ces deux espèces.

(2) *Macaco*, macaque, est le nom générique des singes à la côte de Guinée
et parmi les nègres transportés aux colonies. Margrave en indique une espèce, dont il dit qu'elle a *nares elatas bifidas*; et ces mots vagues, employés uniquement d'après lui, sont restés dans le caractère que l'on applique au *macaque* de Buffon, quoiqu'on n'y voie rien de tel.

de chair, les poils du sommet de la tête disposés en rayons et formant une sorte de chapeau. Du Bengale, de Ceylan.

L'*Aigrette*. (*Simia aygula*. L.) Buff XIV, xxi.

Gris olivâtre dessus, plus pâle ou jaunâtre dessous; un bouquet de poils plus long au sommet de la tête. D'Afrique.

Le *Macaque* de Buff. (*Simia cynomolgos* et *cynoce-phalus*. L. Buff. XIV, xx.

Verdâtre en dessus, jaunâtre ou blanchâtre en dessous. De Guinée et de l'intérieur de l'Afrique, d'où on l'importe quelquefois en Égypte.

Deux espèces de macaques se distinguent par une queue assez courte et grêle.

Le *Maimon*. (*Simia nemestrina*, L. et *Simia platypigos*. Schreb.) Audeb. IIe Fam. sect. I, pl. 11 (1).

Brun foncé dessus; une bande noire commençant sur la tête et s'affaiblissan le long du dos; jaunâtre autour de la tête et aux membres; queue grêle pendant jusqu'à moitié des cuisses seulement.

Le *Rhésus*. Audeb. *Patas à queue courte*, ib. pl. iv, et Buff. Supp. XIV, pl. xiv; le premier maimon repré-senté par Buff. XIV, pl. xix (2).

Grisâtre; teint de fauve à la tête et au croupion, quelquefois sur tout le dos (3).

LES CYNOCEPHALES (CYNOCEPHALUS. C.)

Ont un museau qui est allongé et comme tronqué au bout, où sont percées les narines, ce qui le fait ressembler à celui

---

(1) La seule bonne figure est cell d'Audebert. Celle de Buffon appartient plutôt au *rhesus*.

(2) Les deux individus qui ont servi à Audebert sont au muséum. Je les ai examinés; ils ne font qu'une espèce.

(3) Le *macaque à queue courte* de Buff., Suppl. VII, pl. XIII (Sim. erythræa, Schr.) me paraît un vrai macaque (*cynomolgos*), dont la queue était coupée. Audebert l'a confondu à tort avec son *rhésus*, qui est le *patas à queue courte* de Buffon.

d'un chien plus que ceux des autres singes; leur queue varie en longueur.

Le Papion. Buff. (Simia sphynx. L.)

D'un jaune verdâtre tirant plus ou moins sur le brun; le visage noir, la queue longue (1). On en voit de plusieurs grandeurs qui ne diffèrent probablement que par l'âge. Adulte, il effraie par sa férocité et sa lubricité brutale. De Guinée.

Le Papion noir. (Simia porcaria. Bodd. Ursina. Penn.
Sphyngiola. Herm. La guenon à face allongée. Penn., et
Buff. Supp. VII, pl. xv. Singe noir de Vaillant.) (2)

D'un noir glacé de jaunâtre ou de verdâtre, surtout au front, du reste semblable au précédent pour la forme et pour les mœurs. Du Cap.

Le Tartarin de Belon, ou Papion à perruque. (Simia ha-
madryas. Linn. Papion à face de chien. Penn. Singe
de Moco. Buff. Supp. VII, x (3).

D'un cendré un peu bleuâtre; les poils du camail et surtout ceux des côtés de la tête très-longs; le visage couleur de chair. Ce grand singe est aussi l'un des plus lubriques et des plus horriblement féroces. Il vit en Arabie.

L Papion à queue courte. (Sim. silvestris. Schreb. Papion
des bois. Penn. Sim. leucophœa. Fred. Cuvier, Ann. du
Mus. d'hist. natur.)

Gris jaunâtre clair; le visage noir, la queue très-courte et très-menue.

---

(1) Ceux à qui on la représente courte comme les papions de Buffon, XIV, pl. xiii et xiv, etc., l'avaient coupée. La meilleure figure a été donnée par M. *Brongniard* (choix de Mém. d'hist. nat.), mais sous le nom impropre de sim. cynocephalus. Elle est copiée dans Schreber, pl. xiii B.

(2) Toutes ces espèces factices ne tiennent qu'au plus ou moins bon état des individus, ou à leur âge.

(3) Copié dans Schreber, mais mal enluminé. Voyez aussi Belon, Portraits d'ois., fol. 101, vers. Gesner 862.

LES MANDRILLS

Sont de tous les singes ceux qui ont le museau le plus long (de 30°) ; leur queue est très-courte ; ils sont aussi très-brutaux et très-féroces. On n'en connaît qu'une espèce.

Le *Mandrill, Boggo, Choras.* Buff. XIV, xvi, xvii, et Supp. VII, ix. (*Simia maimon* et *mormon.* Linn.)

Gris brun, olivâtre en dessus, une petite barbe jaune citron au menton, les joues bleues et sillonnées. Les mâles adultes prennent un nez rouge surtout au bout où il devient écarlate ; et c'est mal à propos qu'on ca a fait une espèce particulière (1). Les parties génitales et le tour de l'anus ont la même couleur. Les fesses sont d'une belle teinte violette. On ne peut se figurer un animal plus extraordinaire et plus hideux. Il atteint presque la taille de l'homme. Les nègres de Guinée le redoutent beaucoup. On a mêlé plusieurs traits de son histoire à celle du chimpansé, et par suite à celle de l'orang-outang.

LES PONGOS (2)

Ont les longs bras et l'absence de queue des orang-outangs, avec les abajoues des guenons et babouins, et une forme de tête toute particulière ; le front en est très-reculé, le crâne petit et comprimé ; la face de forme pyramidale, à cause de l'élévation des branches montantes de la mâchoire inférieure, qui indique dans les organes de la voix quelque disposition analogue à celle qui a été observée dans les alouat-

---

(1) Nous avons vu nous-mêmes, ainsi que M. Geoffroy, deux ou trois *mandrills* ou S. *maimon* se changer en *choras* ou S. *mormon*, dans la ménagerie du muséum. Le bouquet de poil qu'on ajoute comme caractère du *mormon* est souvent aussi dans le *maimon.*

(2) Ce nom, corrompu de celui de *boggo*, que l'on donne en Afrique au chimpansé ou au mandrill, a été appliqué, par Buffon, à une grande espèce d'orang-outang, qui n'était qu'un produit imaginaire de ses combinaisons ; Wurmb l'a transporté à cet animal-ci, qu'il a décrit le premier, et dont Buffon n'avait nulle idée. Mém. de la soc. de Batavia, tome II, page 245.

tes. On sait déjà qu'ils ont une poche membraneuse adhérente au larynx comme les babouins.

On n'en connaît encore qu'une espèce, qui est le plus grand de tous les singes, et l'un des animaux les plus redoutables. Elle est brune, à face et à mains noirâtres, et habite à Bornéo. Plusieurs des traits de son histoire ont sans doute aussi été mêlés à celle de l'orang-outang, d'autant que la longueur de ses bras, celle des apophyses épineuses de ses vertèbres cervicales, la tubérosité de son calcaneum peuvent lui faciliter la station verticale, malgré l'allongement de son museau, et que sa taille est à peu près celle de l'homme. Son squelette est représenté, Audeb., pl. II, f. S.

Les Sapajous ou *Singes d'Amérique*

Ont quatre mâchelières de plus que les autres, trente-six dents en tout, la queue longue, point d'abajoues, les fesses velues et sans callosités, les narines percées aux côtés du nez, et non en dessous. Tous les grands quadrumanes du nouveau continent appartiennent à cette division ; leurs gros intestins sont moins boursoufflés, et leur cœcum plus long et plus grêle que dans les précédens.

Les uns ont la queue prenante ; c'est-à-dire, que son extrémité peut s'entortiller avec assez de force autour des corps pour les saisir comme une main. Ils retiennent plus particulièrement le nom de Sapajous. (*Cebus* erxleben.)

A leur tête peuvent se mettre les Alouattes (Mycetes. Ilig.), qui se distinguent par une tête pyramidale, dont la mâchoire supérieure descend beaucoup plus bas que le crâne, attendu que l'inférieure a ses branches montantes très-hautes, pour loger un tambour osseux, formé par un renflement vésiculaire de l'os hyoïde, qui communique avec leur larynx, et donne à leur voix un volume énorme et un son effroyable. De là leur nom de *Singes hurleurs*. La partie prenante de leur queue est nue et calleuse en dessous.

L'*Alouatte ordinaire* (*Simia seniculus*) , vulg. *Hurleur roux*. Buff. , Sup. , VII , XXV.

Des bois de la Guyanne , où elle vit en troupes ; de la taille d'un fort renard , d'un roux-maron vif.

L'*Ouarine*. (*Sim. Beelzebut*. L.) (1) , vulg. *Hurleur brun* , *Caraya* de d'Azzara , Guariba de Margr.

Commune au Brésil , au Paraguai ; le mâle est noir dessus , roux dessous , la femelle brunâtre (2).

Les Sapajous ordinaires. Ont la tête très-plate , le museau peu proéminent. (Angle fac. de 60°.)

Il en est quelques-uns dont les pouces de devant sont cachés sous la peau , et la partie prenante de la queue nue en dessous. M. Geoffroy en fait un genre sous le nom d'Atèles (3).

La première espèce , le *chamek* (*ateles pentadactylus* , Geoff.) , diffère encore des autres , parce qu'elle a le pouce un peu saillant , quoique d'une phalange seulement , et sans ongle , et que sa mâchoire inférieure est presque aussi haute que celles des alouattes ; aussi a-t-elle un os hyoïde assez semblable au leur : tout son pelage est noir.

Le *Coaïta*. (*Simia paniscus*. L.) Buff. , XV , 1.

Couvert tout entier d'un poil noir , comme le chamek , mais absolument sans pouce visible.

Le *Coaïta à face bordée*. (*Ateles marginatus*. Geoff.) Ann. mus. XIII , pl. x.

Noir , un bord de poils blancs autour de la face.

Le *Coaïta à ventre blanc*. (*Simia Beelzebut*. Briss.) Geoff. Ann. mus. VII , pl. xvi.

Noir en dessus , blanc en dessous ; le tour des yeux couleur de chair.

Le *Coaïta fauve* (*Ateles arachnoïdes*. Geoff.) An. mus. XIII , pl. ix.

Fauve ou roux.

---

(1) Le belzébut de Brisson est un coaïta.

(2) Ajoutez les espèces ou variétés indiquées par M. Geoffroy , Ann. du mus. XIX , 107-108.

(3) Ann. du muséum , VII , 260 et suiv.

Tous ces animaux viennent de la Guyanne et du Brésil ; leurs pieds de devant sont très-longs, très-grêles, et toute leur démarche singulièrement lente (1).

Les autres sapajous (Cebus, Geoff.) ont les pouces distincts et la queue toute velue, quoique prenante.

Le *Sajou.* (*Simia apella.* L.) et le *Saï* (*Simia capucina.* L.) Buff., XV, iv, v et VIII, ix (2).

L'un et l'autre de différens bruns ; le premier a le tour du visage noirâtre, l'autre l'a blanchâtre ; mais toutes les nuances du reste de leur corps varient entre le brun-noir et le fauve, quelquefois même le blanchâtre. La région des épaules et de la poitrine est cependant d'ordinaire plus pâle, et la calotte et les mains sont plus foncées.

Le *Sajou. cornu.* (*simia fatuellus.* Gm.) Buff. Sup. VII, xxix.

Ne se distingue que par une petite crête de poils de chaque côté du front.

Tous ces animaux viennent de l'Amérique méridionale ; leur naturel est doux, leurs mouvemens vifs et légers : on les apprivoise aisément. Leur petit cri flûté leur a fait donner le nom de *singes pleureurs.*

Dans quelques-uns (les Callitrix, Geoff.), la queue cesse presque d'être prenante. Tel est

Le *Saïmiri.* (*Simia sciurea.*) Buff. XV, x.

Grand comme un écureuil, d'un gris jaunâtre ; les avant-bras, les jambes et les quatre mains d'un jaune fauve ; le bout du museau tout noir (3).

---

(1) Ils ont avec l'homme quelques ressemblances assez remarquables dans les muscles. Seuls, parmi les animaux, ils ont le biceps de la cuisse fait comme le nôtre.

(2) Les *sajous* et les *saïs* varient si fort du brun au jaunâtre et au blanchâtre, qu'on serait tenté de multiplier leurs espèces si l'on n'avait les variétés intermédiaires. Tels sont les sim. *trepida, syrionta, lugubris, flavola,* L. et Schreb. ainsi que que quelques-uns de ceux que distingue M. Geoffroy. Ann. du mus. XIX, 111 et 112.

(3) Ajoutez quelques espèces ou variétés indiquées, Geoff., Ann. mus. XIX, 113, 114.

Ceux qui n'ont pas la queue prenante s'appellent Sakis. Leur queue est généralement touffue, ce qui les fait nommer aussi singes à queue de renard : ce sont les Pithecia de Desmarets et d'Iliger (1).

Le *Yarké*. (*Simia pithecia*. L.) Buff. XV, xii.

Noirâtre ; le tour du visage blanchâtre.

Le *Saki noir*. (*Si nia satanas*. Hofmansegg.) Humb., Obs. zool., L. xxvii.

Tout noir.

Le *Saki à ventre roux* ou *Singe de nuit*. (*Pithecia rufi ventris*. Geoff.) Buff., Sup., VII, xxxi.

Brun, à ventre roux.

Il y en a cependant aussi dont la queue est grêle.

Tous sont de la Guyane ou du Brésil.

Les Ouistitis. (Hapale, Iliger. *Arctopithecus*, Geoff.)

Petit genre, semblable aux sakis, et qui a long temps été confondu avec eux dans le grand genre des singes ; ils ont en effet, comme les singes d'Amérique en général, la tête ronde, le visage plat, les narines latérales, les fesses velues, point d'abajoues, et, comme les sakis en particulier, la queue non prenante; mais ils n'ont que vingt mâchelières, comme les singes de l'ancien continent ; tous leurs ongles sont comprimés et pointus, excepté ceux des pouces de derrière, et

---

(1) Ils portent dans Buffon, en commun avec les ouistitis, le nom de *sagouins* (callithrix erxl.) Ce nom de *sagouin* ou *çagui* appartient en effet, au Brésil, à tous les petits quadrumanes à queue non prenante.

N. B. M. Geoff. Ann. mus. XIX, 112-113, donne en commun à ses callithrix, aux aotus et aux pithécia, le nom de *géopithèque*.

M. de Humboldt a donné, Obs. zool. I, la figure d'un quadrumane très-singulier, qu'il nomme *singe de nuit* (*aotus*. Iliger) ; mais je ne puis le placer faute d'avoir vu son crâne et ses dents.

leurs pouces de devant s'écartent si peu des autres doigts, qu'on ne leur donne qu'en hésitant le nom de quadrumanes. Ce sont tous de petits animaux de forme agréable, et qui s'apprivoisent aisément.

L'*Ouistiti ordinaire.* (*Sim. jacchus.* L.)*Titi*, au Paraguay, Buff., XV, xɪv.

A queue assez touffue, colorée par anneaux de brun et de blanchâtre, à corps gris-brun, deux grandes touffes de poils blancs devant les oreilles. De presque toute l'Amérique méridionale.

Le *Pinche.* (*Simia œdipus.* L.), Buff. XV, xvɪɪ.

Gris, de longs poils blancs sur la tête, pendans derrière les oreilles; la queue grêle et rousse. Des bords de la rivière des Amazones.

Le *Tamarin.* (*Simia midas.* L.), Buff., XV, xɪɪɪ.

Noir, les quatre mains jaunâtres. De la Guyanne.

Le *Tamarin negre.* (*Midas ursulus.* Geoff.) Buff., Sup. VII, xxxɪɪ.

Tout noir.

Le *Marikina.* (*Simia rosalia.* L.), vulg. singe lion, Buff, XIV, xvɪ.

Blanchâtre, la tête entourée d'une crinière fauve, la queue brune au bout. De Surinam.

Le *Mico.* (*Sim. argentata.* L.) Buff., XV, xvɪɪɪ.

Gris-blanc argenté, quelquefois tout blanc; la queue brune. De la rivière des Amazones (1).

LES MAKIS. (*Lemur. L.*)

Comprennent, selon Linnæus, tous les quadrumanes qui ont à l'une ou à l'autre mâchoire, les incisives en nombre différent de quatre, ou du moins

---

(1) Ajoutez les espèces ou variétés indiquées. Geoff. Ann. mus. XIX, 119, 120, 121, 122.

autrement dirigées que dans les singes. Ce caractère négatif ne pouvait manquer d'embrasser des
êtres assez différens, et ne réunissait même pas tous
ceux qui doivent aller ensemble. M. Geoffroy a établi
dans ce genre plusieurs divisions mieux caractérisées,
dont nous adoptons les suivantes :

LES MAKIS PROPREMENT DITS.

Six inférieures en bas, comprimées et couchées en avant;
quatre en haut, droites, dont les intermédiaires sont écartées
l'une de l'autre; de longues canines; des molaires de singes;
une longue queue; un ongle pointu, à l'index de derrière seulement; tous les autres plats. Ce sont des animaux très-agiles,
que l'on a nommés *singes à museau de renard*, à cause de leur
tête pointue. Ils vivent de fruits. Les espèces en sont nombreuses, et n'habitent que dans l'île de Madagascar, où elles
paraissent remplacer les singes, qui n'y existent pas. Elles ne
diffèrent guère entre elles que par les couleurs.

Le *Mococo*. (*Lemur catta*. L.), Buff. XIII, xxii.

Gris-cendré, à queue annelée de noir et de blanc.

Le *Vari*. (*Lemur macaco*. L.), Buff XIII, xxvii.

Varié par grandes taches de noir et de blanc.

Le *Maki rouge*. (*Lemur ruber*. Péron.)

Roux-maron vif, la tête, les quatre mains, la queue et
le ventre noirs, une tache blanche sur la nuque, une touffe
rousse à chaque oreille.

Le *Mongous* (*Lemur mongos*. L.), Buff. XIII, xxvi.

Tout brun, le visage et les mains noires, et d'autres es
pèces voisines ou variétés, telles que :

Le *Mongoux à front blanc*. (*Lemur albifrons* Geoff.),
Audeb., Makis., pl. iii.

Brun, le front blanc, etc. (1).

_____

(1) Voyez pour les autres, Geoff. Ann. du mus. XIX, 160 et suiv.

Les Indris. (Lichanotus. Illig.)

Les dents comme dans les précédens, excepté qu'il n'y en a que quatre en bas; les ongles de même; point de queue.

On n'en connoît qu'une espèce sans queue, de trois pieds de haut, noire, à face grise, à derrière blanc (*Lemur indri*), Sonnerat, IIe Voy., pl. LXXXVI, que les habitans de Madagascar apprivoisent et dressent comme un chien pour la chasse (1).

Les Loris, vulg. *Singes paresseux*. (Stenops. Illig.)

Les dents et les ongles des makis, seulement des pointes plus aiguës aux mâchelières; le museau court d'un doguin; le corps grêle; point de queue.

Ils se nourrissent d'insectes, quelquefois de petits oiseaux ou quadrupèdes, et sont d'une lenteur excessive à la marche; leur genre de vie est nocturne. M. Carlisle leur a trouvé, à la base des artères des membres, la même division en petits rameaux que dans les vrais paresseux.

On en connaît deux espèces, l'une et l'autre des Indes orientales.

Le *Loris paresseux* ou *le Paresseux du Bengale*. (*Lemur tardigradus*. L.), Buff., Sup. VII, XXXVI.

Gris-fauve, une raie brune le long du dos. Il lui manque quelquefois deux incisives en haut.

Le *Loris grêle*. (*Lemur gracilis*.), Buff., XIII, XXX, et mieux, Seb., I, XLVII.

Gris-fauve, sans raie dorsale, un peu plus petit que le précédent, à nez plus relevé par une saillie des inter-maxillaires.

Les Galago, Geoff. (Otolicnus. Illig.)

Ont les ongles, les dents et le régime insectivore des précédens; des tarses alongées, qui donnent à leurs pieds de der-

---

(1) L'*indri* à *longue queue* ou *mani à bourre* (*Lemus laniger*. Gm.) Sonnerat, 2e Voy. pl. LXXXVII, a besoin d'être revu.

rière une dimension disproportionnée ; une longue queue
touffue, de larges oreilles membraneuses, et de grands yeux
qui annoncent une vie nocturne.

On en connaît plusieurs espèces, toutes d'Afrique (1). Il
paraît que l'on doit y rapporter aussi un animal de ce pays-là
(*Lemur potto*, Gm.), Bosman. Voy. en Guin. p. 252, n°4,
auquel on attribue une lenteur comparable à celle des loris
et des paresseux.

LES TARSIERS. (TARSIUS.)

Ont les tarses alongés et tous les autres détails de la forme
des précédens ; mais l'intervalle entre leurs molaires et leurs
incisives est rempli par plusieurs canines plus courtes : les incisives sont au nombre de quatre en haut et de deux seulement
en bas. Ce sont aussi des animaux nocturnes, et qui vivent
d'insectes. Ils viennent des Moluques. (*Lemur spectrum*. Pall.),
Buff. XIII, ix (2).

LE TROISIÈME ORDRE DES MAMMIFÈRES,

LES CARNASSIERS,

FORMENT une réunion considérable et variée
de quadrupèdes onguiculés, qui possèdent,
comme l'homme et les quadrumanes, les trois

---

(1) Le grand galago de la taille d'un lapin (*Galago crassicaudatus*,
Geoff.) — Le *moyen*, de la taille d'un rat (*Galago senegalensis*, id.),
Schreb. XXXVIII, Bb. Audeb. Gal. pl. 1. — Le *petit*, encore un peu
moindre, Brown, ill. 44. — Comparez aussi le galago *de Demidof*, Fischer.
Mém. des nat. de Moscou, I, pl. 1.

(2) Comparez le *Tarsius fuscomanus*. Fischer. Anat. des Makis, pl. III
N. B. Les voyageurs devront rechercher quelques animaux dessinés par
Commerson, et que M. Geoffroy a fait graver, Ann. mus. XIX, X, sous
e nom de *cheirogalcus*. Ces figures semblent annoncer un nouveau genre
ou sous-genre de quadrumanes.

sortes de dents. Ils vivent tous de matières animales, et d'autant plus exclusivement, que leurs mâchelières sont plus tranchantes. Ceux qui les ont en tout ou en partie tuberculeuses, prennent aussi plus ou moins de substances végétales, et ceux qui les ont hérissées de pointes coniques se nourrissent principalement d'insectes. L'articulation de leur mâchoire inférieure, dirigée en travers, et serrée comme un gond, ne lui permet aucun mouvement horizontal : elle ne peut que se fermer et s'ouvrir.

Leur cerveau, encore assez sillonné, n'a point de troisième lobe, et ne recouvre point le cervelet, non plus que dans les familles suivantes ; leur orbite n'est point séparé de leur fosse temporale dans le squelette : leur crâne est rétréci et leurs arcades zygomatiques écartées et relevées pour donner plus de volume et plus de force aux muscles de leurs mâchoires. Le sens qui domine chez eux est celui de l'odorat, et leur membrane pituitaire est généralement étendue sur des lames osseuses très-multipliées. Leur avant-bras peut encore tourner, quoiqu'avec moins de facilité que dans les quadrumanes, et ils n'ont jamais aux pieds de devant de pouces opposables aux autres doigts. Leurs intestins sont moins volumineux, à cause de la nature substantielle de leurs alimens, et pour éviter la putréfaction que la chair éprouverait en séjournant trop long-temps dans un canal prolongé.

Du reste, leurs formes et les détails de leur organisation varient beaucoup et entraînent des variétés analogues dans leurs habitudes, au point qu'il est impossible de ranger leurs genres sur une même ligne, et que l'on est obligé d'en former plusieurs familles qui se lient diversement entre elles par des rapports multipliés.

LA PREMIERE FAMILLE DES CARNASSIERS.

LES CHEIROPTÈRES

Ont encore quelques affinités avec les quadrumanes, par leur verge pendante et par leurs mamelles placées sur la poitrine. Leur caractère distinctif consiste dans un repli de la peau étendu entre leurs quatre pieds et leurs doigts, lequel les soutient dans l'air, et permet même de voler à ceux qui ont les mains assez développées pour cela. Cette disposition exigeait de fortes clavicules et de larges omoplates pour que l'épaule eût la solidité requise ; mais elle était incompatible avec la rotation de l'avantbras, qui aurait affaibli la force du choc nécessaire au vol. Ces animaux ont tous quatre

grandes canines, mais le nombre de leurs incisives varie. On n'en a fait long-temps que deux
genres d'après l'étendue de leurs organes du vol,
mais le premier des deux exige plusieurs subdivisions.

Les Chauve-Souris. (Vespertilio.. Lin.)

Ont les bras, les avant-bras et les doigts excessivement allongés, et formant, avec la membrane qui
en remplit les intervalles, de véritables ailes, aussi
étendues que celles des oiseaux. Aussi les chauve-
souris volent-elles très-haut et très-rapidement. Leurs
muscles pectoraux ont une épaisseur proportionnée
aux mouvemens qu'ils doivent exécuter, et le sternum a dans son milieu une arête pour leur donner
attache, comme celui des oiseaux. Le pouce est
court, et armé d'un ongle crochu, qui sert à ces animaux à se suspendre et à ramper. Leurs pieds de
derrière sont faibles, divisés en cinq doigts égaux,
et tous armés d'ongles. Il n'y a point de cœcum à
leurs intestins. Leurs yeux sont excessivement petits, mais leurs oreilles sont souvent très-grandes, et
forment avec leurs ailes une énorme surface membraneuse, presque nue, et tellement sensible, que
les chauve-souris se dirigent dans tous les recoins
de leur labyrinthe, même après qu'on leur a arraché
les yeux, probablement par la seule diversité des impressions de l'air. Ce sont des animaux nocturnes
qui, dans nos climats, passent l'hiver en léthargie.
Ils se suspendent pendant le jour dans des lieux

obscurs. Leur portée ordinaire est de deux petits, qu'ils tiennent cramponnés à leurs mamelles, et dont la grosseur est considérable à proportion de celle de leur mère.

Ce genre est très-nombreux, et présente beaucoup de subdivisions.

Il faut d'abord en séparer

LES ROUSSETTES. (PTEROPUS. Briss.)

Qui ont des incisives tranchantes à chaque mâchoire et des mâchelières à couronne plate (1); aussi vivent elles en grande partie de fruits; elles savent cependant très-bien poursuivre les oiseaux et les petits quadrupèdes. Ce sont les plus grandes chauve-souris, et on mange leur chair. Elles habitent dans les Indes-Orientales.

Leur membrane est échancrée profondément entre leurs jambes; elles n'ont point ou presque point de queue; leur doigt index, de moitié plus court que le médius, porte une troisième phalange et un petit ongle qui manque dans les autres chauve-souris; mais les doigts suivans n'ont chacun que deux phalanges ; leur nez est simple, leur oreille petite, sans oreillon, et leur langue hérissée de piquans recourbés en arrière; leur estomac est un sac très-allongé et inégalement renflé.

1. ROUSSETTES *sans queue*, à quatre incisives à chaque mâchoire.

La *Roussette noire.* (*Pter. edulis.* Geoff.)

D'un brun noirâtre, plus foncé en dessous; près de quatre pieds d'envergure. Des îles de la Sonde, des Moluques, où elle se tient dans les cavernes. Sa chair est très-délicate.

La *Roussette d'Edwards.* (*Pter. Edwardsii.* Geoff.)
Edw. 108.
Fauve, à dos brun foncé. De Madagascar.

---

(1) Les mâchelières ont proprement deux saillies longitudinales et parallèles, séparées par un sillon, et qui s'usent par la détrition.

La *Roussette de Buffon*. (*Pter.vulgaris*. Geoff.), Buff. X, xiv.

Brune, la face et les côtés du dos fauves. Des îles de France et de Bourbon, où elle habite sur les arbres dans les forêts.

La *Roussette à collier, Rougette de Buffon*. (*Pter. rubricollis*. Geoff.), Buff. X, xvii.

Gris-brun, le cou rouge. Des mêmes îles où elle vit dans les arbres creux.

2. ROUSSETTES *avec une petite queue*, à quatre incisives à chaque mâchoire.

Ce sont toutes des espèces décrites pour la première fois par M. Geoffroy. Une d'elles, laineuse et grise (*Pter. Ægyptiacus.*), vit en Egypte dans les souterrains; une autre, roussâtre, à queue un peu plus longue et à demi engagée dans la membrane (*Pter. amplexicaudus.*) Geoff. Ann. mus. t. XV, pl. iv, vient de l'archipel des Indes, etc. (1)

3. D'après les indications de M. Geoffroy, nous détachons encore des roussettes les CÉPHALOTES, qui ont les mêmes mâchelières, mais ou l'index, court et pourvu de ses trois phalanges comme celui des précédentes, manque cependant d'ongle. Les membranes de leurs ailes, au lieu de se joindre aux flancs, se réunissent l'une à l'autre sur le milieu du dos auquel elles adhèrent par une cloison verticale et longitudinale. Elles n'ont souvent que deux incisives.

La *Cephalote* de Peron. (*Cephalotes Peronii*. Geoff.) Geoff. Ann. du mus., XV, pl. iv.

Brune ou rousse. De Timor.

Une fois les roussettes retranchées, il reste les vraies CHAUVE-SOURIS, qui sont toutes insectivores, et ont toutes des mâchehères hérissées de pointes coniques. Leur index n'a

---

(1) Ajoutez *pteropus griseus*, Geoff. Ann. mus., tome XV, pl. vi. — *Pterop. stramineus*. Seb. I, LVII, 1 - 2. — *Pter. marginatus*, Geoff. loc. cit. pl. v. — *Pter. minimus*. id.

jamais d'ongle et, un seul sous-genre excepté, leur membrane s'étend toujours entre les deux jambes.

On doit les diviser en deux principales tribus. La première a au doigt médius de l'aile trois phalanges ossifiées, mais les autres doigts et l'index lui-même n'en ont que deux.

A cette tribu, qui est toute étrangère, appartiennent trois sous-genres.

Les Molosses. (Molosses. Geoff. *Dysopes.* Iliger.)

A museau simple, à oreilles larges et courtes, naissant près de l'angle des lèvres, et s'unissant l'une à l'autre sur le museau, l'oreillon court et non enveloppé par la conque. On ne leur compte que deux incisives à chaque mâchoire; leur queue occupe toute la longueur de la membrane interfémorale, et s'étend le plus souvent au delà. Toutes les espèces viennent d'Amérique et sont plus ou moins brunes (1).

Les Nyctinomes. (Geoff.)

Ont quatre incisives en bas, la lèvre supérieure haute et fort échancrée; d'ailleurs ils ressemblent aux molosses (2).

Les Sténodermes. (Geoff.)

A museau simple, à membrane interfémorale échancrée jusqu'au coccyx; ils manquent de queue, et on leur compte deux incisives en haut et quatre en bas.

Les Noctilions. (Noctilio. Linn. Ed. XII.)

A museau court renflé, fendu, garni de verrues et de sillons bizarres, à oreilles séparées; ils ont quatre incisives en haut et deux en bas; leur queue est courte et libre au-dessus de leur membrane interfémorale.

---

(1) Elles étaient confondues par Gmel. sous le nom commun de *vespert. molossus;* mais M. Geoffroy en distingue déjà neuf espèces, dont Buffon n'a que trois ; *moloss. longicaudatus.* Buff. X, xix, 2. — *Moloss. fusciventer*, id. Ibid. 1. — Et *moloss. guyanensis*, id. Supp. VII, lxxv. On trouvera la description des autres, Ann. du mus. VI, 150.

(2) Le *nyctinome d'Egypte* , Geoffr. Eg. mammif. 2, 2. — *Vespert. acetabulosus ,* Herm. Obs. zool. p. 19. — *Vesp. plicatus.* Buchanan.

On n'en connaît qu'une espèce d'Amérique, de couleur
fauve pâle uniforme. (*Vesp. leporinus.* Gm.) Schreb. LX.

LES PHYLLOSTOMES. (*Phyllostoma.* Cuv. et Geoff.)

Dont le nombre régulier des incisives est de quatre à
chaque mâchoire, mais où une partie de celles d'en bas
tombent souvent, rejetées par l'accroissement des canines, et
qui se distinguent en outre par la membrane en forme de
feuille relevée en travers sur le bout de leur nez. Le tragus
de leur oreille représente une petite feuille plus ou moins
dentelée. Leur langue, qui peut s'allonger beaucoup, se
termine par des papilles qui paraissent disposées pour former
un organe de succion, et leurs lèvres ont aussi des tubercules
arrangés symétriquement. Ce sont encore tous des animaux
d'Amérique, qui courent à terre mieux que les autres chauve-
souris, et qui ont l'habitude de sucer le sang des animaux.

1. PHYLLOSTOMES *sans queue.*

Le *Vampire.* (*V. spectrum.* L.) Andira-guaçu de Brasiliens.
Seb. LVIII. Geoff. Ann. mus. XV, XII, 4.

A feuille ovale creusée en entonnoir ; brun roux, grand
comme une pie. De l'Amérique méridionale. On l'a accusé
de faire périr les hommes et les animaux en les suçant ; mais
il se borne à faire de très-petites plaies qui peuvent
quelquefois être envenimées par le climat (1).

2. PHYLLOSTOMES *à queue engagée dans la membrane
interfémorale.*

Le *Fer de lance.* (*V. hastatus.* L.) Buff. XIII, XXXIII.

Feuille du nez en forme de fer de lance, à bords
entiers (2).

---

(1) Ajoutez : La *lunette.* (*Vesp. perspicillatus.* L.) Buff. Sup. VII, LXXIV.
— Et les trois espèces données d'après Azzara, par M. Geoff. Ann. du
mus., XV, 181-182.

(2) Ajoutez : *Vesp. soricimus.* Pall. spic. zool. fasc. III, pl. III, IV,
cop. Schreb. XLVII.

3. PHYLLOSTOMES *à queue libre au-dessus de la membrane.*

Le *Fer crénelé.* (*Ph. crenulatum.* Geoff. Ann. du mus. XV, pl. x.)

Feuille du nez en forme de fer de lance dentelé au bord (1).

La deuxième grande tribu n'a à l'index qu'une phalange ossifiée et les autres doigts en ont chacun deux.

On divise aussi cette tribu en plusieurs sous-genres.

LES MÉGADERMES. (Geoff. Ann. du mus. XV.)

Qui ont sur le nez une feuille plus compliquée que celle des *phyllostomes*, l'oreillon grand, le plus souvent fourchu, les conques des oreilles très-amples et se soudant l'une à l'autre sur le sommet de la tête, la langue et les lèvres lisses, la membrane interfémorale entière et sans queue. Ils ont quatre incisives en bas; on ne leur en a pas encore trouvé en haut, et il paraît que leur os intermaxillaire reste cartilagineux.

Ils sont tous de l'ancien continent, soit d'Afrique, comme la *Feuille.* (*Meg. frons.* Geoff.) A feuille du nez ovale presque aussi grande que la tête; du Sénégal ou de l'archipel des Indes, comme le *spasme de Ternate.* (*Vespert. spasma.* L. Seb. I, LVI.) — La *lyre.* Geoff. Ann. mus. XV, pl. XII. — Le *trèfle de Java.* Id. ib., etc. On les distingue entre eux par la figure de leurs feuilles comme les *phyllostomes.*

LES RHINOLOPHES, (RHINOLOPHUS Geoff. et Cuv.) vulgairement *Fers-à-cheval.*

Qui ont le nez garni de membranes et de crêtes fort compliquées, couchées sur le chanfrein, et présentant en gros la figure d'un fer à cheval; leur queue est longue et placee dans la membrane interfémorale. Ils ont quatre incisives en

_____

(1) Ajoutez : *Phyllost. elongatum.* Geoff. Ann. mus. XV, IX.

bas et deux très-petites en haut dans un os intermaxillaire
cartilagineux.

Il y en a deux espèces très-communes en France et
découvertes par Daubenton.

Le grand Fer à cheval, (*Vesp. ferrum equinum.* L.) Buff.
ou *Rhinolophe bifer*, Geoff. Ann. mus. XX, pl. v, et le
petit. (*Vesp. hipposideros.* Bechst.) Buff. VIII, xvii, 2
et xx. Geoff. loc. cit.

Qui habitent les carrières, s'y tenant isolés, suspendus
par les pieds, et s'enveloppant de leurs ailes de manière à ne
laisser voir aucune autre partie de leur corps (1).

LES NYCTÈRES. (NYCTERIS. Cuv. et Geoff.)

Dont le chanfrein est creusé d'une fossette marquée même
sur le crâne et dont les narines sont entourées d'un cercle de
lames saillantes. Ils ont quatre incisives en haut sans intervalle
et six en bas; leurs oreilles sont grandes, non réunies, et
leur queue est comprise dans la membrane interfémorale.
Ce sont des espèces d'Afrique. Daubenton en a décrit une
(*le v. hispidus.* Linn.); M. Geoffroy en a trouvé d'autres en
Égypte (2).

LES RHYNOPOMES. (Geoff.)

Ont une fossette moins marquée, les narines au bout du
museau et une petite lame au-dessus; leurs oreilles sont
réunies, et leur queue dépasse de beaucoup la membrane.
On en connaît un d'Egypte, où il se tient surtout dans les
pyramides (3).

LES TAPHIENS. (THAPHOZOUS. Geoff.)

Ont aussi une fossette au chanfrein; mais leurs narines n'ont
point de lames relevées, et on ne leur compte que deux

---

(1) Ajoutez les quatre autres espèces représentées. Geoff. Ann. mus., XX,
pl. v, dont une est le vesp. *speoris.* Schn.

(2) *Nyctère de la Thébaïde*, 29. Mammif., I, 2, 2.

(3) *Rhinopome Microphylle.* Geoff. *Vespectilio Micro Phyllus.* Schr.

incisives en haut et quatre en bas; leurs oreilles sont écartées et leur queue libre au-dessus de la membrane M. Geoffroy en a découvert une espèce dans les catacombes d'Égypte ( ).

LES CHAUVE-SOURIS communes ou VESPERTILIONS.
(VESPERTILIO. Cuv. et Geoff.)

Qui ont le museau sans feuilles ni autres marques distinctives, les oreilles séparées, quatre incisives en haut, dont les deux moyennes écartées, et six en bas à tranchant un peu dentelé : leur queue est comprise dans la membrane. Ce sous-genre est le plus nombreux de tous ; on en trouve des espèces dans toutes les parties du monde. Nous en comptons six ou sept en France; la première est connue depuis long temps.

La *Chauve-souris ordinaire*. (*Vesp. murinus*. Lin.)
Buff. VIII, xvi.

Grise, à oreilles oblongues de la longueur de la tête.

Les autres espèces n'ont été découvertes que par Daubenton, telles sont :

La *Sérotine*. (*V. serotinus*. L.) Buff. VIII, xviii, 2.

Fauve, à ailes et oreilles noirâtres, la conque de celles-ci triangulaire, plus courte que la tête, l'oreillon pointu.

On la trouve sous les toits des églises et autres édifices peu fréquentés.

La *Noctule*. (*V. noctula*. L.) Buff. VIII, xviii, 1.

Brune, à oreilles triangulaires, p luscourtes que la tête, l'oreillon arrondi.

Un peu plus petite que la précédente. On la trouve dans les creux des vieux arbres, etc.

La *Pipistrelle*. (*V. pipistrellus*. Gm.) Buff. VIII, xix, 1.

La plus petite de ce pays-ci; brune, à oreilles triangulaires, l'oreillon aussi (2).

---

(1) Le Taphien filet. *Eg.* mammif., I, 1, 1. — Le taphien perferé, *ib.* III, L. — Ajoutez le *Vesp. lepturus.*

(2) Voyez pour les autres espèces de vespertilions le mémoire de M. Geoff., Ann. du mus., VIII, p. 187.

M. Geoffroy sépare encore des vespertilions

LES OREILLARDS. (PLECOTUS. Geoff.)

Dont les oreilles, plus grandes que la tête, sont unies l'une à l'autre sur le crâne, comme dans les megadermes, les rhinopomes, etc.

L'espèce vulgaire (*Vesp. auritus.* L.) Buff. VIII, XVII, 1. est plus commune encore ici que la chauve-souris; ses oreilles égalent presque son corps. Elle habite les maisons, les cuisines, etc. Nous en avons une autre découverte par Daubenton, la *barbastelle.* (*Vesp. barbastellus.* Gm.) Buff. VIII, XIX, 2. Brune, à oreilles bien moins grandes.

LES GALÉOPITHÈQUES, (GALEOPITHECUS, Pall.), vulg. Chats volans.

Diffèrent génériquement des chauve-souris, parce que les doigts de leurs mains, tous garnis d'ongles tranchans, ne sont pas plus allongés que ceux des pieds; en sorte que la membrane qui en occupe les intervalles et s'étend jusqu'aux côtés de la queue, ne peut guère remplir que les fonctions de parachute. Leurs canines sont dentelées et courtes comme leurs molaires. En haut sont deux incisives aussi dentelées, très-écartées l'une de l'autre; en bas six, fendues en lanières étroites comme des peignes, structure tout-à-fait particulière à ce genre. Ces animaux vivent sur les arbres dans l'archipel des Indes, et y poursuivent les insectes, et peut-être les oiseaux : à en juger par la détrition que leurs dents éprouvent avec l'âge, ils doivent aussi se nourrir de fruits. Ils ont un grand cœcum.

On n'en connaît distinctement qu'une espèce, à pelage gris-roux en dessus, roussâtre en dessous, variée et rayée

de différens gris dans la jeunesse. C'est le *Lemur volans.*
Lin., Audeb., Galæop., pl. ɪ et ɪɪ. Elle habite aux Moluques, aux îles de la Sonde, etc....

Tous les autres carnassiers ont les mamelles
situées sous le ventre.

LES INSECTIVORES

Qui en forment la deuxième famille,

Ont, comme les chéiroptères, des mâchelières
hérissées de pointes coniques, et une vie nocturne ou souterraine : ils se nourrissent principalement d'insectes, et dans les pays froids
beaucoup d'entre eux passent l'hiver en léthargie. Ils n'ont pas, comme les chauve-souris, de
membranes latérales, et ne manquent cependant jamais de clavicules ; leurs pieds sont
courts et leurs mouvemens faibles ; leurs mammelles placées sous le ventre, et leur verge
dans un fourreau ; aucun n'a de cœcum, et tous
appuient la plante entière du pied sur la terre
en marchant.

Il y en a deux petites tribus distinguées par
la position et la proportion relatives de leurs
incisives et de leurs canines.

La première a deux longues incisives en
avant, suivies d'autres incisives et de canines
toutes plus courtes même que les molaires. Ce
genre de dentition, dont les *tarsiers,* parmi les

quadrumanes, nous ont déjà donné un exemple, rapproche un peu ces animaux des rongeurs.

LES HÉRISSONS, (ERINACEUS, Lin.)

Ont le corps couvert de piquans au lieu de poils. La peau de leur dos est garnie de muscles tels que l'animal, en fléchissant la tête et les pattes vers le ventre, peut s'y renfermer comme dans une bourse, et présenter de toutes parts ses piquans à l'ennemi. Leur queue est très-courte, et tous leurs pieds ont cinq doigts. Leurs deux incisives mitoyennes supérieures sont écartées et cylindriques.

Le *Hérisson* ordinaire. (*Erinaceus europæus.*) Buff. VIII, VI.

A oreilles courtes, assez commun dans les bois et dans les haies, passe l'hiver dans son terrier, et en ressort au printemps avec des vésicules séminales d'une ampleur et d'une complication incroyables. Aux insectes qui font son régime ordinaire, il mêle les fruits qui lui usent à un certain âge les pointes de ses dents. On se servait autrefois de sa peau pour serancer le chanvre.

Le *Hérisson à longues oreilles.* (*Erinaceus auritus.*) Schreb. CLXIII.

Plus petit que le vulgaire, à oreilles grandes comme les deux tiers de la tête; d'ailleurs semblable au nôtre par la forme et par les mœurs : il habite depuis le nord de la mer Caspienne jusqu'en Egypte (1).

LES MUSARAIGNES, (SOREX, Lin.)

Sont des animaux généralement beaucoup plus petits que les hérissons, et couverts de simples

_____

(1) Pallas a remarqué, comme un fait intéressant, que les hérissons mangent des centaines de cantharides sans en souffrir, tandis qu'une seule cause des tourmens horribles aux chiens et aux chats.

poils au lieu de piquans. Sur chaque flanc on leur trouve, sous le poil ordinaire, une petite bande de soies roides et serrées, entre lesquelles suinte une humeur odorante, produite par une glande particulière (1). Leurs deux incisives supérieures mitoyennes, sont crochues et dentées à la base. Elles se tiennent dans des trous qu'elles creusent en terre, ne sortent guère que vers le soir, et vivent de vers et d'insectes. On n'en a long-temps remarqué en France qu'une espèce.

La *Musaraigne commune* ou *Musette*. (*Sor. araneus*, Lin.) Buff., VIII, x, 1.

Grise, à queue carrée, aussi longue que le corps : elle est assez répandue à la campagne dans les prés, etc. On l'a accusée de causer une maladie aux chevaux par sa morsure ; mais cette imputation est fausse, et tient peut-être à ce que les chats tuent bien la musaraigne, mais refusent de la manger à cause de son odeur.

Daubenton en a fait connaître une autre.

La *Musaraigne d'eau*. (*Sorex fodiens*, Gm.) Buff. VIII, xi.

Noire dessus, blanche dessous, à queue carrée, longue comme le corps : son oreille peut se fermer presque hermétiquement quand elle plonge, au moyen de trois valvules qui répondent à l'helix, au tragus et à l'antitragus, et les cils roides qui bordent ses pieds, lui donnent de la facilité pour nager ; aussi fréquente-t-elle de préférence les bords des ruisseaux.

Herman, M. Gall et M. Geoffroy en ont ajouté encore quelques-unes (2).

---

(1) Voyez Geoff. Mém. du mus., tome I, p. 299.

(2) *Sorex tetragonurus* herm. Schreb. CLIX. B. — S. *constrictus*. Id. ib. C. et Geoff. ann. mus. XVII, iii, 1. — S. *remifer*, Geoff. ib. II, 1. — S. *leucodon*. herm. Schreb. CLIX. D.

Voyez aussi pour les espèces étrangères, Geoff. ib. p. 171 et suiv. et Mém. du mus., tome I, pl. XV, f. 1.

Les Desmans, (Mygale, Cuv.)

Diffèrent des musaraignes par deux très petites
dents placées entre les deux grandes incisives d'en
bas, et parce que leurs deux incisives supérieures
sont en triangle et applaties ; leur museau s'allonge
en une petite trompe très-flexible, et qu'ils agitent
sans cesse ; leur queue longue, écailleuse et applatie
sur les côtés, et leurs pieds à cinq doigts, tous réunis
par des membranes, en font des animaux aquatiques.
Ils ont l'œil très-petit, et point d'oreilles extérieures.

Le *Desman de Russie*, vulg. *Rat musqué de Russie.*
(*Sorex moschatus*, Lin.) Buff. X, 1.

Presque aussi grand qu'un hérisson, d'un gris-cendré,
fort commun le long des rivières et des lacs de la Russie
méridionale. Il s'y nourrit de vers, de larves d'insectes,
et surtout de sangsues, qu'il retire aisément de la vase
avec son museau mobile ; son terrier, creusé dans la berge,
commence sous l'eau, et s'élève de manière que le fond
reste au-dessus du niveau dans les plus grandes eaux. Cet
animal ne vient point à sec volontairement ; mais on en
prend beaucoup dans les filets à poissons. Son odeur musquée vient d'une pommade secrétée dans de petits folli-
cules qu'il a sous la queue. Elle se communique même à la
chair des brochets qui mangent des desmans.

On trouve dans les ruisseaux des Pyrénées une petite espèce de ce genre, que M. Geoffroi a fait connaître. Ann. du
Mus., tom. XVII, pl. iv, f. 1.

Les Scalopes. (Scalops, Cuv.)

Joignent aux dents des desmans, et au museau
simplement pointu des musaraignes, des mains larges
et armées d'ongles forts, en un mot propres à creuser

la terre, et entièrement semblables à celles des taupes. Aussi ont-ils le même genre de vie.

La seule espèce connue,

Le *Scalope* du Canada. (*Sorex aquaticus*, Lin.) Schreb., CLVIII.

Paraît habiter dans une très-grande partie de l'Amérique septentrionale, le long des rivières.

LES CHRYSOCHLORES (CHRYSOCHLORIS, Lacep.)

Ont encore, comme les deux genres précédens, deux incisives en haut et quatre en bas; mais leur museau est court, large et relevé, et leurs pieds de devant ont seulement trois ongles, dont l'extérieur très-gros et les autres allant en diminuant : ceux de derrière en ont cinq. Ce sont aussi des animaux souterrains, dont l'avant-bras est soutenu, pour creuser, par un troisième os placé sous le cubitus.

La *Chrysochlore du Cap*, vulg. Taupe dorée. (*Talpa asiatica*, Lin.) Schreb., CLVII, et mieux, Brown., III. XLV.

Un peu moindre que nos taupes, sans queue apparente; le seul quadrupède connu qui présente quelques nuances de ces beaux reflets métalliques dont brillent tant d'oiseaux, de poissons et d'insectes. Son poil est d'un vert changeant en couleur de cuivre ou de bronze; ses oreilles n'ont aucune conque, et l'on ne peut apercevoir ses yeux (1).

La seconde tribu des insectivores a quatre

---

(1) La taupe rouge d'Amérique de Séba, I, pl. xxxii, f. 1, (*talpa rubra* L.) est très-probablement du genre de la chrysoclore; mais le *tucan* de Fernandes; *ap.* XXIV, que l'on confond avec elle, paraît plutôt un rat-taupe, à cause de ses deux longues dents à chaque mâchoire et de son régime végétal. C'est probablement aussi à cette première tribu des insectivores qu'appartient la *taupe à longue queue*, penn. arct. zool. n° 68; mais on ne connaît pas assez sa dentition pour la placer.

grandes canines écartées, entre lesquelles sont de petites incisives, ce qui est la disposition la plus ordinaire aux quadrumanes et aux carnassiers.

On y retrouve des formes et des habitudes analogues à celles de la tribu précédente. Ainsi

LES TENRECS, Cuv. (CENTENES, Iliger.)

Ont le corps couvert d'épines comme celui des hérissons ; mais, outre la grande différence de leurs dents, il manque aux tenrecs la faculté de se rouler aussi complètement en boule : ils n'ont pas de queue ; leur museau est très-pointu. On en trouve à Madagascar trois espèces, dont la première a été naturalisée à l'Ile-de-France. Ce sont des animaux nocturnes, qui passent trois mois de l'année en léthargie, quoique habitans de la zone torride. Bruguière assure même que c'est pendant les plus grandes chaleurs qu'ils dorment.

Le *Tenrec*. (*Erinaceus ecaudatus*, Lin.) Buff., XII, LVI.

Couvert de piquans roides, à incisives échancrées, au nombre de quatre seulement en bas. C'est le plus grand des trois : il surpasse notre herisson.

Le *Tendrac*. (*Erinaceus setosus*, Lin.) Buff. XII, LVII.

A piquans plus flexibles, plus semblables à des soies ; à six incisives échancrées à chaque mâchoires.

Le *Tenrec raye* (1). (*Erinaceus semispinosus*.)

Couvert de soies et de piquans mêlés, rayé de jaune et

---

(1) Buff. Suppl. III, pl. xxxvii, l'a pris, mal à propos, pour un jeune tenrec. Sonnerat, voy. à la Chine, II, p. 146, en décrit mal les dents.

de noir; ses incisives au nombre de six, et ses canines, sont toutes grêles et crochues : il est à peine de la taille d'une taupe.

LES TAUPES. (TALPA, Lin.)

Sont connues de tout le monde par leur vie sou-terraine, et par leur forme éminemment appropriée à ce genre de vie.

Un bras très-court, attaché par une longue omo-plate, soutenu par une clavicule vigoureuse, muni de muscles énormes, porte une main extrêmement large, dont la paume est toujours tournée en dehors ou en arrière : cette main est tranchante à son bord inférieur ; on y distingue à peine les doigts ; mais les ongles qui les terminent sont longs, forts, plats et tranchans. Tel est l'instrument que la taupe emploie pour déchirer la terre et pour la pousser en arrière. Son sternum a, comme celui des oiseaux et des chauve-souris, une arête qui donne aux muscles pectoraux la grandeur nécessaire à leurs fonctions. Pour percer la terre et la soulever, la taupe se sert de sa tête allongée, pointue, dont le museau est armé au bout d'un osselet particulier, et dont les muscles cervicaux sont extrêmement vigoureux. Le ligament cervical s'ossifie même entièrement. Le train de derrière est faible, et l'animal, sur la terre, se meut aussi péniblement qu'il le fait avec vitesse dessous. Il a l'ouïe très-fine et le tympan très-large, quoique l'oreille externe lui manque; mais son œil est si petit, et tellement caché par le poil, qu'on en a nié long-temps l'existence. Ses mâchoires sont faibles, et sa nourriture consiste en insectes, en vers et en quelques racines tendres. On lui compte six incisives en haut, huit en bas.

Notre *Taupe commune.* (*Talpa europæa*, Lin.) Buff. VIII, xii.

A museau pointu, à poil fin et noir : on en trouve quelques individus blancs, fauves et pies. C'est un animal très-incommode par les dégâts qu'il fait dans les terrains cultivés.

La *Taupe à museau étoilé du Canada.* (*Talpa cristata. — Sorex cristatus*, Lin.) (1).

A les deux narines entourées de petites pointes cartilagineuses et mobiles, qui représentent une sorte d'étoile quand elles s'écartent en rayonnant. Elle est moindre que notre taupe, noirâtre, et a la queue moitié plus courte que le corps et un peu velue.

LES CARNIVORES

Formeront une troisieme famille de carnassiers.

Quoique l'épithète de carnassiers convienne à tous les onguiculés à trois sortes de dents non quadrumanes, puisque tous se nourrissent plus ou moins de matières animales, cependant il en est beaucoup, et spécialement les deux familles précédentes, que leur faiblesse et les tubercules coniques de leur mâchelières réduisent presque à vivre d'insectes. C'est dans la famille actuelle

---

(1) Nous nous sommes assurés, par l'inspection de ses dents, que c'est une vraie taupe et non pas un sorex. C'est le *condylura* d'Iliger, mais les caractères, pris de la figure de La Faille et de Buff., suppl. VI, xxxvii, en sont faux.

que l'appétit sanguinaire se joint à la force nécessaire pour y subvenir. Elle a toujours quatre
grosses et longues canines écartées, entre lesquelles sont six insives à chaque mâchoire, dont
la seconde des inférieures a toujours sa racine
un peu plus rentrée que les autres. Ses molaires
sont toujours, ou entièrement tranchantes,
ou mêlées seulement de parties à tubercules
mousses, et jamais hérissées de pointes coniques.

Ces animaux sont d'autant plus exclusivement carnivores que leurs dents sont plus complètement tranchantes, et l'on peut presque
calculer la proportion de leur régime d'après
l'étendue de la surface tuberculeuse de leurs
dents comparée à la partie tranchante. Les
ours qui peuvent entièrement se nourrir de
végétaux, ont presque toutes leurs dents tuberculeuses.

Les molaires antérieures sont les plus tranchantes ; ensuite vient une molaire plus grosse
que les autres, qui a d'ordinaire un talon plus ou
moins large tuberculeux, et derrière elle on
trouve une ou deux petites dents entièrement
plates. Aussi, c'est avec ces petites dents du
fond de la bouche que les chiens mâchent l'herbe
qu'ils avalent quelquefois. Nous appellerons,

avec M. Frédéric Cuvier, cette grosse molaire d'en haut, et celle qui lui répond en bas, *carnassières*, les antérieures pointues, *fausses molaires*, et les postérieures mousses, *tuberculeuses*.

On conçoit facilement que les genres qui ont moins de molaires, et dont les mâchoires sont plus courtes, sont ceux qui ont le plus de force pour mordre.

C'est d'après ces différences que les genres peuvent s'établir le plus sûrement.

Il faut cependant y joindre la considération du pied de derrière.

Plusieurs genres appuient, comme tous ceux des deux familles précédentes, la plante entière du pied sur la terre, lorsqu'ils marchent ou qu'ils se tiennent de bout, et l'on s'en aperçoit aisément par l'absence de poils sous toute cette partie.

D'autres en plus grand nombre ne marchent que sur le bout des doigts en relevant tout le tarse. Leur course est plus rapide, et à cette première différence s'en joignent beaucoup d'autres dans les habitudes et même dans la conformation intérieure. Les uns et les autres n'ont pour toute clavicule qu'un rudiment osseux suspendu dans les chairs.

LES PLANTIGRADES.

Forment cette première tribu, qui marche sur la plante entière, ce qui leur donne plus de facilité pour se dresser sur leurs pieds de derrière. Ils participent à la lenteur, à la vie nocturne des insectivores, et manquent, comme eux, de cœcum : la plupart de ceux des pays froids passent l'hiver en léthargie. Ils ont tous cinq doigts à tous les pieds.

Les Ours, (Ursus. Lin.)

Ont trois grosses molaires de chaque côté (1), dans chaque mâchoire, entièrement tuberculeuses; aussi, malgré leur extrême force, ne mangent-ils guère de chair que par nécessité. C'est la pénultième d'en haut qui représente la carnassière; la dernière, qui représente une tuberculeuse, est la plus grande de toutes; 'en avant des trois, est encore une molaire pointue, et dans l'intervalle entre elle et la canine, une ou deux très-petites dents simples espacées, et qui tombent souvent sans inconvénient.

Ce sont de grands animaux à corps trapu, à membres épais, à queue très-courte : le cartilage de leur nez est prolongé et mobile. Ils se creusent des antres ou se construisent des cabanes où ils passent l'hiver dans une somnolence plus ou moins profonde, et

---

(1) *N. B.* Nous ne répéterons plus ces mots de chaque côté, etc... il est entendu que nous ne parlerons plus que des molaires d'un côté, celles de l'autre étant les mêmes.

sans prendre d'alimens. C'est dans cette retraite que la femelle met bas.

Les espèces ne se distinguent pas aisément par des caractères sensibles. On compte :

L'*Ours brun d'Europe*. (*Ursus arctos*, Lin.), Buff., VIII , xxxi.

A front convexe, à pelage brun, plus ou moins laineux; on en voit de presque jaunes, d'autres d'un brun lisse à reflet, presque argentés : la hauteur relative de leurs jambes varie également, et le tout sans rapport constant avec l'âge ou le sexe. La livrée du premier âge est un collier blanchâtre. Cet animal habite dans les hautes montagnes et dans les grandes forêts de toute l'Europe et d'un grande partie de l'Asie ; il s'accouple en juin, met bas en janvier; niche quelquefois très-haut dans des arbres ; sa chair est bonne à manger quand il est jeune : on estime ses pates à tout âge.

On croit pouvoir en distinguer l'*ours noir d'Europe* : ceux qu'on nous a donnés pour tels, avaient le front plat et le pelage laineux et noirâtre ; l'*ours des Indes*, à pelage noirâtre, avec une tache blanche sur la poitrine , etc....

Une espèce plus certainement différente , est

L'*Ours noir d'Amérique*. (*Ursus Americanus*, Gm. Cuv., Ménag. du Mus., in-8°, II, p. 143.

A front plat, pelage noir et lisse , à museau fauve. Nous lui avons toujours trouvé les petites dents derrière la canine plus nombreuses qu'aux ours d'Europe : il a quelquefois un tache fauve au-dessus de chaque œil, et du blanc ou du fauve à la gorge ou à la poitrine. On en a vu des individus entièrement fauves. Il vit ordinairement de fruits sauvages , dévaste souvent les champs, et se rend à la côte , pour y pêcher, quand le poisson est abondant. Il n'attaque guère les quadrupèdes que faute d'alimens. On estime sa chair.

On dit qu'il y a encore en Amérique un ours gris plus grand que le noir , mais qui n'a pas été décrit avec soin.

L'*Ours blanc de la mer glaciale*. (*Ursus maritimus.* Lin.)
Cuv. , Ménag. du Mus., in-8° , p. 68.

Est encore une espèce bien distincte par sa tête allongée
et applatie , et par son pelage blanc et lisse. Il poursuit les
phoques et autres animaux marins. Des récits exagérés de
de sa voracité l'ont rendu fort célèbre.

LES RATONS (PROCYON. Storr.)

Ont trois arrière-molaires tuberculeuses , et trois
petites molaires pointues en avant , formant une série continue jusqu'aux canines. Leur queue est longue ; mais tout le reste de leur extérieur représente
en petit celui de l'ours. Ils n'appuient la plante entière
du pied que lorsqu'ils sont arrêtés , et relèvent le
talon quand ils marchent.

Le *Raton* ou *Raccoon* des Anglo-Américains , *Mapach* des
Mexicains. (*Ursus lotor* , Lin.) Buff., VIII, XLIII.

Gris-brun, le museau blanc, un trait brun en travers des
yeux, la queue annelée de brun et de blanc ; animal de la
taille d'un blaireau , assez facile à apprivoiser, qui ne
mange rien sans l'avoir plongé dans l'eau. Il vient de l'Amérique septentrionale , se nourrit d'œufs, chasse aux oiseaux, etc....

Le *Raton crabier*. (*Ursus cancrivorus.*) Buff. , sup. VI ,
XXXII.

Cendré-brun clair uniforme ; les anneaux de la queue
moins marqués. De l'Amérique méridionale.

LES COATIS (NASUA , Storr.)

Joignent aux dents, à la queue , à la vie nocturne
et à la marche traînante des ratons , un nez singulièrement allongé et mobile. Leurs pieds sont à demi-
palmés , et cependant ils grimpent aux arbres ; leurs
ongles allongés leur servent à fouir. Ils viennent des

parties chaudes de l'Amérique, et se nourrissent à
peu près comme nos martes.

Le *Coati roux.* (*Viverra nasua*, Lin.) Buff. VIII, xlviii.

Fauve-roussâtre, le museau et des anneaux à la queue
bruns.

Le *Coati brun.* (*Viverra narica*, Lin.) Buff. VIII, xlviii.

Brun, des taches blanches à l'œil et au museau.

On ne peut guère placer qu'ici le genre singulier
des Kinkajous ou Potto, Cuv. (*Cercoleptes*, Iliger),
qui joint à la marche plantigrade, une queue longue et
prenante comme celle des sapajous, un museau
court, une langue grêle et extensible ; deux mâchelières pointues en avant, et trois tuberculeuses en
arrière.

On n'en connaît qu'une espèce (*viverra caudivolvula*,
Gm.) Buff., sup. III, l, des parties chaudes de l'Amérique
et de quelques-unes des grandes Antilles, où elle se nomme
poto ; grande comme une fouine, à poil laineux, d'un gris
ou brun jaunâtre ; nocturne, d'un naturel assez doux, et
pouvant vivre de fruits, de miel, de lait, de sang, etc....

Les Blaireaux (Meles, Storr.)

Que Linnæus plaçait, comme les ratons, dans le
genre des ours, ont une très-petite dent derrière la
canine, puis deux molaires pointues, suivies en haut
d'une que l'on commence à reconnaître pour carnassière au vestige de tranchant qui se montre sur son
côté externe ; derrière elle en est une tuberculeuse
carrée, la plus grande de toutes ; en bas, la pénultième commence aussi à montrer de la ressemblance
avec les carnassières inférieures ; mais comme elle a
à son bord interne deux tubercules aussi élevés que

son tranchant, elle joue le rôle de tuberculeuse : la dernière est très-petite.

Ce sont des animaux à marche rampante et à vie nocturne comme tous les précédens, dont la queue est courte, les doigts très-engagés dans la peau, et qui se distinguent en outre éminemment par une poche située sous la queue, et d'où suinte une humeur grasse et fétide. Leurs ongles de devant très-allongés, les rendent habiles à fouir la terre.

Le *Blaireau d'Europe.* (*Ursus meles*, Lin.) Buff., VII, VII.

Grisâtre dessus, noir dessous, une bande noirâtre de chaque côté de la tête.

LES GLOUTONS (GULO, Storr.)

Avaient aussi été placés dans le genre des ours, par Linnæus; mais ils se rapprochent davantage des martes par leurs dents, aussi-bien que par tout leur naturel, et ne tiennent plus aux ours que par leur marche plantigrade. Ils ont trois fausses molaires en haut et quatre en bas, en avant de la carnassière, et une petite tuberculeuse derrière elle, dont la supérieure est plus large que longue. Leur carnassière supérieure n'a qu'un petit tubercule. Ce sont des animaux à queue médiocre, avec un pli dessous au lieu de poche, et d'ailleurs assez semblables aux blaireaux pour le port.

L'espèce la plus célèbre est le *glouton* du nord, *rossomak* des Russes (*Ursus Gulo*, Lin.) Buff., sup. III, XLVIII Grand comme notre blaireau, ordinairement d'un beau poil marron foncé, avec un disque plus brun sur le dos, mais quelquefois de teintes plus pâles. Il habite les pays les plus glacés du nord, passe pour très-cruel, chasse la nuit, ne s'assoupit point pendant l'hiver, se rend maître des plus grands animaux, en sautant sur eux de dessus un arbre. Sa voracité a été ridiculement exagérée par quelques auteurs.

Le *Volverenne du nord de l'Amérique.* (*Ursus luscus*, Lin.) Edw., CIII.

Ne paraît pas en différer par des caractères constans. Il a des teintes en général plus pâles.

Les pays chauds produisent quelques espèces qui ne peuvent être rangées qu'auprès des gloutons, n'en différant que par une fausse molaire de moins à chaque mâchoire, et par une longue queue. Telles sont celles que les Espagnols d'Amérique nomment furets (*hurons*), et qui, ayant en effet les dents de nos putois et de nos furets, ont aussi le même genre de vie; mais elles s'en distinguent par leur marche plantigrade.

Le *Grison* (*Viverra vittata*, Lin.) Buff., sup, VIII, XXIII et XXV.

Noir, le dessus de la tête et du cou gris, une bande blanche allant du front aux épaules.

Le *Taïra.* (*Mustela barbara.* Lin.) Buff., sup., VII, LX.

Brun, le dessus de la tête gris, une large tache blanche sous la gorge.

Ces deux animaux s'étendent dans toutes les parties chaudes de l'Amérique, et répandent une odeur de musc. Leurs pieds sont un peu palmés, et il paraît qu'on les a pris quelquefois pour des loutres (1).

C'est probablement encore à la suite des gloutons et des grisons qu'il faudra placer le *ratel* (*viverra mellivora* et *viv. capensis*), animal de la taille du blaireau, gris dessus, noir

_____

(1) On juge par la description que Margrave donne de son *cariqueibeiu* dont Buffon a appliqué le nom à sa *saricovienne*, vol. XIII, p. 519, qu'il a entendu parler du taïra.

dessous, avec une ligne blanche entre ces deux couleurs,
qui habite au cap de Bonne-Espérance, et creuse la terre
avec ses longues griffes de devant pour découvrir les rayons
de miel qu'y déposent les abeilles sauvages. On ne le connaît que par une description incomplète de Sparrmann.

LES DIGITIGRADES

Forment la seconde tribu des carnivores,
celle qui marche sur le bout des doigts.

Il y en a une première subdivision qui n'ont
qu'une tuberculeuse en arrière de la carnassière
d'en haut; ce sont les animaux que l'on a nommés vermiformes, à cause de la longueur de
leur corps et de la brièveté de leurs pieds, qui
leur permet de passer par les plus petites ouvertures. Ils manquent de cœcum comme tous
les précédens, mais ne tombent point l'hiver
en léthargie. Quoique petits et faibles, ils sont
très-cruels, et vivent surtout de sang. Linnæus
n'en faisait qu'un genre, celui des

MARTES. (MUSTELA, Lin.)

Que nous diviserons en quatre sous-genres.

LES PUTOIS. (PUTORIUS. Cuv.)

Sont les plus sanguinaires de tous; leur carnassière d'en
bas n'a point de tubercule intérieur; leur tuberculeuse d'en
haut est plus large que longue; ils n'ont que deux fausses
molaires en haut et trois en bas. On les reconnaît à l'extérieur
à leur museau un peu plus court et plus gros que celui des
martes. Ils répandent tous une odeur infecte.

Le putois commun. (*Mustela putorius*. L.) Buff., VII, xxiii.

Brun, à flancs jaunâtres avec des taches blanches à la tête, est la terreur des poulaillers et des garennes.

Le *Furet*. (*Mustela furo*. L.) Buff., VII, xxv, xxvi.

Jaunâtre avec des yeux roses, n'est peut-être qu'une variété du putois. On ne le trouve en France que domestique, et on l'y emploie pour poursuivre les lapins dans leurs terriers. Il nous vient d'Espagne et de Barbarie.

Le *Putois de Pologne* ou *perouasca*. (*Mustela sarmatica.*) Pall., Spic. Zool., XIV, iv, 1; Schreb., CXXXII.

Brun tacheté partout de jaune et de blanc. Sa peau s'emploie en fourrures à cause de sa jolie bigarrure. Il habite toute la Russie méridionale, l'Asie mineure et les côtes de la mer Caspienne.

C'est aussi aux putois que se rapportent deux petites espèces de nos climats.

La *Belette*. (*Mustela vulgaris*. L.) Buff., VII, xxix, 1.

Toute d'un roux uniforme, et

L'*Hermine*. (*Mustela erminea*. L.) Buff., VII, xxix, 2; xxxi, 1.

Qui est rousse en été, blanche en hiver, avec le bout de la queue noir en tout temps. Sa peau d'hiver est une des fourrures les plus connues.

Il est probable qu'il faut y rapporter encore

Le *Putois de Siberie*. (*Mustela Sibirica*. Pall.) Spic. Zool., XIV, iv, 2.

Tout d'un fauve clair uniforme, et

Le *Mink*, *norek*, *noerz* ou *putois des rivières du nord*. (*Mustela lutreola*. Pall.) Spic. Zool., XIV, III, 1. Les Mém. de Stockh., 1739, pl. xi.

Qui fréquente le bord des eaux, dans le nord et l'orient de l'Europe, depuis la mer Glaciale jusqu'à la Mer-Noire, s'y nourrit de grenouilles et d'écrevisses, et a les pieds un peu palmés entre les bases des doigts, mais que ses dents et sa queue ronde rapprochent des putois plus que des loutres. Il est brun, à mâchoire blanchâtre; son odeur n'est que musquée et sa fourrure est fort belle.

Le *Putois du Cap.* (*Zorille* de Buff. *Viverra zorilla.* Gm.) Buff., XIII, XLI.

Rayé irrégulièrement de blanc et de noir, que l'on a confondu avec les mouffettes au point de lui transporter le nom de zorillo (renardeau) que les Espagnols ont appliqué à ces animaux fétides d'Amérique, n'a de commun avec elles que ses ongles propres à fouir. Ils indiquent un genre de vie souterrain qui pourrait engager à distinguer cette espèce des autres putois.

Les Martes proprement dites. (Mustela. Cuv.)

Diffèrent des putois par une fausse molaire de plus en haut et en bas et par un petit tubercule intérieur à leur carnassière d'en bas, deux caractères qui diminuent un peu la cruauté de leur nature.

L'Europe en a deux espèces très-voisines;

La *Marte commune.* (*Mustela martes.* L.) Buff., VII, XXII.

Brune avec une tache jaune sous la gorge, habite les bois.

La *Fouine.* (*Mustela foina.* L.) Buff., VII, XVIII.

Brune avec tout le dessous de la gorge et du col blanchâtre, fréquente les maisons. L'une et l'autre font beaucoup de dégât.

On en connaît une espèce de Sibérie,

La *Marte zibelline.* (*Mustela zibellina.*) Pall., Spic. Zool., XIV, III, 2; Schreb., CXXXVI.

Si célèbre par sa riche fourrure; elle est brune avec quelques taches de blanchâtre à la tête, et se distingue des précédentes parce qu'elle a du poil jusque sous les doigts; aussi habite-t-elle les montagnes les plus glacées. Sa chasse, au milieu de l'hiver, dans des neiges affreuses, est l'une des plus pénibles que l'on connaisse. C'est la recherche des zibelines qui a fait découvrir les contrées orientales de la Sibérie.

L'Amérique septentrionale produit aussi plusieurs martes que les voyageurs et les naturalistes ont indiquées sous les noms mal déterminés de *pekan*, *vison*, *mink*, *foutereau*, etc.

L'espèce à laquelle nous appliquerons le nom de *vison* (*mustela vison*) est toute brune avec la petite pointe du menton blanche : c'est une fourrure brillante. On la trouve au Canada et dans les États-Unis (1).

Celle que nous nommerons *pékan*, et qui vient des mêmes pays, a la tête, le cou, les épaules et le dessus du dos mêlés de gris et de brun; le nez, la croupe, la queue et les membres noirâtres (2).

Toutes deux ont du poil sous les doigts.

LES MOUFFETTES. (MEPHITIS. Cuv.)

Ont, comme les putois, deux fausses molaires en haut et trois en bas; mais leur tuberculeuse supérieure est très-grande et aussi longue que large, et leur carnassière inférieure a deux tubercules à son côté interne, ce qui les rapproche des blaireaux comme les putois se rapprochent des grisons et des gloutons. Les mouffettes ont d'ailleurs, comme les blaireaux, les ongles de devant longs et propres à fouir la ressemblance va même jusqu'à la distribution des couleurs. Dans cette famille remarquable par la puanteur, les mouffettes se font remarquer par une puanteur plus excessive que celle des autres espèces.

Les mouffettes sont généralement rayées de blanc sur un fond noir; mais elles paraissent varier dans les mêmes espèces par le nombre des raies, et on ne les a pas suffi-

---

(1) C'est le *must. vison* Gm., mais elle n'a pas les pieds palmés comme le dit Gmel. Daubenton, en décrivant son vison, a oublié la tache blanche du bout de la mâchoire inférieure.

(2) C'est le *pékan* de Daubenton; *m. canadensis*, Gm., mais il n'y a pas toujours du blanc sous la gorge.

samment distinguées entre elles (1). Toutes celles qui viennent d'Amérique ont une queue longue et touffue ; mais M. Léchenaud en a dernièrement rapporté une de *Java* qui n'a point de queue du tout.

LES LOUTRES. (LUTRA. Storr.)

Ont trois fausses molaires en haut et en bas, un fort talon à la carnassière supérieure, un tubercule au côté interne de l'inférieure et une grande tuberculeuse presque aussi longue que large en haut ; leur tête est comprimée et leur langue demi-rude. Elles se distinguent d'ailleurs de tous les sous-genres précédens par leurs pieds palmés et par leur queue applatie horizontalement, deux caractères qui en font des animaux aquatiques : elles se nourrissent de poisson.

La *Loutre commune.* (*Mustela lutra.* L.) Buff., VII, xi.

Brune dessus, blanchâtre dessous. Des rivières d'Europe.

La *Loutre d'Amérique.* (*Mustela lutra Brasilienis.* Gm.)

Toute brune ou fauve, à gorge blanche ou jaunâtre, un peu plus grande que la nôtre. Des rivières des deux Amériques.

La *Loutre de mer.* (*Mustela lutris.* L.) Schreb., CXXVIII.

Deux fois plus grande que la nôtre ; à corps très-allongé, à queue trois fois moindre que le corps, à pieds de derrière très-courts. Son pelage noirâtre, d'un vif éclat de velours est la plus précieuse de toutes les fourrures ; il y a souvent du blanchâtre à la tête. Les Anglais et les Russes vont chercher cet animal dans tout le nord de la mer Pacifique pour vendre sa peau à la Chine et au Japon.

La deuxième subdivision des digitigrades a deux tuberculeuses plates derrière la carnassière supérieure, qui elle-même a un talon assez

---

(1) Voyez à ce sujet ce que nous avons dit dans nos recher ches sur les os fossiles , tome IV, art. des carnassiers fossiles.

large. Ils sont carnassiers, mais sans montrer
beaucoup de courage à proportion de leurs
forces ; et vivent souvent de charognes. Ils ont
tous un petit cœcum.

LES CHIENS. (CANIS, Lin.)

Ont trois fausses molaires en haut, quatre en bas,
et deux tuberculeuses derrière l'une et l'autre carnassière : la première supérieure de ces tuberculeuses
est fort grande. Leur carnassière supérieure n'a qu'un
petit tubercule en dedans ; mais l'inférieure a sa pointe
postérieure tout-à-fait tuberculeuse. Leur langue est
douce ; leurs pieds de devant ont cinq doigts, et ceux
de derrière quatre.

Le *Chien domestique*. (*Canis familiaris*. L.)

Se distingue par sa queue recourbée et varie d'ailleurs à
l'infini pour la taille, la forme, la couleur et la qualité du
poil. C'est la conquête la plus complète, la plus singulière
et la plus utile que l'homme ait faite ; toute l'espèce est
devenue notre propriété ; chaque individu est tout entier à
son maître, prend ses mœurs, connaît et défend son bien,
lui reste attaché jusqu'à sa mort ; et tout cela ne vient ni
du besoin, ni de la contrainte, mais uniquement de la
reconnaissance et d'une véritable amitié. La vitesse, la force
et l'odorat du chien en ont fait pour l'homme un allié
puissant contre les autres animaux, et étaient peut-être nécessaires à l'établissement de la société. Il est le seul animal
qui ait suivi l'homme par toute la terre.

Quelques naturalistes pensent que le chien est un loup,
d'autres que c'est un chacal apprivoisé : les chiens redevenus
sauvages dans des îles désertes, ne ressemblent cependant ni
à l'un ni à l'autre. Les chiens sauvages et ceux des peuples
peu civilisés, tels que les habitans de la nouvelle Hollande,

ont les oreilles droites, ce qui a fait croire que les races
européennes les plus voisines du premier type sont notre
chien de berger, notre chien loup; mais la comparaison
des crânes en rapproche davantage le *mâtin* et le *danois*,
après lesquels viennent le *chien courant*, le *braque* et le
basset, qui ne diffèrent entre eux que par la taille et les
proportions des membres. Le *lévrier* est plus élancé et a
des sinus frontaux plus petits et un odorat plus faible.
Le *chien de berger* et le *chien loup* reprennent les oreilles
droites des chiens sauvages, mais avec plus de développement dans le cerveau, qui va croissant encore, ainsi que
l'intelligence, dans le *barbet* et dans l'*épagneul*. Le *dogue*,
d'un autre côté, se fait remarquer par le raccourcissement
et la vigueur des mâchoires. Les petits chiens d'appartemens, *doguins*, *épagneuls*, *bichons*, etc., sont les produits
les plus dégénérés, et les marques les plus fortes de la puis-
sance que l'homme exerce sur la nature (1).

Le chien naît les yeux fermés; ils les ouvre le dixième
ou le douzième jour; ses dents commencent à changer le
quatrième mois; il a terminé sa croissance à deux ans. La
femelle porte soixante-trois jours et fait de six à douze
petits. Le chien est vieux à quinze ans et n'en passe guères
vingt. Chacun connaît sa vigilance, son aboiement, son
mode singulier d'accouplement, et l'éducation variée dont
il est susceptible.

Le *Loup*. (*Canis lupus*. L.) Buff., VII, 1.

Grande espèce a queue droite, à pelage gris-fauve, avec
une raie noire sur les jambes de devant des adultes, est
l'animal carnassier le plus nuisible de nos contrées. On le
trouve depuis l'Egypte jusqu'en Laponie, et il paraît être
passé en Amérique. Vers le nord, son pelage devient blanc
en hiver. Il attaque tous nos animaux, et ne montre cepen-

---

(1) Voyez Frédéric Cuvier, Ann. mus. XVIII, p. 333 et suiv.

dant pas un courage proportionné à ses forces. Il se repaît
souvent de charognes. Ses habitudes et son développement
physique ont beaucoup de rapports avec ceux du chien.

Le *Loup noir*. (*Canis lycaon*. L.) Buff., IX, XLI.

Habite aussi en Europe, et se trouve même en France,
mais très rarement (1) Son pelage est d'un noir profond et
uniforme. On le dit plus féroce que le loup commun.

Le *Loup rouge*. (*Canis Mexicanus*, Lin.) *Agoura-*
Gouazou d'Azz.

D'un beau roux-canelle, une courte crinière noire tout
le long de l'épine ; des marais de toutes les parties chaudes
et tempérées de l'Amérique.

Le *Chacal* ou *Loup doré* (*Canis aureus*, L.) Schreb., XCIV.

Un peu moindre que les trois précédens, gris-brun,
les cuisses et les jambes fauve-clair, du roux à l'oreille ; habite en troupes une grande partie de l'Asie et de l'Afrique,
depuis l'Inde et les environs de la mer Caspienne jusqu'en Guinée. C'est un animal vorace qui chasse à la manière du chien,
et paraît lui ressembler plus qu'aucune autre espèce sauvage
par la conformation et par la facilité à s'apprivoiser.

Les RENARDS peuvent être distingués des loups et des
chiens par une queue plus longue et plus touffue, par un
museau plus pointu, par des pupilles nocturnes et par des
incisives supérieures moins échancrée : ils répandent une
odeur fétide, se creusent des terriers, et n'attaquent que
des animaux faibles. Ce sous-genre est plus nombreux que
le précédent.

Le *Renard ordinaire*. (*Canis vulpes*, Lin.) Buff., VII, VI.

Plus ou moins roux, le bout de la queue blanc, est répandu depuis la Suède jusqu'en Egypte ; ceux du nord ont
seulement le poil plus brillant. On n'observe point de dif-

---

(1) Nous en avons vu quatre individus pris ou tués en France. Il ne
faut pas le confondre avec le renard noir, dont Gmelin mêle les synonymes
avec les siens.

férence constante entre ceux de l'ancien continent et ceux du nord de l'Amérique. Le *Renard charbonnier* (*Canis alopex*), Schreb., XCI, qui a le bout de la queue noir, et se trouve dans les mêmes pays que le commun et le *Renard croisé* (*id.*, XCI, A.), qui vient du nord, et se distingue seulement par du noirâtre le long de l'épine et sur les épaules, ne sont peut-être que des variétés du renard commun ; mais les espèces suivantes sont bien distinctes.

Le *Corsac* ou *petit Renard jaune.* (*Canis corsac.* Gm.)

Buff. Sup., III, xvi, sous le nom d'*Adive.*

D'un gris-jaunâtre pâle, quelques ondes noirâtres sur la base de la queue, le bout de la queue noir, la mâchoire blanche. Commun dans les vastes landes du milieu de l'Asie, depuis le Volga jusqu'aux Indes, a les mœurs du renard, ne boit jamais.

Le *Renard tricolor d'Amérique.* (*Canis cinereo argenteus.*) Schreb. XCII. A.

Cendré dessus, blanc dessous, une bande roux-canelle le long des flancs ; de toutes les parties chaudes et tempérées des deux Amériques.

Le *Renard argenté* ou *Renard noir* (1).

Noir, à bouts de poils blancs, excepté aux oreilles, sur les épaules et à la queue, où il est d'un noir pur. Le bout de la queue est tout blanc. De l'Amérique septentrionale. C'est une des plus belles fourrures, et des plus chères.

Le *Renard bleu* ou *Isatis.* (*Canis lagopus.*) Schreb. XCIII.

Cendré foncé, le dessous des doigts garni de poils, souvent blanc en hiver ; du nord de la Sibérie ; aussi très-estimé pour la fourrure.

Le *Renard du Cap.* (*Canis mesomelas*) (2). Schreb. XCV.

Fauve sur les flancs, le milieu du dos noir, mêlé de blanc, et finissant en pointe en arrière, etc.... (3).

---

(1) Gmel. l'a confondu avec le loup noir, sous le nom de *canis lycaon.*

(2) Gmel. l'a confondu avec l'adive de Buffon, qui est une espèce factice, et ne diffère point du chacal.

(3) Le *fennek* de *Bruce* que Gmel. a nommé *canis cerdo* et Iliger ME-

Les Civettes. (Viverra.)

Ont trois fausses molaires en haut , quatre en bas , dont les antérieures tombent quelquefois ; deux tuberculeuses assez grandes en haut , une seule en bas , et deux tubercules saillans au côté interne de leur carnassière inférieure en avant , le reste de cette dent étant plus ou moins tuberculeux. Leur langue est hérissée de papilles aiguës et rudes ; leurs ongles se redressent à demi dans la marche , et près de leur anus est une poche plus ou moins profonde , où des glandes particulières font suinter une matière onctueuse et souvent odorante.

Elles se divisent en quatre sous-genres :

Les Civettes proprement dites. (Viverra , Cuv.)

Où la poche profonde , située entre l'anus et l'organe de la génération , et divisée en deux sacs , se remplit d'une pommade abondante , d'une forte odeur musquée.

La *Civette.* (*Viverra civetta,* Lin.) Buff. , IX , xxxiv.

Grise , à taches brunes ou noirâtres , la queue brune , moindre que le corps ; tout le long du dos et de la queue une crinière susceptible de se relever. Des parties les plus chaudes de l'Afrique.

Le *Zibeth.* (*Viverra zibetha* , Lin.) Buff. , IX , xxxi.

Gris , nuancé de brun , à queue longue , annelée de noir.

Les Genettes. (Genetta , Cuv.)

Où la poche se réduit à un enfoncement léger formé par la saillie des glandes , et presque sans excrétion sensible , quoiqu'il y ait une odeur très-manifeste.

GALOTIS est trop peu connu pour pouvoir être classé. C'est un petit animal d'Afrique , dont les oreilles égalent presque le corps en grandeur , et qui grimpe aux arbres ; mais on n'en a décrit ni les dents ni les doigts.

La *Genette commune*. (*Viverra genetta* , Lin.) Buff. ,
IX , xxxvi.

Grise , à petites taches rondes et noires , à queue annelée
de noir ; grande comme une marte , et encore plus effilée ;
paraît habiter depuis la France méridionale jusqu'au cap de
Bonne-Espérance (1).

La *Fossane de Madagascar*. (*Viv. fossa.*) Buff. , XIII , xx.

A fauve ce que la genette a noir , et presque point d'anneaux à la queue.

LES MANGOUSTES , Cuv. (HERPESTES , Iliger.)

Où la poche est volumineuse , simple , et a l'anus percé dans
sa profondeur.

La *Mangouste d'Egypte* , si célèbre sous le nom d'*Ichneumon*. (*Viverra ichneumon* , Lin.) Buff. , sup. , III , xxvi.

Grise , à queue longue terminée par un flocon noir , plus
grande que nos chats, effilée comme nos martes. Elle cherche
surtout les œufs de crocodiles , mais se nourrit aussi de toutes
sortes de petits animaux ; élevée dans les maisons, elle donne
la chasse aux souris , aux reptiles , etc.... Les Européens du
Caire la nomment *rat de Pharaon ;* les gens du pays *nems.*
Ce qu'en ont dit les anciens, qu'elle se jette dans le corps
des crocodiles, pour les mettre à mort , est fabuleux.

La *Mangouste des Indes* (*Viverra mungos* , Lin.) , Buff.
XIII , xix , et celle du Cap (*Viv. cafra* , Gm.) Schreb.
CXVI , B.

Ont toutes deux la queue pointue et le pelage gris ou
brun , mais uniforme dans celle-ci , et rayé en travers de
noirâtre dans la première , qui a en outre les mâchoires
teintes de fauve.

_____

(1) La *civette de Malaca* de Sonnerat , la *genette du Cap* de Buff. , le
chat du Cap de Forster , le *chat bisaam* de Vosmaer , dont Gmelin a fait
autant d'espèces , ne paraissent que des genettes communes. Il faut rapporter à cette subdivision le *putois rayé* de l'Inde. Buff. suppl. VII , lvii.
(*Viv. fasciata* , Gm.)

La mangouste des Indes est célèbre par ses combats avec les serpens les plus dangereux, et par le renom d'avoir fait connaître la vertu de l'*ophiorhiza mongos* contre leur morsure.

LES SURICATES. (RYZÆNA. Iliger.)

Qui ressemblent d'ailleurs aux mangoustes, et en ont jusqu'aux teintes et aux rayures transverses du poil, mais qui se distinguent d'elles et de tous les carnivores dont on a parlé jusqu'ici, parce qu'ils n'ont que quatre doigts à tous les pieds. Leurs poches donnent dans l'anus même.

On n'en connaît qu'une espèce, originaire d'Afrique (*Viverra tetradactyla*, Gm.), Buff., XIII, VIII, un peu moindre que la mangouste des Indes (1).

La dernière subdivision des digitigrades n'a point de petites dents du tout derrière la grosse molaire d'en bas. Elle contient les animaux les plus cruels, les plus carnassiers de la classe. Il y en a deux genres.

LES HYÈNES. (HYÆNA. Storr.)

Qui ont trois fausses molaires en haut et quatre en bas, toutes coniques, mousses, et singulièrement grosses : leur carnassière supérieure a un petit tubercule en dedans et en avant ; mais l'inférieure n'en a point, et ne présente que deux fortes pointes tranchantes : cette armure vigoureuse leur permet de briser les os des plus fortes proies. Leur langue est rude ; tous leurs pieds ont quatre doigts comme ceux des suricates, et sous leur anus est une poche profonde et glanduleuse. Ce sont des animaux noc-

---

(1) Le *zénik* de Sonnerat, deuxième voy., pl. 92, ne paraît différer du susicate que parce qu'il est grossièrement dessiné.

turnes, voraces, vivant surtout de cadavres, et en cherchant jusque dans les tombeaux, et sur lesquels on a une infinité de traditions superstitieuses.

On en connaît deux espèces :

L'*Hyène rayee.* (*Canis hyæna*, Lin.) Buff., sup., III, xlvi.

Grise, rayée irrégulièrement en travers de brun ou de noirâtre ; une crinière tout le long de la nuque et du dos, qu'elle relève dans les momens de colère. Elle habite depuis les Indes jusqu'en Abyssinie et au Sénégal.

L'*Hyène tachetée* (*Canis crocuta*, Lin.) Schreb., XCVI, B.

Grise, tachetée de noir, du midi de l'Afrique. C'est le loup-tigre du Cap.

LES CHATS. (FELIS, Lin.)

Sont, de tous les carnassiers, les plus fortement armés. Leur museau court et rond, leurs mâchoires courtes, et surtout leurs ongles rétractiles, qui, se redressant vers le ciel, et se cachant entre les doigts dans l'état de repos, par l'effet de ligamens élastiques, ne perdent jamais leur pointe ni leur tranchant, en font des animaux très-redoutables, surtout les grandes espèces. Ils ont deux fausses molaires en haut et deux en bas ; leur carnassière supérieure a trois lobes et un talon mousse en dedans, l'inférieure deux lobes pointus et tranchans, sans aucun talon ; enfin, ils n'ont qu'une très-petite tuberculeuse supérieure, sans rien qui lui corresponde en bas. Les espèces de ce genre sont très-nombreuses et très-variées en grandeur et en couleur, quoique toutes semblables pour la forme. On ne peut les subdiviser que d'après les caractères très-peu importans de la taille et de la grandeur du poil.

A la tête du genre se présente :

Le *Lion*. (*Felis leo* , Lin.) Buff. , VIII , 1, 11.

Distingué par sa couleur fauve uniforme , le flocon de poil du bout de sa queue , et la crinière qui revêt la tête , le cou et les épaules du mâle. C'est le plus fort et le plus courageux des animaux de proie. Autrefois répandu dans les trois parties de l'ancien monde , il paraît aujourd'hui presque confiné dans l'Afrique et quelques parties voisines de l'Asie. Le lion a la tête plus carrée que les espèces suivantes.

Les tigres sont de grandes espèces à poil ras , le plus souvent marqué de taches vives.

Le *Tigre royal*. (*Felis tigris.*) Buff. , VIII , IX.

Aussi grand que le lion , plus allongé , à tête plus ronde , d'un fauve vif en dessus , d'un blanc pur en dessous , rayé irrégulièrement en travers de noir ; le plus cruel des quadrupèdes , et le plus terrible fléau des Indes orientales ; sa force et la rapidité de sa course sont telles, que dans les marches d'armées , il lui est arrivé quelquefois d'enlever un cavalier de dessus sa monture , et de l'entraîner dans le fond du bois sans pouvoir être atteint.

Le *Jaguar* ou *Tigre d'Amérique*. La grande Panthère des fourreurs. (*Felis onça* , Lin.) d'*Azzara*. Voy. pl. IX.

Presque aussi grand que le tigre d'Orient , et presque aussi dangereux ; fauve vif en dessus , marqué le long des flancs de quatre rangées de taches noires en forme d'yeux , c'est-à-dire d'anneaux plus ou moins complets avec un point noir au milieu ; blanc dessous , rayé en travers de noir. Il y en a des individus noirs , dont les taches d'un noir plus profond ne se voient qu'à une certaine exposition.

La *Panthère*. (*Felis pardus* , Lin.) Le *Pardalis* des anciens. Cuv. , Ménag. du Mus. , *in*-8° I , p. 212.

Fauve dessus , blanc dessous , avec six ou sept rangées de taches noires en forme de roses , c'est-à-dire formées de

l'assemblage de cinq ou six petites taches simples sur chaque
flanc.

Le *Léopard.* (*Felis leopardus*, Lin.)

Semblable à la panthère, mais avec dix rangées de taches
plus petites.

Ces deux espèces sont d'Afrique et plus petites que le
jaguar. Les voyageurs et les fourreurs les désignent indistinctement sous les noms de léopard, panthère, tigre
d'Afrique, etc. (1)

Le *Guépard* ou *Tigre chasseur* des Indes. (*Felis jubata.* L.) Schreb., CV.

Fauve clair, à taches petites, noires, simples, également
semées; le poil de la nuque un peu plus long; plus petit et
à jambes plus hautes que la panthère. On le dresse, aux
Indes, pour la chasse, comme les chiens; la panthère s'y
emploie aussi dans quelques contrées.

Le *Couguar*, *Puma*, ou prétendu *Lion d'Amérique.* (*Felis discolor.* L.) Buff., VIII, xix.

Roux, avec de petites taches d'un roux un peu plus foncé
qui se distinguent difficilement. De toute l'Amérique, où il
dévaste les basses-cours, etc.

Le *Mélas* ou *Panthère noire.* (*Felis melas.* Peron.)

Noir, à taches simples d'un noir plus profond. Des Indes
orientales.

---

(1) Buffon a méconnu le jaguar, qu'il a pris pour la panthère de l'ancien
continent, et il n'a pas bien distingué la panthère et le léopard; c'est
pourquoi on ne peut citer positivement ses pl. xi, xii, xiii et xiv du
huitième volume.

L'*Ocelot.* (*Felis paradalis.* L.) Buff. , XIII ,
pl. xxxv, xxxvi (1).

Plus bas sur jambes que les précédens, gris , de grandes
taches fauves bordées de noir formant des bandes obliques
sur les flancs. De toute l'Amérique.

Parmi les espèces inférieures , on doit distinguer les lynx,
qui se font remarquer aux pinceaux de poils dont leurs
oreilles sont ornées.

Le *Lynx commun* ou *Loup cervier* des fourreurs. (*Felis*
lynx. L.) Buff., VIII, xxi.

Fauve roussâtre le plus souvent tacheté de noirâtre, la
queue très-courte. De tout l'ancien continent : il se trouvait
autrefois en France, et il n'y a pas très-long-temps que les
derniers ont disparu d'Allemagne.

Le *Lynx du Canada.* (*Felis canadensis.* Geoff.) Buff.,
Supp. III, xliv.

Gris blanchâtre avec quelques taches, brun pâle, paraît
former une espèce distincte.

Le *Chat cervier des fourreurs.* (*Felis rufa.* Güld.)
Schreb., CIX, B.

Fauve roussâtre, moucheté de brunâtre, des ondes brunes
sur les cuisses, un peu plus petit que le lynx. Des Etats-
Unis.

Le *Lynx de marais, Lynx botté,* etc. (*Felis chaus.*
Güld.) Schreb., CX. Bruce., *voy.* pl. xxx.

Gris brun jaunâtre, le derrière des quatre jambes
noirâtre, habite les marais du Caucase, de la Perse, de
l'Égypte, de l'Abyssinie, chasse aux oiseaux d'eau , etc.

_____

(1) *N. P.* Selon d'Azzara , les deux prétendus jaguars de Buff. VIII,
xviii, et suppl. III , xxxix, ne seraient que des ocelots mal repre-
sentés ; mais cette assertion est douteuse.

Le *Caracal*. (*Felis caracal*. L.) Buff., IX, xxiv et
Supp. III, xlv.

Roux vineux presque uniforme. De Perse et de
Turquie, etc.... c'est le vrai lynx des anciens.

Les espèces inférieures, dont les oreilles n'ont pas de
pinceaux de poils, ressemblent plus ou moins à notre chat
domestique, telles sont

Le *Serval*. (*Felis serval*. L.) Buff., XIII, xxxv.

Grand comme un lynx, jaunâtre, à taches irrégulières
noires.

Le *Jaguarondi*. (*Felis jaguarondi*.) Azzara, *voy*. pl. x.

Allongé et tout entier d'un brun noirâtre. Tous deux
vivent dans les forêts de l'Amérique méridionale.

Le *Chat ordinaire*. (*Felis catus*. L.) Buff., VI, 1 et suiv.

Est originaire de nos forêts d'Europe. Dans son état
sauvage, il est gris brun avec des ondes transverses plus
foncées, le dessous pâle, le dedans des cuisses et des
quatre pates jaunâtre, trois bandes sur la queue et son
tiers inférieur noirâtre. En domesticité, il varie, comme
chacun sait, en couleurs, en longueur et en finesse de poil,
mais infiniment moins que le chien; aussi est-il beaucoup
moins soumis et moins attaché.

LES AMPHIBIES

Formeront la troisième et dernière des petites tribus, dans lesquelles nous divisons les
carnivores; leurs pieds sont si courts, et tellement enveloppés dans la peau, qu'ils ne peuvent, sur terre, leur servir qu'à ramper; mais
comme les intervalles des doigts y sont remplis

par des membranes , ce sont des rames excellentes ; aussi ces animaux passent-ils la plus grande partie de leur vie dans la mer , et ne viennent à terre que pour se reposer au soleil , et allaiter leurs petits. Leur corps allongé , leur épine très-mobile , et pourvue de muscles qui la fléchissent avec force , leur bassin étroit , leur poil ras et serré contre la peau, se réunissent pour en faire de bons nageurs , et tous les détails de leur anatomie confirment ces premiers aperçus.

On n'en a encore distingué que deux genres, les *phoques* et les *morses*.

Les Phoques. (Phoca. *L.*)

Ont quatre ou six incisives en haut, quatre en bas, des canines pointues et des mâchelières au nombre de vingt , vingt-deux ou vingt-quatre, toutes tranchantes ou coniques , sans aucune partie tuberculeuses ; cinq doigts à tous les pieds , dont ceux de devant vont en décroissant du pouce au petit doigt, tandis qu'aux pieds de derrière, le pouce et le petit doigt sont les plus longs , et les intermédiaires les plus courts. Les pieds de devant sont enveloppés dans la peau du corps jusqu'au poignet, ceux de derrière presque jusqu'au talon. Entre ceux-ci est une courte queue. La tête des phoques ressemble à celle d'un chien , et ils en ont aussi l'intelligence et le regard doux et expressif. On les ap-

privoise aisément, et ils s'attachent bientôt à eeux
qui les nourrissent. Leur langue est lisse, et échancrée au bout ; leur estomac simple, leur cœcum
court, leur canal long et assez égal. Ces animaux
vivent de poisson ; ils mangent toujours dans l'eau,
et peuvent fermer leurs narines quand ils plongent,
au moyen d'une espèce de valvule. Comme ils plongent assez long temps, on a cru que le trou de botal
restait ouvert chez eux comme dans les fœtus ; mais
il n'en est rien : il y a cependant un grand sinus veineux dans leur foie, qui doit les aider à plonger,
en leur rendant la respiration moins nécessaire au
mouvement du sang. Leur sang est très-abondant et
très-noir.

Les Phoques proprement dits, ou sans oreilles
extérieures.

Ont des incisives pointues dont les externes d'en haut plus
longues que les autres, des molaires tranchantes et à plusieurs
pointes ; tous leurs doigts jouissent d'un certain mouvement et
sont terminés par des ongles pointus placés sur le bord de la
membrane qui les unit.

Le *Phoque commun*. (*Phoca vitulina*. L.) Buff., XIII,
xlv et Supp. VI, xlvi.

Long de trois à cinq pieds, d'un gris jaunâtre plus ou
moins ondé ou tacheté de brun selon l'âge. Il devient
blanchâtre dans sa vieillesse. Commun sur nos côtes, il se
trouve assez loin dans le nord. On assure même que c'est
cette espèce qui habite la mer Caspienne et les grands lacs
d'eau douce de la Russie et de la Sibérie, mais il ne paraît
pas que cette assertion soit fondée sur une comparaison
exacte.

Le *Phoque à croissant*. (*Phoca groenlandica.*) Egede.
Groënl fig. A, pag. 62.

Gris jaunâtre, tacheté de brun dans sa jeunesse, marqué ensuite d'une écharpe brune et oblique sur chaque flanc, long de cinq pieds. De la mer Glaciale.

Le *Phoque à ventre blanc*, Moine. (*Ph. monachus.* Gm.)
Buff., Supp. VI, pl. xiii (1).

Long de dix à douze pieds, brun noirâtre, à ventre blanc. De la Méditerranée, et plus particulièrement de l'Adriatique.

Le *Phoque à trompe*, (*Ph. leonina.* L.) *Lion marin* d'Anson, *Loup marin* de Pernetty, *Eléphant marin* des Anglais et de Peron, etc.... Peron, *voy.* l. xxxii.

Long de vingt à vingt-cinq pieds, brun, le museau du mâle terminé par une trompe ridée qui se renfle dans la colère. Il est commun dans les parages méridionaux de la mer Pacifique, à la Terre-de-Feu, à la nouvelle Zélande, au Chili, etc.... On le poursuit à cause de l'huile abondante qu'il fournit.

Le *Phoque à capuchon*. (*Phoca cristata.* Gm. *Phoca leonina*. Fabric.) Egede. Groënl., pl. vi.

Long de huit pieds, une sorte de capuchon mobile adhérant au sommet de la tête, et dont il se recouvre les yeux et le museau quand il est menacé. De la mer Glaciale.

Les Phoques à oreilles extérieures. (Otaries. *Peron.*)

Mériteraient de faire un genre à part, parce qu'outre les oreilles extérieures saillantes, ils ont les quatre incisives supérieures mitoyennes à double tranchant (forme qu'on n'a

---

(1) C'est le même individu qu'a décrit Hermann, soc. des nat. de Berl. IV, xii, xiii, sous le nom de *monachus*.

encore remarquée dans aucun animal), les externes simples
et plus petites, les quatre inférieures fourchues, toutes les
molaires simplement coniques, les doigts des nageoires antérieures presque immobiles, la membrane des pieds de
derrière se prolongeant en une lanière au delà de chaque
doigt, tous les ongles plats et menus ; leur poil est moins ras
que celui des précédens.

Le *Phoque à crinière*, (*Phoca jubata.* Gm.) *lion marin* de
Steller, de Pernetty, etc.... Buff., Supp. VII, xlviii.

Long de quinze à vingt pieds et plus, fauve, le cou du
mâle revêtu de poils plus épais et plus crépus que le reste
du corps. On le trouverait dans toute la mer Pacifique, si,
comme il le paraît, ceux du détroit de Magellan ne diffèrent
pas de ceux des îles Aleutiennes.

L'*Ours marin*. (*Phoca ursina.* Gm.) Buff., Supp. VII, xlvii.

Long de huit pieds, sans crinière, variant du brun au
blanchâtre. Du nord de la mer Pacifique. On trouve dans
cette mer des phoques qui ne diffèrent guères de l'ours
marin que par la taille et la couleur, tel est le *petit phoque
noir* de Buffon, (*phoca pusilla.*) Buff., XIII, liii, le *phoque
jaune* de Shaw., etc.

Les Morses (Trichechus. *L.*) (1)

Ressemblent aux phoques par les membres et par
la forme générale du corps, mais en diffèrent beaucoup par la tête et par les dents. Leur mâchoire inférieure manque d'incisives et de canines, et prend en
avant une forme comprimée pour se placer entre
deux énormes canines ou défenses qui sortent de la
mâchoire supérieure, et se dirigent vers le bas,
ayant quelquefois jusqu'à deux pieds de long sur une

---

(1) *Trichechus* de ϴριξ (poil), nom imaginé par Artedi pour le lamantin.

épaisseur proportionnée. L'énormité des alvéoles nécessaires pour loger de semblables canines, relève
tout le devant de la mâchoire supérieure en forme de
gros mufle renflé, et les narines se trouvent presque
regarder le ciel et non terminer le museau. Les molaires ont toutes la figure de cylindres courts et tron-
qués obliquement. On en compte quatre de chaque
côté en haut et en bas ; mais à un certain âge il en
tombe deux des supérieures. Entre les deux canines
sont de plus deux incisives semblables aux molaires,
et que la plupart des auteurs n'ont pas reconnues
pour des incisives, quoiqu'elles soient implantées
dans l'os intermaxillaire, et entre elles en sont encore, dans les jeunes individus, deux petites et
pointues.

L'estomac et les intestins des *morses* sont à peu
près les mêmes que ceux des *phoques*. Ils paraît qu'ils
se nourrissent de fucus aussi-bien que de substances
animales.

On n'en distingue encore qu'une espèce (1) appelée

Vache marine, Cheval marin, Bête à la grande dent, etc.
(*Trichechus rosmarus*. Linn.) Buff., XIII, LIV, et mieux
Cook, IIIe. voy.

Elle habite toutes les parties de la mer Glaciale, surpasse
en grosseur les plus forts taureaux, atteint jusqu'à vingt
pieds de longueur et est recouverte d'un poil jaunâtre et
ras. On la recherche pour son huile et pour ses défenses,

----

(1) Cependant M. Shaw soupçonne qu'il pourrait y en avoir deux, distinguées par des défenses plus ou moins grosses, plus ou moins conver-
gentes.

dont l'ivoire, quoique grenu, peut s'employer dans les arts. On fait aussi, de la peau, d'excellentes soupentes de carrosses (1).

LES MARSUPIAUX OU ANIMAUX A BOURSE,

Que nous rangeons à la fin des carnassiers, comme une quatrième famille de ce grand ordre, pourraient presque former un ordre à part, tant ils offrent de singularités dans leur économie.

La première de toutes est la production prématurée de leurs petits, qui naissent dans un état de développement à peine comparable à celui auquel des fœtus ordinaires parviennent quelques jours après la conception ; incapables de mouvement, montrant à peine des germes de membres et d'autres organes extérieurs, ces petits s'attachent aux mamelles de leur mère, et y restent fixés jusqu'à ce qu'ils se soient développés au degré auquel les animaux naissent ordinairement. Presque toujours la peau de l'abdomen est disposée en forme de poche au tour de ces mamelles, et ces petits si imparfaits y sont préservés, comme dans une seconde matrice ; et même, long-temps après qu'ils ont commencé à marcher, ils y reviennent

---

(1) C'est fort mal à propos que l'on a réuni, avant nous, aux morses, les lamantins et les dugongs, animaux beaucoup plus voisins des cétacés.

quand ils craignent quelque danger. Deux os
particuliers, attachés au pubis, et interposés dans
les muscles de l'abdomen , donnent appui à la
poche , et se trouvent cependant aussi dans les
mâles et dans les espèces où le repli qui forme
la poche est à peine sensible.

La matrice des animaux de cette famille n'est
point ouverte par un seul orifice dans le fond
du vagin ; mais elle communique avec ce canal
par deux tubes latéraux en forme d'anse. Il paraît que la naissance prématurée des petits tient
à cette organisation singulière. Les mâles ont le
scrotum pendant en avant de la verge , au contraire des autres quadrupèdes.

Une autre particularité des marsupiaux, c'est
que malgré une ressemblance générale de leurs
espèces entre elles, tellement frappante , que
l'on n'en a fait long-temps qu'un seul genre ,
elles diffèrent si fort par les dents, par les organes de la digestion et par les pieds , que si l'on
s'en tenait rigoureusement à ces caractères , il
faudrait les répartir entre divers ordres; ils nous
font passer par nuances insensibles des carnassiers aux rongeurs , et même , si l'on n'avait
égard qu'aux os propres de la bourse , et que l'on
regardât comme des marsupiaux tous les animaux qui les possèdent , il s'en trouverait qu'il

faudrait placer avec les édentés ; nous les y laisserons en effet sous le nom de *monotrèmes*.

On dirait, en un mot, que les marsupiaux forment une classe distincte, parallèle à celle des quadrupèdes ordinaires et divisible en ordres semblables, en sorte que si on plaçait ces deux classes sur deux colonnes, les sarigues, dasyures et péramèles seraient, vis-à-vis des carnassiers insectivores à longues canines, tels que les tenrecs et les taupes ; les phalangers et kanguroos-rats¹, vis-à-vis des hérissons et des musaraignes. Les kanguroos proprement dits ne se laisseraient guère comparer à rien, mais les phascolomes devraient aller vis-à-vis des rongeurs.

Linnæus rangeait toutes les espèces qu'il connaissait sous son genre *didelphis*, mot qui signifie double matrice. La poche en est à quelques égards une seconde.

La première subdivision des marsupiaux a de longues canines et de petites incisives aux deux mâchoires, des arrières-molaires hérissées de pointes, et en général tous les caractères des dents des carnassiers insectivores ; aussi s'en rapproche t-elle entièrement par le régime. Le pouce des pieds de derrière est opposable, ce qui a fait aussi nommer ces animaux *pédimanes;* il manque d'ongle; les deux premiers sous-genres ont les quatre autres doigts distincts.

LES SARIGUES (1). (DIDELPHIS. *L.*)

Ont dix incisives en haut , dont les mitoyennes sont un peu plus longues , et huit en bas ; trois mâchelières antérieures comprimées , et quatre arrières-mâchelières hérissées , dont les supérieures triangulaires , les inférieures oblongues ; en tout cinquante dents , nombre le plus grand que l'on ait encore observé parmi les quadrupèdes. Leur langue est hérissée , et leur queue prenante et en partie nue ; leur pouce de derrière est long et bien séparé des autres doigts. Leur bouche très - fendue , et leurs grandes oreilles nues leur donnent une physionomie particulière. Ce sont des animaux fétides et nocturnes , dont la marche est lente : ils nichent sur les arbres , et y poursuivent les oiseaux , les insectes , etc.... , sans dédaigner les fruits ; leur estomac est simple et petit , leur cœcum médiocre et sans boursouflures.

Dans certaines espèces , les femelles ont une poche profonde où sont leurs mamelles , et où elles peuvent renfermer leurs petits.

Le *Sarigue à oreilles bicolores* , *Opossum des Anglo-Américains*. (*Did. virginiana.*) Penn. Hist. quadr., 302 (2).

Presque grand comme un chat, à pelage mêlé de blanc et de noirâtre, des soies blanches, les oreilles mi-parties de

---

(1) *Carigueia* est leur nom brasilien selon Margrave , d'où l'on a fait *sariguoi* , *cerigon* , *sarigue*. On les nomme *micouré* au Paraguay , *manicou* dans les îles , *opossum* aux États-Unis , *thlaquatzin* au Mexique.

(2) C'est le *sarigue des Illinois* et le *sarigue à longs poils*. Buff. , suppl. VII , pl. xxxiii et xxxiv.

noir et de blanc, la tête presque toute blanche; habite toute l'Amérique, vient la nuit, dans les lieux habités, attaquer les poules, manger leurs œufs, etc. Ses petits, quelquefois au nombre de seize, ne pèsent qu'un grain en naissant. Quoique aveugles et presque informes, ils trouvent la mamelle par instinct, et y adhèrent jusqu'à ce qu'ils aient atteint la grosseur d'une souris, ce qui ne leur arrive qu'au cinquantième jour, époque où ils ouvrent les yeux. Ils ne cessent de retourner à la poche que quand ils ont la taille du rat. La gestation dans l'uterus n'est que de vingt-six jours (1).

Le *Crabier* ou *grand Sarigue de Cayenne*, *du Brésil*, *etc.* (*Did. marsupialis* et *did. cancrivora.* L.) Buff., Supp. III, LIV.

De la grandeur du précédent, jaunâtre mêlé de brunâtre, à soies brunes, une ligne brune sur le chanfrein. Il se tient dans les marécages des bords de la mer, ou il vit surtout de crabes (2).

Le *Quatre-œil* ou *moyen Sarigue de Cayenne*. (*Did. opossum* L.) Buff., X, XLV, XLVI.

Châtain ou fauve dessus, blanchâtre dessous, une tache jaune-pâle au-dessus de chaque œil; plus grand qu'un grand rat.

D'autres espèces n'ont point de poches, mais seulement un repli de chaque côté du ventre qui en est le vestige. Elles ont coutume de porter leurs petits sur le dos, les queues entortillées autour de celle de la mère.

---

(1) Voyez la lettre de M. Barton à M. Roume sur la gestation du sarigue.

(2) C'est le prétendu *grand philandre oriental de Séba*, dont Linné a fait son did. *marsupialis*. Buffon, qui en a décrit le mâle dans son supplément III, pl. 54, a cru, à tort, que la femelle manquait de poche, ce qui a fait établir, mal à propos, une deuxième espèce did. *cancrivora*, Gm., *carcinophaga* hodd.; à Cayenne on nomme le crabier *pian* ou *puant*.

Le *Cayopollin* (1). (*Did. cayopollin*, *did. philander* et *did. dorsigera*. L.) Buff., X, LV.

Gris fauve, le tour des yeux et une bande sur le nez bruns, la queue tachetée de noirâtre ; grand comme un surmulot.

La *Marmose* (2). (*Did. murina.*) Buff., X, LII, LIII.

Gris fauve, un trait brun au milieu duquel est l'œil, la queue non tachetée. Moindre qu'un rat.

Le *Touan.* (*Did. brachyura.*) Buff., Supp. VII, LXI.

Le dos noirâtre, les flancs d'un roux vif, le ventre blanc, la queue plus courte que le corps. Moindre qu'un rat.

Ces trois espèces sont de l'Amérique méridionale.

Enfin, on en connaît une qui a les pieds palmés et doit être aquatique, on ne sait si elle a une poche ; c'est le

CHIRONECTES. Illig. (3) (*Didelph. palmata.* Geoff. La *petite Loutre de la Guianne.* Buff., Supp. III, XXII. *Lutra memina.* Bodd.)

Elle est brune dessus, avec trois bandes transverses grises interrompues dans leur milieu, et blanche dessous; plus grande qu'un surmulot.

---

(1) *Cayopollin*, nom d'une espèce de ce genre qui habite les montagnes du Mexique ; on l'a appliqué un peu arbitrairement à cette espèce-ci.

(2) *Marmose*, nom adopté par Buffon d'après une faute d'impression de la traduction française de Séba, qui, dans le texte, assure qu'on l'appelle *marmotte* au Brésil. Il est seulement vrai que les Hollandais, du temps de Margrave, l'appelaient *rat de bois*, et les Brésiliens *taïbi* ; *rat de bois* est aussi son nom chez les français de Cayenne ; et *Séba* aura traduit *bosch-ratte* par marmotte.

(3) *Chironectes* nageant avec des mains.

LES DASYURES. (DASYURUS. Geoff.) (1).

Ont deux incisives et quatre mâchelières de moins à chaque mâchoire que les sarigues ; ainsi il ne leur reste que quarante deux dents , et leur queue , revêtue partout de longs poils , n'est pas prenante. Leur pouce de derrière est beaucoup plus court , et semblable à un tubercule. Ils vivent à la nouvelle Hollande d'insectes , de cadavres , et pénètrent dans les maisons , où leur voracité est très-incommode , etc. Leur gueule est moins fendue , leur museau moins pointu , et leurs oreilles velues , plus courtes que dans les sarigues. Ils ne grimpent point aux arbres.

Le *Dasyure à tête de chien*. (*Did. cynocephala.*)
Harris., Soc. Lin., IX, xix.

Grand comme un chien (trois pieds et demi de long sans la queue qui en a près de deux), à queue comprimée, à pelage gris.

Le *Dasyure hérissé*. (*Did. ursina*. id. ib.)

A longs poils noirs grossiers , avec quelques taches blanches irrégulièrement placées (2). Il habite avec le précédent le nord de la terre de Diemen.

Le *Dasyure à longue queue*. (*Das. macrourus*. Geoff.,
Peron, *voy*. pl. xxxiii.)

Grand comme une marte, à queue longue comme le corps, à pelage brun tacheté de blanc sur le corps et sur la queue.

---

(1) *Dasyurus* , queue velue , δαἵυς et ϗρος. Voy. les Mém. de M. Geoff. ann. du Mus. III , p. 353 , et XV , p. 301.

(2) M Harris lui donne huit incisives en haut, dix en bas ; la queue légèrement prenante et nue en dessous. Il fera peut-être un nouveau sous-genre quand on le connaîtra mieux.

Le *Dasyure de Mauge.*

Olivâtre, tacheté de blanc, sans taches à la queue, un peu moindre que le précédent.

Le *Dasyure de White.* (*Did. viverrina.* Shaw., Gen., zool. CXI.) White, Bot. b., App. 285.

Noir tacheté de blanc, sans taches à la queue, d'un tiers moindre que le premier.

Le *Tapoa-Tafa.* White, Bot., b., app. 281.

Grisâtre uniforme.

Le *Dasyure à pinceau.* (*Did. penicillata.* Shaw.) Gen., Zool., l. II, pl. cxiii.

Gris, la queue revêtue de soies noires et rudes.

Le *Dasyure nain.*

Moindre qu'un rat, cendré roussâtre, le pouce plus long, les dents plus égales et plus contiguës qu'aux précédens. Du sud de la terre de Diemen.

LES PÉRAMÈLES (1). (PERAMELES. Geoff.) *Thylacis.* Illig.

Ont le pouce de derrière court comme les dasyures, et les deux doigts qui le suivent réunis par la peau jusqu'aux ongles; le pouce et le petit doigt de leurs pieds de devant ont la forme de simples tubercules; leurs incisives supérieures sont au nombre de dix, dont les externes pointues et écartées, les infé-

---

(1) *Pera-meles* de *meles*, blaireau et *péra*, bourse. Leur figure a en petit quelque chose du blaireau. Voy. le Mém. de M. Geoff., ann. du Mus., tome IV. *Thylacis* de Θύλακος, bourse

rieures de six seulement ; mais leurs molaires sont les mêmes que dans les sarigues : on leur compte donc quarante-huit dents. Leur queue est velue et non prenante : ils vivent aussi dans l'Australasie. Leurs grands ongles, presque droits, annoncent qu'ils creusent la terre, et leurs pieds de derrière assez longs, que leur course peut être rapide.

Le *Péramèle à museau pointu. (Perameles nasutus.* G.) Ann. du Mus., IV.

A museau très-allongé, à oreilles pointues, à pelage brun-grisâtre. Il ressemble, au premier coup-d'œil, à un tenrec.

La seconde subdivision des marsupiaux porte à la mâchoire inférieure deux longues et larges incisives pointues et tranchantes par leur bord, couchées en avant, et auxquelles il en répond six à la mâchoire supérieure. Leurs canines supérieures sont encore longues et pointues; mais ils n'ont pour canines inférieures que des dents si petites, qu'elles sont souvent cachées par la gencive ; le dernier sous-genre n'en a même quelquefois point du tout en bas.

Leur régime est en grande partie frugivore ; aussi leurs intestins, et surtout leur cœcum, sont-ils plus longs que dans les sarigues ; ils ont tous le pouce grand, tellement séparé des autres doigts qu'il a l'air dirigé en arrière, pres-

que comme celui des oiseaux. Il est sans ongles,
et les deux doigts qui le suivent sont réunis par
la peau jusqu'à la dernière phalange. Cette disposition a valu à ces animaux le nom de

PHALANGERS. (*Phalangista.* Cuv.)

LES PHALANGERS (1) PROPREMENT DITS. (*Balantia.* Illig.)

N'ont pas la peau des flancs étendue ; ils ont à chaque
mâchoire de chaque côté quatre arrière - molaires présentant
chacune quatre pointes sur deux rangs, en avant une grosse
conique comprimée, et entre celle-ci et la canine supérieure,
deux petites et pointues, auxquelles répondent les très-petites
d'en bas dont nous avons parlé : leur queue est toujours prenante.

Les uns l'ont en grande partie écailleuse. Ils vivent dans
les Moluques sur les arbres, où ils cherchent des insectes
et des fruits. Quand ils voient un homme, ils se suspendent
par la queue, et l'on parvient en les fixant à les faire tomber
de lassitude. Ils répandent une mauvaise odeur, et cependant
on mange leur chair.

On en connaît de blanchâtres, de gris tacheté de
noirâtre, de roux avec une raie brune le long de l'épine
(qui paraissent les plus communs), de bruns avec le
croupion blanc ; mais on n'a pas encore suffisamment dé-

---

(1) Le nom de *phalanger* a été donné par Buffon à la seule espèce connue de son temps à cause de la réunion de deux doigts du pied. Celui de
philander n'est pas, comme on le croirait, dérivé du grec, mais du mot *pé-*
landor, qui, en malais, signifie lapin, et que les habitans d'Amboine
donnent à une espèce de kanguroo. Séba et Brisson l'ont appliqué indistinctement à tous les animaux à bourse. Les phalangers s'appellent, dans
les Moluques, *couscous* ou *coussous.* Les premiers voyageurs ne les ayant
pas suffisamment distingués des *sarigues*, avaient donné lieu de croire
que ce dernier genre était commun aux deux continens. *Balantia*, de
βαλάντιον, bourse.

terminé les limites de leurs espèces. La dénomination de *didelphis orientalis*, Linn., les embrasse toutes. (Buff., XIII, x, xi.)

Dans d'autres, qui jusqu'à présent ne se sont trouvés qu'à la nouvelle Hollande, la queue est velue jusqu'au bout.

Le *Phalanger renard*. (*Did. lemurina* et *vulpina*. Shaw.) *Bruno* de Viq. d'Az., White, *voy*. 278.

Grand comme un fort chat ou même comme un raton, gris-brun, plus pâle dessous, à queue en grande partie noire.

Le *Phalanger de Cook*. (Cook, dern. Voy., pl. viii.)

Moindre qu'un chat, gris-roussâtre, blanc dessous, roux aux flancs, un intervalle blanc vers le bout de la queue.

Les PHALANGERS VOLANS. (PETAURUS. Shaw.) (*Phalangista*. Iliger.)

Ont la peau des flancs plus ou moins étendue entre les jambes, comme les polatouches parmi les rongeurs, ce qui leur permet de se soutenir en l'air quelques instans, et de faire des sauts plus étendus. Ils ne se trouvent aussi qu'à la nouvelle Hollande.

Quelques-unes de leurs espèces ont encore des canines inférieures, mais très-petites. Leurs canines supérieures et leurs trois premières molaires, tant en haut qu'en bas, sont très-pointues ; leurs arrière-molaires ont chacune quatre pointes.

Le *Phalager volant nain*. (*Did. pygmæa*. Shaw., Gen zool., pl. cxiv.)

De la couleur et presque de la taille d'une souris ; les poils de la queue disposés très-régulièrement des deux côtés comme les barbes d'une plume.

D'autres manquent de canines inférieures, et les supérieures sont très-petites. Leurs quatre arrière-molaires présentent aussi quatre pointes, mais un peu courbées en croissant, ce qui est à peu près la forme de celles des ruminans. En avant, il y en a deux en haut et une en bas moins compliquées : cette structure les rend plus frugivores encore que tous les précédens.

Le *grand Phalanger volant.* (*Did. petaurus.* Shaw., Gen. zool., pl. cxii. White. Voy. 288.)

Ressemble au taguan et au galéopithèque par la taille ; sa fourrure est douce et bien fournie, et sa queue longue et aplatie. Il y en a de diverses nuances de brun ; d'autres sont variés, et d'autres blanchâtres.

Le *Phalanger volant à longue queue.* (*Did. macroura.*, *ib.*)

Brun foncé dessus, blanc dessous, grand comme un surmulot, à queue grêle, une fois et demie longue comme le corps.

Notre troisième subdivision a les incisives, les canines supérieures, les deux doigts réunis aux pieds de derrière comme la seconde ; mais elle manque de pouces postérieurs et de canines inférieures. Elle ne comprend qu'un seul genre.

Les Kanguroos-Rats. (*Hypsyprymnus.* Ilig.)

Les derniers animaux de cette famille qui conservent quelque chose des caractères généraux des carnassiers. Leurs dents sont à peu près les mêmes que dans les phalangers, et ils ont encore

---

(1) ὑ+σιπρυμνὸς ; élevé de la partie postérieure.

en haut une canine pointue. Les deux incisives mitoyennes supérieures sont plus longues que les autres, et pointues ; en bas, ils en ont seulement deux couchées en avant. Ils ont en avant une molaire longue , tranchante et dentelée, suivie de quatre autres hérissées de quatre tubercules mousses. Ce qui distingue éminemment ces animaux, ce sont leurs jambes de derrière , beaucoup plus grandes à proportion que celles de devant, dont les pieds manquent de pouces, et ont les deux premiers doigts réunis jusqu'à l'ongle, en sorte qu'on croit d'abord n'y voir que trois doigts, dont l'interne aurait deux ongles. Ils marchent souvent sur deux pieds, et s'aident alors de leur longue et forte queue pour se soutenir. Ils ont donc la forme et les habitudes des kanguroos, dont ils ne diffèrent que par leur canine à la mâchoire supérieure. Leur régime est frugivore , et leur estomac grand, divisé en deux poches , et muni de plusieurs boursouflures ; mais leur cœcum est médiocre et arrondi.

On n'en connaît qu'une espèce, de la taille d'un petit lapin, et d'un gris de souris, que l'on a appelée *Kanguroo-Rat* (*Macropus minor*. Shaw.) Elle vient de la nouvelle Hollande, où les habitans la nomment *Potoroo*. White , Bot. B. , 286.

La quatrième subdivision ne diffère de la troisième que parce qu'elle n'a point de canines du tout. Ce sont

Les Kanguroos. (Macropus. Shaw.) *Halmaturus.*
Illiger. (1)

Lesquels présentent tous les caractères que nous
venons d'assigner au genre précédent, excepté que
cette canine supérieure leur manque, et que leurs
incisives mitoyennes ne dépassent pas les autres.
L'inégalité de leurs jambes est encore plus forte ;
en sorte qu'ils ne marchent à quatre qu'avec peine
et lenteur, mais sautent avec beaucoup de vigueur
sur leurs pieds de derrière, dont le gros ongle du
milieu, presque en forme de sabot, leur sert aussi
de défense ; car en se tenant sur une jambe et sur
leur énorme queue, ils peuvent donner avec le pied
libre des coups assez violens. Ce sont au reste des
animaux très-doux , et qui vivent d'herbe. Aussi
leurs mâchelières ne présentent-elles que des collines transverses. On leur en compte cinq partout,
dont les antérieures tombent avec l'âge ; ce qui fait
que les vieux n'en ont plus que trois. Leur estomac
est formé de deux longues poches divisées en boursouflures comme un colon. Leur cœcum est aussi
grand et boursouflé ; leur radius permet à leur avant-
bras une rotation complète.

La verge de ces deux genres n'est pas fourchue ;
mais leurs organes femelles sont les mêmes que dans
les autres animaux à bourse.

―――――――――――――――――――――――

(1) *Halmaturus* , queue propre à sauter.

Le *Kanguroo géant.* (*Macropus major* Shaw. *Didelphis gigantea.* Gm.) Schreb., CLIII.

A quelquefois six pieds de hauteur; c'est le plus grand animal de la Nouvelle-Hollande : il fut découvert par Cook en 1779, et il propage aujourd'hui en Europe. On dit que sa chair ressemble à celle du cerf. Les petits, qui n'on qu'un pouce en naissant, se retirent encore dans la poche de leur mère à un âge où ils sont en état de paître, ce qu'ils font en sortant leur museau de la poche pendant que leur mère paît elle-même. Ces animaux vivent en troupes, conduits par les vieux mâles. Ils font des sauts énormes. Il paraît que l'on a confondu jusqu'à présent sous ce nom plusieurs espèces de la Nouvelle-Hollande et des terres environnantes, dont le pelage, plus ou moins gris, ne varie que par des nuances légères (1).

On a découvert tout nouvellement

Le *Kanguroo élégant.* (*Mac. elegans.*) Peron. Voy. I, xxvii.

De la taille d'un gros lièvre, gris-blanc, rayé en travers de brun. De l'île Saint-Pierre.

On en connaissait beaucoup plus anciennement une espèce :

Le *Kanguroo d'Aroé.* (*Didelphis brunii.* Gm.) Schreb., CLIII, nommé *Pelandor Aroé* ou *Lapin d'Aroé* par les Malais d'Amboine.

Mais les naturalistes européens n'avaient point fait une attention suffisante aux descriptions que Valentin et le Bruyn en avaient données. Il est plus grand qu'un lièvre, brun des-

---

(1) M. Geoffroy distingue : Le *kanguroo enfumé*, dont le gris est plus foncé. Le *kanguro à moustaches*, qui a du blanchâtre au-devant de la lèvre supérieure. Le *kanguroo à cou roux*, un peu moindre que les autres, à nuque teinte de roux.

sus, et fauve dessous, et se trouve aux îles d'Aroé près
Banda, et dans celle de *Solor*.

La cinquième subdivision a à la mâchoire
inférieure deux longues incisives sans canines ;
à la supérieure deux longues incisives au milieu,
quelques petites sur les côtés , et deux petites
canines ; elle ne comprend qu'un genre,

LES KOALA.

A corps trapu , à jambes courtes, sans aucune
queue ; ses doigs de devant, au nombre de cinq , se
partagent en deux groupes pour saisir ; le pouce et
l'index d'un côté , les trois autres du côté opposé. Le
pouce manque au pied de derrière , qui a ses deux
premiers doigts réunis comme dans les précédens.

On n'en connaît qu'un espèce , à poil cendré, qui passe
une partie de sa vie sur les arbres , et l'autre dans des ta-
nières qu'elle creuse à leur pied. La mère porte long-temps
son petit sur le dos.

Enfin, notre sixième division des marsupiaux
ou les

PHASCOLOMES. (PHASCOLOMYS. Geoff.) (1)

Sont de véritables rongeurs par les dents et par
les intestins ; ils ne conservent de rapports avec la
classe des carnassiers que l'articulation de leur mâchoire inférieure ; et dans un système rigoureux , il
serait nécessaire de les ranger avec les rongeurs ;

---

(1) *Phas colomys* , rat muni d'une poche de φάσκωλον , et de μῦς ,
(mus.)

nous les y aurions même placés, si nous n'avions
été conduits à eux par une série non interrompue
des didelphes aux phalangers, de ceux-ci aux kanguroos, et des kanguroos aux phascolomes ; enfin,
si les organes de la géneration n'étaient point parfaitement semblables à ceux de toute la famille des
animaux à bourse.

Ce sont des animaux lourds, à grosse tête plate,
à jambes courtes, à corps comme écrasé, sans queue,
qui portent cinq ongles aux pieds de devant, et
quatre, avec un petit tubercule au lieu de pouce, à
ceux de derrière, tous très-longs et propres à creuser.
Leur démarche est d'une lenteur excessive. Ils ont
à chaque mâchoire deux longues incisives presque
pareilles à celles des rongeurs, et leurs mâchelières
ont chacune deux collines transverses.

Ils vivent d'herbe, et ont un estomac en forme de
poire et un cœcum gros et court, muni, comme
celui de l'homme et de l'orang-outang, d'un appendice vermiforme. Leur verge est fourchue comme
dans les sarigues.

On n'en connaît qu'une espèce de la taille d'un blaireau,
à poil bien fourni, d'un brun plus ou moins jaunâtre; elle
vit à l'île King, au sud de la Nouvelle-Hollande, dans des
terriers, et se multiplierait aisément chez nous : on dit que
sa chair est excellente ; c'est

Le *Didelphis ursina* de Shaw ; les naturels l'appellent
Wombat (1). (Peron. Voyage, pl. xxviii.)

(1) M. Bass a décrit un animal extérieurement le même que le phasco-
lome, et auquel il donne aussi le nom de *Wombat*, mais qui aurait six
ncisives, deux canines et seize molaires à chaque mâchoire. S'il n'y a pas

LE QUATRIÈME ORDRE DES MAMMIFÈRES.

LES RONGEURS.

Nous venons de voir dans les phalangers des canines si petites, qu'on peut les considérer comme nulles; aussi la nourriture des animaux de ce genre est-elle prise en grande partie du règne végétal ; leurs intestins sont longs et leur cœcum ample; et les *kanguroos*, qui n'ont pas de canines du tout, ne vivent absolument que d'herbes.

On pourrait commencer par les *phascolomes* la série des animaux dont nous allons parler, et qui ont une mastication encore moins parfaite.

Deux grandes incisives à chaque mâchoire, séparées des molaires par un espace vide, ne peuvent guère saisir une proie vivante, ni déchirer de la chair; elles ne peuvent pas même couper les alimens, mais elles servent à les

eu quelque combinaison erronée de deux descriptions différentes, ce serait un sous-genre de plus à placer près des péramèles. M. Iliger l'a déjà établi sous le nom d'*amblotis*, d'*αμβλωσις* abortus. Voy. les Mém. de Pétersb. 1803 à 1806, p. 444, et le Bulletin des sc., n° 72, an XI,

limer, à les réduire, par un travail continu, en molécules déliées, en un mot, à les *ronger*; de là le nom de *rongeurs* que l'on donne aux animaux de cet ordre; c'est ainsi qu'ils attaquent avec succès les matières les plus dures, et se nourrissent souvent de bois et d'écorce. Pour mieux remplir cet objet, ces incisives n'ont d'émail qu'en avant, en sorte que leur bord postérieur s'usant davantage que l'antérieur, elles sont toujours naturellement taillées en biseau; leur forme prismatique fait qu'elles croissent de la racine à mesure qu'elles s'usent du tranchant, et cette disposition à croître est si forte, que si l'une d'elles se perd ou se casse, celle qui lui était opposée n'ayant plus rien qui la comminue, se développe au point de devenir monstrueuse. La mâchoire inférieure s'articule par un condyle longitudinal, de manière à n'avoir de mouvement horizontal que d'arrière en avant *et vice versa*, comme il convenait pour l'action de ronger; aussi les molaires ont-elles des couronnes plates dont les éminences d'émail sont toujours transversales pour être en opposition au mouvement horizontal de la mâchoire, et mieux servir à la trituration.

Les genres où ces éminences sont de simples

lignes, et où la couronne est bien plane, sont plus exclusivement frugivores ; ceux dont les dents ont leurs éminences divisées en tubercules mousses sont omnivores; enfin, le petit nombre de ceux qui ont des pointes attaquent plus volontiers les autres animaux et se rapprochent un peu des carnassiers.

La forme du corps des rongeurs est en général telle que leur train de derrière surpasse celui de devant, en sorte qu'ils sautent plutôt qu'ils ne marchent ; cette disposition est même dans quelques sous-genres aussi excessive que dans les kanguroos.

Les intestins des rongeurs sont fort longs ; leur estomac simple, ou peu divisé, et leur cœcum souvent très-volumineux, plus même que l'estomac. Cependant le sous-genre des *loirs* manque de cet intestin.

Dans toute cette classe, le cerveau est presque lisse et sans circonvolutions ; les orbites ne sont point séparées des fosses temporales qui ont peu de profondeur ; les yeux se dirigent tout-à-fait de côté ; les arcades zygomatiques, minces et courbées en en bas, annoncent la faiblesse des mâchoires ; les avant-bras ne peuvent presque plus tourner et leurs deux os sont souvent réunis; en un mot, l'infériorité de ces animaux se montre dans la plupart des détails de leur organisation.

Cependant, les genres les plus nombreux qui ont de plus fortes clavicules, jouissent encore d'une certaine adresse, et se servent de leurs pieds de devant pour porter les alimens à leur bouche. Nous en ferons notre première division.

Le genre le plus remarquable de cette division est celui des

CASTORS. (CASTOR. L.)

Que l'on distingue de tous les autres rongeurs par leur queue aplatie horizontalement, de forme presque ovale et couverte d'écailles. Ils ont cinq doigts à tous les pieds : ceux de derrière sont réunis par des membranes, et il y a un ongle double et oblique à celui qui suit le pouce. Leurs mâchelières, au nombre de quatre partout et à couronne plate, ont l'air d'être faites d'un ruban osseux replié sur lui-même, en sorte qu'on voit une échancrure au bout interne et trois à l'externe dans les supérieures et l'inverse dans les inférieures.

Les castors sont d'assez grands animaux dont la vie est toute aquatique ; leurs pieds et leur queue les aident également bien à nager. Comme ils vivent principalement d'écorces et autres matières dures, leurs incisives sont très-vigoureuses et repoussent fortement de la racine à mesure qu'elles s'usent en avant ; aussi s'en servent-ils pour couper toutes sortes d'arbres.

De grosses poches glanduleuses, qui aboutissent à leur prépuce, produisent une pommade d'une odeur forte employée en médecine sous le nom de *castoreum*. Dans les deux sexes, les organes de la génération aboutissent à l'extrémité du rectum, en sorte qu'il n'y a qu'une seule ouverture extérieure.

Le *Castor du Canada.* (*Castor fiber.*) Buff., VIII, xxxvi.

Surpasse le blaireau par sa taille; c'est de tous les quadrupèdes celui qui met le plus d'industrie à la fabrication de sa demeure, à laquelle il travaille en société dans les lieux les plus solitaires du nord de l'Amérique.

Les castors choisissent des eaux assez profondes pour ne pas geler jusqu'au fond, et, tant qu'ils peuvent, des eaux courantes, parce qu'en coupant le bois au-dessus, le courant l'amène où ils veulent. Ils soutiennent l'eau à une égale hauteur par une digue de toutes sortes de branches mêlées de pierres et de limon, qu'ils renforcent tous les ans, et qui finit par germer et se changer en une véritable haie. Les huttes particulières servent à deux ou trois familles et ont deux étages : le supérieur à sec pour les animaux, l'inférieur sous l'eau pour les provisions d'écorces. Il n'y a que celui-ci d'ouvert, et la porte donne sous l'eau sans communication avec la terre. Ces huttes sont faites de branches entrelacées et garnies de limon. Les castors ont d'ailleurs plusieurs terriers le long du rivage, où ils se réfugient quand on attaque leurs huttes. Leurs bâtimens ne leur servent que l'hiver; l'été ils s'éparpillent et vivent chacun pour soi.

On apprivoise aisément le castor, et on l'accoutume à vivre de matières animales.

Le castor du Canada est d'un brun-roussâtre uniforme; sa fourrure est, comme on sait, très-recherchée pour le feutrage. Il y en a de blonds, de noirs et quelquefois de blancs.

Nous n'avons pu encore constater, malgré des comparaisons scrupuleuses, si les castors ou bièvres qui vivent dans des terriers le long du Rhône, du Danube, du Weser et d'autres rivières, sont différens par l'espèce de celui d'Amérique, ou si le voisinage des hommes est ce qui les empêche de bâtir.

Linnæus et Pallas semblent avoir réuni en un seul bloc, sous le nom de

RATS. (MUS. L.)

Tous les rongeurs pourvus de clavicules qui n'ont pu être distingués par quelque marque extérieure très-sensible, d'où il résulte qu'on ne peut leur assigner de caractère commun, si ce n'est tout au plus celui des incisives inférieures pointues qu'indique le premier de ces naturalistes; encore faut-il, pour qu'il soit juste, séparer, comme nous le faisons, les *rats-taupes* et les *hélamys* ou *pédètes*. Les autres rats se laissent très-bien subdiviser, par les mâchelières, en plusieurs sous-genres qui peuvent être répartis en trois petits groupes.

1° Ceux qui ont les molaires prismatiques ou à couronne plate et traversées dans toute leur hauteur par les lames d'émail, structure que nous retrouverons dans les cabiais, les lièvres, et que nous observerons jusque dans les éléphans. Nous leur appliquons le nom générique de

CAMPAGNOLS. Cuv. (*Arvicola.*

Attendu que tous ceux que l'on connaît ont trois mâchelières partout, formées chacune de cinq ou six, et quelquefois huit prismes triangulaires placés alternativement sur deux lignes.

Une première subdivision comprend

LES ONDATRAS. (*Fiber.* Cuv.)

Ou campagnols à pieds palmés, à longue queue comprimée et écailleuse, dont on ne connaît bien qu'une espèce.

L'*Ondatra* ou *Rat musqué du Canada.* (*Castor zibeticus.* Lin. *Mus zibeticus.* Gm.) Buff., X, 1.

Grand comme un lapin, d'un gris-roussâtre : ils construisent en hiver, sur la glace, une hutte de terre, où ils habitent plusieurs, allant par un trou chercher au fond les racines d'acorus qui servent à les nourrir. Quand la gelée ferme leurs trous, ils sont réduits à se manger les uns les autres. Cette habitude de bâtir, est ce qui a fait rapporter l'ondatra au genre du castor par quelques auteurs.

La seconde subdivision est celle des

CAMPAGNOLS ordinaires. (ARVICOLA. Lacep. *Hypudœus.* Iliger.)

Qui ont la queue velue, et à peu près de la longueur du corps.

Le *Rat d'eau.* (*Mus amphibius.*) Buff. VII, XLIII.

Un peu plus grand qu'un rat commun, d'un gris-brun foncé, la queue de la longueur du corps; habite au bord des eaux, et creuse dans les terrains marécageux pour chercher des racines; mais il nage et plonge mal (1).

Le *Campagnol* ou *petit Rat des champs.* (*Mus arvalis.* Lin.) Buff., VII, XLVII.

Grand comme une souris, cendré-roussâtre, la queue un peu moindre que le corps. Il habite des trous qu'il creuse

---

(1) Le *mus terrestris*, Lin. le *schermauss* d'Hermann, nommé mal à propos *scherman*, par Buff. Suppl. VII, LXX, ne sont que des rats d'eau.

dans les champs , et où il ramasse du grain pour l'hiver : quelquefois il se multiplie excessivement et cause de grands dégâts.

Le *Campagnol de prés*. (*Mus œconomus*. Pall.) Glires. , XIV , A. Schreb. , Cuv.

Un peu plus foncé et à queue un peu plus courte : il habite une petite chambre en forme de four, creusée sous le gazon , d'où plusieurs canaux étroits et branchus le conduisent en diverses directions ; d'autres canaux communiquent avec une seconde cavité où il amasse des provisions. De toute la Sibérie. On croit l'avoir trouvé en Suisse et dans le midi de la France (1).

La troisième subdivision sera celle des

LEMMINGS. Cuv. (GEORYCHUS. Iliger.) (2)

Qui ont la queue et les oreilles très-courtes , et les doigts de devant particulièrement propres à creuser.

Les deux premières espèces ont cinq ongles bien distincts aux pieds de devant, comme les rats-taupes et les lièvres-sauteurs.

Le *Lemming*. (*Mus lemmus*. Lin.) Pall. , Glir. , XII , A. , B. , Schreb. , cxcxv.

Espèce du nord , de la taille d'un rat , à pelage varié de jaune et de noir , très-célèbre par les migrations qu'elle fait de temps en temps, sans époques fixes et en troupes innombrables. On dit qu'ils marchent alors en ligne droite , sans que rivière , montagne ni aucun autre obstacle les arrête , et qu'ils dévastent tout sur leur passage. Leur habitation ordinaire paraît être sur les bords de la mer glaciale.

---

(1) Ici viennent encore probablement les *M. saxatilis* , *alliarius* , *rutilus* , *gregalis* et *socialis*. (Pall. Glir.) Mais les *M. lagurus* et *torquatus* sont plutôt des lemmings.

(2) Γεωρυχος , fouissant la terre.

Le *Zocor*. (*Mus aspalax*. Gm.) Pall., Glir., X, Schreb.,
ccv.

Gris-roussâtre, les trois ongles mitoyens de devant longs,
arqués, comprimés et tranchans pour couper la terre et les
racines ; les membres courts, la queue presque nulle, les
yeux excessivement petits. De Sibérie, où il vit toujours sous
terre comme les taupes et les rats-taupes, et se nourrit principalement de bulbes de divers liliacés (1).

La troisième espèce, comme tous les autres animaux
compris sous le grand genre des rats, n'a qu'un rudiment
depouce aux pied s de devant. C'est

Le *Lemming de la baie d'Hudson*. (*Mus Hudsonius*. Gm.)
Schreb., cxcvi.

D'un cendré clair de perle, sans queue ni oreilles externes : les deux doigts du milieu, aux pieds de devant du
mâle, ont l'air d'avoir les ongles doubles, parce que la
peau du bout du doigt est calleuse, et fait une saillie sous
celle de l'ongle ; conformation qui ne s'est encore rencontrée
que dans cet animal. Il est grand comme un rat, et vit sous
terre au nord de l'Amérique.

2° Les rats dont les mâchelières se divisent dès leur base en
racines, mais dont la couronne plate offre encore des lignes
transverses saillantes et creuses ; aussi très-frugivores : on
en reconnaît deux sous-genres.

Les Echimys. (Echimys. Geoff.) Loncheres. Iliger. (2)

Ont quatre mâchelières partout, présentant en bas chacune
quatre lames transverses, réunies deux à deux par un bout ;
en haut trois seulement, dont deux réunies. Ce sont des animaux d'Amérique qui, avec une forme à peu près la même
que celle de nos rats, ont le plus souvent des poils aplatis,

---

(1) Le *Mus talpinus*, Pall., appartient très-vraisemblablement à cette
subdivision plutôt qu'aux *spalax*, mais nous ne l'avons pas pu examiner.

(2) *Echimys*, rat épineux ; *lonchères*, porte-lance.

élargis , roides et terminés en pointe , en un mot de vrais piquans plats comme des lames d'épées.

L'Echimys à queue dorée. Lérot à queue dorée, de Buffon.
(*Hystrix chrysuros.* Schreb.) Buff. , Sup.VII , LXXII.

Presque grand comme un lapin , brun-marron , à ventre
blanc , une crête de poils allongés , et une bande longitudinale blanche sur la tête ; queue longue , noire , sa
moitié postérieure jaune. De la Guiane.

L'Echimys roux. (*Rat épineux* de d'Azzara.) Voy. pl. XIII.

Grand comme un rat, gris-roussâtre , queue moindre que
le corps. De Cayenne , du Paraguay : il se creuse de longs
boyaux souterrains.

Les LOIRS. (MYOXUS. Gmel.)

Ont aussi quatre mâchelières , partout divisées par des
bandes transverses ; mais leur poil est doux et leur queue velue et même touffue. Ils vivent sur les arbres, se nourrissent
de fruits, et passent dans nos climats l'hiver dans un sommeil
léthargique. Dans ce nombreux ordre des rongeurs, c'est le seul
genre qui manque de cœcum. Nous en possédons trois espèces
en France.

Le *Loir.* (*Mus glis.* Lin.) (1). Buff. , VIII, XXIV.

Grand comme un rat, gris-brun cendré dessus , blanchâtre
dessous , du brun plus foncé autour de l'œil , de fortes
moustaches, la queue bien fournie sur toute sa longueur ,
et presque disposée comme celle d'un écureuil. Des forêts
du midi de l'Europe. C'est probablement ce rat que les
anciens engraissaient , et dont ils faisaient leurs délices.

_____

(1) Le *M. dryas* de quelques auteurs, Schreb. CCXXV. B. , ne nous paraît point différer du loir. *Myoxus* , rat à museau pointu.

Le *Lérot*. (*M. nitela*. Gm.) Buff. VIII , xxv.

Un peu moindre que le précédent, gris-brun dessus, blanchâtre dessous , du noir autour de l'œil , qui règne en s'élargissant jusqu'à l'épaule; la queue touffue seulement au bout,
noire, avec l'extrémité blanche.

Le *Muscardin*. (*Mus avellanarius*. Lin.) Buff., VIII , xxvi.

De la taille d'une souris, roux-cannelle dessus , blanchâtre dessous , les poils de la queue aussi un peu disposés
en barbe de plumes.

3° Les rats dont les mâchelières , plus ou moins tuberculeuses , n'offrent pas aussi nettement des sillons transverses.
Ils sont plus omnivores que les autres. Leurs sous-genres sont
plus nombreux.

Les HYDROMYS. (Geoff. , An. du Mus. , tom. VI , pag. 86
et suivantes.)

Se distinguent d'abord de tous les autres rats par leurs pieds
de derrière , palmés aux deux tiers ; leurs molaires ont aussi
un caractère particulier, en ce que leur couronne , obliquement quadrangulaire , est creusée dans son milieu comme une
cuiller. Ils sont aquatiques.

On en a envoyé de la Guiane des individus à ventre
blanc , et d'autres à ventre fauve , qui ont tous le dessus
brun-foncé , la queue longue , noire à la base , et blanche
dans sa moitié postérieure. Ils sont quelquefois doubles du
surmulot. (*Hydromys leucogaster* et H. *Chrysogaster*.
Geoff.)

On croit aussi pouvoir rapporter à ce genre un animal
de l'Amérique septentrionale, dont la peau vient par milliers en Europe pour l'usage des chapeliers , et dont les caractères n'ont pu cependant encore être examinés par les
anatomistes. C'est le

Quouiya de d'Azzara. (*Mus coypus*. Molin. et Gmel.)

Qui vit dans des terriers , aux bords des rivières , dans une

grande partie de l'Amérique méridionale ; approche du
cabiai par la taille, et lui ressemble par la couleur du poil,
mais s'en distingue par la finesse de ce poil, et surtout du
duvet de sa base, par sa longue queue, le nombre de ses
doigts, etc....

Les Rats proprement dits. (Mus. Cuv.)

Ont partout trois molaires à tubercules mousses, dont l'antérieure est la plus grande ; leur queue est longue et écailleuse. Ces espèces sont fort nuisibles par leur fécondité et la
voracité avec laquelle elles rongent et dévorent des substances
de toute nature. Il y en a trois qui sont devenues très-communes dans les maisons ; savoir :

La *Souris.* (*Mus musculus.* Lin.) Buff., VII, xxxix.

Connue de tous les temps et de tout le monde.

Le *Rat* ordinaire. (*Mus rattus.* Lin.) Buff. VII, xxxvi.

Dont les anciens n'ont point parlé, et qui paraît avoir
pénétré en Europe dans le moyen âge. Il est plus que double
de la souris dans toutes ses dimensions. Son pelage est
noirâtre.

Le *Surmulot.* (*Mus decumanus.* Pall.) Buff., VIII, xxvii.

Qui n'est arrivé en Europe que dans le dix-huitième
siècle, et qui est aujourd'hui plus commun que le rat à
Paris et dans quelques autres grandes villes. Plus grand
d'un quart que le rat, il en diffère encore par son poil
brun-roussâtre et par sa queue à proportion plus longue.

Ces deux grandes espèces paraissent originaires d'orient;
nos vaisseaux les ont transportées partout aussi-bien que la
souris.

La Tartarie orientale et la Chine ont un rat égal au
surmulot, à queue un peu plus courte, à mâchoires plus
fortes, d'une teinte blonde, (c'est le *M. caraco.* Pallas.)
Glir., XXIII, Schreb., CLXXVII.

Il y en a un autre aux Indes encore d'un quart plus fort que le surmulot, brun-roussâtre, un peu plus pâle à la tête, (le *rat perchal* de Buff., Supp. VII, LXIX.)

On a moins observé les espèces de la taille de la souris.

La *Souris du Caire*. (*M. Cahirinus*. Geoff., Descr. de l'Eg. mammif.) a des piquans au lieu de poils sur le dos; Aristote l'avait déjà remarqué.

Nous ne connaissons en France qu'une espèce qui vive loin des maisons; c'est le *mulot* (*M. sylvaticus.*) Buff., VII, XLI, lequel ne surpasse guère la souris et s'en distingue par son pelage roux. Il dévaste les bois et les champs (1).

LES HAMSTERS. (CRICETUS. Cuv.)

Ont les mêmes dents que les rats, mais leur queue est courte et velue, et les deux côtés de leur bouche sont creusés, comme dans certains singes, en sacs ou en abajoues, qui leur servent à transporter les grains qu'ils recueillent dans leur demeure souterraine.

Le *Hamster commun, Marmotte d'Allemagne, etc.* (*M. cricetus*. L.) Buff., XIII, XIV..

Est plus grand que le rat, gris-roussâtre dessus, noir aux flancs et dessous, avec trois taches blanchâtres de chaque côté; ses quatre pieds sont blancs, ainsi qu'une tache sous la gorge et une sous la poitrine : il y en a des individus tout noirs. Cet animal, si agréablement varié en couleur, est un des plus nuisibles qui existent à cause de la quantité de grains qu'il ramasse, et dont il remplit son trou, qui a quelquefois jusqu'à sept pieds de profondeur. Il est commun

---

(1) A cette division appartiennent probablement *M. agrarius*, *m. minutus*, *m. soricinus*, *m. vagus*, *m. betulinus*, *m. pumilio*, *m. striatus*, *m. barbarus* de Pall. On ne peut encore bien classer, ni le *m. puorides*, ni aucun des rats indiqués plutôt que décrits par Molina, parce qu'ils ne sont pas assez bien connus.

C'est encore ici que devra venir l'énorme espèce du *mus giganteus*. Lin. Trans. VII, XXVIII.

dans toutes les contrées sablonneuses qui s'étendent depuis le nord de l'Allemagne jusqu'en Sibérie.

Ce dernier pays produit beaucoup de petites espèces de hamsters que M. Pallas a fait connaître (1).

Une des espèces les plus extraordinaires, si elle était complètement authentique, serait le *mus bursarius*, de Shaw, originaire du Canada, cendré, dont les poches, quand elles sont remplies, sortiraient des deux côtés de la bouche et surpasseraient la tête en grosseur. On lui donne cinq ongles devant, dont les trois du milieu très-longs et propres à fouir, et quatre derrière; sa queue est courte et sa taille approche de celle du surmulot.

Les Gerboises. (Dipus. Gmel.)

Ont les mêmes dents que les rats, une longue queue touffue au bout, une tête large, de grands yeux saillans, et surtout des extrémités postérieures d'une longueur démesurée en comparaison de celles de devant; ce qui les a fait nommer *rats à deux pieds* par les anciens. En effet, elles ne vont guère que par grands sauts sur leurs pieds de derrière. Leurs pieds de devant ont cinq doigts; dans ceux de derrière, le métatarse des trois doigts du milieu n'est formé que d'un seul os, comme ce qu'on appelle le tarse des oiseaux; il y a en outre, dans certaines espèces, de petits doigts latéraux (2). Elles vivent dans des terriers et tombent en une léthargie profonde pendant l'hiver.

(1) *M. accedula, arenarius, phæus, songarus, furunculus.* Pall. Glir. et Schreb.

(2) Le *mus longipes* de Lin., ou *meridianus* de Pall., paraît devoir former un nouveau sous-genre. Le *tamaricinus* s'y joindra probablement, si ce n'est pas un loir : nous n'avons vu ni l'un ni l'autre. Il est vraisemblable qu'il faudra y rapporter le *m. gerbillus* d'Olivier, le *m. canadensis* de Pennant et de Shaw, et le *dipus indicus.* Linn. Trans. VIII, vii. Ce sont les *gerbillus* de Desmarets, et les *meriones* d'Illiger.

Le *Gerboa* (*M. sagitta.*) Buff., Supp VI, xxxix et xl.

A trois doigts seulement, grande comme un rat, d'un fauve-clair dessus, blanche dessous, le flocon de la queue noir, le bout blanc. Depuis la Barbarie jusqu'au nord de la mer Caspienne.

L'*Alactaga.* (*M. jaculus.*) Pall., Glir., XX, Schreb., CCXXVIII.

A deux petits doigts latéraux (1), les oreilles plus longues que la précédente, mais à peu près les mêmes couleurs. M. Pallas en a observé de trois grandeurs différentes, depuis celle du lapin jusqu'à celle du rat : ce sont peut-être autant d'espèces. On trouve l'une ou l'autre depuis la Syrie jusqu'à l'Océan oriental et jusqu'au nord de l'Inde.

Nous nous voyons obligés de séparer des rats et d'établir tout-à-fait comme genres les trois genres suivans :

Les Rats-Taupes. (Spalax. Güldenstedt.) (2)

Ont les mêmes mâchelières que les rats, les hamsters et les gerboises, mais leurs incisives sont trop grandes pour être recouvertes par les lèvres; l'extremité des inférieures est en coin, c'est-à-dire, à tranchant transverse rectiligne et non en pointe; tous leurs pieds ont cinq doigts courts et cinq ongles plats et menus; leur queue est très-courte ou nulle, aussi-bien que leur oreille extérieure. Ils vivent sous terre, y creusent comme les taupes quoiqu'avec des instrumens bien moins puissans, élevant la terre comme

---

(1) C'est par une erreur de Sam. Gmelin que Buffon a été induit à donner à l'alactaga quatre doigts aux pieds de derrière ; il en a' cinq.

(2) *Aspalax*, *spalax*, noms grecs de la taupe.

elles, mais se nourrissant seulement de racines ;
aussi leur œil est-il excessivement petit.

Le *Zemni*, *Slepez*, ou *Rat-Taupe aveugle*. (*M. typhlus.*
L.) Pall., Glir., VIII, Schreb., CCVI.

N'a même point du tout d'œil visible au dehors ; mais
q uand on enlève sa peau, on trouve un très-petit point
noir qui paraît organisé comme un œil, sans pouvoir
servir à la vision puisque la peau passe dessus sans
s'ouvrir ni s'amincir , et sans y avoir moins de poils
qu'autre part. Cet animal singulier a d'ailleurs un air
tout-à-fait informe par sa grosse tête anguleuse sur les côtés,
par ses pieds courts et parce qu'il n'a aucune queue. A peu
près de la taille de notre rat , d'un cendré tirant sur le roux,
il habite tout l'orient de l'Europe et les parties voisines de
l'Asie jusqu'en Perse. Il se pourrait, comme le dit M. Olivier ,
qu'il eût donné aux anciens l'idée de faire la taupe tout-à-fait
aveugle.

LES RATS-TAUPES DU CAP. (ORYCTERÉ. Fr. Cuv.
BATHYERGUS. Illig.) (1)

Avec la forme, les pieds et les incisives tronquées
des précédens, ont quatre mâchelières partout et
les postérieures profondément échancrées au côté
externe ; leur œil est, quoique petit, à découvert,
et ils ont une courte queue. On en connaît deux
espèces.

Le *Rat-Taupe des Dunes*. (*Mus maritimus*. L.) Buff.,
Supp. VI , XXXVIII.

D'un gris blanchâtre, presque de la taille d'un lapin, et

Le *petit Rat-Taupe du Cap*. (*M. Capensis*.) Buff.,
Supp. XI , XXXVI.

Brun, une tache autour de l'œil, une autour de l'oreille,

_____

(1) *Bathyergus* , qui travaille dans la profondeur. *Oryctère*, fouisseur.

une au vertex et le bout du museau blanc; grand comme un cochon d'Inde.

Tous deux sont communs dans les environs du Cap de Bonne-Espérance, et y creusent tellement la terre, qu'il est dangereux d'y courir à cheval (1).

LES HELAMYS, Fred. Cuv. vulgairement *lièvres-sauteurs*. (PEDETES. Illig.) (2)

Que l'on a placés jusqu'ici avec les gerboises, leur ressemblent en effet par leur tête large, leurs gros yeux, leur longue queue, et surtout par la petitesse de leur train de devant et la grandeur de celui de derrière, quoique la disproportion en soit beaucoup moindre que dans les vraies gerboises. Les caractères particuliers des hélamys sont quatre mâchelières partout composées chacune de deux lames, cinq doigts aux pieds de devant armés d'ongles très-longs et pointus, et quatre à leurs grands pieds de derrière, tous distincts, même par les os du métatarse, et terminés par des ongles larges et presque semblables à des sabots. Ce nombre de doigts est l'inverse de celui qui est le plus général parmi les rats. Leurs incisives inférieures sont tronquées et non pointues comme celles des vraies gerboises et de tous les autres animaux compris sous le genre des rats, les seuls rats-taupes exceptés.

On n'en connaît qu'une espèce du Cap de Bonne-

___

(1) M. Illiger sépare le *M. Capensis* du BATHYERGUS, ou *m. maritimus*, pour le mettre avec le *m. Hudsonius*, et l'*aspalax* ou ses GEORYCHUS. Mais la conformation du mus Capensis est absolument la même que celle du *m. maritimus*, ainsi que nous nous en sommes assurés.

(2) *Helamys*, rat-sauteur. *Pedetes*, sauteur.

Espérance, grande comme un lapin, fauve-clair, à queue touffue, noire au bout (*mus cafer*, Pall. *Dipus cafer*. Gm.) Buff., Supp. VI, XLI.

Gmelin avait déjà séparé du genre des rats

LES MARMOTTES. (ARCTOMYS. Gm.) (1)

Qui ont avec les incisives inférieures pointues des autres animaux compris dans ce grand genre, cinq mâchelières de chaque côté en haut et quatre en bas toutes hérissées de pointes; aussi quelques espèces se déterminent-elles aisément à manger de la chair et prennent-elles des insectes aussi-bien que de l'herbe. Ce sont des animaux à jambes courtes, à queue velue médiocre ou courte, à tête large et aplatie, qui passent l'hiver en léthargie dans des trous profonds dont ils ferment l'entrée par un amas de foin. Ils vivent en société et s'apprivoisent aisément. On en connaît trois espèces dans l'ancien continent :

La *Marmotte des Alpes*. (*M. Alpinus*. L.) Buff., VIII, XXVIII.

Grande comme un lapin, à queue courte, à pelage gris-jaunâtre, avec des teintes cendrées vers la tête. Elle vit dans les hautes montagnes immédiatement au-dessous des neiges perpétuelles.

La *Marmotte de Pologne* ou *Bobac*. (*M. bobac*. L.) Pall., Glir., V, Schreb., CCIX.

Grande comme la précédente, gris-jaunâtre, avec des teintes rousses vers la tête. Habite les montagnes peu élevées et les collines depuis la Pologne jusqu'au Kamtschatka, creuse souvent dans les terrains les plus durs.

---

(1) *Arcto-mys*, rat-ours.

Le *Souslik* ou *Zizel*. (*M. citillus.* L.) Buff., Supp., III, xxxi.

Joli petit animal gris-brun, ondé ou tacheté de blanc par gouttelettes, qui se trouve depuis la Bohème jusqu'en Sibérie. Il a un goût particulier pour la chair, et n'épargne pas même sa propre espèce.

L'Amérique en a aussi quelques espèces (1).

LES ECUREUILS. (SCIURUS. L.)

Que l'on a toujours regardés comme un genre à part, se font reconnaître par leurs incisives inférieures très - comprimées, et par leur queue longue, garnie de poils longs et épars, dirigés sur les côtés comme des barbes de plumes. Ils ont quatre doigts devant et cinq derrière. Quelquefois le pouce de devant se marque par un tubercule. On leur compte partout quatre mâchelières tuberculeuses, et une très-petite en avant, en haut, qui tombe de bonne heure. Ce sont des animaux légers, vivant sur les arbres, y nichant, se nourrissant de fruits, dont la tête est large, et les yeux saillans et vifs.

On en compte beaucoup d'espèces dans les deux continens.

L'*Ecureuil commun*. (*Sciurus vulgaris.*) Buff., VII, xxxii.

D'un roux vif, les oreilles terminées par un bouquet de poils ; ceux du nord deviennent d'un beau cendré-bleuâtre en hiver, et donnent alors la fourrure appelée *petit-gris* : il y en a aussi des variétés brunes et noires.

---

(1) *Arct. monax.* Buff. Supplément III, xxviii. — A. *empetra.* Schreb. CCX.

Les espèces d'Amérique n'ont pas de pinceaux aux oreilles. Tels sont

L'*Ecureuil gris de Caroline*. (*Sciurus cinereus*. Lin.)
Petit-Gris de Buff. , X, xxv.

Plus grand que le nôtre, cendré, à ventre blanc.

L'*Ecureuil à masque*, du même pays. (*Sc. capistratus*.
Bosc.) *Sc. cinereus*. Schreb. ccxiii, B.

Cendré, à tête noire, museau, oreilles et ventre blancs.
L'un et l'autre varient par plus de brun ou de noir, et deviennent quelquefois tout noirs (1).

La plupart des espèces de l'ancien continent sont aussi destituées de ces pinceaux. L'une des plus belles est

Le *grand Ecureuil des Indes*. (*Sc. maximus* et *macrourus* (2). Gm.) Buff., Sup., VII, lxxii.

Presque aussi grand qu'un chat, noir dessus, à flancs et sommet de la tête d'un beau marron vif; la tête, tout le dessous du corps et le dedans des membres jaune pâle; une bande marron derrière la joue. Il habite sur les palmiers, et se plaît surtout au suc laiteux des noix de coco.

Il y a aussi dans les pays chauds quelques écureuils remarquables par les bandes longitudinales dont leur pelage est varié. Tels sont

Le *Barbaresque*. (*Sc. getulus*. L.) Buff., X, xxvii.

Dont les bandes s'étendent jusque sur la queue.

Le *Palmiste*. (*Sc. palmarum*. L.) Buff. X, xxvi.

Il est probable qu'il faudra distinguer des écureuils certaines espèces qui ont des abajoues comme les hamsters, et qui pas-

---

(1) Le *Sc. vulpinus*, le *carolinensis* et le *niger* n'en paraissent que des variétés.

(2) Il suffit de comparer les figures de Pennant et de Sonnerat pour juger qu'elles représentent le même animal.

sent leur vie dans des trous souterrains (TAMIAS Illiger.)
Tel est

Le *Suisse*. (*Sc. striatus*. Lin.) Buff., X, xxvIII.

Qui se trouve dans tout le nord de l'Asie et de l'Amérique, surtout dans les forêts de pins. Sa queue est moins
fournie que dans l'écureuil d'Europe, ses oreilles rases, et
son pelage brun avec cinq raies noires et deux blanchâtres.

L'*Ecureuil de la baie d'Hudson*. (*Sc. Hudsonius.*) Schreb.
CCXIV.

A pelage brun-roux, avec une seule raie noire sur chaque
flanc, en paraît très-voisin.

On devra probablement distinguer encore les *guerlinguets*,
espèces de l'Amérique méridionale, à longue queue, presque
ronde, à scrotum énorme et pendant. Buff., Sup., VII, LXV,
LXVI (1).

On a déjà séparé

Les POLATOUCHES. (PTEROMYS. Cuv.)

Auxquels la peau de leurs flancs, s'étendant entre les jambes
de devant et celles de derrière, donne la faculté de se soutenir
en l'air quelques instans, et de faire de très-grands sauts. Leurs
pieds ont de longs appendices osseux qui soutiennent une partie de cette membrane latérale.

Il y en a une espèce en Pologne, en Russie et en Sibérie.

(*Sciurus volans.*) Schreb., CCXXIII.

Gris-cendré dessus, blanche dessous, grande comme un
rat, la queue de la moitié de la longueur du corps seulement : elle vit solitaire dans les forêts.

Une du nord de l'Amérique.

---

(1) Nous avons trouvé cependant aux *tamia* et aux *guerlinguets* les
mêmes molaires qu'aux écureuils et qu'aux polatouches.

(*Sc. voluccella.*) Buff. , X, xxi.

Gris-roussâtre dessus, blanche dessous, moindre que la précédente, à queue seulement d'un quart moindre que le corps : elle vit en troupes dans les prairies tempérées de l'Amérique septentrionale.

Une dans l'archipel des Indes, presque grande comme un chat; le mâle d'un beau marron vif dessus, roux dessous; la femelle brune dessus, blanchâtre dessous. C'est le

(*Sc. petaurista.*) *Taguan.* Buff. , Sup. , III, xxi, et VII, lxvii.

Mais ce même archipel en produit aussi une petite.

(*Sc. sagitta.*)

Brun foncé dessus, blanc dessous, qui se distingue surtout des autres petites espèces, parce que sa membrane forme, ainsi que dans le taguan, un angle saillant très-aigu derrière le poignet.

Enfin M. Geoffroi a aussi séparé avec raison de ce genre

Les Aye-Aye. Geoff. (Cheiromys. Cuv.) (1)

Dont les incisives inférieures encore beaucoup plus comprimées, et surtout plus étendues d'avant en arrière que dans les écureuils, ressemblent à des socs de charrue; leurs pieds ont tous cinq doigts, dont quatre de ceux de devant sont excessivement allongés, et, dans ce nombre, le médius est beaucoup plus grêle que les autres; dans les pieds de derrière, le pouce est opposable aux autres doigts; en sorte qu'ils sont à cet égard, parmi les rongeurs, ce que sont les sarigues parmi les carnassiers

On ne connaît qu'une espèce d'aye-aye découverte à Madagascar par Sonnerat.

(*Sciurus Madagascariensis.*) Gm. , Buff. , Sup, VII, lxviii.

Grande comme un lièvre, d'un brun mêlé de jaune, à queue longue et épaisse, garnie de gros crins noirs, à grandes

(1) *Pteromys*, rat ailé, *Cheiromys*, rat à main.

oreilles nues. C'est un animal nocturne, dont les mouvemens sont pénibles, et qui vit daus un terrier. Il se sert de
son doigt grêle pour porter les alimens à sa boucbe.

La seconde division des rongeurs, comprend les genres qui n'ont que des rudimens
de clavicules. Le plus facile à distinguer est
celui des

PORC-ÉPICS. (HYSTRIX. Lin.)

Qui se font reconnaître au premier coup-d'œil par
les piquans roides et aigus dont ils sont armés comme
les hérissons parmi les carnassiers. Ce sont des animaux à quatre mâchelières partout, cylindriques,
marquées sur leur couronne de quatre ou cinq em-
preintes enfoncées. Leur langue est hérissée d'écailles
épineuses. On leur compte quatre doigts devant et
cinq derrière, armés de gros ongles. Ils vivent dans
des terriers, et ont beaucoup des habitudes des lapins. Leur voix grognante, jointe à leur museau
gros et tronqué, sont ce qui les a fait comparer au
porc.

Le *Porc-Epic commun* ou *à crinière.* (*Hyst. cristata.* L.)
Buff., XII, LI, LII.

Plus grand qu'un lièvre, des épines très-longues et très-
fortes sur le dos; une crinière de longues soies sur la tête
et sur la nuque; la queue courte, terminée par des tuyaux
ouverts, portés sur des pédicules, et qui sonnent beaucoup
quand l'animal les secoue. D'Italie, de Grèce, de Barbarie,
même des Indes orientales

Le *Porc-Epic à queue prenante*. (*Hist. prehensilis* L.) *Cuendu.*
Marg. , Hoitztlaquatzin , Herm. (1).

A queue longue et prenante , dépourvue d'épines dans sa
moitié postérieure ; les épines courtes partout. Des parties
chaudes de l'Amérique , où il se tient souvent sur les arbres.

Le *Porc-Epic à queue en pinceau*. (*Hist. fasciculata*. L.)

A queue longue , terminée par un faisceau d'épines applaties comme des lanières de parchemin ; les épines du
corps aplaties comme des lames d'épées. Des Indes, au delà
du Gange (2).

Le *Porc-Epic velu*. (*Hist. dorsata*. L.) *Urson* de Buffon,
XII , LV.

A queue médiocre , les épines en grande partie cachées
dans le poil. Du nord de l'Amérique.

LES LIÈVRES. (LEPUS. Lin.)

Ont aussi un caractère très-distinctif, en ce que
leurs incisives supérieures sont doubles, c'est-à-dire
que chacune d'elles en a par derrière une autre plus
petite. Leurs molaires, au nombre de cinq partout,
sont formées chacune de deux lames verticales soudées ensemble, et il s'en trouve en haut une sixième
simple et très-petite. Il ont cinq doigts devant, quatre derrière, un énorme cœcum cinq à six fois plus

---

(1) Ce mot veut dire en mexicain *sarigue épineux*, parce qu'il a la
queue prenante du sarigue. C'est le *coendou à longue queue*. Buff.
Suppl. VII , pl. LXXVIII.

(2) C'est le *porc-épic de Malaca*. Buff. Suppl. VII , LXXVII. L'*hystrix
macroura*. Seb. I , pl. LII et Schreb. CLXX, doit lui ressembler beaucoup.
Seulement on représente les lanières de sa queue comme formées de plusieurs renflemens qui ressemblent à autant de grains de riz.

grand que l'estomac, et garni en dedans d'une lame spirale qui en parcourt la longueur. L'intérieur de leur bouche et le dessous de leurs pieds sont garnis de poils comme le reste de leur corps.

Les Lièvres proprement dits. (Lepus. Cuv.)

Ont des oreilles longues, une queue courte, les pieds de derrière bien plus longs, des clavicules imparfaites, l'espace sous orbitaire percé en réseau dans le squelette.

Les espèces en sont assez nombreuses, et si semblables entre elles, qu'il est difficile de les caractériser.

Le *Lièvre commun*. (*Lepus timidus*. L.) Buff., VII, xxxviii.

D'un gris-jaunâtre, les oreilles plus longues que la tête d'un dixième, cendrées en arrière, noires à la pointe, à queue de la longueur de la cuisse, blanche, avec une ligne noire en dessus.

Tout le monde connaît cet animal, dont la chair noire est agréable et le poil utile. Il vit isolé, ne se terre point, couche à plate terre, se fait chasser en arpentant la plaine par de grands circuits, et n'a pu encore être réduit en domesticité.

Le *Lièvre variable*. (*Lepus variabilis*. Pall.) Schreb. ccxxxv, B.

Un peu plus grand que le commun, à oreilles et queue un peu plus courtes; celle-ci toute blanche en tout temps; le reste du pelage gris en été et blanc en hiver. Cet animal, qui se trouve au nord et sur les hautes montagnes du midi de l'Europe, a les mœurs du lièvre commun, mais sa chair est insipide.

Le *Lapin*. (*Lepus cuniculus*. L.) Buff., VI, l.

Moindre que le lièvre, les oreilles un peu plus courtes que la tête, et la queue moindre que la cuisse; pelage gris-jaunâtre, du roux à la nuque, gorge et ventre blanchâtres, oreilles grises sans noir, du brun sur la queue.

Cet animal , originaire d'Espagne , est aujourd'hui répandu dans toute l'Europe. Il vit en troupes dans des terriers, où il se réfugie aussitôt qu'il est poursuivi. Sa chair ,
blanche et agréable , diffère beaucoup de celle du lièvre.
En domesticité , le lapin multiplie infiniment , et prend des
couleurs et des poils très-variés.

Les pays étrangers fournissent plusieurs espèces que l'on
ne distingue de notre lapin qu'en y mettant beaucoup d'attention. Telles sont

Le *Lapin de Sibérie*. (*Lepus tolaï*. Gm.) Schreb. ccxxxiv.

Qui tient une sorte de milieu entre le lièvre et le lapin
pour les proportions , et surpasse quelquefois le premier par
sa taille. Sans faire des terriers , il se réfugie dans les fentes
des rochers ou autres cavités.

Le *Lapin d'Amérique*. (*Lepus Americanus et Brasiliensis*. Gm.) *Lepus nanus*. Schreb., ccxxxiv , B.

De la taille et presque de la couleur du nôtre, à pieds
roussâtres , sans noir ni aux oreilles ni à la queue ; niche
dans les troncs d'arbres , et remonte souvent dans leur creux
jusqu'à leurs branches. Sa chair est insipide et molle.

D'autres ont avec notre lièvre une ressemblance tout
aussi marquée. Tel est

Le *Lièvre d'Afrique*. (*Lepus Capensis*. Gm.) Geoff. , quadr.
d'Egypte.

A oreilles plus longues que la tête d'un cinquième , presque de la taille et de la couleur de notre lièvre ; à pieds
roussâtres un peu plus longs.

Il paraît se trouver d'une extrémité de l'Afrique à l'autre ; du moins celui d'Egypte ne diffère-t-il pas de celui
du Cap.

Les LAGOMYS. Cuv. (LAGOMYS.) (1)

Ont les oreilles médiocres, les jambes peu différentes entre

---

(1) *Lagomys*, rat-lièvre.

elles, le trou sous-orbitaire simple, des clavicules presque parfaites, et manquent de queue : ils font entendre souvent une voix fort aiguë. On n'en a encore trouvé qu'en Sibérie, et c'est Pallas qui les a fait connaître. (Glir., pag. 1 et suiv.)

Le *Lagomys nain.* (*Lepus pusillus.*) Pall., Glir., I, Schreb., ccxxxvii.

Gris-brun, grand comme un rat d'eau ; vit dans de petits terriers, en des contrées fertiles, de fruits et de bourgeons.

Le *Lagomys gris.* (*Lepus ogotonna.*) Pall., Glir., III, Schreb., ccxxxix.

Gris très-pâle, à pieds jaunâtres, un peu plus grandque le précédent ; niche dans des tas de pierres, des fentes de rochers, etc...., où il amasse du foin pour l'hiver.

Le *Lagomys pica.* (*Lepus Alpinus.*) Pall., Glir., II, Schreb., ccxxxviii.

Grand comme un cochon d'Inde, roux-jaunâtre ; habite les sommets les plus élevés des montagnes, où il passe l'été à choisir et à sécher les herbes dont il fait sa provision d'hiver. Ses tas de foin, quelquefois hauts de six ou sept pieds, sont une ressource précieuse pour les chevaux des chasseurs de zibelines.

Après les deux genres des porcs-épics et des lièvres, il en vient que Linnæus et Pallas réunissaient sous le nom de CAVIA, mais auxquels il est impossible de trouver d'autre caractère commun et positif que celui de leurs clavicules imparfaites, quoique les especes qui les composent ne manquent pas d'analogie entre elles pour l'habitude du corps et pour les mœurs. Elles sont toutes du nouveau continent.

LES CABIAIS. (HYDROCHOERUS. Erxleben.)

Ont quatre doigts devant et trois derrière, tous

armés d'ongles larges et réunis par des membranes ;
quatre mâchelières partout, dont les postérieures
plus longues, composées de nombreuses lames simples et parallèles; les antérieures de lames fourchues
vers le bord externe dans les supérieures, vers l'interne dans les inférieures.

On n'en connaît qu'une espèce.

Capybara de Marg. *Capiygoua* de d'Azz. *Cavia capibara*
de Lin. *Cabiai* de Buff., XII, xlix.

Grande comme un cochon de Siam, à museau très-épais,
à jambes courtes, à poil grossier, brun jaunâtre, sans
queue : elle habite en troupes dans les rivières de la Guiane
et des Amazones. C'est un bon gibier, et le plus grand
des rongeurs. Le castor seul en approche pour la taille.

Les Cobayes, vulgairement Cochons d'Inde.
(Anoema. Fred., Cuv.) (Cavia. Illig.)

Représentent les cabiais en petit ; mais leurs doigts
sont séparés, et leurs molaires n'ont chacune qu'une
lame simple et une fourchue en dehors dans les supérieures, en dedans dans les inférieures.

On n'en connaît qu'une espèce , Buff., VIII, 1, très-
multipliée aujourd'hui en Europe, où on en élève dans les
maisons, parce qu'on croit que son odeur chasse les rats.
Elle y varie en couleur comme tous les animaux domestiques.
Il y a lieu de penser qu'elle vient d'un animal d'Amérique
nommé *aperea*, de même taille et de même forme, mais
à pelage entièrement gris-roussâtre. On le trouve dans les
bois au Brésil et au Paraguay.

LES AGOUTIS. CUV. (CHLOROMYS. Fred. Cuv. DASYPROCTA. Illig.)

Ont quatre doigts devant, trois derrière, quatre mâchelières partout presque égales, à couronne plate irrégulièrement sillonnée, à contour arrondi, échancré au bord interne dans les supérieures, à l'externe dans les inférieures. Ils ressemblent, par leur naturel et par leur chair, à nos lièvres et à nos lapins, qu'ils représentent en quelque sorte aux Antilles et dans les parties chaudes de l'Amérique.

L'*Agouti ordinaire.* (*Cavia acuti.* L.) Buff., VIII, L.

A queue réduite à un simple tubercule, à poil brun, fauve sur la croupe dans le mâle, grand comme un lièvre.

L'*Acouchi.* (*Cavia acuchi.* Gm.) Buff., Supp. III, XXXVI.

A queue de six ou sept vertèbres, poil brun dessus, fauve dessous, grand comme un lapin.

LES PACAS. (COELOGENUS. Fred. Cuv.) (1)

Ont, avec des dents assez semblables à celles des agoutis, un très-petit doigt de plus qu'eux au bord interne du pied de devant et un de chaque côté, également très-petit, au pied de derrière, ce qui leur fait cinq doigts partout. On remarque en outre une cavité creusée dans leur joue et qui s'enfonce sous un rebord formé par une arcade zygomatique très-large et très-saillante.

On dit que leur chair est fort bonne.

Il y en a une espèce ou variété fauve et une brune toutes deux tachetées de blanc. (*Cavia paca.* L.) Buff., X, XLIII, Supp. III, XXXV.

***

(1) *Anœma*, sans force; *chloromys*, rat-jaune; *dasyprocta*, fesse velue; *coelogenus*, joue creuse; *hydro choerus*, cochon d'eau.

CINQUIÈME ORDRE DES MAMMIFÈRES.

LES ÉDENTÉS

Ou quadrupèdes sans incisives, formeront notre dernier ordre d'animaux onguiculés. Quoique réunis par un caractère négatif seulement, ils ne laissent pas que d'avoir entre eux quelques rapports positifs, notamment de gros ongles qui embrassent l'extrémité des doigts et se rapprochent plus ou moins de la nature des sabots ; de plus une certaine lenteur, un défaut d'agilité, occasionné par des dispositions de leurs membres faciles à apercevoir ; mais ces rapports laissent encore des lacunes assez marquées pour que l'ordre doive se diviser en trois tribus.

LES TARDIGRADES.

Formeront la première. Ils ont la face courte. Leur nom vient de leur excessive lenteur, suite d'une structure vraiment hétéroclite, où la nature semble avoir voulu s'amuser à produire quelque chose d'imparfait et de grotesque. Le seul genre encore existant ou

LES PARESSEUX. (BRADYPUS. L.)

Ont des molaires cylindriques et des canines aiguës

plus longues que ces molaires, deux mamelles sur
la poitrine et des doigts réunis ensemble par la peau,
et ne se marquant au-dehors que par d'énormes
ongles comprimés et crochus, toujours fléchis vers le
dedans de la main ou la plante du pied. Leurs pieds
de derrière sont articulés obliquement sur la jambe
et n'appuient que par le bord externe; les phalanges
de leurs doigts sont articulées par des gynglymes serrés,
et les premières se soudent à un certain âge aux os
du métacarpe ou du métatarse : ceux-ci finissent par
se souder ensemble faute d'usage. A cette incommo-
dité dans l'organisation des extrémités, s'en joint
une non moins grande dans leurs proportions. Leurs
bras et leurs avant-bras sont beaucoup plus longs que
leurs cuisses et leurs jambes, en sorte que, quand ils
marchent, ils sont obligés de se traîner sur leurs
coudes ; leur bassin est si large et leurs cuisses tellement dirigées sur le côté, qu'ils ne peuvent rapprocher
les genoux. Leur démarche est l'effet naturel d'une
structure aussi disproportionnée (1). Ils se tiennent
sur les arbres et n'en quittent un qu'après l'avoir
dépouillé de ses feuilles, tant il leur est pénible d'en
gagner un autre ; on assure même qu'ils se laissent
tomber de leur branche pour s'éviter le travail d'en

---

(1) M. Carlisle a observé que les artères des membres commencent par
se diviser en une infinité de ramuscules, qui se réunissent ensuite en un
tronc d'où partent les branches ordinaires. Cette structure se rencontrant aussi
dans les *loris*, dont la démarche n'est guère moins paresseuse, il serait
possible qu'elle exerçât quelque influence sur la lenteur des mouvemens.
Au reste, les loris, l'orang-outang, le coaïta, tous animaux très-lents, se
font tous remarquer par la longueur de leurs bras.

descendre. Ils ne font qu'un petit qu'ils portent sur le dos.

Les viscères de ces animaux ne sont pas moins singuliers que le reste de leur conformation. Leur estomac est divisé en quatre sacs assez analogues aux quatre estomacs des ruminans, mais sans feuillets ni autres parties saillantes à l'intérieur, tandis que leur canal intestinal est court et sans cœcum.

L'*Aï*. (*Bradypus tridactylus.* L.) Buff., XIII,
v et vi.

Est l'espèce où la lenteur et les détails d'organisation qui la produisent sont portés au plus haut degré. Il a trois doigts ou plutôt trois ongles à chaque pied; le pouce et le petit doigt réduits à de petits rudimens cachés sous la peau et soudés au métatarse et au métacarpe; la clavicule, aussi réduite à un rudiment, est soudée à l'acromion. Les bras ont le double de longueur de ses jambes; le poil de sa tête, de son dos et de ses membres est long, gros et sans ressort, presque comme de l'herbe fanée, ce qui lui donne un air hideux. Sa couleur est grise, souvent tachetée sur le dos de brun et de blanc : plusieurs individus portent entre les épaules une tache d'un fauve vif que traverse une ligne longitudinale noire. On ignore s'ils forment espèce. Sa taille est celle d'un chat, et il porte une très-courte queue. C'est le seul mammifère connu jusqu'à ce jour qui ait neuf vertèbres cervicales.

L'*Unau*. (*Bradypus didactylus.* L.) Buff., XIII, 1.

Qui n'a que deux ongles aux pieds de devant et point de queue du tout, est un peu moins malheureusement organisé que l'aï. Ses bras sont moins longs, ses clavicules complètes; il ne se soude pas un si grand nombre d'os à ses pieds ni à ses mains; son museau est plus allongé, etc.

Il est de moitié plus grand que l'aï et d'un gris-brun uniforme qui prend quelquefois une teinte roussâtre.

Ces deux animaux sont originaires des parties chaudes de l'Amérique. Ils seraient probablement détruits depuis long-temps par les nombreux carnassiers de ce pays, s'ils n'avaient quelque défense dans leurs ongles (1).

M. Shaw, Gen. zool., a décrit, sous le nom de *bradypus ursinus* (Prochilus. Illiger), un animal originaire des Indes, conduit vivant en Angleterre, de la taille et à peu près de la forme d'un ours, à cinq doigts armés d'ongles à tous les pieds, sans incisives, avec des canines et des molaires; mais celles-ci sont inégales entre elles, ce qui paraît déjà indiquer une différence générique d'avec les paresseux. Il est très-intéressant d'avoir une anatomie de ce singulier animal (2).

La deuxième tribu comprend

LES ÉDENTÉS ordinaires

A museau pointu. Les uns ont encore des mâchelières. Il y en a deux genres,

LES TATOUS. (DASYPUS. L.) (3)

Sont très-remarquables parmi tous les mammifères, par le test écailleux et dur, composé de compartimens

---

(1) Il est singulier que le par. didactyle n'ait pas été connu avant Séba, et qu'on se soit obstiné long-temps d'après cet ignorant collecteur, à le dire de Ceylan. Erxleben l'a soutenu d'Afrique, parce qu'il prenait pour lui le poto de Bosmann, qui est un galago. (Voyez ce dernier genre.) Il est de fait que l'unau ne vient que de l'Amérique méridionale.

(2) M. Buchanan, Voy. dans le Mysore, tome II, p. 198, assure que c'est un véritable ours, et qu'il se nourrit de fourmis blanches, de fruits de sorgho, etc.

(3) *Tatou* est leur nom brasilien. On les nomme aussi *quirquincho*. Les Espagnols les appellent *armadillo*, à cause de leur armure, les Portugais *encuberto* par la même raison. *Dasypus* (pieds velus) était un des noms du lièvre ou du lapin chez les Grecs.

semblables à de petits pavés, qui recouvre leur tête,
leur corps et souvent leur queue. Cette substance
forme un bouclier sur le front, un second très-grand
et très-convexe sur les épaules, un troisième semblable
au précédent sur la croupe, et entre ces deux derniers,
plusieurs bandes parallèles et mobiles qui donnent au
corps la faculté de se ployer. La queue est tantôt
garnie d'anneaux successifs, tantôt seulement, comme
les jambes, de divers tubercules. Ces animaux ont de
grandes oreilles, de grands ongles, dont tantôt
quatre, tantôt cinq devant, et toujours cinq derrière,
le museau assez pointu, des mâchelières cylindriques séparées les unes des autres, au nombre de
sept ou huit partout, sans émail dans l'intérieur, la
langue lisse, peu extensible, quelques poils épars
entre leurs écailles ou sur les parties de la peau qui
n'ont point de test. Ils se creusent des terriers, et
vivent en partie de végétaux, en partie d'insectes et
de cadavres; leur estomac est simple et le cœcum
leur manque. Ils sont tous originaires des parties
chaudes ou au moins tempérées de l'Amérique.

On distingue à peu près les espèces par le nombre
de leurs bandes intermediaires combiné avec la forme
des compartimens; cependant les bandes sont sujettes
à varier d'une ou deux selon les individus.

Le *Tatou à trois bandes*, *Tatou apara*. Marg., *Apar.*
Buff., *Mataco* d'Azz. (*Dasypus tricinctus*. L.) Schreb.,
LXXI, A.

A trois bandes intermédiaires, à queue très-courte, à
compartimens régulièrement tuberculeux, cinq doigts partout. Il jouit de la faculté de se rouler en renfermant sa

tête et ses pieds entre ses boucliers et formant ainsi une
boule complète. Du Brésil, du Paraguay. C'est un de ceux
qu'on trouve le plus loin au sud. Il reste dans des dimensions
médiocres.

Le *Tatou à six bandes. Encoubert* et *Cirquinson*, Buff. (1)
(*Das. sexcinctus* et *octodecimcinctus.* L.) Buff., X, XLII et
Supp. III, LVII.

A six ou sept bandes, à compartimens lisses, grands et
anguleux, à queue médiocre annelée seulement à sa base,
cinq doigts partout, le bouclier postérieur dentelé en scie,
les parties non écailleuses garnies de poils plus longs et plus
fournis qu'aux autres espèces.

Le *Tatou à neuf bandes*, *Tatou peba*, Margr., *Tatou noir*
d'Azz., *Cachicame.* Buff. (*Das. novemcinctus*, *das.
octocinctus* et *das. septemcinctus.* L.) Buff., X, XXXVII,
III, LVIII.

A neuf bandes intermédiaires, la queue longue et annelée
sur presque toute sa longueur, les compartimens des boucliers
petits et arrondis, quatre doigts seulement devant, le test
généralement noirâtre. C'est le plus commun à la Guiane,
au Brésil. Il a quelquefois huit bandes, rarement sept ou
six; son corps a jusqu'à quinze pouces et sa queue autant.

Le *Tatou à douze bandes*, *Cabassou*, Buff., *Tatouay*
d'Azz. (*Das. unicinctus.* L.) Buff., X, XL.

A douze bandes intermédiaires, la queue longue et
tuberculeuse, les compartimens des bandes et des boucliers
carrés plus larges que longs, cinq doigts partout, dont

(1) Le tatou péba ou encouberto de Margrave est le novemcinctus. Le
tatou à tête de belette de Grew, cirquinson de Buff., das. octodecimcinctus. L. l'est aussi; mais Grew a considéré comme mobiles les rangées du
test de la croupe. Même en les comptant il n'y en aurait en tout que seize,
et sa figure n'en montre pas davantage.

quatre de ceux de devant ont des ongles énormes tranchans à leur bord externe. Il devient fort grand.

Le *Tatou géant*, Geoff., *grand Tatou* d'Azz., (*Dasypus gigas*. Cuv.) *deuxième Cabassou* de Buff., X, xlv.

A douze ou treize bandes intermédiaires, la queue longue et couverte d'écailles tuilées, les compartimens carrés plus larges que longs. C'est le plus grand des tatous; il a quelquefois plus de trois pieds sans la queue.

Les Orcytéropes. (Orycteropus. Geoff.) (1)

Ont été long-temps confondus avec les fourmiliers, parce qu'ils usent de la même nourriture, ont la même forme de tête, et que leur langue est aussi un peu extensible; mais ils s'en distinguent parce qu'ils ont des dents mâchelières et que leurs ongles sont plats, propres à fouir et non pas tranchans. La structure de leurs dents est différente de celle de tous les autres quadrupèdes; ce sont des cylindres solides traversés, comme des joncs à cannes, selon leur longueur, d'une infinité de petits canaux; leur estomac est simple, musculeux vers le pylore, leur cœcum petit et obtus.

On n'en connaît qu'une espèce.

L'*Oryctérope du Cap.* (*Myrmecophaga Capensis*. Pall.) Buff., Supp. VI, xxxi.

Que les Hollandais de cette colonie nomment *cochon de terre*. C'est un animal de la taille du blaireau, bas sur jambes, à poil ras, gris-brunâtre, à queue plus courte que le corps, également rase; il a quatre doigts devant, cinq derrière. Il habite dans des trous qu'il creuse avec une extrême facilité. On mange sa chair.

Les autres édentés ordinaires n'ont point

---

(1) *Orycteropus*, qui a les pieds propres à fouir.

de mâchelières, et par conséquent aucune sorte
de dents ; il y en a aussi deux genres.

LES FOURMILIERS. (MYRMECOPHAGA. L.)

Sont des animaux velus, à long museau terminé
par une petite bouche sans aucune dent, d'où sort
une langue filiforme, qui peut s'allonger beaucoup,
et qu'ils font pénétrer dans les fourmilières et les nids
des termites, où elle retient ces insectes par le moyen
de la salive visqueuse dont elle est enduite ; leurs ongles
de devant forts et tranchans, qui varient en nombre
selon les espèces, leur servent à déchirer les nids de
termites et leur fournissent une assez bonne défense.
Dans l'état de repos, ces ongles restent toujours à
demi-ployés en dedans, répondant à une callosité du
poignet ; aussi l'animal ne pose-t-il le pied que sur
le côté. L'estomac des fourmiliers est simple et
musculeux vers le pylore, leur canal médiocre et
sans cœcum (1).

Ils vivent tous dans les parties chaudes et tempérées
du Nouveau-Monde, et ne font qu'un petit qu'ils ont
l'habitude de porter sur le dos.

Le *Tamanoir*. (*Myrmecophaga jubata*.) Buff., X,
XXIX, et Supp. III, LV.

Long de plus de quatre pieds, à quatre ongles devant,
cinq derrière, à queue garnie de longs poils dirigés verticalement dessus et dessous, à pelage gris-brun, avec une

---

(1) Daubenton a fait connaître dans le F. *didactyle* deux très-petits appendices qui peuvent, à la rigueur, être pris pour des cœcums. Je me
suis assuré qu'ils n'existent point dans le tamandua.

bande oblique noire bordée de blanc sur chaque épaule ;
c'est le plus grand des fourmiliers. On assure qu'il se défend
même contre le jaguar. Il habite les lieux bas, ne grimpe
point aux arbres, marche lentement.

Le *Tamandua*. (*Myrmecophaga tamandua*. **Cuv.** *Myrm.*
tetradractyla et *tridactyla*. L.) Schreb., LXVI.

A forme et pieds du précédent, mais de plus de moitié
moindre ; sa queue à poil ras, prenante et nue au bout, lui sert
à se suspendre aux branches des arbres. Il y en a de gris-
jaunâtres, avec une bande oblique sur l'épaule, sensible
seulement par le reflet, de fauves à bande noire, de fauves
à bande, croupe et ventre noirs, enfin, d'entièrement noirâtres. On ne sait pas encore si ces différences tiennent aux
espèces.

Le *Fourmilier à deux doigts*. (*Myrm. didactyla*. Lin.)
Buff. X, xxx.

Grand comme un rat, à poil laineux, fauve, une ligne
rousse le long du dos, queue prenante et nue au bout, deux
ongles seulement devant, dont un très-grand, quatre derrière (1).

LES PANGOLINS (2). (MANIS. Lin.) vulgairement
Fourmiliers écailleux.

Manquent de dents, ont la langue très-extensible,
et vivent de fourmis et de termites, comme les four-

---

(1) Le *myrmecophaga tridactyla* , L. Séba, pl. F. n'est qu'un tamandua mal représenté. Le *m. striata* , Shaw. Buff. Suppl. III, pl. LVI, est un
coati défiguré par l'empailleur.

(2) *Pangoeling*, dans la langue de Java, signifie, selon Séba, un animal qui se roule en boule. On le nomme au Bengale *badjarkita* ou reptile
de pierre ; on l'appelle aussi carpe de terre. Des matelots hollandais l'a-
vaient nommé *diable de Formose* , etc.

miliers proprement dits ; mais leur corps , leurs
membres et leur queue sont revêtus de grosses écailles
tranchantes, disposées comme des tuiles , et qu'ils
relèvent en se mettant en boule quand ils veulent se
défendre de quelque ennemi. Tous leurs pieds ont
cinq doigts. Leur estomac est légèrement divisé dans
le milieu : ils manquent de cœcum. On n'en trouve
que dans l'ancien continent.

Le *Pangolin a queue courte.* (*M. pentadactyla.* Lin.
M. brachyura. Erxl.) Buff., X, xxxiv.

Long de trois ou quatre pieds , à queue moindre que le
corps. Des Indes orientales. C'est le *Phattagen* d'Élien ,
lib. XVI , cap. VI.

Le *Pangolin à longue queue. Phatagin* de Buff. (*M. tetradactyla* , Lin. *M. macroura* , Erxl.) Buff., X, xxxiv.

Long de deux à trois pieds , à queue du double plus longue que le corps , les écailles armées de pointes. Du Sénégal , de Guinée , etc. (1).

La troisième tribu des édentés comprend
les animaux que M. Geoffroy désigne sous le
nom de MONOTRÈMES , parce qu'ils n'ont qu'une
ouverture extérieure pour la semence , l'urine
et les autres excrémens. Leurs organes de la
génération présentent des anomalies extraordinaires ; quoiqu'ils n'aient point de poche sous
le ventre, ils portent sur leur pubis les mêmes
os surnuméraires que les carnassiers marsu-

_____

(1) Nous avons constaté la patrie dn pangolin à longue queue par le rapport de M. Adanson et d'autres voyageurs.

piaux ; les canaux déférens se rendent dans l'urètre, qui s'ouvre dans le cloaque à la base de la verge, et celle-ci n'est point percée, n'est pas même creusée d'un sillon pour conduire la semence. Ils n'ont pour toute matrice que deux canaux ou trompes qui s'ouvrent séparément dans l'urètre, lequel donne dans le cloaque. Comme enfin il a été impossible jusqu'à présent de leur découvrir des mamelles, on en est à savoir si ces animaux sont vivipares ou ovipares. Ils ne présentent pas moins de singularités dans leur squelette, surtout à cause d'une sorte de clavicule commune aux deux épaules, placée avant la clavicule ordinaire et analogue à la fourchette des oiseaux. Enfin, outre leurs cinq ongles à tous les pieds, les mâles portent à ceux de derrière un ergot particulier attaché sur l'astragale, et comparable à celui de certains galinacés. Ces animaux n'ont pas de conque externe à l'oreille et leurs yeux sont fort petits.

Les monotrèmes ne se trouvent qu'à la Nouvelle-Hollande, où ils n'ont été découverts que depuis que les Anglais s'y sont établis. On en connaît deux genres.

Les Echidnés. (Echidna. Cuv. Tachyglossus. Illig.) autrement *Fourmiliers épineux.*

Leur museau allongé, terminé par une petite bou-che, contient une langue extensible comme celle des fourmiliers et des pangolins. Aussi vivent-ils de fourmis comme ces deux genres. Ils n'ont point de dents; mais leur palais est garni de plusieurs rangées de petites épi-nes dirigées en arrière. Leurs pieds courts ont chacun cinq ongles très-longs, très-robustes et propres à creuser, et tout le dessus de leur corps est couvert d'épines comme celui du hérisson. Il paraît qu'au moment du danger, ils jouissent également de la faculté de se rouler en boule. Leur queue est très-courte; leur estomac est ample, et presque globu-leux, et leur cœcum médiocre; leur verge se termine par quatre tubercules.

On en connaît deux espèces.

L'*Echidné épineux.* (*Echidna histrix.*) (*Ornithorhynchus histrix.* Home. *Myrmecophaga aculeata.* Shaw.

Tout couvert de grosses épines.

L'*Echidné soyeux.* (*Echidna setosa.*) (*Ornithor. setosus.* Home.)

Couvert de poils, parmi lesquels les épines sont à demi-cachées.

Les Ornithorinques. (Ornithorhynchus. Blumenbach. Platypus. Shaw.)

Leur museau allongé, et en même temps singuliè-rement élargi et aplati, offre la plus grande ressem-blance extérieure avec le bec d'un canard, d'autant plus que ses bords sont garnis de même de petites lames

transverses. Il n'y a de dents que dans le fond de la
bouche , au nombre de deux partout, sans racines ,
à couronnes plates , et composées, comme celles de
l'orictérope , de petits tubes verticaux. Les pieds de
devant ont une membrane qui non-seulement réunit
les doigts, mais dépasse beaucoup les ongles ; dans
ceux de derrière , la membrane se termine à la racine
des ongles , deux caractères qui , avec la queue
aplatie, font des ornithorinques des animaux aquatiques. Leur langue est en quelque sorte double ,
une dans le bec , hérissée de villosités , et une autre
sur la base de la première , plus épaisse , et portant
en avant deux petites pointes charnues. L'estomac
est petit, oblong , et a le pylore pres du cardia. Le
cœcum est petit : on voit dans l'intestin beaucoup
de lames saillantes et parallèles. La verge n'a que
deux tubercules. Les ornithorinques habitent les rivières et les marais de la Nouvelle-Hollande , près
du port Jackson.

On n'en connaît que deux espèces; l'une à poil roussâtre , menu et lisse. (*Ornithohyndus paradoxus.* Blum.)

L'autre à poil brun-noirâtre , aplati et crêpu. Peut-être
ne sont - ce que des variétés d'âge. Voy. de Péron , I ,
pl. xxxiv.

SIXIÈME ORDRE DES MAMMIFÈRES.

LES PACHYDERMES.

Les édentés terminent la série des animaux
onguiculés , et nous venons de voir qu'il en est

quelques-uns dont les ongles sont si grands et enveloppent tellement l'extrémité des doigts, qu'ils se rapprochent jusqu'à un certain point des animaux à sabots. Cependant ils ont encore la faculté de ployer ces doigts autour des divers objets et de saisir avec plus ou moins de force. L'absence entière de cette faculté caractérise les animaux à sabots; se servant de leurs pieds uniquement comme de soutiens, ils n'ont jamais de clavicules; leurs avant-bras restent continuellement dans l'état de pronation, et ils sont réduits à paître les végétaux; leurs formes comme leur genre de vie offrent beaucoup moins de variétés que celles des onguiculés; et l'on ne peut guère y établir que deux ordres, ceux qui ruminent et ceux qui ne ruminent point; mais ces derniers, que nous désignons en commun sous le nom de *pachydermes*, admettent quelque subdivision en familles.

La première sera celle des PACHYDERMES *à trompe et à défenses*, ou PROBOSCIDIENS (1).

Qui ont cinq doigts à tous les pieds, bien complets dans le squelette, mais tellement encroutés dans la peau calleuse qui entoure le

---

(1) Les proboscidiens ont divers rapports avec certains rongeurs; 1° leurs grandes incisives; 2° leurs mâchelières formées souvent de lames parallèles; 3° la forme de plusieurs de leurs os , etc.

pied, qu'ils n'apparaissent au dehors que par
les ongles attachés sur le bord de cette espèce
de sabot. Les canines et les incisives proprement
dites leur manquent, mais dans leurs os inci-
sifs sont implantées deux défenses qui sortent
de la bouche et prennent souvent un accroissement énorme. La grandeur nécessaire aux alvéoles de ces défenses rend la mâchoire supérieure si haute et raccourcit tellement les os du
nez, que les narines se trouvent dans le squelette
vers le haut de la face ; mais elles se prolongent
dans l'animal vivant en une trompe cylindrique,
composée de plusieurs milliers de petits muscles
diversement entrelacés, mobiles en tout sens,
douée d'un sentiment exquis, et terminée par
un appendice en forme de doigt. Cette trompe
donne à l'éléphant presque autant d'adresse que
la perfection de la main peut en donner au
singe. Il s'en sert pour saisir tout ce qu'il veut
porter à sa bouche et pour pomper sa boisson,
qu'il lance ensuite dans son gosier, en y recourbant cet admirable organe, et il supplée ainsi à
un long cou, qui n'aurait pu porter cette grosse
tête et ses lourdes défenses. Au reste, les parois
du crâne contiennent de grands vides qui rendent la tête plus légère ; la mâchoire inférieure
n'a point d'incisives du tout ; les intestins sont

très-volumineux , l'estomac simple , le cœcum énorme , les mamelles , au nombre de deux seulement , placées sous la poitrine. Le petit tette avec la bouche et non avec la trompe. On ne connaît dans la nature vivante qu'un genre de proboscidiens , qui est celui des

ÉLÉPHANS. (ELEPHAS. L.)

Lequel comprend les plus grands des mammifères terrestres. Le service étonnant qu'ils tirent de leur trompe , à la fois instrument agile et vigoureux , organe du tact et de l'odorat , contraste avec leur aspect grossier et leurs lourdes proportions ; et comme il se joint à une physionomie assez imposante , il a contribué à faire exagérer l'intelligence de ces animaux. Après les avoir étudiés long-temps , nous n'avons pas trouvé qu'elle approchât de celle du chien ni de plusieurs autres carnassiers. D'un naturel d'ailleurs assez doux , les éléphans vivent en troupes sous la conduite des vieux mâles. Ils ne se nourrissent que de végétaux.

Leur caractère distinctif consiste en des mâchelières dont le corps se compose d'un certain nombre de lames verticales , formées chacune de substance osseuse , enveloppées d'émail , et liées ensemble par une troisième substance appelée corticale , semblables en un mot à celles que nous avons vues dans les cabiais et dans plusieurs autres rongeurs. Ces mâchelières se succèdent, non pas verticalement, comme nos mâchelières de remplacement succèdent à nos

mâchelières de lait, mais d'arrière en avant, de façon qu'à mesure qu'une dent s'use, elle est en même
temps poussée en avant par celle qui vient apres; en
sorte que l'éléphant a tantôt une, tantôt deux mâchelières de chaque côté, quatre ou huit en tout,
selon les époques. Les premières de ces dents ont
peu de lames, et celles qui leur succèdent en ont
toujours davantage. On dit que certains eléphans changent ainsi jusqu'à huit fois de mâchelières. Ils ne changent qu'une fois de défenses.

Les éléphans d'aujourd'hui, revêtus d'une peau rude, et
presque sans poils, n'habitent que la zone torride de l'ancien
continent, et l'on n'y en a encore reconnu que deux espèces.

L'Éléphant des Indes. (Elephas Indicus. Cuv.) Buff., XI,
1, et Sup. III, LIX.

A tête oblongue, à front concave, à couronne des mâchelières
présentant des rubans transverses ondoyans, qui sont les coupes des lames qui les composent, usées par la trituration Cette
espèce a les oreilles plus petites, et porte quatre ongles aux
pieds de derrière. Elle habite depuis l'Indus jusqu'a la mer
orientale et dans les grandes îles au midi de l'Inde. On en
prend de temps immémorial des individus pour les dresser
et les faire servir de bêtes de trait et de somme; mais on n'a
pu encore les propager en domesticité, quoique ce qu'on
a dit de sa prétendue pudeur et de sa repugnance à s'accou-
pler devant témoins soit dénué de fondement. Les femelles
n'ont que de très-courtes défenses, et beaucoup de mâles
leur ressemblent à cet égard.

L'Eléphant d'Afrique. (Elephas Africanus. Cuv.) Pé-
rault, Mém. pour l'Hist. des An.

A tête ronde, à front convexe, à grandes oreilles, à mâchelières présentant des losanges sur leur couronne. Il pa-

raît n'avoir que trois ongles aux pieds de derrière. C'est l'espèce qui habite depuis le Sénégal jusqu'au Cap. On ne sait si elle remonte aussi sur toute la côte orientale d'Afrique, ou si elle y est remplacée par la précédente. Les femelles ont des défenses aussi grandes que les mâles, et cette arme est en général plus volumineuse que dans l'espèce des Indes. On ne dompte pas aujourd'hui l'éléphant d'Afrique; mais il paraît que les Carthaginois en tiraient les mêmes usages que les Indiens tirent du leur.

On trouve sous terre, dans presque toutes les parties des deux continens, les os d'une espèce d'éléphant voisine de celle des Indes, mais dont les mâchelières avaient des rubans plus étroits et plus droits, où les alvéoles des défenses étaient beaucoup plus longs à proportion, et la mâchoire inférieure plus obtuse. Un individu récemment tiré des glaces, sur les côtes de Sibérie, par M. Adams, paraît avoir été couvert d'un poil épais et de deux natures; en sorte qu'il serait possible que cette espèce cât vécu dans des climats froids. Elle a depuis long-temps disparu du globe. (*Voyez* Cuvier, *Recherches sur les Ossemens, foss.*, tom. II.)

Le deuxième genre des proboscidiens ou

LES MASTODONTES. (MASTODON. CUV.)

A été détruit tout entier, et n'a laissé aucune espèce vivante. Il avait les pieds, les défenses, la trompe et beaucoup d'autres détails de conformation communs avec les éléphans; mais il en différait par les mâchelières, dont la couronne hérissée, au sortir de la gencive, de grosses pointes coniques, offroit à mesure de sa détrition des disques plus ou moins larges, qui représentaient les coupes de ces pointes (1).

_____

(1) Cette conformation commune aux mastodontes, aux hippopotames, aux cochons, etc., a fait croire mal à propos que les premiers étaient carnivores.

Ces dents, qui se succédaient d'arrière en avant, comme celles de l'éléphant, présentaient aussi d'autant plus de paires de pointes qu'elles étaient d'un animal plus âgé.

Le *grand Mastodonte.* (*Mastodon giganteum.* Cuv.)
Loc. cit.

Où les coupes des pointes étaient en losange, est l'espèce la plus célèbre. Il égalait l'éléphant, mais avec des proportions encore plus lourdes. On en trouve des restes, merveilleusement bien conservés et en grande abondance dans presque toutes les parties de l'Amérique septentrionale. Ils sont infiniment plus rares dans l'ancien continent.

Le *Mastodonte à dents étroites.* (*Mastodon angustidens.*
Cuv. Soc. cit.)

Dont les mâchelières, plus étroites que celles du précédent, offrent, par la détrition, des disques en forme de treffles, qui les ont fait confondre par quelques auteurs avec des mâchelières d'hippopotames, était d'un tiers moindre que le grand mastodonte, et bien plus bas sur jambes. On en trouve les dépouilles dans presque toute l'Europe et dans la plus grande partie de l'Amérique méridionale. Dans quelques endroits ses dents, teintes par le fer, deviennent, en les chauffant, d'un assez beau bleu, et donnent ce qu'on appelle des turquoises occidentales (1).

Notre seconde famille sera celle des Pachydermes ordinaires qui ont quatre, ou trois, ou deux doigts à leurs pieds.

Ceux où les doigts sont en nombre pair, ont le pied en quelque sorte fourchu, et se rappro-

_____

(1) On en a encore découvert quelques espèces moins répandues. Voyez Cuvier, loc. cit.

chent, à plusieurs égards, des ruminans par le squelette , et même par la complication de l'estomac. On n'en fait communément que deux genres.

LES HIPPOPOTAMES. (HIPPOPOTAMUS. L.)

Qui ont à tous les pieds quatre doigts presqu'égaux terminés par de petits sabots, six mâchelières partout, dont les trois antérieures coniques, les trois posterieures hérissées de deux paires de pointes qui prennent par la détrition la forme de trèfles, quatre incisives à chaque mâchoire , dont les supérieures courtes, coniques et recourbées, les inférieures longues, cylindriques, pointues et couchées en avant, une canine de chaque côté tant en haut qu'en bas, la supérieure droite, l'inférieure très-grosse, recourbée, toutes deux s'usant l'une contre l'autre.

Ces animaux ont le corps très-massif, dénué de poils, les jambes très-courtes, le ventre traînant presqu'à terre, la tête énorme, terminée par un large museau renflé qui enferme l'appareil de leurs grosses dents antérieures, la queue courte, les yeux et les oreilles petits. Leur estomac est divise en plusieurs poches. Ils vivent dans les rivières de racines et d'autres substances végétales, et montrent beaucoup de férocité et de stupidité.

On n'en connaît qu'une espèce aujourd'hui limitée aux rivieres du midi de l'Afrique. Elle venait autrefois par le Nil jusqu'au midi de l'Égypte ; mais il y a long-temps qu'elle a disparu de cette contrée (1).

---

(1) Les os fossiles de l'hippopotame sont très-communs en Toscane, et

Les Cochons. (Sus. L.)

Qui ont à tous leurs pieds deux doigts mitoyens grands et armés de forts sabots, et deux extérieurs beaucoup plus courts et ne touchant presque pas à terre ; des incisives en nombre variable, mais dont les inferieures sont toujours couchées en avant, des canines sortant de la bouche et se recourbant l'une et l'autre vers le haut, le museau terminé par un boutoir tronqué propre à fouiller la terre, l'estomac peu divise.

Les cochons proprement dits ont vingt-quatre ou vingt-huit mâchelières, dont les postérieures à couronne tuberculeuse, les antérieures plus ou moins comprimées, et six incisives à chaque mâchoire.

Le *Sanglier*. (*Sus scropha.*) Buff., V, xiv et xvii.

Qui est la souche de nos cochons domestiques et de leurs variétés, a les défenses prismatiques recourbées en dehors et un peu vers le haut, le corps trapu, les oreilles droites, le poil hérissé, noir ; ses petits, nommés marcassins, sont rayés de blanc et de noir. Il fait grand tort aux champs voisins des forêts en fouillant pour y chercher les racines.

Le cochon domestique varie en grandeur, en hauteur de jambes, en direction d'oreilles et en couleur, tantôt blanc, tantôt noir, tantôt rouge, tantôt varié. Chacun sait combien il est utile par la facilité avec laquelle on le nourrit, par le goût agréable de sa chair, par la propriété qu'elle a de se conserver long-temps au moyen du sel ; enfin, par sa fécondité, qui surpasse beaucoup celle des autres animaux de sa taille, la truie produisant quelquefois jusqu'à quatorze petits. Elle porte quatre mois, et deux fois

l'on n'a pu encore découvrir s'ils viennent de l'espèce vivante, ou de quelque espèce perdue ; mais on a trouvé en France des os d'une très-petite espèce d'hippopotame aujourd'hui perdue. Voyez Cuvier, loc. cit.

par an. Le cochon grandit jusqu'à cinq ou six ans, peut produire dès l'âge d'un an et en peut vivre vingt. Quoique d'un naturel assez brut, les sangliers et les cochons sont des animaux sociaux, qui savent se défendre contre les loups en se mettant en cercle et présentant le boutoir de toute part. Voraces et criards, ils n'épargnent pas même leurs propres petits. Cette espèce est répandue sur toute la terre, et il n'y a que les Juifs et les Mahométans qui refusent de s'en nourrir.

Le *Sanglier à masque*. (*S. larvatus*. Fr. **Cuv.**) *Sus Africanus*. Schr., CCCXXVII. Sanglier de Madagascar. Daub., MDCCCLXXXV. Samuel Daniels, Afric. Scenery., pl. xxi.

A les défenses du nôtre, mais de chaque côté de son museau, près de la défense, est un gros tubercule presque semblable à une mamelle de femme soutenu par une proéminence osseuse, et qui donne à l'animal une figure très-singulière. Il habite à Madagascar et dans le midi de l'Afrique.

Le *Babiroussa* ou *Cochon-Cerf*. (*S. babirussa*.) Buff., Supp. III, xii.

Plus haut et plus léger de jambes que les autres, a des défenses longues et grêles redressées verticalement et dont les supérieures se recourbent en arrière en spirale. Il habite dans quelques îles de l'archipel des Indes.

On peut séparer des cochons

LES PHACO-CHŒRES. (Fred. Cuv.) (1)

Qui ont les mâchelières composées de cylindres joints ensemble par un cortical à peu près comme le sont les lames transverses de celles de l'éléphant, et se poussant aussi d'avant en arrière. Leur crâne est singulièrement large, leurs défenses arrondies, dirigées de côté et en haut, d'une grandeur effrayante, et, sur chacune de leurs joues, pend

_____

(1) *Phaco choerus* ; cochon portant une verrue.

un gros lobe charnu qui achève de rendre leur figure hideuse. Ils n'ont que deux incisives en haut et six en bas.

Les individus apportés du Cap-Vert (*S. Africanus.* Gm.) ont ces incisives en général bien complètes ; ceux qui viennent du Cap de Bonne-Espérance (*S. Æthiopicus.* Gm.) ne les montrent presque jamais, seulement on en retrouve quelquefois des vestiges sous la gencive ; peut-être cette différence tient-elle à l'âge qui avait usé ces dents dans les derniers, peut-être indique-t-elle une différence d'espèce, d'autant que les têtes du Cap sont aussi un peu plus larges et plus courtes. (Buff., Supp. III, xi.)

On doit encore moins laisser dans le genre des cochons.

Les Pécaris (Dicotyles. Cuv.) (1)

Qui ont bien à peu près les mâchelières et les incisives des cochons proprement dits, mais dont les canines, dirigées comme celles des animaux ordinaires, ne sortent pas de la bouche, et qui manquent de doigt externe à leurs pieds de derrière. Ils n'ont pas de queue, et sur leurs lombes est une ouverture glanduleuse d'où sort une humeur fétide. Les os du métatarse et du métacarpe de leurs deux grands doigts sont soudés en une espèce de canon, comme dans les ruminans, avec lesquels leur estomac, divisé en plusieurs poches, leur donne aussi un rapport très-direct. Une chose singulière, c'est que l'on trouve souvent leur aorte très-renflée, mais sans que le lieu du renflement soit fixe, comme s'ils étaient sujets à une sorte d'anévrisme.

On n'en connaît que deux espèces, l'une et l'autre de l'Amérique méridionale, qui n'ont été distinguées que par M. d'Azzara ; Linné les confond sous le nom de *sus tajassu.*

Le *Pécari à collier* ou *Patira.* (*Dic. torquatus.* Cuv.)

Buff., X, III et IV.

A poil annelé de gris et de brun, à collier blanchâtre allant obliquement de l'angle de la mâchoire inférieure sur l'épaule ; moitié moindre que notre sanglier.

---

(1) *Dicotyle ;* double nombril ; à cause de l'ouverture de son dos.

Le *Tagnicati*, *Taitetou*, *Tajassou*, etc. (*Die. labia-tus.* Cuv.)

Plus grand, brun, à lèvres blanches.

Ici peut être placé un genre aujourd'hui inconnu dans la nature vivante, que nous avons découvert et nommé

ANOPLOTHERIUM. (Cuv.)

Il montre les rapports les plus singuliers entre les diverses tribus des pachydermes, et se rattache, à quelques égards, à l'ordre des ruminans. Six incisives à chaque mâchoire, quatre canines presque semblables aux incisives et ne les dépassant pas, et vingt-huit molaires forment une série continue sans intervalle vide, ce qu'on ne voit que dans l'homme. Les seize molaires postérieures sont semblables à celles des rhinocéros, des damans et des palœothériums, c'est-à-dire, carrées en haut, et en double ou triple croissant en bas. Leurs pieds, terminés par deux grands doigts comme dans les ruminans, ont ceci de différent, que les os du métatarse et du métacarpe restent toujours séparés sans se souder jamais en canon. La composition de leur tarse est la même que dans le chameau.

Les ossemens de ce genre n'ont été trouvés jusqu'à ce jour que dans les carrières à plâtre des environs de Paris. Nous y en avons déjà reconnu cinq espèces; une grande comme un petit âne, avec la forme basse et la longue queue de la loutre (*A. commune.* Cuv.); ses pieds de devant portaient au bord interne un petit doigt accessoire; une de la taille et du port léger de la gazelle (*A. medium.*); une de la taille et à peu près des proportions du lièvre, avec deux

petits doigts accessoires aux côtés des pieds de derrière, etc.
(*Voy.* Cuv. Rech. sur les Oss. foss., tom. III.)

Les pachydermes ordinaires qui n'ont pas le pied fourchu, comprennent d'abord trois genres, très-semblables entre eux pour les mâchelières, en ayant de chaque côté sept supérieures à couronne carrée, avec divers linéamens saillans, et sept inférieures à couronne en double croissant, la dernière de toutes en croissant triple, mais leurs incisives diffèrent.

Les Rhinocéros. (Rhinoceros. L.)

Varient même entre eux à cet égard. Ce sont de grands animaux dont chaque pied est divisé en trois doigts et dont les os du nez, très-épais et réunis en une sorte de voûte, portent une corne solide adhérente à la peau et de substance fibreuse et cornée, comme si elle était composée de poils agglutinés. Leur naturel est stupide et féroce; ils aiment les lieux humides, vivent d'herbes et de branches d'arbres, ont l'estomac simple, les intestins fort longs, le cœcum fort grand.

Le *Rhinocéros des Indes.* (*Rh. Indicus.* Cuv.) Buff., XI, vii.

A, outre ses vingt-huit mâchelières, deux fortes dents incisives a chaque mâchoire, deux autres petites entre les inférieures et deux plus petites encore en dehors des supérieures. Il n'a qu'une corne, et sa peau est remarquable par des plis profonds qu'elle forme en arrière et en travers des épaules, en avant et en travers des cuisses. Il habite aux Indes orientales, surtout au delà du Gange.

Le *Rhinoceros de Sumatra*. (*Rh. Sumatrensis.* Cuv.) Bell. ,
Trans. phil. 1793.

Avec les mêmes quatre grandes incisives que le précédent,
n'a presque point de plis à la peau, et porte une seconde
corne derrière la corne ordinaire.

Le *Rhinocéros d'Afrique.* (*Rh. Africanus.* Cuv.) Buff. ,
Supp. VI, vi.

Porte deux cornes comme le précédent, et n'a point de
plis à la peau ni aucune dent incisive, les molaires occupant
presque toute la longueur de sa mâchoire.

On a trouvé sous terre, en Siberie et en différens endroits d'Allemagne, les os d'un rhinocéros à deux cornes,
dont le crâne, beaucoup plus allongé que ceux des rhinocéros vivans, se distinguait encore par une cloison verticale
osseuse qui soutenait les os du nez. C'est une espèce perdue ; et un cadavre presque entier, que l'on a retiré de la
glace sur les bords du Vilhoui en Sibérie, a montré qu'elle
était couverte d'un poil assez épais. Elle pouvait donc vivre au nord comme l'éléphant fossile.

On a déterré plus nouvellement, en Toscane et en Lom-
bardie, d'autres os de rhinocéros qui paraissent s'être beaucoup plus rapprochés de celui d'Afrique. (Voyez Cuvier,
Recherches sur les Os foss., tom. II, et tom. Ier, art. Corrections et Additions.)

LES DAMANS. (HYRAX. Hermann.)

Ont été placés long-temps parmi les rongeurs, à
cause de leur très-petite taille ; mais, en les examinant
bien, on trouve qu'à la corne près, ce sont en quelque sorte des rhinocéros en miniature, du moins ils
ont exactement les mêmes molaires ; mais leur mâchoire supérieure a deux fortes incisives recourbées,
et dans la jeunesse, deux très-petites canines ; l'in-

ferieure a quatre incisives sans canines. On compte
quatre doigts à leurs pieds de devant et trois à ceux
de derrière, tous avec des espèces de très-petits sabots minces et arrondis, excepté le doigt interne de
derrière, qui est armé d'un ongle crochu et oblique.
Ces animaux ont le museau et les oreilles courtes,
sont couverts de poils, et ne portent qu'un tubercule
au lieu de queue. Leur estomac est divisé en deux
poches ; outre un gros cœcum, et plusieurs dilata-
tions au colon, il y a vers le milieu de celui-ci deux
appendices analogues aux deux cœcums des oiseaux.

On en connaît une espèce, grande comme un lapin, de
couleur grisâtre, assez commune dans les rochers de toute
l'Afrique, où elle devient souvent la proie des oiseaux de
rapine, et qui paraît aussi habiter quelques parties de l'Asie ;
du moins ne trouvons-nous pas de différence certaine entre
l'*hyrax Capensis* et le *Syriacus*. (Buff., Sup. VI, XLII et
XLIII, et VII, LXXIX.) (1).

LES PALÆOTHERIUM. CUV.

Sont encore un genre perdu. Avec les mêmes mâchelières que les deux précédens, six incisives et
deux canines à chaque mâchoire comme les tapirs, et
trois doigts visibles à chaque pied, ils portaient, aussi
comme les tapirs, une courte trompe charnue, pour
les muscles de laquelle les os du nez étaient raccourcis, et laissaient en dessous d'eux une forte échan-

(1) Je doute beaucoup de l'authenticité de l'*hyrax Hudsonius*. Schreb.
CCXL, c. Il n'a été vu que dans un cabinet.

crure. Nous avons découvert les ossemens de ce genre pêle-mêle avec ceux de l'anoplotherium dans les carrières à plâtre des environs de Paris, et il en existe dans plusieurs autres lieux de France.

On en connaît déjà onze ou douze espèces. A Paris seulement, nous en trouvons cinq, dont une de la taille du cheval, deux de celle du tapir, deux de celle d'un petit mouton; près d'Orléans, il s'en trouve des os d'une espèce qui égalait à peu près le rhinocéros. Ces animaux paraissent avoir fréquenté les bords des lacs et des marais; car les pierres qui recèlent leurs os contiennent aussi des coquilles d'eau douce. (Voy. Cuv., Rech. sur les Os foss., tom. III.)

A ces trois genres doit succéder celui des

TAPIRS. (TAPIR. Lin.)

Dont les vingt-sept molaires présentent toutes, avant la trituration, deux collines transverses et rectilignes; en avant sont, à chaque mâchoire, six incisives et deux canines, séparées des molaires par un espace vide. Le nez est en forme de petite trompe charnue; les pieds de devant ont quatre doigts, ceux de derrière trois.

On n'en connaît qu'une espèce,

(*Tapir Americanus.* Lin.) Buff., Sup., VI, 1.

Grande comme un âne, à peau brune, presque nue, à queue médiocre, à cou charnu, formant comme une crête sur la nuque. Elle est commune dans les lieux humides et le long des rivières des contrées chaudes de l'Amérique méridionale. On mange sa chair. Les petits sont tachetés de blanc comme les faons.

La troisième famille des pachydermes, ou animaux à sabots non ruminans, comprendra

LES SOLIPÈDES.

Ou quadrupèdes qui n'ont qu'un doigt apparent et un seul sabot à chaque pied, quoiqu'ils portent sous la peau, de chaque côté de leur métacarpe et de leur métatarse, des stylets qui représentent deux doigts latéraux.

On n'en connaît qu'un seul genre, qui est celui des

CHEVAUX. (EQUUS. Lin.)

Il porte à chaque mâchoire six incisives, qui, dans la jeunesse, ont leur couronne creusée d'une fossette, et partout six molaires à couronne carrée, marquée par les lames d'émail qui s'y enfoncent, de quatre croissans, et dans les supérieures, d'un petit disque au bord interne. Les mâles ont de plus deux petites canines à la mâchoire supérieure, et quelquefois à toutes les deux, qui manquent presque toujours aux femelles. Entre ces canines et la première molaire, est l'espace vide qui répond à l'angle des lèvres, où l'on place le mors, et au moyen duquel seul, l'homme est parvenu à dompter ces vigoureux quadrupèdes. Leur estomac est simple et médiocre; mais leurs intestins sont très-longs et leur cœcum énorme. Les mamelles sont entre les cuisses.

Le *Cheval.* (*Equus caballus.* Lin.) Buff., IV, 1.

Noble compagnon de l'homme à la chasse, à la guerre et dans les travaux de l'agriculture, des arts et du commerce, est le plus important et le mieux soigné des animaux que nous avons soumis. Il paraît qu'il n'existe à l'état sauvage que dans les lieux où on a laissé en liberté des chevaux au-

paravant domestiques, comme en Tartarie et en Amérique;
ils y vivent en troupes, conduites et défendues chacune
par un vieux mâle. Les jeunes mâles, chassés aussitôt qu'ils
sont adultes, suivent ces troupes de loin jusqu'à ce qu'ils
puissent attirer de jeunes jumens. En esclavage, le poulain
tette six à sept mois ; on sépare les sexes à deux ans ; on
commence à les attacher et à les panser à trois ans ; ce
n'est qu'à quatre qu'on les monte, et qu'ils peuvent engen-
drer sans se nuire. La jument porte onze mois.

L'âge du cheval se connaît surtout aux incisives. Celles
de lait commencent à pousser quinze jours après la naissance ; à deux ans et demi, les mitoyennes sont remplacées ; à trois et demi, les deux suivantes ; à quatre et demi,
les deux extrêmes, appelées les coins. Toutes ces dents, à
couronne d'abord creuse, perdent petit à petit cet enfoncement par la détrition. A sept ans et demi ou huit ans,
tous les creux sont effacés, et le cheval ne marque plus.

Les canines inférieures viennent à trois ans et demi, les
supérieures à quatre ; elles restent pointues jusqu'à six, à
dix elles commencent à se déchausser.

La durée de la vie du cheval ne passe guère trente ans.

Tout le monde sait à quel point cet animal varie par la
couleur et par la taille. Ses principales races ont même des
différences sensibles dans les formes de la tête, dans les proportions, et se caractérisent chacune de préférence pour les
divers emplois.

Les plus sveltes, les plus rapides, sont les chevaux arabes,
qui ont aidé à perfectionner la race espagnole, et contribué
avec celle-ci à former la race anglaise : les plus gros et les
plus forts, viennent des côtes de la mer du Nord ; les plus
petits, du nord de la Suède et de la Corse. Les chevaux sauvages ont la tête grosse, le poil crépu, et des proportions
peu agréables.

Le *Dziggetai*. (*Equus hemionus*. Pall.) Schreb.

Est une espèce qui, pour les proportions, tient le milieu

entre le cheval et l'âne (c'est probablement le mulet sauvage des anciens), et qui vit en troupes dans les déserts sablonneux du centre de l'Asie. Il est isabelle , à crinière et à ligne dorsale noires ; sa queue se termine par une houppe noire.

L'*Ane* (*Equus asinus.* Lin.) Buff. , IV , xi.

Se reconnaît à ses longues oreilles, à la houppe du bout de sa queue, à la croix noire qu'il a sur les épaules , et qui est le premier indice des bandes qui distinguent les deux espèces suivantes. Originaire des grands déserts de l'interieur de l'Asie ,il s'y trouve encore , à l'état sauvage , en troupes innombrables, qui se portent du nord au midi selon les saisons. Aussi vient-il mal dans les pays trop septentrionaux. Chacun connaît sa patience, sa sobriété , son tempérament robuste , et les services qu'il rend aux pauvres campagnards.

Sa voix rauque (appelée *braire*), tient à deux petites cavités particulières du fond de son larynx.

Le *Zèbre.* (*Equus zebra.* Lin.) Buff. , XII , 1.

Presque de la forme de l'âne , rayé partout transversalement de blanc et de noir avec une parfaite régularité. Il est originaire de toute la partie méridionale de l'Afrique. Nous avons vu un zèbre femelle produire successivement avec l'âne et avec le cheval.

Le *Couagga.* (*Equus quaccha.* Gm.) Buff. , Sup. , VII , vii.

Ressemble plus au cheval que le zèbre , mais vient du même pays. Son poil, sur le cou et sur les épaules , est brun , rayé en travers de blanchâtre ; sa croupe est gris-roussâtre, sa queue et ses jambes blanchâtres. Son nom exprime sa voix , qui ressemble à l'aboiement d'un chien.

LE SEPTIÈME ORDRE DES MAMMIFÈRES,

ou LES RUMINANS. (PECORA. L.)

Est peut-être le plus naturel et le mieux déterminé de la classe, car ces animaux ont l'air
d'être presque tous construits sur le même modèle, et les chameaux seuls présentent quelques
petites exceptions aux caractères communs.

Le premier de ces caractères est de n'avoir
d'incisives qu'à la mâchoire inférieure, presque
toujours au nombre de huit. Elles sont remplacées en haut par un bourrelet calleux. Entre les
incisives et les molaires est un espace vide, où
se trouvent, seulement dans quelques genres,
une ou deux canines. Les molaires, presque
toujours au nombre de six partout, ont leur
couronne marquée de deux doubles croissans,
dont la convexité est tournée en dedans dans les
supérieures, en dehors dans les inférieures.

Les quatre pieds sont terminés par deux
doigts et par deux sabots, qui se regardent par
une face aplatie, en sorte qu'ils ont l'air d'un
sabot unique, qui aurait été fendu ; d'où vient,
à ces animaux, le nom de pieds fourchus, de
bifurques, etc.

Derrière le sabot sont quelquefois deux petits ergots, seuls vestiges de doigts latéraux.
Les deux os du métacarpe et du métatarse sont
réunis en un seul, qui porte le nom de *canon*.

Le nom de ruminans indique la propriété
singulière de ces animaux, de mâcher une seconde fois les alimens, qu'ils ramènent dans la
bouche après une première déglutition, propriété qui tient à la structure de leurs estomacs.
Ils en ont toujours quatre, dont les trois premiers sont disposés de façon que les alimens
peuvent entrer à volonté dans l'un des trois,
parce que l'œsophage aboutit au point de communication.

Le premier et le plus grand se nomme *la
panse;* il reçoit en abondance les herbes grossièrement concassées par une première mastication ; elles se rendent de là dans le second,
appelé *bonnet*, dont les parois ont des lames
semblables à des rayons d'abeilles. Cet estomac,
fort petit et globuleux, saisit l'herbe, l'imbibe
et la comprime en petites pelotes, qui remontent ensuite successivement à la bouche pour y
être remâchées. L'animal se tient en repos pour
cette opération, qui dure jusqu'à ce que toute
l'herbe, avalée d'abord dans la panse, l'ait
subie. Les alimens, ainsi remâchés, descendent

directement dans le troisième estomac nommé *feuillet*, parce que ses parois ont des lames longitudinales semblables aux feuillets d'un livre, et de là dans le quatrième ou *caillette*, dont les parois n'ont que des rides, et qui est le vérirable organe de la digestion, analogue à l'estomac simple des animaux ordinaires. Pendant que les ruminans tettent et ne vivent que de lait, la caillette est le plus grand de leurs estomacs. La panse se ne développe et ne prend son énorme volume qu'à mesure qu'elle reçoit de l'herbe. Le canal intestinal des ruminans est fort long ; mais peu boursouflé dans les gros intestins. Leur cœcum est de même, long et assez lisse. La graisse des ruminans durcit plus en réfroidissant que celle des autres quadrupèdes, et devient même cassante. On lui donne le nom de *suif*. Leurs mamelles sont placées entre leurs cuisses.

Les ruminans sont, de tous les animaux, ceux dont l'homme tire le plus de parti. Il peut manger de tous, et c'est même d'eux qu'il tire presque toute la chair dont il se nourrit. Plusieurs lui servent de bêtes de somme ; d'autres lui sont utiles pour leur lait, leur suif, leur cuir, leurs cornes et d'autres productions.

Les deux premiers genres n'ont point de cornes.

LES CHAMEAUX. (CAMELUS. L.)

Se rapprochent un peu plus que les autres de l'ordre précédent. Ils ont non-seulement toujours des canines aux deux mâchoires, mais encore deux dents pointues implantées dans l'os incisif ; les incisives inférieures au nombre de six, et les molaires de vingt ou de dix-huit seulement, attributs qu'ils possèdent seuls parmi les ruminans, ainsi que d'avoir le scaphoïde et le cuboïde du tarse séparés. Au lieu de ce grand sabot aplati au côté interne qui enveloppe toute la partie inférieure de chaque doigt et détermine la figure du pied fourchu ordinaire, ils n'en ont qu'un petit, adhérent seulement à la dernière phalange et de forme symétrique comme les sabots des pachydermes. Leur lèvre renflée et fendue, leur long cou, leurs orbites saillans, la faiblesse de leur croupe, la proportion désagréable de leurs jambes et de leurs pieds, en font des êtres en quelque sorte difformes ; mais leur extrême sobriété, et la faculté qu'ils ont de se passer plusieurs jours de boire, les rendent de première utilité.

Cette faculté tient probablement à de grands amas de cellules qui garnissent les côtés de leur panse, et dans lesquelles il se retient ou se produit continuellement de l'eau. Les autres ruminans n'en ont point de semblables.

Les chameaux urinent en arrière, mais leur verge change de direction pour l'accouplement, qui se fait avec beaucoup de peine, et pendant lequel la femelle reste couchée. Au temps du rut, il suinte de leur tête un humeur fétide.

LES CHAMEAUX PROPREMENT DITS.

Ont les deux doigts réunis en dessous, jusque près de la pointe, par une semelle commune et le dos chargé de loupes de graisse. Ce sont de grands animaux de l'ancien monde dont on connaît deux espèces, toutes les deux complètement réduites à l'état domestique (1).

Le *Chameau à deux bosses.* (*Camelus bactrianus.* L.)
Buff., XI, xxii.

Originaire du centre de l'Asie, et qui descend beaucoup moins vers le midi que

Le *Chameau à une seule bosse.* (*Camelus dromedarius.* L.) Buff., XI, ix.

Qui s'est répandu d'Arabie dans tout le nord de l'Afrique et dans une grande partie de la Syrie, de la Perse, etc.

Le premier est le seul qu'on emploie en Turquestan, au Thibet, etc.; on en conduit jusque près du lac Baïcal. Le second est assez connu par sa nécessité pour traverser le desert et comme seul moyen de liaison des pays qui y confinent.

Le chameau à deux bosses va mieux dans les terrains humides; il est plus grand et plus fort que l'autre. Dans le temps de la mue, il se dépouille entièrement de son poil. C'est le chameau à une seule bosse qui porte le plus loin la sobriété. Le *dromadaire* en est proprement une variété plus légère et plus propre à la course.

La chair et le lait des chameaux servent à la nourriture,

---

(1) Pallas rapporte, sur la foi des Buchares et des Tartares, qu'il y a des chameaux sauvages dans les déserts du milieu de l'Asie; mais il faut remarquer que les Calmouques, par principe de religion, donnent la liberté à toutes sortes d'animaux.

et leur poil au vêtement des peuples qui les possèdent. Tous deux deviennent presque inutiles dans les terrains pierreux.

LES LAMAS. (AUCHENIA. Illiger.)

Ont les deux doigts séparés et manquent de loupes. On n'en connaît aussi que deux espèces bien distinctes, l'une et l'autre du Nouveau-Monde, et beaucoup plus petites que les deux précédentes.

Le *Lama* ou, dans l'état sauvage, *Guanaco.* (*Camelus llacma.* L.) Buff., Supp. VI, xxvii.

Grand comme un cerf, à pelage grossier et châtain, qui varie de couleur en domesticité. C'était la seule bête de somme du Pérou quand on en fit la conquête ; il porte cent cinquante livres, mais ne fait que de petites journées.

La *Vigogne* ou *Paco.* (*Camelus Vicunna.* L.) Buff., Supp. VI, xxviii.

Grande comme une brebis, couverte d'une laine fauve, d'une finesse et d'une douceur admirables, qui donne des étoffes précieuses; elle pend en longues soies sous la poitrine.

LES CHEVROTAINS. (MOSCHUS. L.)

Beaucoup moins anomaux que les chameaux, ne diffèrent des ruminans ordinaires que par l'absence des cornes, par une longue canine, de chaque côté de la mâchoire supérieure, qui sort de la bouche dans les mâles, et enfin parce qu'ils ont encore dans leur squelette un péroné grêle qui n'existe pas même dans les chameaux. Ce sont des animaux charmans par leur élégance et leur légèreté.

Le *Musc.* (*Moschus moschiferus.* L.) Buff., Supp. VI, xxix.

Est l'espèce la plus célèbre. Grande comme un chevreuil, presque sans queue ; elle est toute couverte d'un poil si gros et si cassant, qu'on pourrait presque lui donner le nom d'épines ; mais ce qui la fait surtout remarquer, c'est la poche située en avant du prépuce du mâle, et qui se remplit de cette substance odorante si connue en médecine et en parfumerie sous le nom de musc.

Cette espèce paraît propre à cette région âpre et pleine de rochers, d'où descendent la plupart des fleuves de l'Asie, et qui s'étend entre la Sibérie, la Chine et le Thibet. Sa vie est nocturne et solitaire, et sa timidité extrême. C'est au Thibet et au Tunquin qu'elle donne le meilleur musc; dans le nord, cette substance n'a presque pas d'odeur.

Les autres chevrotains n'ont point de bourse à musc. Ils vivent tous dans les pays chauds de l'ancien Continent (1); ce sont les plus petits et les plus élégans de tous les ruminans (2).

Tout le reste des ruminans a, au moins dans le sexe mâle, deux cornes, c'est-à-dire, deux proéminences plus ou moins longues des os frontaux, qui ne se trouvent dans aucune autre famille d'animaux.

Dans les uns ces proéminences sont revêtues d'un étui, de substance élastique, composée comme de poils agglutinés, qui croît par couches, et pendant toute la vie; on donne en particulier le nom de *corne* à la substance de cet étui, et lui-même porte celui de *corne*

---

(1) Le *moschus Americanus*, établi d'après Séba, n'est qu'un jeune ou une femelle d'un des cerfs de la Guiane.

(1) *Moschus pygmœus*, Buff. XII, XLII.
Moschus memina, Schreb. CCXLIII.
Moschus Javanicus, Buff. supp. VI, XXX.

creuse. La proéminence qu'il enveloppe croît comme lui pendant toute la vie et ne tombe jamais. Telles sont les cornes des *bœufs,* des *moutons ,* des *chèvres* et des *antilopes.*

Dans d'autres , les proéminences ne sont enveloppées que d'une peau velue , qui se continue avec celle de la tête , et qui ne se détruit point ; ces proéminences ne tombent pas non plus ; la seule girafe en a de telles.

Enfin , dans le genre des cerfs , les proéminences couvertes pendant un temps d'une peau velue comme celle du reste de la tête , ont à leur base un anneau de tubercules osseux , qui, en grossissant , compriment et oblitèrent les vaisseaux nourrissiers de cette peau. Elle se dessèche et est enlevée ; la proéminence osseuse mise à nu , se sépare au bout de quelque temps du crâne auquel elle tenait ; elle tombe , et l'animal demeure sans armes. Mais il lui en repousse bientôt de nouvelles , d'ordinaire plus grandes que les précédentes, et destinées à subir les mêmes révolutions. Ces cornes , purement osseuses, et sujettes à des changemens périodiques , portent le nom de *bois.*

Les Cerfs. (Cervus.)

Sont donc tous les ruminans dont la tête est armée de bois ; mais, si l'on excepte l'espèce du rhenne, les femelles en sont toujours dépourvues. La substance de ce bois, quand il a acquis tout son développement, est un os très-dense sans pores ni sinus; sa figure varie beaucoup selon les espèces, et même, dans chaque espèce, selon l'âge. Les cerfs sont des animaux très-rapides à la course, vivant généralement dans les forêts, d'herbes, de feuilles, de bourgeons d'arbres, etc.

On distingue d'abord les espèces à bois aplati en tout ou en partie; savoir :

L'*Élan*, (*C. alces.* L.) *Elk* ou *Elend* dans le nord de l'Europe, *Moose-Deer* des Anglo-Américains, *Orignal* des Canadiens. Buff., Supp. VII, lxxx.

Grand comme un cheval et quelquefois davantage, à jambes élevées, à museau cartilagineux et renflé; une espèce de goître ou de pendeloque diversement configurée sous la gorge; le poil toujours très-roide, et d'un cendré plus ou moins foncé. Le bois du mâle, d'abord en dague, ensuite divisé en lanières, prend, à l'âge de cinq ans, la forme d'une lame triangulaire, dentelée au bord externe et portée sur un pédicule. Il croît avec l'âge jusqu'à peser cinquante ou soixante livres, et à avoir quatorze andouillers ou dentelures à chaque corne. L'élan habite en petites troupes les forêts marécageuses du nord des deux continens; sa peau est précieuse pour les ouvrages de chamoiserie.

Le *Rhenne.* (*C. Tarandus.*) Buff., Supp. III, xviii, *bis.*

Grand comme un cerf, mais à jambes plus courtes et plus grosses; les deux sexes ont des bois divisés en plusieurs branches, d'abord grêles et pointues, et qui finissent avec l'âge par se terminer en palmes élargies et dentelées; son poil, brun en été, devient presque blanc en hiver. Le rhenne n'habite que les contrées glaciales des deux Continens. C'est l'animal si célèbre par le service qu'en tirent les

Lapons, qui en ont de nombreux troupeaux, les conduisent l'été dans les montagnes de leur pays, les ramènent l'hiver dans les plaines, en font leurs bêtes de somme et de trait, mangent leur chair, leur lait, se vêtissent de leur peau, etc.

Le *Daim*. (*C. Dama.* L.) Buff., VI, xxvii et xxviii.

Moindre que notre cerf, en hiver d'un brun-noirâtre, en été fauve tacheté de blanc, les fesses en tout temps blanches, bordées de chaque côté d'une raie noire, la queue plus longue qu'au cerf, noire en dessus, blanche en dessous. Le bois du mâle est rond à sa base avec un andouiller pointu, aplati et dentelé en dehors dans le reste de la longueur; passé un certain âge, il rapetisse et se divise irrégulièrement en plusieurs lanières. Cette espèce, qui est le *platiceros* et non le *dama* des anciens, est commune dans tous les pays d'Europe; il s'en trouve quelquefois une variété noire sans taches.

Les espèces à bois ronds sont plus nombreuses; celles des pays tempérés changent aussi plus ou moins de couleur en hiver.

Le *Cerf commun*. (*Cervus elaphus.*) Buff., VI, ix, x, xii.

A pelage en été fauve-brun, avec une ligne noirâtre, et de chaque côté une rangée de petites taches fauve-pâle le long de l'épine; en hiver, d'un gris-brun uniforme; la croupe et la queue en tout temps fauve-pâle. Il est naturel des forêts de toute l'Europe et de l'Asie tempérée. Le bois du mâle est rond et vient la seconde année; d'abord en forme de dagues, il prend ensuite plus de branches ou d'andouillers à mesure qu'il avance en âge, et se couronne d'une espèce d'empaumure de plusieurs petites pointes. Le très-vieux cerf noircit, et les poils de son col s'allongent et se hérissent, et c'est alors ce qu'Aristote nomme *hippélaphe*. Le bois tombe au printemps, en commençant par les vieux; il revient pendant l'été, et les cerfs vivent séparés tout ce temps-là. Alors commence le rut, qui dure trois semaines, et pendant lequel les mâles sont comme furieux; mâles et femelles se réunissent en grandes troupes pour passer l'hiver. La biche porte huit mois et met bas en mai ; le faon est fauve tacheté de blanc.

La chasse du cerf, qui passe, comme on sait, pour le plus noble des exercices, est devenue l'objet d'un art qui a sa théorie, et une terminologie étendue où les choses les plus connues s'expriment par des termes bizarres, ou détournés de leur acception ordinaire.

Le *Cerf du Canada*, (*C. Canadensis*. Gm. *C. Strongyloceros*. Schreb., CXLVI, A, CXLVII, F, G.) *Elk* ou *Élan* des Anglo-Américains.

Plus grand que le nôtre, de la même couleur, à bois également ronds, mais plus développés et qui ne prennent jamais d'empaumures, pourrait bien n'être qu'une variété de cerf commun. Il habite toutes les parties tempérées de l'Amérique septentrionale.

Le *Cerf de la Louisiane* ou *de Virginie*, (*C. Virginia-nus*. Gm.) *Daim* des Anglo-Américains, *Mazame* du Mexique (1).

Moindre que le nôtre, plus svelte, à museau plus pointu, d'un fauve-clair en été, d'un gris-roussâtre en hiver, dessous de la gorge et de la queue blanc en tout temps, le tiers inférieur de la queue noir et le bout blanc. Le bois du mâle, rond, lisse et blanchâtre, s'écarte en dehors pour revenir en arc de cercle en dedans et en avant ; il n'a jamais que trois andouillers.

Les espèces des pays chauds ne changent pas de couleur.

Le *Cerf de l'Inde* ou *Axis* (*Cervus Axis*. Lin.) Buff., XI, XXXVIII, XXXIX.

En tout temps fauve, tacheté de blanc pur ; le dessous de la gorge et celui de la queue blancs ; queue fauve, bordée de blanc en dessus ; des bois ronds, devenant très-grands

---

(1) Le cariacou, Daub. XII, XLIV, est sa femelle.

avec l'âge, mais ne portant jamais qu'un andouiller vers la base, et la pointe fourchue. Originaire du Bengale, mais se propageant très-bien dans nos pays.

Les espèces à petits bois portent le nom de CHEVREUILS.

Le *Chevreuil d'Europe*. (*Cerv. capreolus.* Lin.) Buff., VI, XXXII, XXXIII.

Gris-fauve, à fesses blanches, sans larmiers, presque sans queue; les bois du mâle courts, droits, fourchus à l'extrémité, avec un andouiller en avant de la tige. Il y en a des individus d'un roux très-vif et d'autres noirâtres. Cette espèce vit par couples dans les forêts élevées de l'Europe tempérée, perd son bois à la fin de l'automne, le refait pendant l'hiver, entre en rut en novembre, et porte cinq mois et demi. Sa chair est beaucoup plus estimée que celle du cerf. On n'en a pas en Russie.

Le *Chevreuil de Tartarie*. (*Cervus pygargus*. Pall.) Schreb., CCLIII.

Semblable au nôtre, mais à bois plus hérissés à leur base, à poils plus longs; presque de la taille d'un daim; habite les campagnes élevées au delà du Volga.

Le *Chevreuil des Indes*. (*Cerv. muntjac*. Gm.) Buff., Sup. VII, XXVI.

Plus petit que le nôtre, avec une queue, des larmiers, de petites canines comme le cerf, et des bois profondément fourchus, très-courts, mais portés sur de longues proéminences de l'os frontal, entre lesquelles est une peau plissée, élastique et onctueuse. Il vit en petites troupes à Ceylan et à Java. Ses poils, blancs à la base, bruns à la pointe, lui donnent une teinte grisâtre.

L'Amérique produit aussi différentes espèces de chevreuils, mais qui ont été jusqu'à présent assez mal caractérisées. Comme elles sont toutes des parties chaudes de ce pays, elles ne changent pas de couleur, et n'ont pas d'époques fixes pour le renouvellement de leur bois.

Les unes ont le bois arqué, et portant jusqu'à cinq an-douillers selon l'âge, d'autres l'ont toujours en forme de dagues (1).

LA GIRAFE. (CAMELOPARDALIS. L.) Buff., Sup., VII, LXXXI.

A pour caractère, dans les deux sexes, des cornes coniques, toujours recouvertes par une peau velue, et qui ne tombent jamais. C'est d'ailleurs un animal des plus remarquables par la longueur de son cou, la hauteur disproportionnée de ses jambes de de-vant, et par un tubercule osseux qu'il a sur le chan-frein.

On n'en connaît qu'une espèce, (*Camelopardalis girafe*. L.) confinée dans les déserts de l'Afrique, à pelage ras, gris, tout parsemé de taches irrégulières fauves, avec une petite crinière, grise et fauve, qui règne depuis les oreilles jusqu'à la croupe. C'est le plus élevé de tous les animaux, car sa tête atteint à dix-huit pieds de hauteur. Il est d'ailleurs d'un naturel doux, et se nourrit de feuilles d'arbres. Les Romains ont eu des girafes vivantes à leurs jeux.

---

(1) Le *chevreuil d'Amérique*, Buff. VI, pl. XXXVII, a les bois gros, courts, arqués, portant cinq andouillers très-tuberculeux vers leur base. Si c'est, comme il le paraît, le *gouazou poucou* de Dazzara, il serait de la taille de notre cerf, de couleur roussâtre, avec le dessus de la queue et le bout des pieds noirs, et rechercherait les lieux humides. C'est son bois que Pennant représente sous le nom de *cervus Mexicanus*. Le *gouazou pita* de Dazzara que nous avons au Muséum, est plus petit qu'un chevreuil, d'un roux marron vif, avec du blanc au bout de la mâchoire inférieure. Nous avons encore vu deux têtes à dagues simples, d'un fauve-gris, l'une de la taille d'un daim, l'autre de celle d'un chevreuil. Celle-ci porte le nom de *cariacou* à Cayenne.

LES RUMINANS A CORNES CREUSES.

Sont plus nombreux que les autres, et l'on a été obligé de les diviser en genres d'après des caractères assez peu importans, tirés de la forme de leurs cornes, et des proportions de leurs diverses parties.

M. Geoffroy y a joint avec avantage ceux que donne la substance de la proéminence frontale ou du noyau osseux de la corne.

LES ANTILOPES. (ANTILOPE.) (1).

Ont la substance de leur noyau osseux solide et sans pores ni sinus, comme le bois des cerfs. Elles ressemblent d'ailleurs aux cerfs par les larmiers, par la légèreté de leur taille et par la vitesse de leur course. C'est un genre très-nombreux, qu'on a été obligé de subdiviser principalement d'après la forme des cornes.

a. Cornes annelées, à double ou triple courbure, pointes en avant, ou en dedans, ou en haut.

La *Gazelle.* (*Ant. dorcas.* Lin.) Buff., XII, xxiii.

A cornes rondes, grosses, noires; la taille et la forme élégantes du chevreuil; fauve-clair dessus, blanc dessous, une bande brune le long de chaque flanc, un bouquet de poils à chaque genou, une poche profonde à chaque aine.

---

(1) Ce nom n'est pas ancien; il est corrompu d'*antholopos*, que l'on trouve dans Eustathius, auteur du temps de Constantin. La gazelle commune a été bien décrite par Elien sous le nom de *dorcas*, qui est proprement celui du chevreuil. *Gazel* est arabe.

Elle vit dans tout le nord de l'Afrique, en troupes innombrables, qui se mettent en rond quand on les attaque, et présentent les cornes de toute part. C'est la pâture ordinaire du lion et de la panthère. La douceur de son regard fournit des images nombreuses à la poésie galante des Arabes.

La *Corinne*. (*Ant. corinna.* Gm.) Buff. XII, xxvii.

N'en diffère que par des cornes beaucoup plus grêles. Ce n'est peut-être qu'une variété.

Le *Kevel*. (*Ant. kevella.* Gm.) Buff., XII, xxvi.

Est encore à peu près semblable ; mais ses cornes sont comprimées à leur base, et ont des anneaux plus nombreux. On ne prétend le distinguer lui-même de l'*ahu* de Kœmpfer, ou *tseyrain* des Persans et des Turcs (*Ant. sub-gutturosa*, Gm.), que parce qu'on a remarqué à celle-ci une légère saillie sous la gorge.

Le *Dseren* des Mongoles, *Hoang-yang.*, ou *Chèvre jaune* des Chinois. (*Ant. gutturosa.* Pall.) Schreb., cclxxv.

Présente encore à peu près les mêmes distributions de couleurs et les mêmes cornes que la gazelle proprement dite ; mais sa taille approche de celle du daim, et le mâle a une forte protubérance produite par son larynx, et une poche assez grande sous le ventre. La femelle n'a pas de cornes. Cette espèce vit en troupes dans les plaines arides du milieu de l'Asie, et ne peut souffrir l'eau ni les forêts.

Le *Springbock* ou *Gazelle à bourse*. (*Ant. euchore.* Forster.) Buff., Sup., VI, pl. xxi.

Remplit de ses troupes le midi de l'Afrique. Plus grande que la gazelle, mais de même forme et de même couleur, elle se distingue par un repli de la peau de la croupe, garni de poils blancs, qui s'ouvre et s'élargit à chaque saut qu'elle fait.

Le *Saïga.* (*Ant. Saïga.* Pall.) *Colus* de Strabon. Schreb. ,
CCLXXVI.

Qui habite la Hongrie et le midi de la Pologne et de la
Russie, a encore les cornes comme la gazelle , mais jaunâtres et transparentes. Il est grand comme un daim. Son pelage , fauve en été , devient d'un gris-blanchâtre en hiver ;
son museau cartilagineux , gros , bombé , à narines très-
ouvertes , le force de paître en rétrogradant. Il se réunit
quelquefois en troupes de plus de dix mille.

L'*Antilope des Indes.* (*Ant. cervicapra.* Pall.) Buff., Sup.,
VI, XVIII et XIX.

Encore très-semblable à la gazelle ; mais ses cornes sont
courbées trois fois. On en fait aux Indes des armes offensives , en les unissant deux à deux , les pointes opposées. La
femelle n'en porte pas (1).

b. Cornes annelées , à double courbure , mais en sens contraire des précédentes , et la pointe en arrière.

Le *Bubale* des anciens (*Ant. bubalis.* Lin.), vulg.
Vache de Barbarie. Buff. , Sup. VI, XIV.

A proportions plus lourdes que les autres espèces , à tête
longue et grosse , de la taille du cerf, à pelage fauve , excepté le bout de la queue , qui est terminé par un flocon
noir. Commune en Barbarie.

Le *Caama* , (*Ant. caama.* Cuv.), vulg. *Cerf du Cap*
chez les Hollandais. Buff. , Sup., VI, pl. xv.

Semblable à la précédente , mais à courbures des cornes
plus anguleuses ; le tour de leur base , une bande sur le bas

---

(1) A cette subdivision appartiennent encore l'*ant. pourpre* (*ant. py-*
garga) Schr. CCLXXIII, et *le coba* (*ant. Senegalensis*) dont on ne connaît que les cornes. Buff. XII, pl. XXXII, 2 , à moins qu'il ne soit le
même que le *Pallah* de Samuël Daniels , Afric. Scener. pl. IX , cas où il
ressemblerait beaucoup à la gazelle , mais serait plus grand.

du chanfrein, une ligne sur le cou, une bande longitudinale sur chaque jambe et le bout de la queue noires. Commune au Cap.

c. Cornes annelées, droites ou peu courbées.

L'*Oryx* (*Ant. Oryx*. Pall.), mal à propos nommé *Pasan* par Buffon, Sup., VI, pl. xvii. *Chamois du Cap* des Hollandais.

Grand comme un cerf; à cornes grêles', longues de deux ou trois pieds, droites, pointues, rondes, annelées oblique-quement au tiers inférieur, plus petites dans la femelle; à poil cendré; à tête blanche bariolée de noir; une bande noire sur l'épine et une à chaque flanc; une tache marron foncé sur l'épaule et une sur les cuisses; la queue longue et noirâtre, et le poil de l'épine dirigé vers la nuque. Cet ani-mal singulier est l'oryx d'Elien, et c'est sur quelque indi-vidu qui aura perdu une corne, que l'on se sera fait l'idée de la licorne, si fameuse par les discussions qu'elle a oc-casionnées. On le trouve au nord du Cap et dans l'intérieur de l'Afrique. Ses sabots, plus longs qu'aux autres es-pèces, lui donnent la facilité de grimper sur les rochers, et il fréquente en effet de préférence les contrées monta-gneuses (1).

d. Cornes annelées, à courbure simple, la pointe en arrière.

L'*Antilope bleue* (*Ant. leucophœa*. Gm.), vulg. *Chèvre bleue*, nommée mal à propos *Tseiran*, Buff., Supplem. VI, pl. xx.

Un peu plus grande que le cerf, d'un cendré-bleuâtre,

---

(1) L'*ant. leucoryx*, Schr. CCLVI. B, et l'*ant. gazella* ne paraissent que des var. de l'*oryx*, mais le *klip-springer* (*ant. oreotragus*) Buffon, Supp. VI, pl. xxii; la *grimme* (*ant. grimmia*) id. ib. III, pl. xiv, et le *guevey* (*ant. pygmea*) ont des cornes courtes, si peu courbées, qu'on pourrait les rapporter à cette section. Le *duiker* ou *chèvre plongeante du Cap*, qu'Allamand avait confondu avec la *grimme*, et l'*ourebi* (*ant. sco-paria*, Schr. CCLVI) paraissent en être très-voisins.

les cornes grandes dans les deux sexes, uniformément courbées, et à plus de vingt anneaux.

L'*Antilope chevaline*. (*Ant. Equina*. Geoff.)

Grande comme un cheval, gris-roussâtre, tête brune,
une tache blanche devant chaque œil, une crinière sur le
cou, etc.

e. Cornes annelées, à courbure simple, la pointe en avant.

Le *Nanguer* (*Ant. dama*. Lin.), probablement le *Dama* de
Pline. Buff., XII, pl. xxxiv.

Grand comme un chevreuil, fauve, le cou, le dessous du
corps et le derrière blancs. Du Sénégal (1).

f. Cornes à arête spirale.

Le *Canna*. (*Ant. oreas*. Pall.) *Élan du Cap* des Hollandais,
nommé mal à propos *Coudous* par Buff., Supp. VI,
pl. xii.

Grand comme les plus forts chevaux, de grosses cornes
coniques droites entourées d'une arête spirale, pelage
grisâtre, une petite crinière le long de l'épine, une espèce
de fanon sous le cou, la queue terminée par un flocon. Il
vit en troupes dans les montagnes au nord du Cap (2).

Le *Coudous*, (*Ant. strepsiceros*. Pall.) nommé mal à propos
Condoma par Buff., Supp. VI, pl. xiii.

Grand comme un cerf, gris-brun rayé en travers de
blanc, de grandes cornes au mâle seulement, lisses, à

---

(1) A cette subdivision appartiennent encore le *nagor* (*ant. redunca*.),
Buff. XII, pl. xlvi; le *rict-reebock* ou *ant. de roseaux* (*ant. eleotragus*,
Schr. CCLXVI, *ant. arundinacea*. Shaw.) Buff. Supp. VI, pl. xxiii et
xxiv. Cette espèce est probablement la même que le *kob* (*ant. kob*) dont on
n'a que les cornes. Buff. XII, pl. xxxii, f. 1. Le *griesbock*, le *steenbock*
et le *beekbock* de Forster (Buff. supp. VI, p. 186) doivent y appartenir également.

(2) Près du *canna* doivent être placés le *guib*. (*ant. scripta*). Buff. XII
pl. xl; le *bosch-bock* (*ant. sylvatica*), Buff. Supp. VI, xxv.

triple courbure, avec une seule arête longitudinale légèrement spirale; une petite barbe sous le menton; une crinière
le long de l'épine; vit isolé au nord du Cap.

Cornes lisses.

Le *Nylgau*. (*Ant. picta* et *trago-camelus.*) Buff.,
Supp. VI, pl. x et xi.

Grand comme un cerf et plus; les cornes courtes recourbées en avant; une barbe sous le milieu du cou; le pelage
grisâtre; des anneaux noirs et blancs aux pieds. La femelle
n'a point de cornes. Cette espèce est des Indes.

Le *Chamois*. (*Ant. rupicapra.* L.) Buff., XII, pl. xvi,
Ysard dans les Pyrénées.

Le seul ruminant de l'occident de l'Europe que l'on
puisse comparer aux antilopes, a cependant des caractères
particuliers; ses cornes droites ont leurs pointes subitement
courbées en arrière comme un hameçon; derrière chaque
oreille, sous la peau, est un sac qui ne s'ouvre en dehors
que par un petit trou. La taille du chamois est celle d'une
grande chèvre; il a le pelage brun-foncé avec une bande
noire descendant de l'œil vers le museau.

Il court avec la plus grande agilité parmi les rochers
escarpés, et se tient en petites troupes dans la région
moyenne des très-hautes montagnes.

Le *Gnou* ou *Niou*. (*Ant. gnu.* Gm.) Buff., Supp. VI,
pl. viii et ix.

Diffère encore plus que le chamois des antilopes ordinaires
et semble même, au premier coup d'œil, un monstre
composé de parties de différens animaux. Il a le corps et la
croupe d'un petit cheval; couvert de poils bruns; la queue
garnie de longs poils blancs comme celle du cheval, et sur
le cou une belle crinière redressée, blanche à sa base, noire
au bout des poils. Ses cornes, rapprochées et élargies à leur
base comme celles du buffle du Cap, descendent en dehors

et remontent par leur pointe; son mufle est large, applati
et entouré d'un cercle de poils saillans; sous sa gorge et sous
son fanon court une seconde criniere noire; ses pieds ont
toute la légèreté de ceux du cerf. Les deux sexes ont des
cornes.

Cet animal vit dans les montagnes au nord du Cap, où il
paraît assez rare, et cependant les anciens en ont eu quelque
connaissance (1).

Les trois genres restans ont le noyau osseux
de leurs cornes occupé en grande partie par
des cellules qui communiquent avec les sinus
frontaux. La direction de leurs cornes a donné
les motifs de leurs divisions.

Les Chèvres. (Capra. L.)

Ont les cornes dirigées en haut et en arrière; leur
menton est généralement garni d'une longue barbe
et leur chanfrein concave.

L'*Ægagre* ou *Chèvre sauvage.* (*Capra ægagrus.*
Gm.) Cuv., Ménag. du Mus., in-8°, II, 177.

Qui paraît la souche de toutes les variétés de nos chèvres
domestiques, se distingue par ses cornes tranchantes en
avant, très-grandes dans le mâle, courtes et quelquefois
nulles dans la femelle; ce qui arrive aussi dans les deux
espèces de bouquetins. Elle habite en troupes sur les montagnes de Perse, où elle est connue sous le nom de *paseng*,
et peut-être sur celles de plusieurs autres pays, même dans
les Alpes. Le bézoard oriental est une concrétion que l'on
trouve dans ses intestins.

---

(1) C'est probablement lui qui a donné lieu à leur *catoblepas*. Voyez
Pline, lib. VIII, c. xxxii, et Ælien, lib. VII, c. V.

Les boucs et les chèvres domestiques (*capra hircus*) varient à l'infini pour la taille, pour la couleur, la longueur et la finesse du poil ; pour la grandeur, et même le nombre des cornes. Les chèvres d'Angora, en Cappadoce, ont le poil le plus doux et le plus soyeux. Les chèvres de Guinée, dites mambrines, et de Juida sont très-petites et ont les cornes couchées en arrière. Tous ces animaux sont robustes, capricieux, vagabonds, tiennent de leur origine monta-gnarde, aiment les lieux secs et sauvages, et se nourrissent d'herbes grossières ou de pousses d'arbustes. Ils sont très-nuisibles aux forêts. On ne mange guère que le chevreau; mais le lait de chèvre est utile dans plusieurs maladies. La chèvre peut porter à sept mois ; sa gestation en dure cinq, elle fait d'ordinaire deux petits. Le bouc engendre à un an ; un seul suffit à plus de cent chèvres ; il est vieux à cinq ou six ans.

Le *Bouquetin*. (*Capra ibex*. L.) Buff., XII, pl. xiii.

A de grandes cornes carrées en avant et marquées de nœuds saillans et transverses. Il habite les sommets les plus élevés des hautes chaînes de montagnes dans tout l'ancien continent.

Le *Bouquetin du Caucase*. (*Capra Caucasica*.) Guldenst. Act. petrop., 1779, II, pl. xvi, xvii.

Se distingue par de grandes cornes triangulaires, obtuses mais non carrées en avant, noueuses comme celles du précédent. Les deux espèces se mêlent avec la chèvre domestique (1).

LES MOUTONS. (OVIS. L.)

Ont les cornes, dirigées en arrière et revenant plus ou moins en avant, en spirale ; leur chanfrein est

---

(1) Ajoutez : le *bouquetin à crinière d'Afrique*. Taraitze, Sam., Daniels, Afric. Scenerys, pl. xxiv.

généralement convexe, et ils manquent de barbe. Ils méritaient si peu d'être séparés génériquement des chèvres, qu'ils produisent avec elles des métis féconds.

Il y a, comme dans le genre du bouc, plusieurs races ou espèces sauvages assez voisines.

L'*Argali de Sibérie*. (*Ov. ammon.* L.) Pall., Spic., XI, 1.

Dont le mâle a de très-grosses cornes à base triangulaire arrondies aux angles, aplaties en avant, striées en travers, et la femelle des cornes comprimées et en forme de faux; son poil d'été est ras, gris-fauve; celui d'hiver épais, dur, gris-roussâtre, avec du blanc ou du blanchâtre au museau, à la gorge et sous le ventre. Il y a en tout temps, comme au cerf, une espace jaunâtre autour de la queue qui est fort courte. Cet animal habite les montagnes de toute l'Asie, et devient grand comme un daim.

Le *Mouflon* ou *Mufione de Sardaigne*, *Muffoli de Corse*. Buff., XI, pl. XXIX.

Ne paraît en différer que parce qu'il ne devient pas aussi grand, et que sa femelle n'a des cornes que rarement et fort petites. On dit qu'il se trouve aussi en Crète. Il y en a des variétés noires en tout ou en partie, et d'autres plus ou moins blanches.

Il est à croire que

Le *Mouflon d'Amérique*. (*Ov. montana.*) Geoff., Ann. Mus., II, pl. LX. Schreb., CCXIV, D.

Est de l'espèce de l'argali qui a pu passer la mer sur la glace. Ses cornes sont très-grosses et forment mieux la spirale que dans l'argali ordinaire.

Le *Mouflon d'Afrique*. (*Ov. tragelaphus*. Cuv.) Pen., n° XII, Shaw., pl. ccii, 2.

A poil roussâtre doux, avec une longue crinière pendante sous le cou et une autre à chaque poignet ; la queue courte; paraît être une espèce distincte. Elle habite les contrées rocailleuses de toute la Barbarie, et M. Geoffroy l'a observée en Égypte.

C'est du mouflon ou de l'argali que l'on croit pouvoir dériver les races innombrables de nos bêtes à laine, animaux qui, après le chien, sont soumis à plus de variétés.

Nous en avons en Europe à laine commune, de taille grande ou petite, à cornes grandes, petites, manquant dans les femelles ou dans les deux sexes, etc. Les variétés les plus intéressantes sont celle d'Espagne, à laine fine et crépue, à grandes cornes spirales dans le mâle, qui commence à se répandre dans toute l'Europe; et celle d'Angleterre, à laine fine et longue.

La variété la plus répandue dans la Russie méridionale a la queue très-longue. Celles des Indes et de Guinée, qui ont aussi la queue longue, se distinguent par leurs jambes élevées, leur chanfrein très-convexe, leurs oreilles pendantes, et parce qu'elles n'ont pas de cornes et ne sont couvertes que d'un poil ras.

Le nord de l'Europe et de l'Asie a presque partout des petits moutons à queue fort courte.

La race de Perse, de Tartarie et de Chine a la queue entièrement transformée en un double globe de graisse; celle de Syrie et de Barbarie l'a, à la vérité, longue, mais aussi chargée d'une grosse masse de graisse. Dans toutes deux, les oreilles sont pendantes, les cornes grosses aux béliers, médiocres aux moutons et aux brebis, et la laine mêlée de poils.

Le mouton est partout précieux par sa chair, par son suif, par son lait, par sa peau, par son poil et par son fumier; ses troupeaux bien employés portent la fertilité partout.

L'agneau se sèvre à deux mois, se châtre à six, change ses dents de lait entre un et trois ans. La brebis peut porter à un an, et produit jusqu'à dix ou douze; sa gestation est de cinq mois; elle met bas deux petits. Le bélier, pubère à dix-huit mois, suffit à trente brebis : on l'engraisse vers huit ans.

Les Boeufs. (Bos. L.)

Ont les cornes dirigées de côté et revenant vers le haut ou en avant, en forme de croissans; ce sont d'ailleurs de grands animaux à mufle large, à taille trapue, à jambes robustes.

Le *Bœuf ordinaire.* (*Bos taurus.* L.) Buff., IV, xiv.

A pour caractère spécifique un front plat, plus long que large, et des cornes rondes placées aux deux extrémités de la ligne saillante qui sépare le front de l'occiput. Dans les crânes fossiles qui paraissent avoir appartenu à cette espèce dans l'état sauvage, ces cornes se recourbent en avant et vers le bas; mais dans les innombrables variétés domestiques, elles ont des directions et des grandeurs fort différentes, quelquefois même elles manquent tout-à-fait. Les races ordinaires de la zone torride ont toutes une loupe de graisse sur les épaules, et il y en a dans le nombre qui ne sont guère plus grandes que le cochon. Tout le monde connaît l'utilité de ces animaux pour le labourage, et celle de leur chair, de leur suif, de leur cuir et de leur lait; leur corne même s'emploie dans les arts.

La vache porte neuf mois et peut produire à dix-huit; le taureau à deux ans. On doit couper le bœuf à dix-huit mois ou deux ans et l'engraisser à dix.

L'*Aurochs* des Allemands, *Zubr.* des Polonais. (*Bos urus* de Gm.) *Urus* ou *Bison* des anciens. Gesn., clvii.

Passe d'ordinaire, mais à tort, pour la souche sauvage de

nos bêtes à cornes. Il s'en distingue par son front bombé, plus large que haut, par l'attache de ses cornes au-dessous de la crête occipitale, par la hauteur de ses jambes, par une paire de côtes de plus, par une sorte de laine crépue qui couvre la tête et le cou du mâle, et lui forme une barbe courte sous la gorge, par sa voix grognante. C'est un animal farouche, réfugié aujourd'hui dans les grandes forêts marécageuses de la Lithuanie, des Krapacs et du Caucase, mais qui vivait autrefois dans toute l'Europe tempérée. C'est le plus grand des quadrupèdes après le rhinocéros.

Le *Bison d'Amérique*, *Buffalo* des Anglo-Américains. (*Bos bison*. Lin. *Bos Americanus*. Gm.) Buff., Supplém. III, v.

N'a pas encore été suffisamment comparé avec l'aurochs; ses jambes et sa queue paraissent plus courtes, les poils de sa tête et de sa barbe plus longs, etc. Il habite dans toutes les parties tempérées de l'Amérique septentrionale.

Le *Buffle*. (*Bos bubalus*. Lin.) Buff. XI, xxv.

Originaire de l'Inde, et amené en Egypte, en Grèce, en Italie pendant le moyen âge, mais inconnu des anciens, a le front bombé, plus long que large, les cornes dirigées de côté, et marquées en avant d'une arête longitudinale saillante. C'est un animal difficile à dompter, mais d'une grande vigueur, et qui aime les lieux marécageux et les plantes grossières dont on ne pourrait nourrir le bœuf. Son lait est bon, son cuir très-fort, mais sa chair peu estimée.

Il y en a aux Indes une race dont les cornes ont jusqu'à dix pieds d'envergure : on l'appelle *arni* dans l'Indostan. C'est le *bos arni* de Shaw.

Le *Yack*. (*Bos grunniens*. Pall.) *Buffle à queue de cheval, Vache grognante de Tartarie, etc.* Schreb., ccxcix, A. B.

Est une espèce de petite taille, dont la queue est entièrement garnie de longs poils comme celle du cheval, et qui a aussi une longue crinière sur le dos : sa tête paraît ressembler à celle du buffle ; mais on n'a pas suffisamment décrit ses cornes. Cet animal, dont Ælien a déjà fait mention, est originaire des montagnes du Thibet. C'est avec sa queue qu'on a fait d'abord ces étendards qui sont encore en usage parmi les Turcs pour distinguer les officiers supérieurs.

Le *Buffle du Cap*. (Bos *Caffer*. Sparm.) Schreb., cccı.

A les cornes très-grandes, dirigées de côté en en bas, remontant de la pointe, aplaties, et tellement larges à leur base, qu'elles lui couvrent presque tout le front, ne laissant entre elles qu'un espace triangulaire dont la pointe est en haut. C'est un très-grand animal, d'un naturel excessivement féroce, qui habite les bois de la Cafrerie.

Le *Bœuf musqué d'Amérique*. (*Bos moschatus*. Gm.) Schreb., cccıı. La Tête. Buff., Sup.VI, ııı.

A les cornes rapprochées et dirigées comme le précédent, mais se rencontrant sur le front par une ligne droite (la femelle les a plus petites et écartées) ; il est bas sur jambes, couvert d'un poil touffu qui pend jusqu'à terre. Sa queue est extrêmement courte. Il répand avec plus de force l'odeur musquée commune à tout ce genre : on ne le voit que dans les parties les plus froides de l'Amérique septentrionale ; mais il paraît que son crâne et ses os ont quelquefois été portés par les glaces jusqu'en Sibérie. Les esquimaux se font des bonnets avec sa queue, dont le poil, retombant sur leur visage, les garantit des mousquites.

HUITIÈME ORDRE DES MAMMIFÈRES.

LES CÉTACÉS

Sont les mammifères sans pieds de derrière ; leur tronc se continue avec une queue épaisse

que termine une nageoire cartilagineuse horizontale, et leur tête se joint au tronc par un
cou si court et si gros qu'on n'y aperçoit aucun
rétrécissement, et composé de vertèbres cervicales très-minces et en partie soudées entre elles.
Enfin, leurs extrémités antérieures ont les os
raccourcis, aplatis et enveloppés dans une
membrane tendineuse qui les réduit à de véritables nageoires. C'est presque en tout la forme
extérieure des poissons, excepté que ceux-ci
ont la nageoire de la queue verticale. Aussi les
cétacés se tiennent-ils constamment dans les
eaux ; mais comme ils respirent par des poumons, ils sont obligés de revenir souvent à la
surface pour y prendre de l'air. Leur sang
chaud, leurs oreilles ouvertes à l'extérieur,
quoique par des trous fort petits, leur génération vivipare, les mamelles au moyen desquelles ils allaitent leurs petits, et tous les détails de leur anatomie les distinguent d'ailleurs
suffisamment des poissons.

Leur cerveau est grand et ses hémisphères
bien développés : le rocher, ou cette partie du
crâne qui contient l'oreille interne, est séparée
du reste de la tête, et n'y adhère que par des
ligamens. Ils n'ont jamais d'oreille externe ni
de poils sur le corps.

La forme de leur queue les oblige à la fléchir de haut en bas pour leur mouvement progressif, et les aide beaucoup pour s'élever dans l'eau.

Aux genres que l'on a compté jusqu'à nous parmi les cétacés, nous en ajoutons que l'on confondait autrefois dans le genre des morses. Ils forment notre première famille, ou

Les Cétacés herbivores.

Leurs dents sont à couronne plate, ce qui détermine leur genre de vie, lequel les engage souvent à sortir de l'eau pour venir ramper et paître sur la rive ; ils ont deux mamelles sur la poitrine et des poils aux moustaches, deux circonstances qui de loin, quand ils font sortir verticalement leur partie antérieure hors de l'eau, ont pu leur faire trouver quelque ressemblance avec des femmes ou des hommes, et ont probablement donné lieu aux fables des tritons et des sirènes. Quoique dans le crâne les narines osseuses s'ouvrent vers le haut, elles ne sont percées dans la peau qu'au bout du museau.

Les Lamantins, ou plutôt Manates. (Manatus. Cuv.)

Ont le corps oblong, terminé par une nageoire ovale allongée ; les mâchelières, au nombre de huit partout, à couronne carrée, marquée de deux collines transverses ; point d'incisives ni de canines dans l'âge adulte ; mais dans les très-jeunes, on trouve deux fort petites dents pointues dans les os inter-maxillaires, lesquelles disparaissent promptement. On voit des vestiges d'ongles sur les bords de leurs nageoires, dont ils se servent encore avec assez d'a-dresse pour ramper et pour porter leurs petits ; ce qui a fait comparer ces organes à des mains, et a valu à ces animaux le nom de *manates*, d'où l'on a fait par corruption celui de *lamantins*. Leur estomac est divise en plusieurs poches, leur cœcum se partage en deux branches, et ils ont un colon boursouflé ; tous caractères d'herbivores.

On les nomme aussi, à cause de leur genre de vie, *bœuf*, *vache marine*, et à cause de leurs ma-melles, *femme marine*, etc. (*Trichechus manatus*. Lin.) Buff., XIII, LVII.

On les trouve vers l'embouchure des rivières, dans les parties les plus chaudes de la mer Atlantique, et il paraît que ceux des rivières d'Amérique diffèrent spécifiquement de ceux d'Afrique. Ils parviennent à quinze pieds et plus de longueur. Leur chair se mange.

LES DUGONGS. Lacep. (HALICORE. Illig.) (1)

Ont les mâchelières comme composées chacune de deux cônes réunis par le côté ; les dents implan-tées dans leur os incisif, se conservent et croissent au point de devenir de vraies défenses pointues, mais qui restent en grande partie couvertes par des lèvres charnues et hérissées de moustaches. Le corps

(1) *Halioore*, fille de mer.

est allongé , et la queue terminée par une nageoire
en forme de croissant.

On n'en connaît qu'une espèce, qui habite la mer des
Indes , et que plusieurs voyageurs ont confondue avec le
lamantin.

On l'a aussi nommée *sirène , vache marine , etc.* (Renard , Poiss. des Indes , pl. xxxiv, f. 180.)

LES STELLÈRES. Cuv. (RYTINA. Illig.) (1)

Paraissent n'avoir de chaque côté qu'une seule mâchelière composée , à couronne plate et hérissée de
lames d'émail. Leurs nageoires n'ont pas même ces
petits ongles qu'on observe sur les lamantins. Selon
Steller , qui les a décrits le premier , leur estomac serait aussi beaucoup plus simple (2).

On n'en connaît qu'une espèce , qui se tient dans la partie
septentrionale de la mer Pacifique.

La deuxième famille , ou

LES CÉTACÉS ORDINAIRES.

Se distinguent des précédens par l'appareil
singulier qui leur a valu le nom commun de
souffleurs. C'est qu'engloutissant , avec leur
proie , dans leur gueule très-fendue , de grands
volumes d'eau , il leur fallait une voie pour s'en
débarrasser ; elle passe dans les narines au
moyen d'une disposition particulière du voile

---

(1) *Rytina* , ridé.
(2) Nov. comm. petrop. II, 294 et suiv. On n'en a pas de figure.

du palais, et s'amasse dans un sac placé à l'orifice extérieur de la cavité du nez, d'où elle est
chassée avec violence par la compression de
muscles puissans, au travers d'une ouverture
fort étroite percée au-dessus de la tête. C'est
ainsi qu'ils produisent ces jets d'eau qui les
font remarquer de loin par les navigateurs.
Leurs narines, sans cesse traversées par des
flots d'eau salée, ne pouvaient être tapissées
d'une membrane assez délicate pour percevoir
les odeurs ; aussi n'y ont-ils aucune de ces lames
saillantes des autres animaux ; le nerf olfactif
est extrêmement petit, et s'ils jouissent du sens
de l'odorat, il doit être fort oblitéré. Leur larynx, en forme de pyramide, pénètre dans les
arrière-narines, pour recevoir l'air et le conduire aux poumons sans que l'animal ait besoin
de sortir sa tête et sa gueule hors de l'eau ; il n'y
a point de lames saillantes dans leur glotte, et
leur voix doit se réduire à de simples mugisse-
mens. Ils n'ont plus aucun vestige de poils, mais
tout leur corps est couvert d'une peau lisse sous
laquelle est ce lard épais et abondant en huile,
principal objet pour lequel on les recherche.

Leurs mamelles sont près de l'anus, et ils
ne peuvent rien saisir avec leurs nageoires.

Leur estomac a cinq et quelquefois jusqu'à

sept poches distinctes ; au lieu d'une seule rate ils en ont plusieurs petites et globuleuses ; ceux qui ont des dents les ont toutes coniques et semblables entre elles ; ils ne mâchent point leur nourriture , mais l'avalent rapidement.

Deux petits os suspendus dans les chairs près de l'anus , sont les seuls vestiges d'extrémités postérieures qui leur restent.

Plusieurs ont sur le dos une nageoire verticale de substance tendineuse , mais non soutenue par des os. Leurs yeux aplatis en avant ont une sclérotique épaisse et solide ; leur langue n'a que des tégumens lisses et mous.

On pourrait encore les subdiviser en deux petites tribus : ceux dont la tête est en proportion ordinaire avec le corps , et ceux qui l'ont démesurément grande ; la première comprend les dauphins et les narvals.

LES DAUPHINS. (DELPHINUS. L.)

Ont des dents aux deux mâchoires , toutes simples et presque toujours coniques. Ce sont les plus carnassiers, et, proportion gardee , les plus cruels de l'ordre. Ils n'ont pas de cœcum.

LES DAUPHINS *proprement dits.* (DELPHINUS. CUV.)

Ont la gueule formant en avant de la tête une espèce de bec plus mince que le reste.

Le *Dauphin ordinaire.* (*Delphinus delphis.* **L.**) Lacep. ,
Cet. , pl. xiii , f. 1.

A bec déprimé, et armé de chaque côté de la mâchoire
de quarante-deux à quarante-sept dents grêles, arquées et
pointues ; noir dessus, blanc dessous ; long de huit à dix
pieds Cet animal, répandu en grandes troupes dans toutes
les mers, et célèbre par la vélocité de son mouvement, qui
le fait s'élancer quelquefois sur le tillac des navires , paraît
réellement avoir été le dauphin des anciens. Toute l'organisation de son cerveau annonce qu'il ne doit pas être dépourvu de la docilité qu'ils lui attribuaient (1).

Le *Dauphin à bec mince.* (*Delph. rostratus.* Shaw.)

A tête plus bombée et à bec plus comprimé, plus
grêle, avec seulement vingt-une, vingt-deux ou vingt-trois
dents coniques de chaque côté et à chaque mâchoire ; ses
teintes sont plus pâles, ce qui lui a valu le nom de *dauphin
blanc.* On le dit des mers d'Amérique (2).

Le *grand Dauphin* (*Delphinus tursio.* Bonnaterre.),
vulg. *le Souffleur.* Lacep. , xv , f. 2.

A bec court, large, déprimé ; de vingt - une à vingt-trois
dents partout, coniques, et souvent émoussées. Il y en a des
individus de plus de quinze pieds de longueur , et il paraît
qu'il s'en trouve dans la Méditerranée comme dans l'O-
céan (3).

Nous doutons qu'il soit le même que le *nesarnak* ou *delph.
tursio* de Fabricius.

---

(1) J'ai plusieurs têtes de dauphin qui ont constamment trente-sept dents
partout, et qui appartiennent probablement à une espèce particulière.

(2) On n'a encore gravé que sa tête et grossièrement. Duhamel , Pêches
part. II, sect. X , pl. x , f. 4.

(3) La *baleine* ou *capidolio* , de Belon , et l'*orca* , du même auteur , qui
pourrait bien être celui des anciens , appartiennent aussi à la division des
dauphins à bec , et surpassent les espèces ci-dessus par la taille ; mais leurs
caractères ne sont pas suffisamment déterminés. Le *dauphin fercs* de Bonnaterre se rapporte probablement à l'un des deux.

Les Marsouins. (Phocæna. Cuv.)

N'ont point de bec , mais le museau court et uniformément bombé.

Le *Marsouin commun* , *Porpess* des Anglais. (*Delph. pho-cœna.* L.) (1). Lacep., xiii, f. 2.

A dents comprimées, tranchantes, de figure arrondie, au nombre de vingt-deux à vingt-cinq de chaque côté à chaque mâchoire ; noirâtre dessus, blanc dessous. C'est le plus petit des cétacés, et il n'atteint que quatre à cinq pieds de longueur. Il est fort commun dans toutes nos mers, où il se tient en grandes troupes.

L'*Epaulard* des Saintongeois , *Buts kopf* et *Schwerdt fisch* des Hollandais et des Allemands , *Grampus* des Anglais (2). (*Delph. orca* et *Delph. gladiator.*) Lacep. , xv, i , et moins bien , v, 3.

A dents grosses , coniques, un peu crochues, au nombre de onze partout, les postérieures aplaties transversalement ; le corps noir dessus , blanc dessous ; une tache blanchâtre sur l'œil , en forme de croissant ; la nageoire dorsale élevée et pointue.

C'est le plus grand des dauphins , qui a souvent de vingt à vingt-cinq pieds , et l'ennemi le plus cruel de la baleine. Ils l'attaquent en troupe , la harcèlent jusqu'à ce qu'elle ouvre la gueule , et alors lui dévorent la langue (3).

(1) *Marsouin* est corrompu de l'allemand *meerschwein* , cochon de mer. *Porpess* , du latin *porcus piscis*.

(2) *Grampus* est corrompu du français *grand poisson*. *Butts kopf* , ou plutôt *boots kopf* , signifie que sa tête est faite comme une chaloupe. *Schwerdt-fisch* , *poisson à sabre* , à cause de sa nageoire dorsale.

(3) L'épaulard ventru de Bonnaterre, Lacep. XV, 3 , n'est fondé que sur une figure de Hunter , faite probablement d'après un animal enflé , parce qu'il commençait à se gâter, et que Hunter lui-même regardait comme l'épaulard. Ajoutez le *d. globiceps* , Cuv. Ann. Mus.

LES DELPHINAPTÈRES. (Lacep.)

Diffèrent des marsouins seulement en ce qu'ils n'ont pas de nageoire dorsale.

Le *Beluga* ou *Epaulard blanc* , *Huit fisch* des Danois. (*Delph. Leucas* , Gm. *Delph. albicans* , Fabr.)

A neuf dents partout, grosses et émoussées au bout, à peau d'un blanc-jaunâtre ; grand comme l'épaulard. De toute la mer Glaciale, d'où il remonte assez avant dans les rivières (1).

LES HYPEROODONS. (Lacep.) (2)

Ont le corps et le museau à peu près conformés comme les dauphins proprement dits; mais ils n'ont que deux petites dents en avant de la mâchoire inférieure, qui ne paraissent pas toujours au dehors; leur palais est hérissé de petits tubercules.

On n'en connaît qu'une espèce, qui atteint de vingt à vingt-cinq pieds de longueur, et peut-être davantage : elle s'est pêchée dans la Manche et dans la mer du Nord, et a souvent été nommée baleine à bec (3).

LES NARVALS. (MONODON. L.)

N'ont aucunes dents proprement dites , mais seulement de longues défenses droites et pointues , im-

---

(1) Rondelet représente , sous le nom de *peïs-mular* et de *senedette* , un cétacé très-semblable au beluga , mais ne dit pas qu'il soit blanc. Il lui applique aussi le nom italien de *capidolio*. Ce serait un delphinaptère de plus , si sa figure n'était pas faite d'imagination; mais je le crains d'autant plus , que ce nom de mular appartient proprement au cachalot. Au reste , c'est aussi le beluga qui a donné lieu à établir un petit cachalot blanc , parce qu'il perd promptement ses dents supérieures. Voyez sa tête , Voyage de Pall. , atl. , pl. LXXIX.

(2) *Hyperodoou* , dents dans le palais.

(3) Cet animal , décrit par Baussard, Journ. de Phys. , mars 1789 (*Delph. edentulus* , Schreb.) auquel Bonnaterre a transporté le nom de *buts-kopf* , qui appartient à l'épaulard , paraît le même que le *dauphin à deux dents*

plantées dans l'os intermaxillaire, et dirigées dans
le sens de l'axe du corps : la forme de leur corps et
celle de leu tête, ressemblent d'ailleurs beaucoup a
celles des marsouins.

On n'en connaît bien qu'une espèce.

Monodon monoceros. Lin. (Lacep., IV., 3.)

Dont la défense, sillonnée en spirale, quelquefois longue
de dix pieds, a été long-temps appelée corne de licorne.
L'animal a bien le germe de deux défenses; mais il est très-
rare qu'elles croissent toutes les deux également. D'ordinaire, il ne se développe que celle du côté gauche, et l'autre demeure cachée pendant toute la vie dans l'alvéole
droit (1). Selon les descriptions qu'on en donne, le narval
n'aurait guère que le double de la longueur de sa défense,
sa peau serait marbrée de brun en de blanchâtre, sa bouche
petite, son évent sur le haut de la tête, et il n'aurait point
de nageoire dorsale, mais seulement une arête saillante sur
toute la longueur de l'épine. On voit quelques défenses de
narvals tout-à-fait lisses (2).

___

de Hunter; Baussard parle même expressément de ses deux dents. C'est
aussi le *balœna rostrata* de Klein, de *Chemnitz;* Besoh. der berl. ges.
IV, p. 183. *De Pennant;* brit. zool. n° V, de *Pontoppidan,* norv. II,
120 ; le *bottle-head* de Dale, etc. Chemnitz a trouvé une des deux dents.

(1) Nous avons retrouvé dans plusieurs crânes cette petite défense et
constaté ce qu'en avait dit Anderson. Elle ne se développe point, parce
que sa cavité intérieure est trop promptement remplie par la matière de
l'ivoire, et que son noyau gélatineux se trouve ainsi oblitéré.

(2) Le *monodon spurius* de Fabricius, ou *anarnak* du Groenland (*ancy-
lodon* Illiger) qui n'a que deux petites dents courbes à la mâchoire supérieure et une nageoire dorsale, ne doit pas beaucoup s'éloigner de l'hyperoodon. *Val, wale,* dans toutes les langues dérivées du tudesque, signifie
baleine et s'emploie souvent en général pour tous les cétacés; *nar,* en islan-
dais, signifie *cadavre* ; on prétend que ce genre s'en nourrit.

Les autres cétacés ont la tête si grosse, qu'elle fait à elle seule le tiers ou la moitié de la longueur du corps ; mais le crâne ni le cerveau ne participent point à cette disproportion, qui est due toute entière à un énorme développement des os de la face.

LES CACHALOTS. (PHYSETER. L.) (1)

Sont des cétacés à tête très-volumineuse, excessivement renflée, surtout en avant, dont la mâchoire supérieure ne porte point de fanons et manque de dents, ou n'en a que de petites et peu saillantes, mais dont l'inférieure, étroite, allongée, et répondant à un sillon de la supérieure, est armée de chaque côté d'une rangée de dents cylindriques ou coniques qui entrent dans des cavités correspondantes de la mâchoire supérieure quand la bouche se ferme. La partie supérieure de leur énorme tête ne consiste presque qu'en grandes cavités recouvertes et séparées par des cartilages, et remplies d'une huile qui se fige en refroidissant, et que l'on connaît, dans le commerce, sous le nom bizarre de *sperma-ceti* : substance qui fait le principal profit de leur pêche, leur corps n'étant pas garni de beaucoup de lard; mais ces cavités sont très-différentes du véritable crâne, lequel est assez petit, placé sous leur partie postérieure, et contient le cerveau comme à l'ordinaire. Il paraît

---

(1) *Physeter,* aussi-bien que *physalus,* signifie *souffleur. Cachalot* est le nom employé par les Basques.

que des canaux remplis de ce *sperma-ceti*, autrement
nommé blanc de baleine ou adipocire, se distribuent
dans plusieurs parties du corps en communiquant
avec les cavités qui remplissent la masse de la tête;
ils s'entrelacent même dans le lard ordinaire qui règne
sous toute la peau.

La substance odorante si connue sous le nom
d'ambre gris, paraît être une concretion qui se forme
dans les intestins des cachalots, surtout lors de certains
états maladifs, et, à ce qu'il paraît, principalement
dans leur cœcum.

Les espèces de cachalots ne sont rien moins que bien
déterminées. Celle qui paraît la plus commune, qui est le
cachalot macrocéphale de Shaw et de Bonnaterre (Lacép.,
X) (1), n'a qu'une éminence calleuse au lieu de nageoire
dorsale. Sa mâchoire inférieure a de chaque côté vingt à
vingt-trois dents, et il y en a de petites coniques cachées
sous les gencives de la supérieure; son évent est unique et
non double comme celui de la plupart des autres cétacés;
il n'est pas non plus symétrique, mais se dirige vers le côté
gauche, et se termine de ce côté sur le devant du museau,
dont la figure est comme tronquée (2), à quoi l'on ajoute
que l'œil gauche est de beaucoup plus petit que l'autre, et
que les pêcheurs cherchent à attaquer l'animal de ce côté.
Cette espèce est répandue dans beaucoup de mers, si c'est
elle qui fournit, comme on le dit, tout le sperma-ceti et
l'ambre gris du commerce, car on tire ces substances du
nord et du midi. On a pris de ces cachalots sans nageoire
dorsale jusque dans la mer Adriatique (3).

---

(1) Ce n'est pas le macrocéphale de Linné.

(2) Nous avons vérifié sur deux crânes ce défaut de symétrie de l'évent
annoncé par Dudley, par Anderson et par Swediauer, ce qui nous porte
à croire à l'inégalité des yeux dont parle Egède.

(3) Nous ne voyons aucune différence réelle entre ce cachalot dont on a

LES PHYSÉTÈRES. (Lacép.)

Sont des cachalots avec une nageoire dorsale. On ne les distingue entre eux en deux espèces, *microps* et *tursio*, ou *mular*, que d'après le caractère équivoque de dents arquées ou droites , aiguës ou obtuses (1).

On trouve de ces physétères dans la Méditerranée aussi-bien que dans la mer Glaciale; ces derniers passent pour les ennemis les plus cruels des phoques.

LES BALEINES (BALÆNA. L.)

Égalent les cachalots pour la taille et pour la grandeur proportionnelle de la tête, quoique celle-ci ne soit pas si renflée en avant; mais elles n'ont aucunes dents. Leur mâchoire supérieure, en forme de carène ou de toit renversé, a ses deux côtés garnis de lames

---

de bonnes figures et plusieurs parties du squelette , et celui de *Roberson* (Trans. phil. vol. LX) dont Bonnaterre a fait une espèce sous le nom de *trumpo* , qui aux Bermudes s'applique à un cachalot sans détermination plus précise.

Quant au petit cachalot, P. *catodon* de Linn. , on ne cite, outre la taille , d'autre différence que des dents plus aiguës , ce qui peut tenir à l'âge.

Le *physeter macrocephalus* de Linné , *cach. cylindrique* de Bonna-terre (*genre physale de Lacep.*) aurait un bon caractère dans la position reculée de son évent; mais il ne repose que sur une mauvaise figure d'An-derson.

L'*albicans* de Brisson , *huïd fish* d'Egède et d'Anderson , dont Gmelin a fait une variété du macrocéphale , n'est que le *dauphin beluga* , dont les dents supérieures tombent de bonne heure comme nous nous en sommes assurés.

(1) On n'en connaît un peu positivement qu'un d'après une mauvaise figure de *Bayer* (Act. nat. cur. III , pl. 1.) faite sur un animal échoué à Nice. C'est très-vaguement qu'on lui a appliqué le nom de *mular*; le *mular* de Nieremberg est bien un cachalot , mais rien ne prouve que ce soit plutôt une espèce qu'une autre.

transverses minces et serrées, appelées fanons, formées d'une espèce de corne fibreuse, effilées à leur bord, qui servent à retenir les petits animaux dont ces énormes cétacés se nourrissent. Leur mâchoire inférieure, soutenue par deux branches osseuses arquées en dehors et vers le haut, sans aucune armure, loge une langue charnue fort épaisse, et enveloppe, quand la bouche se ferme, toute la partie interne de la mâchoire supérieure et les lames cornées dont elle est revêtue.

Ces organes ne permettent pas aux baleines de se nourrir d'animaux aussi grands que leur taille le ferait croire. Elles vivent de poissons et plus encore de vers, de mollusques et de zoophytes, et l'on dit qu'elles en prennent principalement de tres-petits qui s'embarrassent dans les filamens de leurs fanons. Elles ont un cœcum court.

La *Baleine franche*. (*Bal. mysticetus* (1). L.) Lacép. Cét., I, fig. 1.

Le plus grand des animaux connus, a son énorme tête obtuse en avant, presque aussi haute que longue, et ne

---

(1) Le φαλαινα d'Aristote et d'Ælien, qui était l'ennemi des dauphins, paraît avoir été un grand cétacé armé de dents; Aristote n'a connu de vraie baleine que son *mysticetus* qui, avait (dit-il) des soies dans la bouche au lieu de dents ; c'est probablement la baleine à gorge ridée de la Méditerranée. On doit croire cependant que Juvénal entend la baleine franche dans ce vers :

Quanto delphinis balæna britannica major ;

Mais les Latins en général ont appliqué le nom de baleine d'une manière vague à tous les grands cétacés, comme les peuples du Nord font encore du nom de *whale* ou *wall* et de ses dérivés; remarque essentielle pour ceux qui lisent leurs écrits.

porte point de nageoire sur le dos; c'est elle que son lard, épais souvent de plusieurs pieds, et donnant une immense quantité d'huile, fait poursuivre chaque année par des flottes entières. Assez hardie autrefois pour se faire prendre dans nos mers, elle s'est retirée petit à petit jusque dans le fond du nord, où le nombre en diminue chaque jour. Outre son huile, elle fournit encore au commerce ces fanons noirâtres et flexibles, longs de huit ou dix pieds, connus sous le nom de côtes de baleines, ou simplement de baleines; chaque individu en a huit ou neuf cents de chaque côté du palais. On dit que ce monstrueux cétacé ne se nourrit que de très-petits mollusques qui fourmillent, il est vrai, dans les mers qu'il habite. La baleine atteint quatre-vingts ou cent pieds de longueur et autant de circonférence; sa gueule a vingt pieds d'ouverture, et son petit a autant de longueur au moment de sa naissance; un seul individu donne cent vingt tonneaux d'huile; des coquillages s'attachent sur sa peau et s'y multiplient comme sur un rocher; il y en a même, de la famille des balanus, qui pénètrent dans son épaisseur; ses excrémens sont d'un beau rouge qui teint assez bien la toile.

Le *Nord-Caper*. (*Bal. glacialis.* Klein.) Lacép. pl. II et III.

Aussi long, mais plus mince, et à museau plus pointu que la baleine, a beaucoup moins de lard et est plus agile et plus difficile à prendre; aussi ne se livre-t-on à sa pêche que quand celle de la baleine n'a pas réussi. Il est commun sur les côtes de Norvège et près du Cap-Nord, d'où il a tiré son nom. Il dévore beaucoup de poissons.

D'autres espèces (les BALÉNOPTÈRES. Lacép.) ont une nageoire sur le dos; elles se subdivisent encore selon qu'elles ont le ventre lisse ou ridé.

LES BALÉNOPTÈRES *à ventre lisse.*

Sont très-voisines des baleines proprement dites. On n'en connaît bien qu'une nommée

Le *Gibbar* par les Basques. (*Balœna physalus.* L.) *Finnfisch* des Hollandais et des Hambourgeois (copié d'après Martens dans Anderson , Bonnaterre et ailleurs.) Lacép., I, fig. 11.

Aussi longue, mais bien plus grêle que la baleine franche ; très-commune dans les mêmes parages , mais évitée des pêcheurs, parce qu'elle donne peu de lard et qu'elle est très-féroce, difficile à prendre, et même dangereuse pour les petites embarcations a cause de la violence de ses mouvemens quand elle est attaquée.

LES BALÉNOPTÈRES *à ventre plissé.*

Ont la peau du dessous de la gorge et de la poitrine plissée longitudinalement par des rides très-profondes et susceptible en conséquence, d'une grande dilatation dont l'usage, dans leur économie, n'est pas encore bien connu.

On n'en a aussi déterminé nettement qu'une espèce ,

La *Jubarte des Basques.* (*Bal. boops.* L.) Lacép., I, f. 3. — , IV, f. 1 et 2. — , V, f. 1, et VIII, 1 et 2.

Qui, dit-on, approche également de la longueur de la baleine franche , mais qui a tous les inconvéniens du gibbar (1).

On a pris de ces baleines à gorge plissée dans la Méditerranée aussi-bien que dans l'Océan.

―――――――――――――――

(1) On ne donne à l'espèce à laquelle on a rapporté assez vaguement les noms de *ror-qual* et de *bal. musculus* , d'autre caractère intelligible , que d'être plus petite que la *jubarte* : il en est de même de la *balena rostraia* de Hunter , de Fabricius et de Bonnaterre, fort différente de celle de Pennant et de Pontoppidan , qui est l'HYPEROODON.

La *bal. gibbossa* et la *gibbosa* B. , ou *nodosa* de Bonnaterre seraient mieux déterminées ; mais on ne les connaît que d'après *Dudley* (Trans. phil. 387), et il n'est pas sûr que ce ne fussent pas des individus altérés.

LES VERTÉBRÉS OVIPARES EN GÉNÉRAL.

Quoique les trois classes de vertébrés ovipares diffèrent beaucoup entre elles par la quantité de respiration et par tout ce qui s'y rapporte, savoir, la force du mouvement et l'énergie des sens, elles montrent plusieurs caractères communs, lorsqu'on les oppose aux mammifères ou vertébrés vivipares.

Leur cerveau n'a que des hémisphères très-minces qui ne sont pas réunis par un corps calleux ; les tubercules *nates* prennent un grand développement, sont creusés d'un ventricule et non recouverts par les hémisphères, mais visibles au-dessous ou aux côtés du cerveau ; les jambes du cervelet ne forment point cette protubérance nommée *pont de varole* ; leurs narines sont moins compliquées ; leur oreille n'a point tant d'osselets, et en manque entièrement dans plusieurs ; le limaçon, quand il existe, est beaucoup plus simple, etc. Leur mâchoire inférieure, toujours composée de pièces assez nombreuses, s'attache par une facette concave sur une portion saillante qui appartient à l'os temporal, mais qui est séparée du rocher ; leurs

os du crâne sont plus subdivisés ou le de-
meurent plus long-temps, quoiqu'ils occupent
les mêmes places relatives et remplissent les
mêmes fonctions; ainsi le frontal est de cinq ou
six pièces, etc.... Les orbites ne sont séparés
que par une lame osseuse du sphénoïde, ou par
une membrane. Quand ces animaux ont des
extrémités antérieures, outre la clavicule qui
s'unit souvent à celle de l'autre côté et prend
alors le nom de fourchette, l'omoplate s'appuie
encore sur le sternum par une apophyse coracoïde très-prolongée et élargie. Le larynx est
plus simple et manque d'épiglotte; les poumons
ne sont pas séparés de l'abdomen par un diaphragme complet, etc. Mais, pour faire saisir
tous ces rapports, nous devrions entrer dans
des détails anatomiques qui ne peuvent convenir
à cette première partie de notre ouvrage. Qu'il
suffise d'avoir fait remarquer ici l'analogie des
ovipares entre eux, plus grande, quant au plan
sur lequel ils sont construits, que celle d'aucun
d'eux avec les mammifères.

La génération ovipare consiste essentiellement en ce que le petit ne se fixe point par un
placenta aux parois de l'utérus ou de l'oviductus, mais qu'il en reste séparé par la plus
extérieure de ses enveloppes. Sa nourriture est

préparée d'avance et renfermée dans un sac qui tient à son canal intestinal ; c'est ce qu'on nomme le vitellus ou le jaune de l'œuf, dont le petit est en quelque sorte un appendice d'abord imperceptible qui se nourrit et augmente en absorbant la liqueur du jaune. Les ovipares, qui respirent par des poumons, ont de plus dans l'œuf une membrane très-riche en vaisseaux, qui paraît servir à la respiration ; elle tient à la vessie, et représente l'allantoïde des mammifères. On ne la trouve pas dans les poissons, ni dans les batraciens qui, dans leur premier âge, respirent, comme les poissons, par des branchies.

Beaucoup d'ovipares à sang froid ne mettent leurs petits au jour qu'après qu'ils se sont développés et débarrassés de leur coquille ou des autres membranes qui les séparaient de leur mère ; c'est ce qu'on nomme de *faux vivipares.*

LA DEUXIÈME CLASSE DES VERTÉBRÉS

LES OISEAUX

Sont des vertébrés ovipares à circulation et respiration doubles , organisés pour le vol.

Leurs poumons non divisés , fixés contre les

cotes, sont enveloppés d'une membrane percée de grands trous, et qui laisse passer l'air dans plusieurs cavités de la poitrine, du bas-ventre, des aisselles, et même de l'intérieur des os, en sorte que le fluide extérieur baigne non-seulement la surface des vaisseaux pulmonaires, mais encore celle d'une infinité de vaisseaux du reste du corps. Ainsi les oiseaux respirent, à certains égards, par les rameaux de leur aorte comme par ceux de leur artère pulmonaire, et l'énergie de leur irritabilité est en proportion de leur quantité de respiration (1). Tout leur corps est disposé pour tirer parti de cette énergie.

Leurs extrémités antérieures, destinées à les soutenir dans le vol, ne pouvoient servir ni à la station, ni à la préhension; ils sont donc bipèdes, et prennent les objets à terre avec la bouche; ainsi leur corps devait être penché en avant de leurs pieds; les cuisses se portent donc en avant, et les doigts s'allongent pour lui former une base suffisante. Le bassin est très-étendu en longueur pour fournir des attaches aux muscles qui supportent le tronc sur les cuisses; il existe même une suite de muscles

_____

(1) Deux moineaux francs consomment autant d'air pur qu'un cochon d'inde. *Lavoisier, Mémoires de Chimie.* I, 119.

allant du bassin aux doigts, et passant sur le
genou et le talon, de manière que le simple
poids de l'oiseau fléchit les doigts; c'est ainsi
qu'ils peuvent dormir perchés sur un pied. Les
ischions, et surtout les pubis, se prolongent en
arrière, et s'écartent pour laisser la place nécessaire au développement des œufs.

Le cou et le bec s'allongent pour pouvoir
atteindre à terre; mais le premier a la mobilité
nécessaire pour se reployer en arrière dans la
station tranquille. Il a donc beaucoup de vertèbres. Au contraire, le tronc qui sert d'appui
aux ailes a dû être peu mobile; le sternum
surtout, auquel s'attachent les muscles qui
abaissent l'aile pour choquer l'air dans le vol,
est d'une très-grande étendue, et augmente
encore sa surface par une lame saillante dans
son milieu. Il est formé de cinq pièces : une
moyenne dont cette lame saillante fait partie,
deux latérales antérieures pour l'attache des
côtes, et deux latérales postérieures pour
l'extension de sa surface. Le plus ou moins
d'ossification de ces dernières dénote le plus ou
moins de vigueur des oiseaux pour le vol.

La fourchette produite par la réunion des
deux clavicules et les deux vigoureux arcs-
boutans formés par les apophyses coracoïdes

ecartent les épaules ; l'aile soutenue par l'humérus, par l'avant-bras et par la main qui est allongée, et montre un doigt et les vestiges de deux
autres, porte sur toute sa longueur une rangée
de pennes élastiques qui étendent beaucoup la
surface qui choque l'air. Les pennes adhérentes
à la main se nomment *primaires*, et il y en a
toujours dix; celles qui tiennent à l'avant-bras
s'appellent *secondaires :* leur nombre varie;
des plumes moins fortes, attachées à l'humérus,
s'appellent *scapulaires ;* l'os qui représente le
pouce porte encore quelques pennes nommées
bâtardes.

La queue osseuse est très-courte, mais elle
porte aussi une rangée de fortes pennes qui,
en s'étalant, contribuent à soutenir l'oiseau;
leur nombre est ordinairement de douze, quelquefois de quatorze; dans les gallinacés, il va
jusqu'à dix-huit.

Les pieds ont un fémur, un tibia et un
péronné qui tiennent au fémur par une articulation à ressort dont l'extension se maintient
sans effort de la part des muscles. Le tarse et
le métatarse y sont représentés par un seul os
terminé vers le bas en trois poulies.

Il y a le plus souvent trois doigts en avant,
et le pouce en arrière ; celui-ci manque quel-

quefois. Il est dirigé en avant dans les martinets. Dans les grimpeurs, au contraire, le doigt externe et le pouce sont dirigés en arrière. Le nombre des articulations croît à chaque doigt, en commençant par le pouce qui en a deux, et en finissant par le doigt externe qui en a cinq.

En général, l'oiseau est couvert de plumes, espèce de tégumens la plus propre à le garantir des rapides variations de température auxquelles ses mouvemens l'exposent. Les cavités aériennes qui occupent l'intérieur de son corps, et même qui tiennent dans les os la place de la moelle, augmentent sa légèreté spécifique. La portion sternale des côtes est ossifiée, comme la vertébrale, pour donner plus de force à la dilatation de la poitrine.

L'œil des oiseaux est disposé de manière à distinguer également bien les objets de loin et de près ; une membrane vasculeuse et plissée, qui se rend du fond du globe au bord du cristallin, y contribue probablement en déplaçant cette lentille. La face antérieure du globe est d'ailleurs renforcée par un cercle de pièces osseuses ; et, outre les deux paupières ordinaires, il y en a toujours une troisième placée à l'angle interne, et qui, au moyen d'un

appareil musculaire remarquable, peut couvrir
le devant de l'œil comme un rideau. La cornée
est très-convexe, mais le cristallin est plat, et
le vitré petit.

L'oreille des oiseaux n'a qu'un osselet entre
le tympan et la fenêtre ovale ; leur limaçon est
un cône à peine arqué ; mais leurs canaux sémi-
circulaires sont grands et logés dans une partie
du crâne, où ils sont environnés de toutes parts
de cavités aériennes qui communiquent avec la
caisse. Les oiseaux de nuit ont seuls une grande
conque extérieure, qui cependant ne fait point
de saillie comme celle des quadrupèdes ; cette
ouverture est généralement recouverte de plumes
à barbes plus effilées que les autres.

L'organe de l'odorat, caché dans la base du
bec, n'a d'ordinaire que des cornets cartilagineux, au nombre de trois, qui varient en
complication ; il est très-sensible, quoi qu'il n'ait
pas de sinus creusés dans l'épaisseur du crâne.
La largeur des ouvertures osseuses des narines
détermine la forme du bec ; et les cartilages,
les membranes, les plumes, et autres tégumens
qui rétrécissent ces ouvertures, influent sur la
force de l'odorat et sur l'espèce de la nourriture.

La langue a peu de substance musculaire, et
est soutenue par une production de l'os hyoïde,

elle est peu délicate dans la plupart des oiseaux.

Les plumes ainsi que les pennes, qui n'en diffèrent que par la grandeur, sont composées d'une tige creuse à sa base, et de barbes qui en portent elles-mêmes de plus petites ; leur tissu, leur éclat, leur force, leur forme générale varient à l'infini. Le toucher doit être faible dans toutes les parties qui en sont garnies ; et, comme le bec est presque toujours corné et peu sensible, et que les doigts sont revêtus d'écailles en dessus et d'une peau calleuse en dessous, ce sens doit être peu efficace dans les oiseaux.

Les plumes tombent deux fois par an. Dans certaines espèces, le plumage d'hiver diffère de celui d'été ; dans le plus grand nombre, la femelle diffère du mâle par des couleurs moins vives, et alors les petits des deux sexes ressemblent à la femelle. Lorsque les adultes mâles et femelles sont de même couleur, les petits ont une livrée qui leur est propre.

Le cerveau des oiseaux a les mêmes caractères généraux que celui des autres vertébrés-ovipares ; mais il se distingue par une grandeur proportionnelle très-considérable, qui surpasse même souvent celle de cet organe dans les mammifères. C'est principalement des tubercules analogues

aux cannelés que dépend ce volume, et non pas
des hémisphères qui sont très-minces et sans
circonvolutions. Le cervelet est assez grand,
presque sans lobes latéraux, et presque uniquement formé par le processus vermiforme.

La trachée des oiseaux a ses anneaux entiers;
à sa bifurcation est une glotte le plus souvent
pourvue de muscles propres, et nommée *larynx
inférieur;* c'est là que se forme la voix des
oiseaux; l'énorme volume d'air contenu dans
les sacs aériens contribue à la force de cette
voix, et la trachée, par ses diverses formes et
par ses mouvemens, à ses modifications. Le
larynx supérieur, fort simple, y entre pour peu
de chose.

La face ou le bec supérieur des oiseaux,
formée principalement de leurs intermaxillaires,
se prolonge en arrière en deux arcades, dont
l'interne se compose des os palatins, et l'externe
des maxillaires et des jugaux, et qui s'appuient
l'un et l'autre sur un os tympanique mobile,
vulgairement dit *os carré;* en dessus, cette même
face est articulée ou unie au crâne par des lames
élastiques : ce mode d'union lui laisse toujours
quelque mobilité.

La corne qui revêt les deux mandibules tient
lieu de dents et est quelquefois hérissée de

manière à en représenter ; sa forme, ainsi que
celle des mandibules qui la soutiennent, varie
à l'infini selon le genre de nourriture que
chaque espèce prend.

La digestion des oiseaux est en proportion
avec l'activité de leur vie et la force de leur
respiration. L'estomac est composé de trois
parties : le jabot qui est un renflement de
l'œsophage, le ventricule succenturié, estomac
membraneux, garni, dans l'épaisseur de ses
parois, d'une multitude de glandes dont l'humeur imbibe les alimens ; enfin, le gésier armé
de deux muscles vigoureux qu'unissent deux
tendons rayonnés et tapissé en dedans d'une
veloutée catilagineuse. Les alimens s'y broyent
d'autant plus aisément, que les oiseaux ont soin
d'avaler de petites pierres pour augmenter la
force de la trituration.

Dans la plupart des espèces qui ne vivent
que de chair ou de poisson, les muscles et le
velouté du gésier sont réduits à une extrême
faiblesse, et il n'a l'air de faire qu'un seul sac
avec le ventricule succenturié.

La dilatation du jabot manque aussi quelquefois.

Le foie verse la bile dans l'intestin par deux
conduits qui alternent avec les deux ou trois

par lesquels passe la liqueur pancréatique. Le pancréas des oiseaux est considérable, mais leur rate est petite; ils manquent d'épiploon, dont les usages sont en partie remplis par les cloisons des cavités aeriennes; deux appendices aveugles sont placées vers l'origine du rectum et à peu de distance de l'anus; elles sont plus ou moins longues, selon le regime de l'oiseau. Les hérons n'en ont qu'une courte; d'autres genres, comme les pics, en manquent tout-à-fait.

Le cloaque est une poche où aboutissent le rectum, les urétères et les canaux spermatiques, ou, dans les femelles, l'oviductus; elle est ouverte au dehors par l'anus. Dans la règle, les oiseaux n'urinent point, mais leur urine se mêle aux excrémens solides. Les autruches ont seules le cloaque assez dilaté pour que l'urine s'y accumule.

Dans la plupart des genres, l'accouplement se fait par la seule juxtaposition des anus; les autruches et plusieurs palmipèdes ont cependant une verge creusée d'un sillon par où la semence est conduite. Les testicules sont situés à l'intérieur au-dessus des reins et près du poumon; il n'y a qu'un ovaire et un oviductus.

L'œuf détaché de l'ovaire, où l'on n'y aperçoit que le jaune, s'imbibe dans le haut de l'oviductus de cette liqueur extérieure nommée le blanc, et se garnit de sa coque dans le bas du même canal. L'incubation y développe le petit, à moins que la chaleur du climat ne suffise comme pour les autruches. Ce petit a sur le bout du bec une pointe cornée qui lui sert à fendre l'œuf et qui tombe peu de jours après la naissance.

Chacun connaît l'industrie variée que les oiseaux mettent à la construction de leurs nids, et le soin tendre qu'ils prennent de leurs œufs et de leurs petits : c'est la principale partie de leur instinct. Du reste, leur passage rapide dans les différentes régions de l'air, et l'action vive et continue de cet élément sur eux, leur donnent des moyens de pressentir les variations de l'atmosphère dont nous n'avons nulle idée, et qui leur ont fait attribuer, dès les plus anciens temps, par la superstition, le pouvoir d'annoncer l'avenir. Ils ne manquent d'ailleurs ni de mémoire, ni même d'imagination, car ils rêvent ; et tout le monde sait avec quelle facilité ils s'apprivoisent, se laissent dresser à différens services, et retiennent les airs et les paroles.

DIVISION DE LA CLASSE DES OISEAUX EN ORDRES.

De toutes les classes d'animaux, celle des

oiseaux est la plus marquée, celle dont les espèces se ressemblent le plus, et qui est séparée
de toutes les autres par un plus grand intervalle ;
et c'est en même temps ce qui rend sa subdivision plus difficile.

Leur distribution se fonde, comme celle des
mammifères, sur les organes de la mandu·
cation ou le bec, et sur ceux de la préhension,
c'est - à - dire, encore le bec et surtout les
pieds.

On est frappé d'abord des pieds *palmés*,
c'est-à-dire, dont les doigts sont unis par des
membranes et qui distinguent tous les *oiseaux
nageurs*. La position de ces pieds en arrière,
la longueur du sternum, le cou souvent plus
long que les jambes pour atteindre dans la
profondeur, le plumage serré, poli, imperméable à l'eau, s'accordent avec les pieds pour
faire des palmipèdes de bons navigateurs.

Dans d'autres oiseaux qui ont aussi le plus
souvent quelque petite palmure aux pieds, au
moins entre les doigts externes, l'on observe
des tarses élevés, des jambes dénuées de plumes
vers le bas, une taille élancée; en un mot,
toutes les dispositions propres à marcher à gué
le long des eaux, pour y chercher leur nourriture. Tel est en effet le régime du plus grand

nombre ; et, quoiqu'il en vive quelques-uns dans les terrains secs, on les nomme *oiseaux de rivage* ou *échassiers*

Parmi les oiseaux vraiment terrestres, les *gallinacés* ont, comme notre coq domestique, le port lourd, le vol court, le bec médiocre, à mandibule supérieure voûtée, les narines en partie recouvertes par une écaille molle et renflée, et presque toujours les doigts dentelés au bord, et de courtes membranes entre les bases de ceux de devant. Ils vivent principalement de grains.

Les *oiseaux de proie* ont le bec crochu, à pointe aiguë et recourbée vers le bas, et les narines percées dans une membrane qui revêt toute la base de ce bec; leurs pieds sont armés d'ongles vigoureux. Ils vivent de chair, et poursuivent les autres oiseaux ; aussi ont-ils pour la plupart le vol puissant. Le plus grand nombre a encore une petite palmure entre les doigts externes.

Les *passereaux* comprennent beaucoup plus d'espèces que toutes les autres familles; mais leur organisation offre tant d'analogie que l'on ne peut les séparer, quoiqu'ils varient beaucoup pour la taille et pour la force. Leurs deux doigts externes sont unis par leur base et quelquefois par une partie de leur longueur.

Enfin, l'on a donné le nom de *grimpeurs* aux oiseaux dont le doigt externe se porte en arrière comme le pouce, parce qu'en effet le plus grand nombre emploie une conformation si favorable à la position verticale pour grimper le long des troncs des arbres (1).

Chacun de ces ordres se subdivise en familles et en genres, principalement d'après la conformation du bec.

LE PREMIER ORDRE DES OISEAUX,

LES OISEAUX DE PROIE (Accipitres. Lin.)

Se reconnaissent à leur bec et à leurs ongles crochus, armes puissantes au moyen desquelles ils poursuivent les autres oiseaux, et même les quadrupèdes faibles et les reptiles. Ils sont parmi les oiseaux ce que sont les carnassiers parmi les quadrupèdes. Les muscles de leurs cuisses et de leurs jambes indiquent la force de leurs serres ; leurs tarses sont rarement allongés ; ils

(1) Dès mon premier tableau élémentaire j'ai dû supprimer l'ordre des picæ de Linnæus, qui n'a aucun caractère déterminé. M. Illiger a adopté cette suppression.

ont tous quatre doigts; l'ongle du pouce et celui du doigt interne sont les plus forts.

Ils forment deux familles, les diurnes et les nocturnes.

Les DIURNES ont les yeux dirigés sur les côtés; une membrane, appelée *cire*, couvrant la base du bec, dans laquelle sont percées les narines; trois doigts devant, un derriere sans plumes, les deux externes presque toujours réunis à leur base par une courte membrane, le plumage serré ; les pennes fortes, le vol puissant; leur estomac est presqu'entièrement membraneux, leurs intestins peu étendus, leur cœcum très-court, leur sternum large et complètement ossifié pour donner aux muscles de l'aile des attaches plus étendues, et leur fourchette demi-circulaire et très-écartée pour mieux résister dans les abaissemens violens de l'humérus qu'un vol rapide exige.

Linnæus n'en faisait que deux genres, qui sont deux divisions naturelles, les vautours et les faucons.

Les Vautours. (Vultur. Lin.)

Ont les yeux à fleur de tête , les tarses réticulés , c'est-à-dire, couverts de petites écailles ; le bec allongé , recourbé seulement au bout, et une partie plus ou moins considérable de la tête, ou même du cou, dénuée de plumes. La force de leurs serres ne répond pas à leur grandeur, et ils se servent plutôt de leur bec. Leurs ailes sont si longues, qu'en marchant ils les tiennent à demi-étendues. Ce sont des oiseaux lâches, qui se nourrissent de charognes plus souvent que de proie vivante ; quand ils ont mangé, leur jabot forme une grosse saillie au-dessus de leur fourchette, il coule de leurs narines une humeur fétide, et ils sont presque réduits à une sorte de stupidité.

Les Vautours proprement dits, ont le bec gros et fort, les narines en travers sur sa base, la tête et le cou sans plumes, et un collier de longues plumes au bas du cou. On n'en a encore vu que dans l'ancien continent.

Le *Vautour fauve*. (*V. fulvus*, Gmel. *Vultur trencalos*, Bechstein. Le *Percnoptère*, Buff., enl. 426, et le grand *Vautour*, id., Hist des Ois., I, in-4°, pl. v (1). Le *Vautour*, Albin, III, 1. Le *Chassefiente*, Vail., Afr. Le *Vautour des Indes*, Lath. et Sonnerat, etc.)

D'un gris ou brun tirant sur le fauve, le duvet de la tête et du cou cendré, le collier blanc, quelquefois mêlé de brun ; les pennes des ailes et de la queue brunes, le bec et les pieds plombés. C'est l'espèce la plus répandue : elle se trouve sur les montagnes de tout l'ancien continent. Son corps égale et surpasse celui du cigne.

Le *Vautour brun*. (*V. cinereus* et *V. monachus*, Gm.) enl. 425 *V. d'Arabie*, Edw. 290. Le *Chincou de la Chine*,

---

(1) *N. B.* L'histoire du grand vautour est celle de l'espèce suivante mais la figure appartient à celle-ci.

Vail., Afr. *Arrian* de la Peyrouse. *Vautour noir , cen-dré , etc.*

D'un brun-noirâtre ; le collier remontant obliquement jus-que vers l'occiput , qui a lui-même une touffe de plumes; les pieds et la membrane de la base du bec d'un violet bleuâtre ; non moins répandu que le précédent , et encore plus grand : il attaque assez souvent des animaux vivans.

L'*Oricou.* (*V. auricularis.* Daud.) Vail., Afr., pl. ix ; probab. le *Vautour de Pondichéry* , Sonnerat , it. II , pl. cv. Daudin , Ann. du Mus. , II , pl. xx.

Noirâtre, une crête charnue longitudinale de chaque côté du cou , au-dessous de l'oreille. De l'Afrique et des Indes orientales (1).

L'Amérique produit des vautours remarquables par les ca-roncules qui surmontent la membrane de la base de leur bec ; celui-ci est gros comme dans les précédens , mais les narines sont ovales et longitudinales. Ce sont les Sarcoramphus de Duméril.

Le *Roi des Vautours.* (*Vult. papa.* Lin.) Enl. 428.

Grand comme une oie, noirâtre dans le premier âge , puis varié de noir et de fauve , enfin à manteau fauve et à pennes et collier noirs. Les parties nues de sa tête et de son cou sont teintes de couleurs vives , et sa caroncule est den-telée comme une crête de coq. Il se tient dans les plaines et autres parties chaudes de l'Amérique méridionale.

Le *Condor* ou *grand Vautour des Andes.* (*Vult. gryphus.* Lin.) Humb., Obs. zool. , pl. viii.

Noirâtre, une tache sur l'aile et le collier blancs; outre sa caroncule supérieure , qui est grande et sans dentelures ,

_____

(1) Le *vautour à aigrette* ou des lièvres (*V. cristatus.* Gm.) n'est connu que sur une mauvaise figure de Gesner , faite probablement d'après quelque espèce d'aigle. Le *V. barbarus* est le même que le *lœmmer-geyer falco barbatus.*)

le mâle en a une sous le bec comme un coq ; la femelle manque de toutes les deux. Dans le premier âge, cet oiseau est brun-fauve et sans collier. C'est l'espèce si fameuse par l'exagération avec laquelle on parlait de sa taille ; mais M. de Humboldt la réduit à celle de notre *lœmmer-geyer*, dont le *condor* a aussi les mœurs. Il habite les plus hautes montagnes de la Cordillière des Andes , dans l'Amérique méridionale.

LES PERCNOPTÈRES (1). Cuv. (GYPAETOS. Bechstein. NEOPHRON. Savigny. CATHARTES. Illiger.)

Ont le bec grêle, long, renflé au-dessus de sa courbure, les narines ovales, longitudinales, et la tête seulement , mais non le cou, dénuée de plumes. Ce sont des oiseaux de taille médiocre, et qui n'approchent point, pour la force, des vautours proprement dits ; aussi sont-ils encore plus acharnés sur les charognes et sur toutes les espèces d'immondices, qui les attirent de très-loin : ils ne dédaignent pas même les excrémens.

Le *Percnoptère d'Egypte.* (*Vult. percnopterus* , *Vult. leucocephalus* et *Vult. fuscus.* Gmel.) Enl. 427 et 429. *Vult. de Gingi.* Sonn. et Daud. *Origourap.* Vail., Afr. *Rachamah* de Bruce. *Poule de Pharaon* , en Egypte.

Grand comme un corbeau, le mâle adulte blanc, à pennes des ailes noires ; le jeune et la femelle bruns. Cet oiseau se répand dans tout l'ancien continent, et est surtout fort commun dans les pays chauds, qu'il purifie de cadavres. Il suit en grandes troupes les caravanes dans le désert, pour dévorer tout ce qui meurt. Les anciens Egyptiens le respectoient à cause des services qu'il rend au pays, et encore aujourd'hui on ne lui fait aucun mal ; il y a même des dévots

___

(1) *Percnoptère* , ailes noires. Nom de l'espèce d'Égypte chez les anciens.

musulmans qui lèguent de quoi en entretenir un certain nombre.

L'*Aura* ou *Urubu*. (*Vult. aura*. Lin.) enl. 187.

Grand comme le précédent, le bec un peu plus court, le corps entier noirâtre ; commun dans toutes les parties chaudes et tempérées de l'Amérique, où il rend les mêmes services que le percnoptère dans l'ancien continent.

LES GRIFFONS. (GYPAETOS. Storr. PHÈNE. Savig.)

Rangés par Gmelin dans le genre *falco*, se rapprochent davantage des vautours par leurs mœurs et leur conformation ; ils en ont les yeux à fleur de tête, les serres proportionnellement faibles, les ailes à demi-écartées dans le temps du repos, le jabot saillant au bas du cou quand il est plein ; mais leur tête est entièrement couverte de plumes : leurs caractères distinctifs consistent en un bec très-fort, droit, crochu au bout, renflé sur le crochet ; en des narines recouvertes par des soies roides, dirigées en avant, et en un pinceau de pareilles soies sous le bec ; leurs tarses sont très-courts et emplumés jusqu'aux doigts, leurs ailes très-longues ; la troisième penne est la plus longue de toutes.

Le *Lœmmer geyer* (en français *Vautour des agneaux.*) (*Vult. barbarus* et *falco barbatus*. Gmel.) Edw. 106. *Nisser*. Bruce. *Gypaète* des Alpes. Daud., II, pl. x.

Le plus grand des oiseaux de proie de l'ancien monde, dont il habite, mais en petit nombre, toutes les hautes chaînes de montagnes ; il niche dans les rochers escarpés ; attaque les agneaux, les chèvres, les chamois, et même, à ce qu'on dit, les hommes endormis ; on prétend qu'il lui est arrivé d'enlever des enfans : il ne rebue cependant

point la chair morte. Long de près de quatre pieds, il a
jusqu'à neuf et dix pieds d'envergure. Son manteau est
noirâtre, avec une ligne blanche sur le milieu de chaque
plume ; son cou et tout le dessus de son corps d'un fauve
clair et brillant ; une bande noire entoure sa tête. Il y en a
des individus dont le cou et la poitrine sont d'un brun plus
ou moins foncé : il paraît que ce sont les jeunes.

LES FAUCONS. (FALCO. Lin.)

Forment la deuxième et, de beaucoup, la plus nombreuse division des oiseaux de proie diurnes. Ils ont la
tête et le cou revêtus de plumes ; leurs sourcils forment une saillie qui fait paraître l'œil enfoncé, et
donne à leur physionomie un caractère tout différent
de celle des vautours : la plupart se nourrissent de
proie vivante ; mais ils diffèrent beaucoup entre eux
par le courage qu'ils mettent à la poursuivre. Leur
premier plumage est souvent autrement coloré que
celui des adultes, et ils ne prennent ce dernier que
dans leur troisième ou quatrième année ; ce qui en a
fait beaucoup multiplier les espèces par les naturalistes. La femelle est généralement d'un tiers plus
grande que le mâle, que l'on désigne, à cause de cela,
sous le nom de *tiercelet*.

On doit subdiviser d'abord ce genre en deux grandes
sections.

LES FAUCONS proprement dits (FALCO, Bechstein), vulgairement *Oiseaux de proie nobles*,

Forment la première. Ils sont les plus courageux, proportion gardée avec leur taille, qualité qui tient à la force de
leurs armes et de leurs ailes ; en effet leur bec, courbe dès sa
base, a une dent aiguë à chaque côté de sa pointe, et c'est la

seconde penne de leurs ailes qui est la plus longue, la première étant d'ailleurs presque aussi longue qu'elle, ce qui rend l'aile entière plus longue et plus pointue. Il résulte encore de là des habitudes particulières : la longueur des pennes de leurs ailes affaiblit son effort vertical, et rend leur vol, dans un air tranquille, très-oblique en avant ; ce qui les contraint, quand ils veulent s'élever directement, de voler contre le vent. Ce sont les oiseaux les plus dociles, et dont on tire le plus de parti dans l'art de la fauconnerie, en leur apprenant à poursuivre le gibier et à revenir quand on les appelle. Ils ont tous les ailes autant et plus longues que la queue.

Le *Faucon ordinaire.* (*Falco communis.* Gm.) (1).

Grand comme une poule, se reconnaît toujours à une sorte de tache triangulaire noire qu'il a sur la joue ; du reste, il varie pour les couleurs à peu près comme il suit : le jeune a le dessus brun et les plumes bordées de roussâtre, le dessous blanchâtre, avec des taches ovales longitudinales brunes. A mesure qu'il vieillit, les taches du ventre et des cuisses tendent à devenir des lignes transverses noirâtres, et le blanc augmente à la gorge et au bas du cou ; le plumage du dos devient en même temps plus uniforme et d'un brun rayé en travers de cendré noirâtre ; la queue est en dessus brune, avec des paires de taches roussâtres, et en dessous avec des bandes pâles qui diminuent de largeur avec l'âge ; les pieds et la cire du bec sont tantôt bleus et tantôt jaunâtres.

---

(1) Il faut bien se garder cependant d'y rapporter les prétendues variétés du *falco communis* entassées par Gmelin ; ainsi la var. *α* frisch 74 est une buse ; *♂* id. 75, est une buse patue ; *ε* id. 80, l'oiseau Saint-Martin ; *♫* id. 76 une buse un peu plus pâle que l'ordinaire ; *κ* aldrov. une espèce très-distincte, etc.

En revanche, les *falco islandus*, *barbarus* et *peregrinus*, pourraient bien n'être tous que le faucon ordinaire en différens états de mue.

On peut suivre ces différences, enl., 470 le jeune; 421 la vieille femelle; 430, le vieux mâle (1).

Ceux qu'on appelle *Faucons pèlerins*, enl., 469 (*Falco stellaris*, *F. peregrinus*, Gm.), paraissent des jeunes un peu plus noirs que les autres.

C'est l'espèce célèbre qui a donné son nom à cette sorte de chasse où l'on se sert des oiseaux de proie. Elle habite tout le nord du globe, et y niche dans les rochers les plus escarpés. Son vol est si rapide, qu'il n'est presque aucun lieu de la terre où elle ne parvienne. Elle fond sur sa proie verticalement comme si elle tombait des nues. On emploie le mâle contre les pies et autres oiseaux plus petits, et la femelle contre les faisans et même les lièvres.

Notre Europe produit encore cinq espèces inférieures pour la taille; savoir :

Le *Hobereau*. (*Falco subbuteo*. Lin.) enl., 432.

Brun dessus, blanchâtre, tacheté en long de brun dessous; les cuisses et le bas du ventre roux, un trait brun sur la joue.

Le *Hobereau gris*. (*Falco rufipes*, Beseke. F. *vespertinus*, Gm.) Enl., 431.

Brun dessus, cendré foncé dessous, les cuisses et le bas du ventre roux. La femelle a la tête rousse, et tout le dessus barré de cendré et de noir.

L'*Emérillon*. (*Falco œsalon*. Lin.) Enl., 468.

Brun dessus, blanchâtre dessous, tacheté en long de brun, même aux cuisses; le plus petit de nos oiseaux de proie. Le *Rochier* (*Falco lithofalco*, Lin.), enl., 447, cendré dessus, blanc-roussâtre, tacheté en long de brun

---

(1) *Frisch* ne donne qu'un jeune faucon, pl. LXXXIII. Edwards donne la vieille femelle, pl. 3. Le Jeune, pl. 4.

pâle dessous, n'en est que le vieux mâle (1). Il niche dans les rochers.

La *Cresserelle*. (*Falco tinnunculus*. Lin.) Enl., 401 et 471.

Rousse, tachetée de noir en dessus, blanche, tachetée en long de brun pâle dessous, la tête et la queue du mâle cendrées, tire son nom de son cri aigre ; niche dans les vieilles tours, les masures (2).

Les Gerfaults. (Hierofalco. Cuv.) (3).

Ont les pennes de l'aile comme dans les autres oiseaux nobles, dont ils montrent aussi toutes les inclinations ; mais leur bec n'a qu'un feston comme celui des ignobles ; leur queue, longue et étalée, dépasse notablement leurs ailes, quoique celles-ci soient elles-mêmes très-longues ; leurs tarses courts et réticulés, sont garnis de plumes au tiers supérieur. On n'en connaît bien qu'une espèce.

Le *Gerfault*. (*Falco candicans*, *F. cinereus* et *F. sacer*. Gm.) Buff., enl. 210, 456, 462, et Hist des Ois., I, pl. xiv. Edw., 53.

Plus grand d'un quart que le faucon, est le plus estimé de tous les oiseaux de fauconnerie. On le tire principale-

---

(1) Je dois cette observation à M. Bonnelli.

(2) Ajoutez en espèces étrangères, 1° voisines de la cresserelle F. *sparverius*, enl. 465, et deux ou trois espèces, dont les ailes, semblables d'ailleurs à celles des oiseaux nobles pour la proportion relative des plumes, sont plus courtes que la queue. — Le *chiquera*. Vaillant, xxx. (F. *chiquera*. Sh.) — Le *montagnard*. id. xxxv. (F. *capensis*. Sh.) 2° Voisines du hobereau. F. *cærulescens*. Edw. 108. — F. *aurantiacus*. — F. *bidentatus* Lath. qui se distingue par une double dent à son bec. 3° Voisines du vrai faucon. Le f. *huppé* (*falc. frontalis*. Daud. *f. galericulatus*. Sh.) Vail. Af. 28. Le f. *à culotte noire*, id. 29. (F. *tibialis*. Sh.)

(3) *Hierax*, *hiero-falco*, *faucon sacré*, *sacre*, tous noms tenant à l'ancienne vénération des Égyptiens pour certains oiseaux de proie. *Gerfault* est corrompu d'*hiero-falco*.

ment dn nord ; son plumage ordinaire est brun dessus, avec une bordure de points plus pâles à chaque plume , et des lignes transverses sur les couvertures et les pennes ; blanchâtre dessous , avec des taches brunes longues , qui , avec l'âge , se changent sur les cuisses en lignes transverses ; enfin la queue rayée de brun et de grisâtre ; mais il varie tellement par le plus ou moins de brun ou de blanc , qu'il y en a de tout blancs sur le corps, et où il ne reste de brun qu'une tache sur le milieu de chaque penne du manteau ; les pieds et la membrane du bec sont tantôt jaunes, tantôt bleus (1).

La seconde section du grand genre *falco* est celle des

OISEAUX DE PROIE appelés IGNOBLES,

Parce qu'on ne peut les employer aisément en fauconnerie ; tribu bien plus nombreuse que celle des *nobles* , et qu'il est nécessaire encore de beaucoup subdiviser. La plus longue penne de leurs ailes est presque toujours la quatrième, et la première est très-courte , ce qui fait le même effet que si leur aile avait été tronquée obliquement par le bout, d'où résulte un vol plus faible, toutes choses égales d'ailleurs ; leur bec est aussi moins bien armé , parce qu'il n'a point de dent latérale près de sa pointe, mais seulement un léger feston dans le milieu de sa longueur.

LES AIGLES. (AQUILA. Briss.)

Qui en forment la première famille, ont un bec très-fort , droit à sa base, et courbé seulement vers sa pointe. C'est parmi eux que se trouvent les plus grandes espèces du genre, et les plus puissans de tous les oiseaux de proie.

LES AIGLES proprement dits. Cuv.

Ont le tarse emplumé jusqu'à la racine des doigts : ils vivent

---

(1) La *buse cendrée* , Edw. 53. (*Falco cinereus.* Gm.) et le *saere* , Buff. I , xiv, (*Falco saccr.* Gm.) ne diffèrent en rien de certains états du gerfault. Je ne vois pas non plus que les pieds jaunes doivent faire distinguer comme espèce le f. *Islandicus* ; ainsi que l'a fait Bechstein.

dans les montagnes, et poursuivent les oiseaux et les quadrupèdes ; leurs ailes sont aussi longues que la queue, leur vol
aussi élevé que rapide, et leur courage surpasse celui de tous
les autres oiseaux.

L'*Aigle commun*. (*Falco fulvus*, *F. melanaëtos*, *F. niger*,
F. mogilnik.Gm.) (1). Enl. , 409.

Plus ou moins brun, l'occiput fauve, la moitié supérieure
de la queue blanche, et le reste noir. C'est l'espèce la plus
répandue dans toutes les contrées montagneuses.

L'*Aigle royal*. (*Falco chrysaëtos*.) Enl. , 410.

Ne diffère du précédent que par sa queue noirâtre, marquée de bandes irrégulières cendrées. Cependant c'est sur
lui qu'on s'est plu à reporter les récits exagérés que faisaient les anciens de la force, du courage et de la magnani-
mité de leur aigle doré ou royal (2).

Le *petit Aigle* ou *Aigle tacheté*. (*Falco nævius* et *Falco
maculatus*. Gm.)

D'un tiers plus petit que les deux autres, brun, queue
noire à bout blanchâtre ; des taches fauve-pâle, formant
une bande sur les petites couvertures, une au bout des
grandes, qui remonte sur les scapulaires, et une au bout des
pennes secondaires. Le haut de l'aile est chargé de gouttelettes

---

(1) Quelque bizarre que puisse paraître cette multiplication d'espèces,
elle est cependant très-vraie. L'espèce réelle est bien représentée enl. 409,
c'est *falc. fulvus*. Dans certains états de mue, on voit dans son plumage le
blanc de la base des plumes. C'est alors *f. fulvus canadensis*, Edw. I.
Le *f. mogilnik* nov. comm. petr. XV, pl. xi, ne diffère pas d'une autre
manière. Quant au *f. melanaëtos*, il n'est fondé que sur de vagues indications des anciens, et l'on ne cite que la même pl. enl. 409. Enfin le
f. niger ou *aigle à dos noir* de Brown, n'est qu'une légère différence d'âge.

(2) Il y a même des naturalistes qui croient que l'aigle royal n'est qu'un
jeune de l'aigle commun; mais on en élève un, depuis plusieurs années, à
la ménagerie, qui conserve toujours sa queue barrée de noir et de gris.

fauves; le dessous du corps est plus pâle que le dos, et les tarses plus grêles et moins fournis qu'aux grands aigles.

Cette espèce est commune dans les Apennins et autres montagnes du midi de l'Europe, mais se montre plus rarement dans le nord : elle n'attaque que des animaux très-faibles. On l'a trouvée assez docile pour l'employer en fauconnerie ; mais on dit qu'elle se laisse chasser et vaincre par l'épervier.

La nouvelle Hollande produit des aigles de même forme, à la queue près, qui est étagée (1).

LES AIGLES PÊCHEURS. Cuv. (HALIÆTUS. Savigny).

Ont les mêmes ailes que les précédens, mais les tarses revêtus de plumes seulement à leur moitié supérieure, et à demi écussonnés sur le reste. Ils se tiennent au bord des rivières et de la mer, et vivent en grande partie de poisson.

Le *Pygargue* et l'*Orfraye*. (*Falco ossifragus*, *F. albicilla* et *F. albicaudus*. Gm.)

Ne forment qu'une espèce qui, dans ses premières années, a le bec noir, la queue noirâtre, tachetée de blanchâtre, et le plumage brunâtre, avec une flamme brun-foncé sur le milieu de la plume (enl., 112 et 415), et qui, avec l'âge, devient d'un gris-brun uniforme, plus pâle à la tête et au cou, avec une queue toute blanche et un bec jaune-pâle (Frisch, LXX.) (2). En tout temps elle attaque principalement les poissons. On la trouve dans tout le nord du globe.

L'*Aigle à tête blanche*. (*Falco leucocephalus*.) Enl., 411.

Brun-foncé uniforme, à tête et queue blanches, à bec

---

(1) Joignez, aux trois aigles d'Europe, le *griffard*, Vaill. Afr. I. (F. *armiger*, Sh.)

(2) On a vérifié plus d'une fois ce changement à la ménagerie du Muséum. Quant au petit pygargue, f. *albicaudus*, ce n'est que le mâle du grand f. *albicilla*.

jaunâtre, presque aussi grand que nos aigles communs, vit dans l'Amérique septentrionale, et y poursuit sans cesse le poisson. Il paraît qu'il en vient quelquefois dans le nord de l'Europe Dans sa jeunesse il a le corps et la tête brun-cendré. On ne doit cependant pas le confondre avec le vieux pygargue à tête blanchâtre (1).

LES BALBUSARDS. (PANDION. Savigny.)

Ont le bec et les pieds des aigles pêcheurs ; mais leurs ongles sont ronds en dessous , tandis que dans les autres oiseaux de proie , ils sont creusés en gouttière ; leurs tarses sont réticulés, et c'est la seconde plume de leurs ailes qui est la plus longue.

On n'en connaît qu'une espèce , répandue au bord des eaux douces de presque tout le globe , avec peu de variations dans le plumage : c'est

Le *Balbusard*. (*Falco haliætus*. Lin.) Enl. , 414 , et mieux : Catesby , II.

D'un tiers plus petit que l'orfraye, blanc, à manteau brun , une bande brune descendant de l'angle du bec vers le dos, des taches brunes sur la tête et la nuque , quelques-unes à la poitrine ; la cire et les pieds tantôt jaunes , tantôt bleus.

L'Amérique produit des aigles pêcheurs à longues ailes comme les précédens, où une partie plus ou moins considérable des côtés de la tête , et quelquefois de la gorge , est dénuée de plumes. On leur donne le nom commun de CARACARA (2).

Le *Caracara ordinaire*. (*Falco brasiliensis*, Gm.)

Grand comme un balbusard , rayé en travers de blanc et de noir , des plumes effilées, blanches à la gorge, une calotte

---

(1) Ici doivent se placer le *falco pondicerianus*, enl. 416. — Le *blagre*, Vaill. Afr. 5. (*Falc. blagrus* , Sh.) qui est probablement le *f. leucogaster*. — Le *vocifer*, Vaill. Afr. 4. (F. *vocifer*, Sh.) — Le *caffre*, Vaill. Afr. 6. (F. *vulturinus*, Sh.)

(2) Azzara. Voy. III , p. 30 et suiv.

noire, un peu prolongée en huppe; les couvertures des ailes, les cuisses et le bout de la queue noirâtres. C'est l'oiseau de proie le plus nombreux au Paraguay et au Brésil (1).

Le petit Aigle à gorge nue. (Falco aquilinus.) Enl., 417.

Noir, le ventre et les couvertures inférieures de la queue blancs, la gorge nue et rouge.

Les Harpies ou Aigles pêcheurs à ailes courtes (*Harpyia*, Cuv.), sont aussi des aigles d'Amérique, qui ont les tarses très-gros, très-forts, réticulés, et à moitié emplumés, comme les aigles pêcheurs proprement dits, dont ils ne diffèrent que par la brièveté de leurs ailes; leur bec et leurs ongles sont même plus forts que dans aucune autre tribu.

La *grande Harpie d'Amérique. Aigle destructeur* de Daudin, *grand aigle de la Guiane* de Mauduit (probablement le *Falco harpyia* et le *F. cristatus*, Lin.) *F. harpyia* et *imperialis*, Sh.) (2)

Est un des oiseaux qui ont les serres et le bec les plus terribles; sa taille est supérieure à celle de l'aigle commun; son plumage est cendré à la tête et au cou, brun-noirâtre au manteau et aux côtes de la poitrine, blanchâtre au-dessous, et rayé de brun sur les cuisses : des plumes allongées lui forment une huppe noire sur le derrière de la tête.

On le dit si fort, qu'il a quelquefois fendu le crâne à des hommes à coups de bec : les paresseux font sa nourriture ordinaire, et il n'est pas rare qu'il enlève des faons.

─────────

(1) C'est bien le caracara de Margrave, mais sa description ne le ferait pas reconnaître. On en trouve une meilleure dans Azzara. Notre caractère est pris de la nature. Le *f. cheriway* Jacq. beyt., p. 15, n° 11, pourrait bien n'en être qu'une variété d'âge.

(2) C'est incontestablement l'yzguautzli de Fernandès; mais cet auteur exagère beaucoup sa taille en le comparant à un mouton. C'est aussi le *v. cristatus* de Jacq., et par conséquent le *falc. jacquini* de Gmel.

LES AIGLES-AUTOURS. (MORPHNUS. CUV.) (1).

Ont , comme les précédens, les ailes plus courtes que la
queue ; mais leurs tarses élevés et grêles, et leurs doigts faibles , obligent de les en distinguer.

Il y en a qui ont les tarses élevés , nus et écussonnés.

L'*Aigle-autour huppé de la Guiane*. (*F. Guiannensis.*
Daud.) *Petit Aigle de la Guiane*. Maud. , Encycl.

Ressemble singulièrement, pour les couleurs et pour la
huppe, au grand aigle pêcheur du même pays; mais il est
moindre pour la taille, et ses tarses élevés, nus et écussonnés , l'en distinguent suffisamment ; son manteau est noirâtre , quelquefois varié de gris-foncé ; son ventre blanc ,
avec des ondes fauves plus ou moins marquées; sa tête et
son cou, tantôt gris, tantôt blancs , et sa huppe occipitale,
longue et noirâtre.

L'*Urubitinga*. (*Falco urubitinga*. Lin.)

Noir , sans huppe, avec le croupion et la base de la queue
blancs. Ce bel oiseau chasse sur les lieux inondés (2).

D'autres ont les tarses élevés et emplumés sur toute leur
longueur.

L'*Aigle-autour noir huppé d'Afrique*. (*Huppart*. Vail. Afr.
I, 11. Bruce, Abyss., pl. xxxii. *Falco occipitalis*. Daud.)

Grand comme un corbeau, noir, une longue huppe pendante de l'occiput ; les tarses, le bord de l'aile et des bandes
sous la queue blanchâtres. Il habite toute la largeur de
l'Afrique.

---

(1) *Morphnus* , nom grec d'une espèce indéterminée d'oiseaux de
proie.

(2) Ici vient probablement *falc. novæ zeelandiæ* , Lath. Syn. I ,
pl. iv.

L'*Aigle-autour varié* ou *Urutaurana* (1). *Autour huppé*, Vail. , Afr. , I , xxvi. *Aigle moyen de la Guiane*, Maud. , Encycl. *Epervier patu* d'Azzar. *Falco ornatus*, Daud. *F. superbus* et *coronatus*, Sh.)

Calotte et huppes noires , côtés du cou d'un roux-vif, manteau noir varié de gris , ondé de blanc ; dessous blanc , rayé de noir aux flancs , aux cuisses et aux tarses ; queue noire , avec quatre bandes grises. C'est un bel oiseau de l'Amérique méridionale, qui varie du noir et blanc au brun-foncé (2).

Il y a enfin en Amérique des oiseaux à bec comme tous les précédens , à tarses très-courts , réticulés , à demi couverts de plumes par devant , à ailes plus courtes que la queue, et dont le caractère le plus distinctif consiste en narines presque fermées, semblables à une fente. On peut en faire une petite tribu sous le nom de Cymindis, Cuv. (3). Tel est

Le *petit Autour de Cayenne*. Buff. (*Falco Cayennensis*. Gm.) Enl. , 473.

A encore pour caractère propre une petite dent à l'endroit où le bec se courbe. L'adulte est blanc , à manteau noir-bleuâtre , à tête cendrée , avec quatre bandes blanches sur la queue ; le jeune a le manteau varié de brun et de roux , et la tête blanche , avec quelques taches noires.

Les Autours. Cuv. (Astur , Bechstein. Dædalion, Savigny.)

Qui forment la seconde division des *ignobles*, ont, comme

---

(1) C'est bien sûrement l'*urutaurana* de Margrave ; mais cet auteur le dit grand comme un aigle , ce qui est un tiers au moins de trop.

(2) Ajoutez ici le *blanchard*, Vaill. Afr. 3. (F. *albescens*, Sh.) — L'aigle *moucheté* (*aq. maculosa*.) Vieill. Amér. 3 bis.

(3) *Cymindis*, nom grec d'une espèce indéterminée d'oiseaux de proie.

N. B. L'aigle *de Gottingue* (f. *glaucopis*. Merrem beytr. II , pl. vii.) est une buse commune. L'aigle *blanc* (F. *albus*, Sh. John white. Voy.) est un autour.

les trois dernières tribus des aigles, les ailes plus courtes que la queue; mais leur bec se courbe dès sa base, comme dans tous ceux qui vont suivre.

On appelle plus particulièrement AUTOURS ceux qui ont les tarses écussonnés et un peu courts.

L'*Autour ordinaire*. (*Falco palumbarius*, enl., 418 et 461, et le jeune, *F. gallinarius*, enl., 425, et Frisch., LXXII.) (1).

La seule espèce de ce pays-ci, est brun dessus, à sourcils blanchâtres, blanc dessous, rayé en travers de brun dans l'adulte; moucheté en long dans le premier âge; cinq bandes plus brunes sur la queue. Il égale le gerfault pour la taille, mais non pour le courage, fondant toujours obliquement sur sa proie. On s'en sert cependant en fauconnerie pour des gibiers faibles. Il est commun dans toutes nos collines et montagnes basses.

Parmi les autours étrangers, on peut remarquer celui de la Nouvelle-Hollande (*Falco novæ Hollandiæ*), Jonhwhite 250.

Qui est souvent tout entier d'un blanc de neige; mais il paraît que c'est une variété d'un oiseau du même pays, cendré dessus, blanc dessous, avec des vestiges d'ondes grises.

On peut encore rapprocher des *autours* quelques oiseaux d'Amérique à ailes courtes et à tarses courts, mais réticulés.

L'*Autour rieur* ou *à calotte blanche*. (*Falco cachinnans*, Lin. *Nacagua* d'Azz.)

Nommé d'après son cri; blanc, le manteau et une bande qui part du tour de l'œil et s'unit sur la nuque à la correspondante, bruns; la queue à bandes brunes et blan-

---

(1) Probablement aussi f. *gyrfalco*, f. *gentilis*, Gm., tant les oiseaux de proie sont mal déterminés dans les ouvrages les plus modernes.

chés. Des marécages de l'Amérique méridionale, où il vit de reptiles et de poissons (1).

On réserve le nom d'EPERVIER (NISUS, Cuv.) à ceux qui ont les tarses écussonnés et plus élevés.

Notre *Epervier commun (Falco nisus ,* Lin.), enl., 412 et 467,

A les mêmes couleurs que l'autour, mais ses jambes sont plus hautes, et sa taille d'un tiers moindre. Cependant on l'emploie en fauconnerie. Le jeune a les taches de dessous en flèches ou en larmes longitudinales et rousses, et les plumes de son manteau sont aussi bordées de roux.

Il y a des espèces étrangères encore plus petites (2).

Mais il y en a aussi de beaucoup plus grandes. Ainsi

L'Epervier chanteur (Faucon chanteur, Vail., Afr., XXVII, *Falco musicus,* Daud.),

Est grand comme l'autour, cendré dessus, blanc rayé de brun dessous et au croupion. On le trouve en Afrique, où il chasse aux perdrix, aux lièvres, et niche sur des arbres. C'est la seule espèce connue d'oiseaux de proie qui chante agréablement (3).

LES MILANS. (MILVUS. Bechstein.)

Ont des tarses courts, des doigts et ongles faibles, qui, joints à un bec également peu proportionné à leur taille, en font les espèces les plus lâches de tout le genre; mais ils se distinguent par leurs ailes excessivement longues et par leur queue fourchue, qui leur donnent le vol le plus rapide et le plus facile.

Les uns ont les tarses très-courts, réticulés, et à demi re-

---

(1) Ici vient le f. *melanops ,* Lath.

(2) Comme le *gabar ,* Vaill. Afr. 33. (F. *gabar ,* Sh.) Le *minule ,* id. 34. (F. *minullus ,* Sh.)

(3) Autres éperviers étrangers. La *buse mixte couleur de plomb ,* Azz. n° 67. Le *falc. magnirostris ,* enl, 460. — Le *f. columbarius* Catesb. 3

vètus de plumes par le haut, comme la dernière petite tribu des aigles. (ELANUS, Savigny.) Tels sont

Le *Blac*, Vail., Afr. xxxvi et xxxvii.

Grand comme un épervier, à plumage doux et soyeux, à queue peu fourchue, cendré dessus, blanc dessous, les petites couvertures des ailes noirâtres : le jeune est brun varié de fauve. Cet oiseau est commun depuis l'Egypte jusqu'au Cap. Il ne chasse guère qu'aux insectes.

Le *Milan de la Caroline*. (*Falco furcatus*. Lin.) Catesb., iv.

Blanc, les ailes et la queue noires, les deux pennes extérieures de celle-ci très longues ; plus grand que le précédent. Il attaque aussi les reptiles.

LES MILANS proprement dits ,

Ont les tarses écussonnés et plus forts.

Notre *Milan commun*. (*Falco milvus* ; Lin.) Enl., 422.

Fauve, les pennes des ailes noires, la queue rousse ; celui de tous nos oiseaux qui se soutient en l'air le plus longtemps et le plus tranquillement. Il n'attaque guère que des reptiles (1).

LES BONDRÉES. (PERNIS. Cuv.) (2).

Ont, avec un bec faible de milan, un caractère très-particulier, en ce que l'intervalle entre l'œil et le bec, qui, dans tout le reste du genre *falco*, est nu, et garni seulement de quelques poils, se trouve chez elles couvert de plumes bien serrées et coupées en écailles ; leurs tarses sont à demi emplumés vers le haut, et réticulés : elles ont du reste la queue

---

(1) Ajoutez le *parasite*, Vaill. Afr. 22, ou le *milan noir*, enl. 472 ; c'est le *falc. ater*, le *falc. ægyptius*, et le *falc. forskahlii* Gmel. le *falc parasiticus*, Lath. et Shaw.

N. B. Le *falc. austriacus* Gm. est le jeune du milan commun.

(2) *Pernis* ou *pernès*, dénomination d'une sorte d'oiseaux de proie, selon Aristote.

égale, les ailes longues, le bec courbé dès sa base, comme tous ceux qui vont suivre. Nous n'en possédons qu'une espèce.

La *Bondrée commune.* (*Falco apivorus.*) Enl., 420.

Un peu moindre que la buse, brune dessus, différemment ondée de brun et de blanchâtre dessous, selon les individus : la tête du mâle est cendrée à un certain âge. Cet oiseau chasse aux insectes, surtout aux guêpes et aux abeilles.

Il en existe quelques autres dans les pays étrangers.

La *Bondrée huppée de Java.*

Toute brune, à tête cendrée comme la nôtre, mais à queue noire, avec une bande blanchâtre sur le milieu ; une huppe brune à l'occiput. Elle a été rapportée de Java par M. Leschenaut.

LES BUSES. (BUTEO. Bechstein.)

Ont les ailes longues, la queue égale, le bec courbé dès sa base, l'intervalle entre lui et les yeux sans plumes, les pieds forts.

Il y en a qui ont les tarses emplumés jusqu'aux doigts. Elles se distinguent des aigles par leur bec courbé dès la base, des autours ou aigles-autours à tarses empennés, par leurs ailes longues. Nous en possédons une.

La *Buse patue.* (*Falco pennatus.*) Frisch, LXXV (1).
Vaillant, Afr., XVIII.

Variée assez irrégulièrement de brun plus ou moins clair et de blanc plus ou moins jaunâtre, est un des oiseaux les

---

(1) Cette buse est quatre fois dans Gmelin, sans y être jamais à sa place. C'est le *falco lagopus*, brit zool. *ap.* t. I ; le *falco communis ♂ leucephalus*, Frisch. 75 ; le *falco pennatus*, Briss. *ap.* pl. 1; le *falco Sancti-Johannis*, arct. zool., pl. IX. — Les *falc. communis fuscus*, f. *variegatus*, f. *albidus*, f. *versicolor*, Gm. ne sont que différens états de la buse ordinaire.

plus répandus ; on l'a trouvée presque partout, et on l'a presque toujours regardée comme variété de quelque autre oiseau.

Mais le plus grand nombre des buses a les tarses nus et écussonnés. Nous n'avons ici que

La *Buse commune*. (*Falco buteo.*) Enl. , 419.

Brune , plus ou moins ondée de blanc au ventre et à la gorge , est l'oiseau de proie le plus abondant et le plus nuisible de nos contrées. Elle demeure toute l'année dans nos forêts , tombe sur sa proie du haut d'un arbre ou d'une bu de,et détruit beaucoup de gibier.

Mais on peut remarquer parmi les buses étrangères ,

Le *Bacha*. Vail. , Afr. , pl. xv.

Grand comme la nôtre, brun , à petites taches rondes et blanches sur les côtés de la poitrine et sur le ventre ; une huppe noire et blanche, une large bande blanche sur le milieu de la queue. C'est un oiseau d'Afrique très-cruel , qui fait sa principale proie des *damans* (1).

LES BUSARDS. (CIRCUS. Bechstein.)

Diffèrent des buses par leurs tarses plus élevés , et par une espèce de collier , que les bouts des plumes qui couvrent leurs oreilles forment de chaque côté de leur cou.

Nous en avons deux espèces dans ce pays-ci , que les variations de leur plumage ont fait multiplier par les nomenclateurs.

La *Soubuse* (*Falco pygargus*) , enl. , 443 et 480, Brune dessus, fauve tachetée en long de brun dessous, le croupion blanc. L'*Oiseau Saint-Martin* (*Falco cyaneus* et

(1) Autres buses étrangères : le *r u-noir*, Vaill. Afr. 16. (F. *jackal* , Daud. et Sh.) — Le *tachard*, id. 19. (F. *tachardus* , Sh.) — Le *buseray* id. 20. (F. *busarellus* , Sh.) — Le *buson* , id. 21. (F. *buson* , Sh.) — Le *tachiro* , id. 24. (F. *tachiro* , Sh.) — La *buse des savannes noyées* , Azz. 53. — Le *milan cresserelle* , Vieill. Amér. 10 bis.

F. albicans) (1), enl. 450, cendré, à pennes des ailes noires, ne paraît être que la vieille soubuse mâle.

La *Harpaye*. (*Falco rufus.*) Enl., 470.

Brunâtre et rousse, la queue et les pennes primaires de l'aile cendrées. Le *Busard*. (*Falco æruginosus.*) Enl., 424. Brun, avec du fauve-clair à la tête et à la poitrine, n'est que le même oiseau à l'âge d'un an. Cette espèce se tient de préférence à portée des eaux, pour y donner la chasse aux reptiles (2).

Enfin le

MESSAGER ou SECRÉTAIRE (SERPENTARIUS, CUV., GYPO-GERANUS, Illig.),

Est un oiseau de proie d'Afrique, qui a les tarses au moins du double plus longs que les précédens, ce qui l'a fait ranger par plusieurs naturalistes avec les échassiers ; mais ses jambes, entièrement couvertes de plumes, son bec crochu

---

(1) C'est aussi le *falco communis* E *albus* Frisch., pl. LXXX. Le *falc. montanus* B, et le *falc, griseus*, Gm., et même son *falc. bohemicus*.

(2) Espèces étrangères. — *Falco hudsonius*, Edw. 107, qui n'est peut-être qu'une variété du pygargus. — *Falco uliginosus*, id. 291. — L'*acoli*, Vaill. Afr. 31. (F. *acoli*, Sh.) — Le *tchoug*, id. 32, et Sonnerat, II, 182. (F. *melanoleucos.*) — N. B. Le *grenouillard*, Vaill. Afr. 23. (F. *ranivorus*, Sh.) n'est que la soubuse, ainsi que le *busard-roux*, Vieill. Amér., pl. IX.

N. B. J'ai été obligé de passer sous silence plusieurs espèces intéressantes d'oiseaux de proie diurnes, parce que je n'ai point eu de figures à eu indiquer, et que les descriptions de cette famille sont presque toujours trop vagues pour donner une synonymie certaine. Aussi est-ce celle où les espèces sont le plus embrouillées et le plus gratuitement multipliées. Cette famille offrirait aux artistes un sujet beaucoup plus neuf que les oiseaux à couleurs brillantes qu'ils reproduisent tant de fois. J'ai été aussi empêché de classer plusieurs des espèces de MM. Vaillant et Vieillot, faute d'avoir pu les observer par moi-même.

et fendu, ses sourcils saillans, et tous les détails de son anatomie, le placent dans l'ordre actuel. Son tarse est écussonné, ses doigts courts à proportion, le tour de son œil dénué de plumes ; il porte une longue huppe roide à l'occiput, et les deux pennes mitoyennes de sa queue dépassent beaucoup les autres. Il habite les lieux arides et découverts des environs du Cap, où il poursuit les reptiles à la course ; aussi a-t-il les ongles usés à force de marcher. Sa grande force est dans le pied. (C'est le *Falco serpentarius*. Gm.) Enl., 721.

LES OISEAUX DE PROIE NOCTURNES.

Ont la tête grosse ; de très-grands yeux dirigés en avant, entourés d'un cercle de plumes effilées, dont les antérieures recouvrent la cire du bec, et les postérieures l'ouverture de l'oreille. Leur énorme pupille laisse entrer tant de rayons qu'ils sont éblouis par le plein jour. Leur crâne épais, mais d'une substance légère, a de grandes cavités qui communiquent avec l'oreille et renforcent probablement le sens de l'ouïe ; mais l'appareil relatif au vol n'a pas une grande force ; leur fourchette est peu résistante ; leurs plumes à barbes douces, finement duvetées, ne font aucun bruit en volant. Le doigt externe de leur pied se dirige à volonté en avant ou en arrière. Ces oiseaux volent surtout pendant le crépuscule et le clair de lune. De jour, quand ils sont attaqués, ou frappés de quelque objet

nouveau , sans s'envoler ils se redressent, prennent des postures bizarres et font des gestes
ridicules.

Leur gésier est assez musculeux , quoique
leur proie soit toute animale , consistant en
souris , petits oiseaux , insectes ; mais il est
précédé d'un grand jabot ; les cœcums sont
longs , et élargis à leur fond , etc. Les petits
oiseaux ont contre ceux-ci une antipathie naturelle , et se réunissent de toute part pour les
assaillir , ce qui fait qu'on les emploie pour
attirer les oiseaux aux pièges ; on n'en a fait
qu'un genre.

(Strix. Lin.)

Que l'on peut diviser d'après leurs aigrettes , la
grandeur de leurs oreilles , l'étendue du cercle de plumes qui entoure leurs yeux , et quelques autres caractères.

Les espèces qui ont autour des yeux un grand disque bien
complet de plumes effilées , entouré lui-même d'un cercle ou
collerette de plumes écailleuses , et entre-deux une grande
ouverture d'oreille , sont plus éloignées pour la forme et pour
les mœurs des oiseaux de proie diurnes , que celles où l'oreille
est petite , ovale , et recouverte par des plumes effilées qui ne
viennent que de dessous l'œil. On voit des traces de ces différences jusque dans le squelette.

Parmi ces premières espèces , nous nommerons

HIBOUS (OTUS , Cuv.),

Celles qui ont sur le front deux aigrettes de plumes qu'elles
relèvent à volonté , dont la conque de l'oreille s'étend en demi-

cercle depuis le bec jusque vers le sommet de la tête, et est
garnie en avant d'un opercule membraneux. Leurs pieds sont
garnis de plumes jusqu'aux ongles. Telles sont en Europe

Le *grand Hibou à huppes courtes* (1). (*Str. ascalaphus.*
Savigny, Eg.*) Brit. zool., tab. B., III.

D'un quart plus grand que le commun, comme lui fauve
tacheté de brun, et vermiculé sur les ailes et le dos, mais
le ventre rayé en travers de lignes étroites, et des aigrettes
tres-courtes. D'Afrique.

Le *Hibou commun* ou *moyen Duc.* Buff. (*Str. otus.* L.)

Frisch, LXXXXIX; Brit. zool., tab., B, IV, f. I.
Fauve, avec des taches longitudinales brunes sur le corps
et dessous; vermiculé de brun sur les ailes et le dos, des
aigrettes longues comme la moitié de la tête, huit ou neuf
bandes sur la queue (2).

La *Chouette* ou le *moyen Duc, à huppes courtes.* (*Str. ulula*
et *str. brachyotos.* Gm.) Enl., 438; Frisch, c; Brit.
zool., tab., B, IV, f. 2.

Presque semblable au précédent pour les couleurs, le dos
non réticulé, mais des lignes étroites sur le ventre, et quatre
ou cinq bandes brunes sur la queue. Les huppes ne se
trouvent que dans le mâle; elles sont si petites, et il les
relève si rarement qu'elles n'ont presque jamais été remar-
quées, et qu'on l'a toujours laissé parmi les espèces sans
huppes, ou qu'on en a fait deux espèces.

Parmi les hibous étrangers, on peut remarquer

---

(1) Il en paraît quelquefois en Europe; témoin celui que représente la
Zoologie britannique, et dont la figure a tant embarrassé les naturalistes.

(2) Le *duc mexicain*, Daud. (*str. mexicana* et *americana*, Gm.) ne
diffère de notre hibou commun que par des taches plus noires, moins
lavées.

Le *grand Hibou d'Amérique*. (*Str. bubo magellanicus* et *str. virginiana.* Gm.) Enl., 585; Edw., 70; Daud., II, XIII. *Jacurutu* de Marg., *Nacurutu* de d'Azz.

Presque de la taille de notre grand duc, rayé en travers de brun en dessous, brun piqueté de noir en dessus. Il est répandu d'une extrémité à l'autre du nouveau continent, où il se tient dans les bois.

Il y en a une espèce fort semblable, mais d'un quart plus petite au Cap de Bonne Espérance.

On pourrait réserver le nom de

CHOUETTES. (ULULA. Cuv.)

Pour les espèces qui ont le bec et l'oreille des hibous, mais non leurs aigrettes. Nous n'en possédons point de telles ici; mais il y en a dans le nord des deux continens, par exemple :

La *grande Chouette grise de Suède*. (*Str. li turata* de Retzius.)

Presque de la taille de notre grand duc; mélangée de gris et de brun dessus, blanchâtre, à taches longitudinales gris-brunes dessous. Elle habite les montagnes du nord de la Suède.

La *Chouette du Canada*. (*Str. nebulosa.* Gm.)

Un peu moindre que la précédente; le cou et la poitrine barrés en travers de brun et de blanchâtre, dos brun à taches blanchâtres, ventre blanchâtre à mèches brunes.

LES EFFRAYES. (STRIX. Savigny.)

Ont l'oreille aussi grande que les hibous et pourvue d'un opercule qui l'est encore plus que celui de ces derniers; mais leur bec allongé ne se courbe que vers le bout, tandis que, dans tous les autres sous-genres, il est arqué dès la pointe Elles manquent d'aigrettes; leurs tarses sont emplumés, mais elles n'ont que des poils à leurs doigts. Le masque formé par les plumes effilées, qui entourent leurs yeux, a plus d'étendue, et leur donne une physionomie plus extraordinaire encore qu'aux autres espèces.

L'espèce commune en France, (*Str. flammea.* L.) Enl., 440 ; Frisch, LXXXXVII, paraît répandue sur tout le globe. Son dos est nué de fauve et de cendré ou de brun, joliment piqueté de points blancs enfermés chacun entre deux points noirs, et son ven re tantôt blanc, tantôt fauve, avec ou sans mouchetures brunes. Elle niche dans les tours, les clochers ; et c'est elle que le peuple regarde plus spécialement comme un oiseau de mauvais augure.

LES CHATS-HUANS. (SYRNIUM. Savigny.)

Ont le disque de plumes effilées, et la collerette comme les précédens ; mais leur conque se réduit à une cavité ovale qui n'occupe pas moitié de la hauteur du crâne ; ils n'ont point d'aigrettes, et leurs pieds sont emplumés jusqu'aux ongles.

Le *Chat-Huant de ce pays-ci.* (*Str. aluco* et *stridula.* L.) *Hulotte*, *Chouette des bois*, etc. Enl., 441, 437 ; Frisch, LXXXXIV, LXXXXV, LXXXXVI.

Est un peu plus grand que le hibou commun, couvert partout de taches longitudinales brunes, dechirées sur les côtés en dentelures transverses ; il a des taches blanches aux scapulaires et vers le bord antérieur de l'aile. Le fond du plumage est grisâtre dans le mâle, roussâtre dans la femelle ; ce qui les avait fait long-temps considérer comme deux espèces (1). Ces oiseaux nichent dans les bois, ou pondent souvent dans des nids étrangers, et se tiennent dans de vieux troncs d'arbres.

---

(1) Les str. *sylvestris*, *rufa*, *noctua*, *alba* de scopoli et le str. *soloniensis* que Gmelin a intercalés dans son système, sont trop indéterminés pour être considérés comme autre chose que des variétés, probablement du chat-huant.

Nous réservons le nom de

Ducs. (Bubo. Cuv.)

Aux espèces qui, avec la conque aussi petite et le disque de plumes moins marqué que les chats‑huans, possèdent des aigrettes. Celui qu'on connaît a de gros pieds emplumés jusqu'aux ongles ; c'est

Le *grand Duc* des naturalistes. (*Str. bubo.*) Enl., 434 ; Frisch., lxxxxiii.

Le plus grand des oiseaux de nuit, fauve, avec une mèche et des pointillures latérales brunes sur chaque plume ; le brun est plus abondant dessus, le fauve dessous, les aigrettes presque toutes noires (1).

Les Chouettes a aigrettes. (Vaill. Afr. xliii.)

Ne sont que des ducs dont les aigrettes, plus écartées et placées plus en arrière, ne se relèvent que difficilement au-dessus de la ligne horizontale. On n'en connaît qu'une de la Guiane, à plumage roux ou brun finement rayé de noirâtre, les aigrettes blanches à leur bord interne, et quelques larmes d'un beau blanc sur l'aile.

Les Chevèches. (Noctua. Savigny.)

N'ont ni aigrettes, ni conque de l'oreille évasée et enfoncée : l'ouverture en est ovale, à peine plus grande que dans les autres oiseaux ; le disque de plumes effilées est moins grand et moins complet encore que dans les ducs.

Quelques-unes se font remarquer par une longue queue étagée ; elles ont les doigts très-emplumés ; on les nomme chouettes éperviers. (Surnia. Dumer.) Il paraît qu'il en existe, dans tout le nord, quelques espèces ou variétés très-

---

(1) On ne peut admettre le str. *scandiaca* , L. qui ne repose que sur une figure laissée par Rudbek , et faite probablement d'après un variété du grand duc.

voisines et assez mal distinguées sous les noms de *str. funerea, hudsonia, uralensis, accipitrina,* etc.

L'espèce la mieux connue (enl. , 473) de Sibérie, brun-noirâtre dessus, avec des taches blanches en goutte-lettes sur sa tête, en barres tranversales sur les scapulaires, rayée transversalement de blanc et de brun en dessous, avec dix lignes transverses blanches sur la queue; chasse plus le jour que la nuit. Mais Vaillant en a fait connaître une autre d'Afrique (son *choucou*, nᵘ xxxviii) toute blanche en dessous, à quatorze ou quinze lignes sur la queue, et, selon lui, plus nocturne encore que les autres chouettes.

D'autres ont la queue courte et les doigts emplumés. La plus grande, et en même temps, le plus grand oiseau de nuit sans aigrettes, est

Le *Harfang.* (*Str. nyctea.* L.) Enl. , 458.

Qui égale presque le grand duc pour la taille Son plumage blanc de neige est marqué de taches transversales brunes qui disparaissent à mesure que l'animal vieillit. Il habite le nord des deux continens, niche sur des rochers élevés, chasse aux lièvres, aux coqs de bruyère, aux lagopèdes, etc. (1)

Il y en a, dans le reste de l'Europe, des espèces beaucoup plus petites, telles que

La *Chevêche commune* ou *perlée.* (*Str. passerina* et *tengmalmi.* Gm. *Str. pygmæa.* Bechst.) Enl. , 439. La *Chevechette.* Vaill. Afr., xlvi.

A peine plus grande qu'un merle, brun foncé, à gorge blanche, des taches blanches et rondes sur les ailes et la poitrine, quatre lignes blanches sur la queue. Il y en a plusieurs espèces très-voisines en Amérique, aux Indes, etc.

---

(1) La *chouette blanche*, Vaill. Afr. 45 , n'est qu'un vieux harfang Les différences alléguées dans les proportions tiennent à l'empaillage.

La *Chevèche rousse.* (*Str. passerina.* Meyer. et Wolf.)

A teintes plus rousses, soit sur le brun, soit sur le blanc, un demi-collier blanchâtre sur le cou, des taches triangulaires rousses sur les côtés de la queue, les doigts seulement velus. Elle est encore plus petite que la précédente, et ressemble presque tout-à-fait pour la tête à un épervier (1).

D'autres enfin ont la queue courte et les doigts nus. Cayenne en fournit plusieurs belles espèces, et notamment les trois suivantes :

La *Chevèche fauve.* (*Str. cayennensis.* Gm.) Enl.,
442.

Irrégulièrement et finement rayée en travers de brun sur un fond fauve.

La *Chevèche noire* ou *Huhul.* (Vaill. Afr., xli.)

Rayée de blanc sur un fond noir, quatre lignes blanches sur la queue. Elle fuit si peu la lumière qu'on l'appelle chouette de jour. La taille de ces deux espèces est celle de notre chouette commune.

La *Chevèche à collier.* (*Str. torquata.* Daud.) Vaillant, Afr., xlii.

Brune dessus, blanchâtre dessous, le tour des yeux et un ruban bruns sur la poitrine, la gorge et les sourcils blancs. Elle surpasse le chat-huant en grandeur ; c'est le *nacurutu* sans aigrettes de d'Azzara.

Il y en a même en Amérique qui ont les tarses nus aussi-bien que les doigts, telle est la *chevèche nudipede.* (*Str. nudipes.* Daud.) Vieill. Amér., xvi.

Enfin les Scops. (Scops. Savigny.)

Ont, avec les oreilles à fleur de tête, les disques imparfaits

(1) L'histoire des petits chevèches d'Europe n'est pas encore assez éclaircie ; chacun ayant pris la plus petite qu'il connaissait pour le *str. passerina*, il en est résulté une grande confusion dans les synonymes.

et les doigts nus des précédentes, des aigrettes analogues à celles des ducs et des hibous.

Il y en a un dans ce pays-ci (*Str. scops.*) Enl., 436, à peine grand comme un merle, à plumage cendré, plus ou moins nué de fauve, joliment varié de petites mèches longitudinales noires, étroites, et de lignes transversales vermiculées grises, avec une suite de taches blanchâtres aux scapulaires, et six ou huit plumes à chaque aigrette ; c'est un joli petit oiseau (1).

LE DEUXIÈME ORDRE DES OISEAUX,

OU LES PASSEREAUX,

Est le plus nombreux de toute la classe. Son caractère semble d'abord purement négatif, car il embrasse tous les oiseaux qui ne sont ni nageurs, ni échassiers, ni grimpeurs, ni rapaces, ni gallinacés. Cependant, en les comparant, on saisit bientôt entre eux une grande ressemblance de structure, et surtout des passages tellement insensibles d'un genre à l'autre, qu'il est difficile d'y établir des subdivisions.

Ils n'ont, ni la violence des oiseaux de proie, ni le régime déterminé des gallinacés ou

---

(1) Nous ne voyons pas de différence entre le *str. zorca* de Cetti, le *str. carniolica* de Scopoli, le *str. pulchella* de Pallas et le scops ; ces auteurs auront cru leurs oiseaux distincts parce que Linneus ne donnait qu'une plume aux aigrettes du sien.

des oiseaux d'eau ; les insectes , les fruits , les grains, fournissent à leur nourriture; les grains d'autant plus exclusivement, que leur bec est plus gros; les insectes, qu'il est plus grêle. Ceux qui l'ont fort poursuivent même les petits oiseaux (1).

Leur estomac est en forme de gésier musculeux ; ils ont généralement deux très-petits cœcums ; c'est parmi eux qu'on trouve les oiseaux chanteurs et les larynx inférieurs les plus compliqués.

La longueur proportionnelle de leurs ailes et l'étendue de leur vol, sont aussi variables que leur genre de vie.

Leur sternum n'a d'ordinaire qu'une échancrure de chaque côté à son bord inférieur. Cependant, il en a deux dans les rolliers, les martins pêcheurs, les guépiers, et en manque tout-à-fait dans les martinets , les colibris.

Nous faisons notre premier partage d'après les pieds , ensuite nous avons recours au bec.

La première et la plus nombreuse division comprend les genres où le doigt externe est

_____

(1) Malgré tous mes efforts , il m'a été impossible de trouver , ni à l'extérieur , ni à l'intérieur, aucun caractère propre à séparer des passereaux ceux des genres compris parmi les *picæ* de Linnæus qui ne sont pas grimpeurs.

réuni à l'interne, seulement par une ou par deux phalanges.

La première famille de cette division est celles des

DENTIROSTRES

Dont le bec est échancré aux côtés de la pointe. C'est dans cette famille que se trouvent le plus grand nombre des oiseaux insectivores ; cependant, presque tous mangent aussi des bayes et autres fruits tendres.

Les genres se déterminent par la forme générale du bec ; fort, et comprimé dans les pies-grièches et dans les merles ; déprimé dans les gobe-mouches ; rond et gros dans les tangaras ; grêle et pointu dans les becs-fins.

Les Pies-Grièches. (Lanius. Lin.)

Ont le bec conique ou comprimé, plus ou moins crochu au bout.

Les Pies-Grièches proprement dites,

L'ont triangulaire à la base, comprimé par les côtés.

Les unes ont l'arête supérieure arquée ; celles où sa pointe est forte et bien crochue, ont un courage et une cruauté qui les ont fait associer aux oiseaux de proie par beaucoup de naturalistes. Elles poursuivent en effet les petits oiseaux, et se défendent avec succès contre les gros, attaquent même ceux-ci quand il s'agit de les éloigner de leur nid.

Les pies-grièches vivent en famille, volent inégalement et précipitamment, en jetant des cris aigus; nichent avec propreté sur des arbres, pondent cinq ou six œufs, et prennent beaucoup de soin de leurs petits.

Nous avons ici quatre espèces de cette subdivision.

La *Piegrièche commune*. (*Lanius excubitor*. Lin.)
Enl., 445.

Grande comme une grive, cendrée dessus, blanche dessous ; ailes, queue et une bande autour de l'œil noirs ; du blanc aux scapulaires, à la base des pennes de l'aile et au bord externe des latérales de la queue. Elle reste toute l'année en France.

La *petite Piegrièche*, dite *d'Italie*. (*Lan. excubitor minor*. Gm.) Enl., 32, 1.

Un peu moindre que la précédente, ailes et queue semblables, cendré dessus, roussâtre au ventre, les bandes noires des yeux réunies sur le front en un large bandeau. C'est une espèce très-distincte. Elle apprend fort bien à imiter le chant des autres oiseaux.

La *Piegrièche rousse*. (*Lan. collurio rufus* et *Lan. pomeranus*. Gm.) Enl., 9, 2. *Lan. rutilus*. Lath. L. *Ruficollis*. Sh.

Le bandeau, les ailes et la queue de la précédente, la taille encore un peu moindre, le dessus de la tête et du cou roux-vif, le dos noir, le ventre et le croupion blancs. Elle imite aussi très-aisément le chant des oiseaux qui vivent autour d'elle.

L'*Ecorcheur*. (*Lan. collurio*. Gm.) Enl., 31.

Encore un peu plus petit, le dessus de la tête et du croupion cendrés, dos et ailes fauves, dessous blanchâtre, un bandeau noir sur l'œil, les pennes des ailes noires, bordées de fauve ; celles de la queue noires, les latérales blanches à la base. Il imite naturellement et sur-le-champ la voix des espèces qui chantent le mieux. Trop foible pour attaquer des oiseaux, il détruit une grande quantité d'insectes, qu'il enfile (à ce que l'on dit) aux épines des buissons, pour les retrouver au besoin.

Les trois dernières espèces nous quittent pendant l'hiver.

Les pays étrangers en ont aussi plusieurs. Les becs se rapetissent et affaiblissent leurs pointes par degrés, selon les espèces, au point qu'il est impossible d'établir une limite entre ce sous-genre et les merles (1).

D'autres piegrièches ont l'arête supérieure droite dans sa longueur, et crochue seulement au bout. Elles sont toutes étrangères, et leur forme passe par degrés insensibles à celle des fauvettes-et des autres becs-fins (2).

―――――

(1) Les espèces à bec plus fort sont, par exemple : la *piegr. du Cap*, dite fiscal. (*Lan. collaris.* Gm.) Enl., 477, 1 ; Vail. Afr., pl. 61. 62. — Le *boubou.* Vaillant, 68. — Le *brubru.* Vail. 71. (*Lan. Capensis.* Sh.) — Le *blanchot.* Vail. 285. — La *pet. piegr. de Madag.* (*Lan. madagascariensis.* Gm.) Enl. 299. — La *petite piegr. bleue.* (*Lan, bicolor.* Gm.) Enl. 208. — La *piegr. de la Louisiane.* (*L. Americanus.*) Enl. 397. — Le *sourciroux.* Vail. 76, 2. — Le *tangara verderoux* de Buff. (*Tanagra guianensis.* Gm.) — Le *tangara mordoré* (*Tanagra atricapilla.*) Enl. 809, 2. — La *piegr. à tête noire,* des îles de Sandwich. —*Lan. melanocephalus.* Gm.) Lath. Syn. I. 165.

Parmi les espèces plus rapprochées des merles, on peut mettre l'*oliva.* Vail. 75 et 76. 1. (*Lan. olivaceus.* Sh. — Le *gonolec* (*Lan. barbarus.* Gm.) Enl. 56. Vail. 169. — Le *lan. gutturalis*, *Daud. Ann. mus.* III. 144, pl. 15 ; ou la *piegr. perrin.* Vail. 286. — Le *merle à plastron noir,* (*Turdus zeilonus.* Gm.) Enl. 272, ou le *Bacbakiri.* Vail. 67. (*Lan. bacbahiri.* Sh.) — Le *Turdus crassirostris.* Gm. Lath. Syn. II, 34, qui est le même que le *tanagra capensis.* Sparm. carls. pl. 45, et plusieurs autres aussi équivoques.

(2) La *tchagra.* Vail. 70. (*Lan. collurio melanoceph.* Gm.) Enl. 479, 1, et 297, 1. — La *piegr. à huppe rousse d'Amérique* (*Lan. canadensis.* Gm.) Enl. 79, 2. — Le *fourmilier huppé.* Buffon. (*Turdus cirrhatus.* Gm.) — Le *tachet.* Vaillant, 77. — La *piegr. rayée, de Cayenne.* (*Lan. doliatus.*) Enl. 297, 2.

Quelques-unes de ces piegrièches à bec droit l'ont très-fort, et leur mandibule inférieure très-renflée (1).

D'autres (les VANGA, Buff.), l'ont grand, très-comprimé partout, sa pointe très-crochue, et celle de la mandibule inférieure recourbée en dessus (2).

D'autres enfin, à bec droit et grêle, se font remarquer par des huppes de plumes redressées (3).

Autour de ces piegrièches proprement dites, viennent se grouper quelques sous-genres étrangers qui en diffèrent plus ou moins, et que nous allons indiquer.

LES LANGRAYEN OU PIEGRIÈCHES HIRONDELLES. (OCYPTERUS (4). Cuv.)

Ont le bec conique, arrondi de toute part, sans arête, à peine un peu arqué vers le bout, à pointe très-fine, légèrement échancrée de chaque côté, les pieds un peu courts, et les ailes autant et plus longues que la queue ; ce qui leur donne le même vol qu'à nos hirondelles : mais ils y joignent le courage des piegrièches, et ne craignent pas même d'attaquer le corbeau (5).

La *piegr. rousse de Madag.* (*Lan. rufus.* Gm.) Enl. 298.

J'y place aussi l'oiseau si balotté par les naturalistes, *merle de Minda-nao*, de Buff.; Enl. 627. *Turdus mindanensis.* Lath. et Gm., le même que leur *gracula saularis*, petite pie des Indes, ou *dialbird.* Albin. III, 17 et 18. Edw. 181. Vail. Afr. 109 (*Sturnus solaris.* Daud.) — et même le *terat boulan* (*Turd. orientalis.*) Enl. 273, II, pourrait en être rapproché.

(1) Toutes les piegrièches à bec droit renflé sont nouvelles.

(2) Le *vanga*, Enl. 208. (*Lan. curvirostris.* Gm.) et des esp. nouv.

(3) Le *geoffroy.* Vail. Afr. 80 et 81 (*Lan. plumatus.* Sh.) et le *manicup.* Buff. enl. 707 (*Pipra albifrons.* Gm.) qui n'a de commun, avec les pipra, qu'une réunion des deux doigts externes, un peu plus prolongée qu'à l'ordinaire.

(4) Ocypterus, ou oxipterus (ailes rapides, ailes pointues) nom grec d'un oiseau inconnu, très-applicable à ceux-ci.

(5) Sonnerat, 1er Voy. p. 56.

Les espèces en sont assez nombreuses sur les côtes et dans les îles de la mer des Indes, où elles volent continuellement et rapidement à la poursuite des insectes (1).

Les Cassicans. Buff. (Barita. Cuv.) (2).

Ont un grand bec conique droit, rond à sa base, entamant les plumes du front par une échancrure circulaire ; arrondi au dos, comprimé par les côtés, à pointe crochue et échancrée latéralement.

Ce sont de gros oiseaux de la Nouvelle-Guinée et de la Nouvelle-Hollande, que les naturalistes ont dispersés arbitrairement dans plusieurs genres. Le plus beau a même été mis dans les oiseaux de Paradis. (*Paradisœa viridis*, Gm.) Enl., 634. Tout son corps est d'un noir brillant d'acier bruni, à plume du cou et de la poitrine comme gaufrées. Il vient de la nouvelle Guinée, comme les vrais oiseaux de Paradis.

Les autres sont variés de blanc et de noir, et vivent à la Nouvelle-Hollande ou dans les îles environnantes. On leur attribue des habitudes très-bruyantes, une voix criarde. Ils poursuivent les petits oiseaux (3).

Les Bécardes. Buff. (Psaris (4). Cuv.)

Ont le bec conique, très-gros, et rond à sa base, mais n'é-

---

(1) Ici viennent *lan. leucorhynchos*. Gm. Enl. 9, I, le même que *Lan. dominicanus*, Sonnerat I.Voy. pl. 25. — *Lanius viridis*. Enl. 32, I, et plusieurs espèces nouvelles rapportées par Péron.

(2) *Barita*, nom grec d'un oiseau inconnu.

(3) Nous rapportons ici le *cassican*, Buf. Enl. 628. (*Coracias varia*. Gm. *gracula varia*. Sh.), — le *flûteur*; (*Coracias tibicen*. Lath. deuxieme Supplément, *Gracula tibicen*. Sh.) ; — le *réveilleur* ; (*Côrvus graculinus*. J. Whyte. *Coracias strepera*,.Lath. ind. Orn. *Gracula strepera*. Shaw. *Réveilleur de l'île Norfolk*. Daud. gr. *calybé*. Vail. Ois de Par. 67), et une espèce nouvelle, à queue étagée.

(4) *Psaris*, nom grec d'un oiseau inconnu.

chancrant point le front; sa pointe est légèrement comprimée et crochue.

On n'en connaît qu'une espèce d'Amérique, cendrée, à tête, ailes et queue noires.

(*Lanius cayanus.* Gm.) Enl., 3o4 et 377.

Ses mœurs sont celles de nos piegrièches (1).

LES CHOUCARIS. Buff. (GRAUCALUS (2). Cuv.)

Ont le bec moins comprimé que les piegrièches ; son arête supérieure est aiguë, arquée également dans toute sa longueur ; sa commissure aussi un peu arquée ; des plumes, qui couvrent quelquefois leurs narines, les ont fait rapporter aux corbeaux ; mais l'échancrure de leur bec les en éloigne.

Ils viennent, comme les cassicans, des parties les plus reculées de la mer des Indes (3).

LES BÉTHYLES (4). (BETHYLUS. Cuv.)

A bec gros, court, bombé de toute part, légèrement comprimé vers le bout.

On n'en connaît qu'un, dont les formes et les couleurs représentent en petit notre pie commune (5).

---

(1) Buffon a étendu mal à propos ce nom de bécarde à un tyran (*Lan. sulfuratus*), et à une piegrièche très-voisine des merles. (*Lan. barbarus*).

(2) *Graucalus*, nom grec d'un oiseau cendré ; trois choucaris sur quatre sont de cette couleur.

(3) *Corvus papuensis.* Gm. enl. 63o. — *Corvus novœ Guineœ.* Enl. 629. — Une espèce grise, à camail noir, *rollier à masque noir.* Vail. Ois. de Par., etc. 86. — Une autre toute d'un violet brillant d'acier bruni, la femelle verdâtre.

(4) *Bethylus*, nom grec d'un oiseau inconnu.

(5) C'est la *pie piegrièche.* Vail. Afr. 6o. *Lanius leverianus.* Sh. *Lanius picatus.* Lath. M. Illiger en fait un tangara.

Les Tangaras. (Tanagra. Lin.)

A bec fort, conique, triangulaire à sa base, légèrement arqué à son arête, échancré vers le bout ; à
ailes et vol courts ; ressemblant à nos moineaux par
leurs habitudes, et recherchant les grains aussi-bien
que les baies et les insectes. La plupart se font remarquer dans les collections par les couleurs les plus
vives. Nous les subdivisons comme il suit (1) :

Les Tangaras euphones ou Bouvreuils.

A bec court, et présentant, lorsqu'il est vu verticalement, un élargissement à chaque côté de sa base : leur queue
est plus courte à proportion (2).

Les Tangaras gros becs.

A bec conique, gros, bombé, aussi large que haut, le dos
de la mandibule supérieure arrondi (3).

Les Tangaras proprement dits.

A bec conique, plus court que la tête, aussi large que haut,
à mandibule supérieure arquée, un peu aiguë (4).

---

(1) Voyez, sur tout ce genre et sur le suivant, l'ouvrage de M. Desmarets et de mademoiselle Pauline de Courcelles.

(2) *Tanagra violacea*, enl. 114, 1, 2. — *Tanagra Cayennensis*, ib·
3. — *Pipra musica*, enl. 809, 1.

(3) *Tanagra magna*, enl. 205. — *Tanagra atra*, enl. 714, 2. — *Coracias Cayennensis*, enl. 616.

(4) *Tan. talao*, enl. 127, 2. — *Tricolor*, enl. 33. — *Mexicana*, enl. 290,
2, et 155, 1. — *Gyrola*, enl. 133, 2. — *Cayana*, enl. 201, 2, et 290, 1.
— *Peruviana episcopus*, enl. 178. — *Archiepiscopus·* Desm. — *Varia*
Desm. (*Motacilla velia*. L.) enl. 669, 3. — *Punctata* et *siaca*, enl. 133. L.
Les *tanagra gularis*, enl. 155, 2 ; et *pileata*, 720, 2, approchent des
becs-fins par leur bec plus grêle. *Tan. nigricollis*, 720, 1, est un vrai bec
fin ; une sorte de figuier à bec un peu gros.

Les Tàngaras loriots.

A bec conique, arqué, aigu, échancré au bout (1).

Les Tangaras cardinals.

A bec conique, un peu bombé, une dent saillante obtuse sur le côté (2).

Enfin, les Tangaras ramphocèles.

A bec conique, dont la mandibule inférieure a ses branches renflées en arrière (3).

Les Gobe-Mouches. (Muscicapa. Lin.)

Ont le bec déprimé horizontalement, garni de poils à sa base, et sa pointe plus ou moins crochue et échancrée. Leurs mœurs sont en général les mêmes que celles des piegrièches ; et, suivant leur grandeur, ils vivent de petits oiseaux ou d'insectes. Les plus faibles passent insensiblement à la forme des becs-fins. Nous les divisons comme il suit :

Les Tyrans. (Tyrannus. Cuv.)

A bec droit, long, très-fort ; l'arête supérieure droite, mousse ; la pointe subitement crochue. Ce sont des oiseaux d'Amérique, de la taille de nos piegrièches, aussi braves qu'elles. Ils défendent leurs petits, même contre les aigles ; et savent éloigner de leur nid tous les oiseaux de proie. Les plus

---

(1) *Tanagra cristata*, enl. 7, 2, et 501, 2. — *Nigerrima*, enl. 179 * 2, et 711. — *Olivacea*.

(2) *Tanagra Mississipensis*, enl. 742. — *T. rubra*, 156, 1.

(3) *Tanagra jacapa*, enl. 128. — *T. Brasilia*, enl. 127, 1.

N. B. Le *tanagra atricapilla*, enl. 809, 2, et le *guyannensis* son des piegrièches.

grandes espèces prennent de petits oiseaux, et ne dédaignent pas toujours les cadavres (1).

Les Moucheroles. (Muscipeta. Cuv.)

A bec long, très-déprimé, deux fois plus large que haut, même à sa base ; l'arête très-obtuse, et cependant vive ; les bords un peu en courbe ovale ; la pointe et l'échancrure faibles ; de longues soies ou moustaches à la base du bec.

Leur faiblesse ne leur permet de prendre que des insectes. Ils sont tous étrangers, et plusieurs sont ornés de longues plumes à la queue ou de belles huppes sur la tête, ou au moins de couleurs vives à leur plumage. Le plus grand nombre vient d'Afrique ou des Indes (2).

---

(1) 1. Le *bentaveo* ou tyran à bec en cuiller, du Brésil, enl. 212. (*Lanius pitangua*, Gm.)

2. Le *tyran à ventre jaune* (*lan. sulfuraceus*, Gm.) enl. 296, le même que le *garlu*, ou geai à ventre jaune, de Cayenne. (*Corvus flavus*, Gm.) enl. 249.

3. Le *tyran à ventre blanc* (*lan. tyrannus*, Gm.) enl. 537 et 676.

4. Le *tyran à queue rousse* (*muscic. audax*, Gm.) enl. 453, 2.

5. Le *petit tyran* (*muscic. ferox.* Gm.) enl. 571, 1.

6. Le *tyran à queue fourchue de Cayenne* (*muscic. tyrannus*, Gm.) enl. 571, 2.

7. Le *tyran à q. f. du Mexique* (*muscic. forficata*, Gm.) enl. 677, etc. Qui conque comparera ces oiseaux, verra qu'il n'y avait aucune raison de les disperser dans deux genres.

(2) Le *moucherolle à huppe transverse*, ou *roi des gobe-mouches*, Buff. (*todus regius*, Gm.) enl. 289. — Le *moucherolle de paradis* (*muscic. paradisi* et *todus paradisiacus*, Gm.) enl. 234. — *N. B.* Ce sont des femelles ; la queue des mâles est beaucoup plus longue. — Le *petit moucherolle de paradis* ou *schet* de Madagascar (*muscic. mutata.*) Deux oiseaux que Buffon décrit aussi ailleurs sous le nom de *vardiole* ou *pie de paradis*, et une multitude d'autres espèces, comme *Muscic. borbonica*, enl. 573, 1. — *Muscic. cristata*, enl. 573, 2, et *tchitrec*, Vaill. Afr. III. 142, 1. *Muscic. cærulea*, enl. 666, 1. — *Todus leucocephalus*, Pall. Sp. VI, pl. III, f. 2. — *Musc. melanoptera*, enl.

Quelques espèces voisines des moucherolles se font remarquer par un bec encore plus élargi et déprimé qu'aux précédens (1).

D'autres, qui ont aussi le bec large et déprimé, se distinguent par des jambes hautes et une queue courte. On n'en
connaît que deux ou trois, tous d'Amérique, et qui se nourrissent de fourmis; ce qui les avait fait réunir à la petite tribu
de merles que l'on nomme fourmilliers (2).

LES GOBE-MOUCHES PROPREMENT DITS. (MUSCICAPA. Cuv.)

Ont les moustaches plus courtes et le bec plus étroit que
les moucherolles. Il est cependant encore déprimé, à vive
arête en dessus, à bords droits, à pointe un peu crochue.

Deux espèces de ce sous-genre habitent notre pays
pendant l'été; elles vivent assez tristement sur les arbres
élevés. La plus commune

(*Muscicapa grisola*. Gm.) Enl., 565, 1.

Est grise dessus, blanchâtre dessous, avec quelques mouchetures grisâtres sur la poitrine. Dans quelques pays, on
en tient dans les appartemens pour y détruire les mouches.

L'autre (*Musc. atricapilla*. Gm.) Enl, ib., 2 et 3.

Est très-remarquable par les changemens de plumage
du mâle. Semblable à sa femelle en hiver, c'est-à-dire,

567, f. 3. — *Muscic. barbata*, enl. 830, 1. — *Musc. coronata*, enl.
675, 1. — *Musc. ruticilla*, enl. 566, 2. *Motacilla cristata*, enl. 391, 1
— Le *mantelé*, Vaill. IV, 151, 1. — Le *molenar*, id. 160, 1, 2. — Le
g. m. a lunettes, id. 152, 1, etc.

(1) Tels sont *musc. aurantia*, enl. 831, 1. — *Todus macrorhynchos*,
Lath. Syn. I, pl. xxx, et surtout *todus platyrhynchos*, Pall. Spic. VI,
pl. III. C. On voit que plusieurs moucherolles ont été placés parmi le
todiers. Quoique Pallas en ait donné l'exemple, l'échancrure du bec et la
séparation du doigt externe s'y opposent.

(2) Ici viennent *turdus auritus*, Gm. enl. 822, le même que *pipra leu-
cotis;* mais qui n'est ni un merle ni un manakin. — Et *pipra nœvia*, enl
823, f. 2.

gris avec une bande blanche sur l'aile; il prend dans la
saison des amours une distribution agréable de blanc et de
noir purs; une calotte, le dos, les ailes, la queue noirs; le
front, le collier, tout le dessous du corps, une bande sur
l'aile et le bord extérieur de la queue blancs. Il niche dans
des troncs d'arbres (1).

Le bec de ces oiseaux, devenant de plus en plus grêle, finit
par les rapprocher beaucoup des *figuiers* (2).

Quelques espèces, où l'arête est un peu plus relevée et se
courbe en arc vers la pointe, conduisent aux formes des
traquets (3).

Divers genres ou sous-genres d'oiseaux tiennent d'assez près
à certains chaînons de la série des gobe-mouches.

Ainsi les GYMNOCÉPHALES. Geoff., ou *Tyrans-Chauves*.

Ont à peu près le bec des tyrans; seulement l'arête en est
un peu plus arquée, et une grande partie de leur face est
dénuée de plumes. On n'en connaît qu'une espèce de

---

(1) Les anciens ont bien connu cet oiseau sous les noms de *sycalis* et de
ficedula dans son plumage ordinaire, et sous celui de *melancorhynchos* et
d'*atricapilla* dans son beau plumage; mais comme le nom de *beque-figue*,
qui répond à *ficedula*, s'applique dans le Midi et en Italie à diverses fauvettes et *farlouses*, les naturalistes ont réuni les attributs de ces oiseaux
sur un certain état de ce gobe-mouche, et en ont formé l'espèce imaginaire présentée sous ce nom de *bec-figue*, dans Buffon et dans ceux qui
l'ont suivi.

(2) Nous rapportons encore aux gobe-mouches proprement dits, le
gillit (*Musc. bicolor.*) Enl. 675, I. — Le *pririt*. Vail. 161. Enl. 567,
1 et 2 (*Musc. senegalensis*. Gm.) — L'*azuroux*. Vail. 158, II.

(3) Tels sont l'*oranor*, Vaillant, IV, 155, et plusieurs espèces voisines,
assez semblables pour la distribution des couleurs au *muscic. ruticilla*,
mais différentes pour le bec, parmi lesquelles doit probablement se placer
le *turdus speciosus*, Lath. — Le *gobem. étoilé*, Vaill. IV, 157, 2. — Le
muscic. multicolor, Gm. Lath. Syn. II, 1, est tellement intermédiaire
entre les gobe-mouches et le rossignol de muraille, qu'on hésite à lui fixer
sa place.

Cayenne, grande comme une corneille, et de couleur de tabac d'Espagne (1).

LES CÉPHALOPTÈRES. (Geoff.)

Ont au contraire la base du bec garnie de plumes relevées qui, s'épanouissant à leur partie supérieure, produisent un large panache en forme de parasol. On n'en connaît aussi qu'une espèce d'Amérique, de la taille du geai, noire, et à qui ses plumes du bas de la poitrine forment une sorte de fanon pendant. (*Cephalopterus ornatus.* Geoff.) Ann. du Mus., XIII, pl. xv.

LES COTINGAS. (AMPELIS. L.)

Ont le bec déprimé des gobe-mouches en général, mais un peu plus court à proportion, assez large et légèrement arqué.

Ceux où il est plus fort et plus pointu ont encore un régime très-insectivore : on les nomme *piauhau*, d'après leur cri. Ils sont d'Amérique, et volent en troupes dans les bois à la poursuite des insectes (2).

LES COTINGAS ORDINAIRES.

Dont le bec est un peu plus faible, outre les insectes, recherchent encore les baies et les fruits tendres. Ils se tiennent dans les lieux humides en Amérique, et se font remarquer par l'éclat du pourpre et de l'azur qui colorent

---

(1) C'est le *choucas-chauve*, Buff., enl. 521. (*Corvus calvus*, Gm.) L'*oiseau mon père*, des nègres de Cayenne. Vaill. Ois. d'Amér. et des Indes, pl. xlix.

(2) Ici viennent le *piauhau* ordinaire, noir à gorge pourpre (*Muscic. rubricollis*, Gm.) enl. 381, et le grand *piauhau* entièrement pourpre (*Cotinga rouge*, Vaill., Ois. de l'Afr. et des Indes, pl. xxv et xxvi. *Coracias militaris*, Shaw.) Le *cotinga gris* (amp. *cinerea*), enl. 699, se rapproche aussi des piauhaus plus que des cotingas ordinaires.

le plumage des mâles dans le temps des amours. Le reste de l'année, les deux sexes n'ont que des teintes grises ou brunes.

L'*Ouette*. (*Ampelis carnifex*. L.) Enl., 378.

A la calotte, le croupion et le ventre écarlate, le reste mordoré; sa quatrième penne de l'aile est rétrécie, raccourcie et comme racornie.

Le *Pompadour*. (*Ampelis pompadora*. L.) Enl., 279.

Est d'un beau pourpre-clair, avec les pennes des ailes blanches; ses grandes couvertures ont les barbes roides et disposées sur deux plans en angle aigu, comme un toit.

Le *Cordon bleu*. (*Ampelis cotinga*. L.) Enl., 186 et 188.

Est du plus bel outremer, avec la poitrine violette souvent traversée d'un large ruban bleu, et marquée de taches aurores (1).

M. le Vaillant le sépare avec raison des cotingas

LES ÉCHENILLEURS. (CEBLEPYRIS (2). Cuv.)

Dont le caractère singulier consiste dans les tiges un peu prolongées, roides et piquantes des plumes de leur croupion. Ils vivent en Afrique et aux Indes des chenilles, qu'ils recueillent sur les arbres les plus élevés, et n'ont rien de l'éclat des vrais cotingas. Leur queue, un peu fourchue dans le milieu, est étagée sur les côtés (3).

---

(1) Ajoutez encore *amp. Cayana*, Enl. 624. — A. *maynana*, Enl. 229. — L'amp. *tersa* et le *variegata* sont des variétés du cayana. L'*ampel cuprea* merrem ic. av. 1. 2, en paraît une du carnifex.

(2) Nom grec d'un oiseau inconnu.

(3) Tels sont le *muscicapa cana*. Gm. Enl. 541, ou l'échenilleur cendré de Vaillant, Afr. pl. CLXII; son *échenilleur jaune*, pl. CLXIII; et son *éche-nilleur noir*, CLXIV.

On peut en séparer aussi

LES JASEURS. (BOMBYCIVOCA. Temmink.)

Qui ont un autre singulier caractère à leurs pennes secondaires des ailes, dont le bout de la tige s'élargit en un disque ovale, lisse et rouge.

L'Europe en possède un, dit, sans que l'on sache trop pourquoi,

Jaseur de Bohème. (*Ampelis garrulus.* L.) Enl., 261.

Un peu plus grand qu'un moineau, à tête huppée, à plumage d'un gris-vineux, la gorge noire, la queue noire bordée de jaune au bout, l'aile noire variée de blanc. Cet oiseau arrive par troupes dans nos contrées à des intervalles très-longs et sans régularité ; ce qui l'a fait regarder longtemps comme de mauvais augure. Il est stupide, se laisse aisément prendre et élever, mange beaucoup et de tout. On croit qu'il niche dans le fond du nord.

MM. de Hofmansegg et Illiger le séparent avec encore plus de raison des cotingas

LES PROCNIAS. Hofm.

Dont le bec, plus faible et plus déprimé, est fendu jusque sous l'œil. Ils vivent en Amérique, et se nourrissent d'insectes.

Une espèce

(*Hirundo viridis.* Temmink.) se distingue par sa gorge nue ; l'autre

(*Ampelis carunculata.* Gm.) Enlnm., 793, par une longue caroncule molle qu'elle porte sur la base du bec. Toutes deux sont blanches dans l'état parfait, verdâtres le reste du temps, et nous viennent de l'Amérique méridionale.

Enfin, l'on doit placer immédiatement à la suite des cotingas

LES GYMNODÈRES. (Geoff.)

Dont le bec est seulement un peu plus fort, mais dont le col est en partie nu et la tête couverte de plumes veloutées. L'espèce connue est aussi d'Amérique méridionale, en grande

partie frugivore, de la taille d'un pigeon, noire, à ailes
bleuâtres ; c'est le *gracula nudicollis*. Sh., le *corvus nudus*
et le *gracula fetida*. Gm., enl. 609 (1).

LES DRONGOS (EDOLIUS. CUV.)

Tiennent encore à la grande série des gobe-mouches ; leur bec est aussi déprimé et échancré au bout;
son arête supérieure est vive ; mais ce qui les distingue, c'est que les deux mandibules sont légèrement
arquées dans toute leur longueur ; leurs narines sont
couvertes de plumes, et ils ont, en outre, de longs
poils qui leur forment des moustaches.

Les espèces en sont assez nombreuses dans les pays qui
bordent la mer des Indes. Généralement teintes en noir
et à queue fourchue, elles vivent d'insectes ; quelques-unes
ont, dit-on, un ramage comparable à celui du rossignol (2).

LES MERLES. (TURDUS. LIN.)

Ont le bec comprimé et arqué ; mais sa pointe ne
fait pas de crochet, et ses échancrures ne produisent

---

(1) L'espèce de Vaillant, Ois. de l'Amér. et des Indes , pl. xlv et xlvi,
est peut-être différente.

(2) Espèces. *Lanius forficatus*. Gm. Enl. 189. Vail. Afr. iv. 166.
Lanius Malabaricus. Shaw. Vail. iv. 175. Sonnerat ; Voy. aux Indes
et à la Chine, pl. xcvii, qui est aussi le *cuculus paradiseus*. Briss. iv,
pl. xiv, A. 1.
Lanius cœrulescens. Gm. Edw. pl. xlvi. Vail. Afr. iv. 172.
Corvus balicassius. Gm. Enl. 603.
Le *drongolon*. Vail. iv. 171.
Le *drongo bronzé*. id. 176.
Et plusieurs espèces nouvelles.
Je n'ai pas vu les autres drongos de Vaillant, ni son *bec de fer*. (*Lan.*
superbus. Sh.) (SPARACTES. Illiger.) qui doit aussi être voisin de cette
famille. Je soupçonne que le *corvus hottentottus*. Enl. 226, doit l'être
également.

pas de dentelures aussi fortes que dans les piegrièches ; cependant, comme nous l'avons dit, il y a des
passages graduels de l'un à l'autre genre.

Le régime des merles est plus frugivore ; ils vivent
assez généralement de baies : leurs habitudes sont
solitaires.

On réserve plus particulièrement le nom de *merle* aux
espèces dont les couleurs sont uniformes ou distribuées par
grandes masses. La plus répandue est

Le *Merle commun*. (*Turdus merula*. L.)

Le mâle (Enl., 2) est tout noir avec le bec jaune; la
femelle (Enl., 555) brune dessus, brun - roussâtre dessous,
tachetée de brun sur la poitrine : oiseau défiant, qui cependant s'apprivoise aisément, et apprend à bien chanter et
même à parler. Il reste chez nous toute l'année.

Une espèce voisine, mais qui n'est que de passage, et qui
suit de préférence les montagnes, est

Le *Merle à plastron blanc*. (*Turdus torquatus*. L.) Enl., 168 et 182.

Dont les plumes noires sont en partie bordées de blanchâtre et la poitrine marquée d'un plastron de même
couleur.

Nous voyons aussi quelquefois dans nos provinces méridionales,

Le *Merle à queue blanche*. (*Turdus leucurus*.) Lath., Syn., II, pl. xxxviii.

Plus petit, noir, le croupion et la queue (le bout excepté)
blancs.

Les hautes montagnes du midi de l'Europe nourrissent
deux espèces, le *merle de roche* (*T. saxatilis*.) Enl., 562,
et le *merle bleu* (*T. cyanus*.) Enl., 250, dont le *merle
solitaire* (*T. solitarius*.) ne diffère point (1).

_____

(1) Observation de M. Bonnelli.

Le premier, qui vient plus souvent dans le nord, est le mieux connu ; il niche dans les rochers escarpés, les vieilles ruines ; chante bien. Le mâle a la tête et le cou cendré-bleu, le dos brun, le croupion blanc, le dessous et la queue orange (1).

On donne le nom de GRIVES aux espèces à plumage grivelé ; c'est-à-dire, marqué de petites taches noires ou brunes. Nous en avons quatre en Europe, toutes brunes sur le dos et à poitrine grivelée ; oiseaux chanteurs, vivant d'insectes et de baies, voyageant en grandes troupes, et dont la chair est un manger agréable.

La *Drenne*. (*Turdus viscivorus.*) Enl., 489 ;
Frisch, xxv.

Est la plus grande ; le dessous de ses ailes est blanc ; elle aime beaucoup le fruit de gui, et contribue à ressemer cette plante parasite.

La *Litorne*. (*Turdus pilaris.*) Frisch, xxvi.

Qui se distingue de la drenne surtout par le cendré du dessus de sa tête et de son cou.

La *Grive proprement dite*. (*Turd. musicus.*) Enl., 406 ;
Fr., xxvii.

Où le dessous des ailes est jaune ; c'est celle qui chante le mieux et dont on mange le plus.

-----

(1) On pourrait croire, avec M. Shaw, que c'est pour l'avoir confondu avec le geai de Sibérie, que Linnœus lui a attribué des habitudes de harpie, et l'a nommé tantôt *corvus*, tantôt *lanius infaustus*.

On peut rapprocher du merle de roche, le *rocar*. Vaillant, Afr. 101 et 102. — *L'espionneur*, id. 103.

Les espèces étrangères, voisines de nos merles solitaires par leur plumage maillé, sont *turd. manillensis*. Enl. 636 ; probablement le même que *turdus violaceus*, Sonnerat, deuxième Voyage, pl. cviii. — *Turd. eremita*. Enl. 339.

Et le *Mauvis*. (*Turd. iliacus.*) Enl., 51; Frisch., xxviii.

La plus petite, et dont le dessous des ailes et les flanc sont roux (1).

Les oiseaux étrangers du genre des merles sont très nombreux Nous ne citerons que

Le *Moqueur*. (*Turdus polyglottus.* L.) Catesb., xxvii.

Espèce de l'Amérique septentrionale, cendrée dessus, plus pâle dessous, avec une bande blanche à l'aile. Elle est célèbre par son étonnante facilité à imiter sur-le-champ le ramage des autres oiseaux, et même toutes les voix qu'elle entend (2).

---

(1) Ajoutez en espèces étrangères de grives, *Turd. rufus.* Enl. 645, Catesb. 28. — *Turd. migratorius.* Enl. 556. Catesb. 29. — *T. Guyanensis.* Enl. 398. 1. — *T. minor.* Edw. 296. — Le *griveron.* Vaillant, Afr. 98. (*Turdus olivaceus*).

N. B. *Turd. aurocapillus.* Lath. Enl. 398, 2. (Motac. aurocap. l.) est un vrai bec-fin à placer avec les fauvettes. — *Turdus calliope* (Lath. Syn. Supplément, fig. du titre) doit aller avec les rouge-gorges. — *Turd. Cayanus*, Enl. 515, est une femelle de cotinga.

(2) Le *petit moqueur.* (*T. orpheus.*) Edw. 78. — Le *moqueur de Saint-Domingue* (*T. Dominicus.*), Enl. 558, 1, en sont très voisins. Parmi les nombreux merles étrangers, nous citerons ici *turd. morio.* Enl. 199. — *T. erythropterus.* Enl. 354. — *T. leucogaster.* Enl. 648. 1. Le merle roux à collier noir, enl. 113. — *T. chrysogaster.* Enl. 221 et 358. — *T. plumbeus.* Enl. 560. — *T. ourovang.* Enl. 557. 2. — *T. Indicus.* Enl. 564, 1. — *T. Senegalensis.* Enl. 563, 2. — — *T. Madagascariensis.* Enl. 557, 1. — *T. atricapillus.* Enl. 392. — *T. macrourus.* Lath. Syn. III. pl. 39. Vaill. Afr. 114. — T. hispaniolensis. Enl. 273 1, et 558, 2. — T. *palmarum*, enl. 539, 1. — T. *pectoralis*, enl. 644, 2.— T. *cinnamomeus*, enl. 560, 2. — T. *rufifrons*, enl. 644, 1; trois espèces mal à propos rapportées par Buffon aux fourmiliers.

Je crois aussi avoir reconnu le *gracula athis* dans un vrai merle, vert dessus, à ventre fauve, à pieds roux-brun.

T. *mauritianus*, enl. 648, 2, se distingue par les plumes de sa tête étroites et pointues comme au *merle rose* et à l'étourneau *d'Europe*. Il ne paraît pas différer du T. *cantor.* Sonner. Ier Voy. lxxiii.

Le *flûteur*, Vaill. 112, se distingue à sa queue longue, à barbes effilée

Quelques-uns de ces oiseaux paraissent tenir aux pie-grièches pour les mœurs sans que la forme de leur bec puisse les faire distinguer (1).

On ne peut pas distinguer davantage par des caractères sensibles certains merles d'Afrique, qui vivent en troupes nombreuses et bruyantes comme les étourneaux, et poursuivent les insectes, ou font de grands dégâts dans les jardins (les STOURNES de Daudin ou les *pâtres* de Temmink.) L'un d'eux s'égare assez souvent en Europe; c'est le

Merle couleur de rose. (*T. roseus.*) Enl., 251.

D'un noir brillant, le dos, le croupion, les scapulaires et la poitrine d'un rose pâle, les plumes de la tête étroites et allongées en huppe. Il rend service aux pays chauds en y détruisant les sauterelles.

D'autres se font remarquer par les teintes éclatantes de leur plumage couleur d'acier bruni (2), et l'un de ceux-là

---

(1) Nous avons déjà parlé à l'article des piegrièches de quelques espèces rangées d'ordinaire parmi les merles, comme le *turd. zeilonus*, enl. 272. Il paraît que l'on pourrait en rapprocher encore le *turd. cafer*, enl. 563, Vaill. 107, qui diffère très-peu, même pour les couleurs, du *lanius jocosus*, enl. 508. Ces deux espèces entraîneraient aussi le *T. capensis*, enl. 317, Vaill. 105, et le *T. perspicillatus*, enl. 604.

D'un autre côté, il serait difficile d'éloigner du zeilonus le *hausse-col noir*, Vaill. Afr. 110, et la *cravate noire*, id. 115.

Les merles à bec grèle approchent beaucoup des traquets; tels sont le *janfrédic*, Vaill. Afr. 111. — Le *grivetin*, id. 118. — Le *cou-d'or*, id. 119. — *Turdus trichas*, enl. 709, 2. — Mais le *térat boulan* (*turd. orientalis*), enl. 273, 2, les ramène aux piegrièches à bec droit. — Les plus petits de ces merles ont même été regardés comme des fauvettes par plusieurs naturalistes. Tels sont *Motacilla subflava*, enl. 584, 2, le même que le *citrin*, Vaill. Afr. 127. — *Mot. macroura*, enl. 752, 2.

(2) *Turdus auratus*, enl. 540 (*nabirop*, Vaill. Afr. 89.) — *Turdus nitens*, enl. 561. (*Couigniop*, Vaill. 90.)

Ici viennent encore le *turd. morio*, enl. 199, Vaill. Afr. 83 (*Corvus rufipennis*, Sh.) et probablement *l'éclatant*, Vaill. 85, et le *choucador*, id. 86. (*Corvus splendidus*, Sh.)

par sa queue étagée et d'un tiers plus longue que le corps (1).

Il faut évidemment leur réunir le *merle de la Nouvelle-Guinée*, à queue trois fois plus longue que le corps, à double huppe sur la tête, dont on a fait un oiseau de paradis (*Paradisæa gularis.* Lath. et Shaw. *Par. nigra.* Gm. Vaill., Ois. de Par., 20 et 21 ; Vieill., Ois. de Par., pl. VIII.), mais seulement à cause de la singularité et de l'incomparable magnificence de son plumage.

LES CHOCARDS (PYRRHO-CORAX. CUV.)

Ont le bec comprimé, arqué et échancré des merles ; mais leurs narines sont couvertes de plumes comme celles des corbeaux, auxquels on a coutume de les réunir.

Nous en avons un :

Le *Chocard des Alpes.* (*Corvus pyrrhocorax.* L.)
Enl., 531.

Tout noir, le bec jaune, les pieds d'abord bruns, puis jaunes, et dans l'adulte rouges, qui niche dans les fentes des rochers des plus hautes montagnes, d'où il descend l'hiver, en grandes troupes, dans les vallées. Il vit de fruits, d'insectes, de limaçons, et ne dédaigne pas les charognes.

Il s'en trouve aux Indes un autre,

Le *Sicrin.* (Vaill. Afr., pl. LXXXII.)

Distingué par trois tiges sans barbes aussi longues que le corps, qu'il porte de chaque côté parmi les plumes qui couvrent son oreille.

Je ne trouve non plus aucun caractère suffisant pour éloigner des merles

----

(2) *Turdus æneus*, enl. 220. (*Vert doré*, Vaill. 87.)

Les vrais Loriots (Oriolus, Lin.)

Dont le bec, semblable à celui des merles, est seulement un peu plus fort, et dont les pieds sont un peu plus courts à proportion. Linnæus et ses successeurs les ont réunis jusqu'à présent aux *cassiques*, à qui ils ne ressemblent que par les couleurs.

Le *Loriot d'Europe.* (*Oriolus galbula.* L., Gm.) Enl., 26. *Merle d'or, Merle jaune* des Allemands, etc.

Un peu plus grand que le merle. Le mâle est d'un beau jaune, les ailes, la queue et une tache entre l'œil et le bec noirs, le bout de la queue jaune; dans la femelle, le jaune est remplacé par de l'olivâtre, et le noir par du brun. Cet oiseau suspend aux branches un nid artistement fait, mange des cerises et d'autres fruits, et au printemps des insectes; voyage à deux ou trois (1).

Buffon a séparé avec raison des merles

Les Fourmiliers. (Myothera. Illig.)

Que l'on reconnaît à leurs jambes hautes et à leur queue courte. Ils vivent d'insectes, et principalement de fourmis. On en trouve dans les deux continens.

Cependant les espèces de l'ancien se font remarquer par les couleurs vives de leur plumage. Ce sont les brèves de Buffon (*Corvus brachyurus*, Enl., 257 et 258, Edw., 324)(2),

---

(1) Les autres vrais loriots sont: l'*oriolus chinensis*, enl. 570. — Le *melanocephalus*, enl. 79, ou *loriot rieur*, Vaill. Afr. 263. — Le *loriot d'or*, Vaill. 260. — Le *coudougnan*, id. 261.

(2) *N. B.* La *brève des Philippines*, enl. 89, n'est que celle d'*Angole*, Edw. 324, à qui on avait mis une tête de merle, Vaill., Ois. de Par. I. 106.

et son *Azurin*. (*Turdus cyanurus*. Lath. et Gmel. *Corvus cyanurus*. Shaw.) Enl., 355 (1).

Les espèces du nouveau continent, bien plus nombreuses, ont des teintes plus brunes, et varient pour la force du bec et la longueur proportionnelle de la queue. Elles vivent sur les énormes fourmilières des bois et des déserts de cette partie du monde; leurs femelles sont plus grosses que les mâles. Ces oiseaux volent peu, et ont des voix sonores, extraordinaires même dans quelques espèces.

Parmi celles à bec fort et arqué, on remarque

Le *Roi des fourmiliers*. (*Turdus rex*. Gm. *Corvus grallarius*. Shaw.) Enl., 702.

Le plus grand, le plus élevé sur jambes de tous, et celui qui a la queue la plus courte; on le prendrait même au premier coup d'œil pour un échassier; sa taille est celle d'une caille, et son plumage gris est agréablement bigarré. Il vit plus isolé que les autres (2).

Les espèces à bec plus droit, mais encore assez fort, se rapprochent des piegrièches de même bec (3).

D'autres ont le bec grêle et aiguisé, ce qui, aussi-bien que leur queue striée, les rapproche de notre troglodyte (4).

On doit aussi séparer des merles

---

(1) L'*azurin* n'est point de Cayenne, comme le dit Buffon, mais des Indes orientales.

(2) Ajoutez le *grand beffroi* (*turdus tinniens*), enl. 706, 1.

(3) Telles sont le *tetema* (*turdus colma*, B.) enl. 821. — Le *palicour* (*turdus formicivorus*), enl. 700, 1. — Le *petit beffroi* (*turdus lineatus*) enl. 823, 1.

(4) Tels sont le *bambla* (*turd. bambla*), enl. 703. — L'*arada* (*turdu cantans*), enl. 706. 2.

Mais on est obligé de renvoyer aux merles plusieurs espèces que Buffon avait placées parmi les fourmiliers à cause de quelques rapports de couleurs, nommément le *carillonneur* (T. *tintinnabulatus*), enl. 700, 2. —

Les Cincles (Cinclus , Bechst.) , vulg. Merles d'eau.

Dont le bec est comprimé, droit, à mandibules également hautes , presque linéaires, s'aiguisant vers la pointe , et la supérieure à peine arquée.

> Nous n'en avons qu'un (*Sturnus cinclus*. L. (2) *Turdus cinclus*. Lath.) Enl. , 940.

> A jambes un peu élevées, à queue assez courte, ce qui le rapproche des fourmiliers. Il est brun, à gorge et poitrine blanches; et a l'habitude singulière de descendre tout entier dans l'eau sans nager, mais en marchant sur le fond, pour y chercher les petits animaux dont il se nourrit.

L'Afrique et les pays qui bordent la mer des Indes nourrissent un genre d'oiseaux voisins des merles, que je nommerai

Philedon (3).

Leur bec est comprimé , légèrement arqué dans toute sa longueur, échancré au bout; leurs narines grandes , couvertes par une écaille cartilagineuse, et leur langue terminée par un pinceau de poils.

Le *merle à cravate* (T. *cinnamomeus*) , enl. 560, 2 ; — ceux de la pl. enl. 644, 1 et 2, qu'il juge, contre toute apparence, variétés du palicour. C'est aussi des merles que doit se rapprocher le *tanypus*. Oppel. Mém. de l'Ac. de Bavière pour 1811 et 1812, pl. VIII, qui n'en diffère que par des jambes un peu plus hautes.

(2) C'est encore moins un étourneau qu'un merle.

(3) Commerson avait eu le projet de nommer ainsi le *polochion* (*merops moluccensis*, Gm. , qui est de ce genre. Voy. Buffon , Hist. des Ois. VI. in-4°, p, 477.

Les espèces pour la plupart remarquables par quelque
singularité de conformation ont été ballottées dans toutes
sortes de genres par les auteurs.

Il en est qui ont des proéminences sur le bec (1); d'autres
ont à sa base des pendeloques charnues (2).

Quelques-unes ont au moins des portions de peau dénuées
de plumes sur les joues (3).

Même, dans celles qui n'ont aucune partie nue, on
observe encore quelquefois des dispositions singulières dans le
plumage (4).

(1) Le *corbi calao*, Vaillant, Ois. d'Amér. et des Indes, pl. xxiv,
(*merops corniculatus*, Lath. et Shaw.) et une espèce voisine, dont le
tubercule, plus grand, se dirige en arrière vers le front (*mer. monachus*.
Lath. ?) Ces deux oiseaux, de la Nouvelle-Hollande, ne sont ni des calaos,
ni des guêpiers; car ils n'ont pas les doigts externes plus réunis que les
passereaux les plus ordinaires.

(2) Ici vient l'oiseau de la Nouvelle-Hollande, nommé par Daudin,
Ornith. II, pl. xvi, *pie à pendeloques*, ou *corvus paradoxus*, le même
que le *merops carunculatus* de Phillip, de Latham et de Shaw.; mais qui
n'a pas les pieds d'un merops, et dont le bec est échancré, la langue en
pinceau et les narines sans plumes. Le *sturnus carunculatus*. Lath. et Gm.
ou *gracula carunculata*. Daud. et Shaw. (Lath. Syn. iii, pl. xxxvi)
et le *certhia carunculata*. Lath. et Gm. (Vieill. Ois. dor. ii, pl. lxix.)
me paraissent y appartenir également. Ce dernier chante, dit-on, à merveille, et habite les îles des Amis.

(3) Le *goulin*, ou *merle chauve des Philippines* (*gracula calva*) Enl.
200. — Le *merops phrygius*. Shaw, Gen. Zool. viii. pl. xx. — Le *goruck*. Vieill. Ois. dor. ii pl. lxxxviii, (*C. goruck*. Sh.) — Le *fuscalbin*,
id. ib. pl. lxi (*C. lunata.*) — Le *graculé*, id. ib. pl. lxxxvii (*C. graculina.*) — Le *polochion*. Buff. (*merops moluccensis*. Gm.), et quelques espèces nouvelles appartiennent à cette division.

N. B. M. Vieillot a singulièrement mêlé les espèces de ce genre avec
les grimpereaux, comme MM. Latham et Shaw, avec les guêpiers.

(4) Nommément dans le *merops Novæ-Hollandiæ*. Gm. et Brown,
Ill. ix, ou *merle à cravate frisée*. Vaill. Afr., ou *merops circinnatus*.
Lath. et Shaw. Gen. Zool. viii. pl. xxii.

Les espèces de ce genre qui n'ont point de ces sortes de singularités,

Les Martins. (Gracula. Cuv.)

Sont encore un genre voisin des merles, habitant
de l'Afrique et des pays qui bordent la mer des Indes.
Leur bec est comprimé, très-peu arqué, légèrement
échancré ; sa commissure forme un angle comme
dans les étourneaux. Presque toujours les plumes de
leur tête sont étroites, et il y a un espace nu autour
de leur œil. Ils ont aussi les mœurs des étourneaux,
et volent comme eux, en grandes troupes, à la poursuite des insectes.

Une de leurs espèces (*Paradisœa tristis*. Gm. *Gracula
tristis*. Lath. et Shaw. *Gracula gryllivora*. Daud.)
Enl., 219.

Est devenue célèbre par les services qu'elle a rendus à
l'Ile-de-France en y détruisant les sauterelles. Elle mange
d'ailleurs de tout, niche dans les palmiers, se laisse aisément
apprivoiser et dresser. Elle est de la taille d'un merle,
brune, à tête noirâtre, une tache vers le fouet de l'aile,
le bas ventre et le bout des pennes latérales de la queue
blancs (1).

---

sont les *certhia xantotus*. Sh. Vieill. Ois. dor. II, pl. 84. — *C. Novæ-
Hollandiæ*, ib. pl. 57 et 71. — *C. australasiana*, ib. 55. — *C. mellivora*, ib. 86. — *C. auriculata*, ib. 84. — *C. cærulea*, ib. 83. — *C. Seniculus*, ib. 5o. Je crois même que le *cap noir*, Vieill. pl. 6o. (*certhia cucul-
lata*, Sh.) doit y appartenir, malgré la longueur de son bec. — *Merops
niger*. Gm., ou *fasciculatus*. Lath., ou *gracula nobilis*, Merrem. Beytr.
Fasc. 1, pl. 11, en est encore plus probablement. Dans aucun cas ce ne peut
être un guêpier. Je place encore parmi ces philedon le *verdin de la Cochinchine*, Enl. 643, qui est le deuxième *turdus Malabaricus*, n° 125
de Gmel (car le premier, n° 51, est un martin), et le *certh. cocincinica*. Sh. Vieill. 77 et 78.

(1) Il est difficile de comprendre comment Linnœus en avait fait un
oiseau de paradis. A ce genre appartiennent encore le *gracula cristatella*

Les Lyres (Mænura. Sh.)

Que leur grandeur a fait rapporter par quelques-uns aux gallinacés, appartiennent évidemment à l'ordre des passereaux, par leurs pieds à doigts séparés (excepté la première articulation de l'externe et du

---

Enl. 507, et Edw. 19, qui est à peine une variété de l'ordinaire. — Le *porte-lambeaux*. Vaill. Afr. pl. 93 et 94, qui est le *gr. carunculata*, Gm. ou le *gr. larvata*. Shaw, ou le *sturnus gallinaceus*. Daud. — Le *turd. pagodarum*. Vaill. Afr. 95. Le premier *malabaricus*, le *ginginianus*, le *martin gris de fer*. Vaill. Afr. 95, 1; et le *sturnus sericeus*. Gm., y appartiennent également, ainsi que quelques espèces nouvelles. J'y rapporte aussi, par conjecture, le *turd. ochrocephalus*. Lath. (*sturn. ceylanicus*. Gm.) Brown. Ill. xxii.

N. B. On ne peut comprendre quel type Linnœus et ses successeurs se sont fait de leur genre GRACULA. Linnœus le forma d'abord, dans sa dixième édition, de sept espèces très-disparates, savoir :

1 *Religiosa*, le mainate, que je place près des rolliers.

2 *Fetida*, que je soupçonne le même que le *colnud*, c'est-à-dire voisin des cotingas.

3 *Barita* et 4 *quiscula*, qui sont des cassiques.

5 *Cristatella*, qui est un martin.

6 *Saularis*, ou plutôt *solaris*, qui est une piegrièche à bec droit, et le même oiseau que T. *mindanensis*, enl. 627, 1.

Enfin 7 *Atthis*, qui est un merle.

Dans la douzième édition, il ajouta le *goulin (Gracula calva)*, et mit le martin ordinaire parmi les oiseaux de paradis.

Gmelin, d'après Pallas, y ajouta un *carouge* (gr. *longirostra*). * Il y plaça aussi le *martin porte-lambeaux (grac. carunculata)*, tout en laissant le *martin commun* dans les oiseaux de paradis; enfin il y mit le *picucule* (*grac. cayennensis*), qui est un grimpereau. M. Latham y a transporté le *martin* (grac. *tristis*), le *col nu* (grac. *nuda*), et un de mes philedons grac. *icterops*)**. Daudin a mis, à la suite du *martin*, les espèces qui lui

---

* Je ne connais point le *gracula sturnina* de Pallas.

** Je ne connais pas non plus les *grac. cyanotis, melanocephala*, et *viridis* de M. Latham; mais je les soupçonne d'appartenir aussi à mes philedons.

moyen), par leur bec triangulaire à sa base, allongé,
un peu comprimé et échancré vers sa pointe ; les narines membraneuses y sont grandes , et en partie recouvertes de plumes comme dans les geais. On les
distingue à la grande queue du mâle , très-remarquable par les trois sortes de plumes qui la composent ; savoir, les douze ordinaires très-longues, à barbes
effilées et très-écartées ; deux de plus au milieu , garnies
d'un côté seulement de barbes serrées , et deux extérieures courbées en S, ou comme les branches d'une
lyre , dont les barbes internes , grandes et serrées ,
représentent un large ruban , et les externes , très-
courtes , ne s'élargissent que vers le bout. La femelle
n'a que douze pennes de structure ordinaire.

Cette espèce singulière (*Mœnura.* Shaw.) Vieill., Ois. de
Parad., pl. xiv, xv, habite les cantons rocailleux de la
Nouvelle-Hollande ; sa taille est un peu moindre que celle
du faisan.

Les Manakins. (Pipra. Lin.)

Sont un petit genre d'Amérique , à bec comprimé,
plus haut que large , échancré , à fosses nasales grandes, à queue courte : ils se lieraient à quelques égards
aux fourmiliers , si leurs pieds n'étaient pas courts ,
et s'ils ne se distinguaient d'ailleurs de tous les autres
dentirostres par leurs deux doigts extérieurs réunis

---

ressemblent en effet , et dont Gmelin avait laissé deux parmi les *turdus* (*turd,*
pagodarum et *Malabaricus*). Enfin M. Shaw a complété la bizarrerie de ce
genre, en y plaçant encore trois *cassicans* (ses *gr. strepera , varia* et *tibi-*
cen); et en leur ajoutant le *talapiot,* qui est un grimpereau, ou une
sittelle (*grac. picoïdes*). Il est certain que des genres ainsi composés
peuvent excuser, sinon justifier , l'humeur des ennemis des méthodes.

sur près de moitié de leur longueur. D'autre part,
leur bec court et leurs proportions générales, les ont
fait long-temps regarder comme assez semblables à
nos mesanges. On doit mettre à leur tête, et dans un
groupe séparé,

Les Coqs de roche. (Rupicola.)

Qui sont grands et portent sur la tête une double crête
verticale de plumes disposées en éventail. Les mâles adultes
des deux espèces connues sont du plus bel orangé, et les jeunes
d'un brun-obscur.

Ces oiseaux vivent de fruits, grattent la terre comme des
poules, et font leur nid avec du bois sec dans les cavernes
profondes des rochers. La femelle pond deux œufs (1).

Les vrais Manakins. (Pipra. Cuv.)

Sont petits et se font presque tous remarquer par des couleurs
vives (2). Ils habitent en petites troupes dans les forêts humides.

Les Becs-fins. (Motacilla. L.)

Forment une famille excessivement nombreuse,
reconnaissable à son bec droit, menu, semblable à
un poincon. Quand il est un peu déprimé à sa base,
il se rapproche de celui des gobe-mouches; quand
il est comprimé et que sa pointe se recourbe un peu,
il conduit aux piegrièches à bec droit.

On a essayé de les diviser comme il suit :

Les Traquets. (Saxicola. Bechst.)

Ont le bec un peu déprimé et un peu large à sa base, ce qui
les lie surtout à la dernière petite tribu des gobe-mouches.

---

(1) *Pipra rupicola*, enl. 39 et 747. — *Pipra peruviana*. Lath. enl. 745.

(2) *Pipra pareola*, enl. 687, 2, et 303, 2. — *Superba*. Pallas, sp. 1.
pl. III. F. 1. — *Erytrhocephala*, enl. 34, 1. — *Aureola*, 34, 3, et 302,
2. — *Serena* 324, 2. — *Gutturalis*, 324, 1. — *Leucocapilla*, 34, 2. —
Manacus, 302, 1, et 303, 1.

Ce sont des oiseaux vifs, assez hauts sur jambes. Les espèces de ce pays-ci nichent à terre ou sous terre, ne mangent que des insectes.

Nous en possédons trois :

Le *Traquet*. (*Motacil. rubicola*. Lin.) Enl. 678, 1.

Petit oiseau brun, à poitrine rousse, à gorge noire, avec du blanc au côté du cou, sur l'aile et au croupion. Il voltige sans cesse sur les buissons, les ronces, et avec un petit cri semblable au tictac d'un moulin, d'où lui vient son nom.

Le *Tarier*. (*Mot. rubetra*.) Enl., ib., 2.

Ressemble beaucoup au traquet ; mais son noir, au lieu d'être sous la gorge, est sur la joue. Il est un peu plus grand, et se tient plus à terre.

Le *Motteux* ou *cul blanc*. (*Mot. œnanthe*.) Enl., 554.

Le croupion et la moitié des plumes latérales de la queue blancs. Le mâle a le dessus cendré, le dessous blanc-roussâtre, l'aile et une bande sur l'œil noires. Dans la femelle, tout le dessus est brunâtre et le dessous roussâtre. Cet oiseau se tient dans les champs qu'on laboure, pour prendre les vers que le sillon met à nu (1).

Les Rubiettes (2). (Sylvia. Wolf et Meyer. Ficedula. Bechst.)

Ont le bec seulement un peu plus étroit à la base que les précédens. Ce sont des oiseaux solitaires, qui nichent géné-

---

(1) Ajoutez aux traquets, *mot. caprata*, enl. 235. — *Mot. fulicata*, enl. 185, 1. — *Mot. philippensis*, ib. 2. Le *patre*, Vaill. Afr. p. 180.

Et au cul blanc, *mot. leucothoa*, enl. 583, 2. — L'*imitateur*, Vaill. Afr. 181. id. — Le *familier*, id. 183. — Le *montagnard*, id. 184. — Le *fourmilier*, 186. — *Mot. leucomela*, Falc. Voy. III, xxx.

Le *mot. cyanea*, Gm. Lath. Syn. II, pl. liii, a le bec des traquets et n'en diffère que par sa longue queue.

(2) *Rubiette*, nom du rouge-gorge dans quelques-unes de nos provinces.

ralement dans des trous, et vivent d'insectes, de vers et de bayes.

Nous en avons ici quatre espèces :

Le *Rouge-gorge*. (*Mot. rubecula*, L.) Enl. 361, 1.

Gris-brun dessus, gorge et poitrine rousses, ventre blanc ; niche près de terre dans les bois, est curieux et familier. Il en reste quelques-uns en hiver, qui, pendant les grands froids, se réfugient dans les habitations, et s'y apprivoisent très-vite.

La *Gorge bleue*. (*Mot. suecica*. L.) Enl., 361, 2.

Brun dessus, gorge bleue, poitrine rousse, ventre blanc, plus rare que le précédent, niche aux bords des bois, des marais.

La *Gorge noire* ou *Rossignol de muraille*. (*Mot. phœni-curus*. L.) Enl., 351, 1.

Brun dessus, gorge noire, poitrine, croupion et pennes latérales de la queue roux ; niche dans les vieux murs, et fait entendre un chant doux, qui a quelque chose des modulations du rossignol.

Le *rouge queue*. (*Mot. erithacus*, *titys*, *gibraltariensis*, *atrata*. Gm.) Edw., 29.

Diffère du précédent, surtout parce que sa poitrine est noire comme sa gorge. Il est beaucoup plus rare (1).

LES FAUVETTES. (CURRUCA. Bechst.)

Ont le bec droit, grêle partout, un peu comprimé en avant ; l'arête supérieure se courbe un peu vers la pointe.

Le plus célèbre oiseau de ce sous-genre est

(1) Ajoutez : Le *rouge gorge à dos bleu* (*mot. sialis*), enl. 390. — *mot. Calliope*. Lath. Syn. Supp. frontisp.

Le *Rossignol.* (*Mot. luscinia.* Lin.) Enl. , 6ı5 , 2.

Brun-roussâtre dessus , gris-blanchâtre dessous , la queue un peu plus rousse. Chacun connaît le chantre de la nuit , et les sons mélodieux et variés dont il charme les forêts. Il niche sur les arbres, et ne chante que jusqu'à ce que ses petits soient éclos. Le soin de leur nourriture occupe alors le mâle comme la femelle.

La partie orientale de l'Europe produit une race un un peu plus grande , à poitrine légèrement variée de reflets grisâtres. (*Mot. philomela.* Bechst.)

Les autres espèces portent en commun le nom de fauvettes : elles ont presque toutes un ramage agréable , de la gaieté dans leurs habitudes , volètent continuellement à la poursuite des insectes , nichent dans des buissons et , pour le plus grand nombre , au bord des eaux , dans les joncs , etc.

Je place en tête une espèce assez grande pour avoir été presque toujours mise dans le genre des grives (ı).

C'est la *Rousserolle* , *Rossignol de rivière* , etc. (*Turdus arundinaceus.* Lin.) Enl. , 5ı3.

Brun-roussâtre dessus , jaunâtre dessous , gorge blanche , un trait pâle sur l'œil , un peu moindre que le mauvis , à bec presque aussi arqué.

Elle niche parmi les joncs , et ne mange guère que des insectes aquatiques.

La *petite Rousserolle* ou *Effarvatte.* (*Mot. arundinacea.* Gmel.)

Semblable à la précédente pour les mœurs et les couleurs , mais d'un tiers moindre.

La *Fauvette de roseaux.* (*Mot. salicaria.* Gm.) Enl. 58ı , 2.

Encore plus petite que l'effarvatte , à bec plus court à pro-

---

(ı) Il y a , dans les pays étrangers , des fauvettes intermédiaires entre la grande et la petite rousserole , et entre celle-ci et la fauvette de roseaux

portion , gris-olivâtre dessus , jaune très-pâle dessous , un trait jaunâtre entre l'œil et le bec.

La *Fauvette tachetée.* (*Mot. nœvia.*) Albin , III , 26. Noseman , II , pl. 53.

Habite aussi les roseaux. C'est la plus petite des aquatiques , fauve , tachetée de noirâtre dessus , blanchâtre , teinte de fauve dessous , tachetée de gris sur la poitrine.

Une variéte non tachetée sur la poitrine a été nommée *Mot. schœnobœnus.*

Parmi les espèces plus attachées aux terrains secs, on distingue d'abord ,

La *Fauvette à téte noire.* (*Mot. atricapilla.* Liu.) Enl. , 580 , 1 et 2.

Brune dessus , blanchâtre dessous , une calotte noire dans le mâle , rousse dans la femelle.

La *Fauvette proprement dite.* (*Mot. orphea.* Tem.) Enl. , 579 , 1.

L'une des plus grandes , brun-cendré dessus , blanchâtre dessous, du blanc au fouet de l'aile , la penne externe de la queue aux deux tiers blanche , la suivante marquée d'une tache au bout , les autres d'un liseré.

La *Fauvette grise.* (*Mot. silvia.* Lin.) *Gorge blanche* des Anglais. Brit. , zool , pl. 5 , n° 4.

Plus petite et plus grise que la précédente , le bec plus menu , mais les taches blanches disposées de même.

---

en sorte qu'on ne peut , selon moi , séparer la rousserolle des fauvettes, bien que j'avoue qu'il résulte de là un passage presque insensible entre les merles et les becs-fins ; tout comme il y en a un entre les becs-fins et les piegrieches à bec droit , entre les merles et les piegrièches à bec arqué. Tous ces genres se tiennent étroitement.

La *Fauvette babillarde*. (*Mot. curruca*. Lin.) Enl. 579, 3 , ?. Noseman , II , pl. 97.

Dessus gris-brun roussâtre , dessous blanc , le blanc de la queue comme aux deux précédentes , les pennes et les couvertures des ailes bordées de roux.

La *Passerinette* ou *Fauvette bretonne*. (*Mot. passerina.*) Lath. , Syn. , Sup. , pl. cxiii. Noseman , II , pl. 72.

Gris-brun cendré uniforme , dessous blanchâtre.

La *Fauvette épervière*. (*Mot. nisoria*. Bechst.)

Un peu plus grande que la passerinette , de même couleur , seulement quelques ondes grisâtres sur les flancs , et quelques taches sous la base de la queue (1).

Bechstein sépare des autres fauvettes

Son Accentor ,

Qui est la *Fauvette des Alpes*, Buff. (*Mot. Alpina*) , Enl. , 668 ,

Parce que son bec grêle , mais plus exactement conique que celui des autres becs-fins , a ses bords un peu rentrés.

C'est un oiseau cendré , à gorge blanche , pointillée de noir , avec deux rangées de taches blanche sur l'aile , et du roux-vif aux flancs. Il se tient dans les pâturages des hautes Alpes , où il chasse aux insectes , et d'où il descend en hiver dans les villages pour y trouver quelques grains.

Je crois observer le même bec à notre *Fauvette d'hiver* , *Traîne-Buisson* , etc. (*Mot. modularis* , Lin.) , enl. , 615 , 1.

La seule espèce qui nous reste en hiver , et qui égaye un peu cette saison par son agréable ramage. Elle est en dessus d'un fauve tacheté de noir , et cendrée - ardoisée dessous. L'été elle va dans le nord et dans les bois des montagnes ; l'hiver, elle se contente aussi de grains à défaut d'insectes.

---

(1) *N. B.* Les descriptions des fauvettes sont si vagues et leurs figures si mauvaises , qu'il est presque impossible d'en déterminer les espèces. Chaque auteur les dispose autrement. Ainsi l'on peut compter sur nos descriptions , mais non pas absolument sur notre synonymie.

On pourrait aussi distinguer quelques becs-fins étrangers
à bec très-grêle comprimé presque comme aux merles, à
queue longue et étagée, que l'on a laissés jusqu ici parmi
les fauvettes (1). Quelques-unes de leurs espèces construisent
des nids de coton ou d'autres filamens disposés avec beaucoup d'art.

Les Roitelets ou Figuiers. (Regulus. Cuv.)

Ont le bec grêle parfaitement en cône très-aigu, et même,
quand on le regarde d'en haut, ses côtés paraissent un
peu concaves. Ce sont de petits oiseaux qui se tiennent sur
les arbres et y poursuivent les moucherons. Nous en avons
trois ici,

Le *Roitelet.* (*Mot. regulus.* L.) Enl., 651, 3.

Le plus petit de nos oiseaux d'Europe, olivâtre dessus,
blanc jaunâtre dessous, tête noire marquée d'une belle
tache jaune-d'or, dont les plumes peuvent se relever. Il fait
sur les arbres un nid en boule dont l'ouverture est sur le
côté, se suspend aux branches dans tous les sens comme les
mésanges, se rapproche des habitations en hiver.

Le *Pouillot.* (*Motac. trochylus.* L.) Enl., ib., 1.

Un peu plus grand que le roitelet, de la même couleur,
mais sans couronne; de mêmes mœurs, mais d'un plus joli
ramage, et s'éloignant en hiver.

Le *grand Pouillot.* (*Motac. hypolaïs.*) Bechst. III, xxiv.

Encore un peu plus grand, à ventre plus argenté.

Les figuiers étrangers sont fort nombreux et souvent
revêtus de couleurs agréables (2).

---

(1) *Motacilla macroura*, Gm. enl. 752, 2. — *Mot. subflava*, Gm
enl. 584, 1, probablement le même que le *citrin*, Vaill. Afr. 127. — Le
double sourcil, id. 128. — Le *capolier*, id. 129, 130.

(2) Tels sont le *tcheric*, Vaill. III, 131. — Le *cou jaune* (*mot. pensilis*), enl. 686, 5. — Le *fig. tacheté du Canada* (*mot. æstiva*), enl. 58,

Les Troglodites. (Troglodites. Cuv.)

Ne diffèrent des figuiers que par un bec encore un peu plus grêle et légèrement arqué.

Nous n'en avons qu'un,

Le *Troglodyte d'Europe* (*Mot. troglodytes.* L.) Enl., 651, 2, nommé en plusieurs lieux *Roitelet*.

Brun strié en travers de noirâtre, avec du blanchâtre à la gorge et au bord de l'aile, la queue assez courte et relevée. Il niche contre terre, et chante agréablement jusque dans le plus fort de l'hiver (1).

Les Hochequeue. (Motacilla. Bechst.)

Joignent à un bec encore plus grêle que celui des fauvettes une queue longue qu'ils élèvent et abaissent sans cesse, des jambes élevées, et surtout des plumes scapulaires assez longues pour couvrir le bout de l'aile repliée, ce qui leur donne un rapport avec la plupart des échassiers.

Les Hochequeue proprement dits ou Lavandières.
(Motacilla. Cuv.)

Ont encore l'ongle du pouce courbé comme les autres becs-fins. Elles vivent au bord des eaux.

Celle de notre pays (*Mot. alba* et *cinerea.* L.) Enl., 652.

Est cendrée dessus, blanche dessous, avec une calotte à l'occiput, et la gorge et la poitrine noires.

---

2. — Le *fig.* à gorge jaune (*mot. ludoviciana*) enl. 731, 2. — Le *fig.* à poitrine jaune (*mot. mystacea*), enl. 709, 2, Edw. 257, 2. — Le *fig.* cendré de Canada (*mot. Canadensis*), enl. 685, 2. — Le *fig.* de l'île de France (*mot. mauriciana*), enl. 705, 1. — Le *plastron noir*, Vaill. III, 123, etc. Ceux qui ont le bec un peu large à sa base tiennent de près aux gobe-mouches à bec étroit.

(1) Les troglodites étrangers, se lient d'une part aux fourmiliers, de l'autre aux grimpereaux.

LES BERGERONNETTES. (BUDYTES. Cuv.) (1)

Ont, avec les autres caractères des lavandières, l'ongle du pouce allongé et peu arqué, ce qui les rapproche des farlouses et des alouettes. Elles se tiennent dans les pâturages, et poursuivent les insectes parmi les troupeaux.

La plus commune, la *Bergeronnette de Printems.* (*Mot. flava.*) Enl., 674, 2.

Est cendrée dessus, olive au dos, jaune dessous, un sourcil et les deux tiers des pennes latérales de la queue blancs (2).

LES FARLOUSES. (ANTHUS. Bechst.)

Ont été long-temps réunies aux alouettes, à cause de l'ongle long de leur pouce; mais leur bec grêle et échancré les rapproche des autres becs fins. En même temps, leurs pennes et couvertures secondaires, aussi courtes qu'à l'ordinaire, ne les laissent pas confondre avec les bergeronnettes.

Les unes, dont l'ongle est encore assez arqué, se perchent volontiers.

Le *Pipi.* (*Alauda trivialis* et *minor* Gm. *Anthus arboreus.* Bechst.) Enl., 660, 1 (3).

Brun-olivâtre dessus, grisâtre dessous, tacheté de noirâtre à la poitrine, deux bandes transversales pâles sur l'aile.

D'autres ont tout-à-fait au pouce un ongle d'alouette; elles se tiennent plus souvent à terre.

La *Farlou e* ou *Alouette de pré.* (*Alauda pratensis.* Gm. *Anthus pratensis.* Bechst.) Enl., 661, 2 (1).

Brun - olivâtre dessus, blanchâtre dessous, des taches

---

(1) Budytes, nom de la bergeronnette, parce qu'on la voit parmi les bœufs.

(2) Ajoutez la *berg. jaune* (*mot. boarula*, L.) Edw. 259.

(3) Sous le faux nom de farlouse.

(4) Nommé mal à propos alouette pipi.

brunes à la poitrine et aux flancs, un sourcil blanchâtre, les bords des pennes externes de la queue blancs.

Elle se tient dans les prairies humides ou inondées, niche dans les joncs, les touffes de gazon. Elle engraisse singulièrement en automne en mangeant du raisin, et se recherche alors, dans plusieurs de nos provinces, sous les noms de *bequefigue* et de *vinette* (1).

Les farlouses nous conduiraient directement aux alouettes, mais nous sommes obligés de traiter auparavant d'une petite famille qui se lie à celle-ci par les gobe-mouches ; c'est celle

des FISSIROSTRES,

Famille peu nombreuse, mais très-distincte de toutes les autres par son bec court, large, aplati horizontalement, légèrement crochu, sans échancrure, et fendu très-profondément ; en sorte que l'ouverture de leur bouche est très-large, et qu'ils engloutissent aisément les insectes qu'ils poursuivent au vol.

C'est à la tribu des gobe-mouches qu'ils tiennent de plus près, et spécialement aux procnias, dont le bec ne diffère presque du leur que par son échancrure.

Leur régime, absolument insectivore, en fait

---

(1) Ajoutez la *rousseline* (anth. campestris), enl. 651, 1. Parmi les farlouses étrangères placez l'*alauda capensis*, enl. 504, 2. — L'*al. rufa*, ib. 738, 2. — Une autre *rufa*, ib. 738, 1. — Probablement le *rubra*, Edw. 297.

éminemment des oiseaux voyageurs qui nous quittent en hiver.

Ces oiseaux se divisent en diurnes et nocturnes, à l'instar des oiseaux de proie.

LES HIRONDELLES. (HIRUNDO. L.)

Comprennent les especes diurnes toutes remarquables par leur plumage serré, la longueur extrême de leurs ailes et la rapidité de leur vol.

Parmi elles, on distingue

LES MARTINETS. (APUS. Cuv. CYPSELUS. Illiger.)

De tous les oiseaux, ceux qui ont les plus longues ailes à proportion et qui volent avec le plus de force; leur queue est fourchue; leurs pieds, très - courts, ont ce caractère fort particulier, que le pouce y est dirigé en avant presque comme les autres doigts, et que les doigts moyen et externe n'ont chacun que trois phalanges comme l'interne.

La briéveté de leur humérus, la largeur de ses apophyses, leur fourchette ovale, leur sternum sans échancrure vers le bas indiquent, même dans le squelette, à quel point ces oiseaux sont disposés pour un vol vigoureux; mais la brièveté de leurs pieds, jointe à la longueur de leurs ailes, fait que, lorsqu'ils sont à terre, ils ne peuvent prendre leur élan; aussi passent-ils pour ainsi dire leur vie en l'air, poursuivant en troupes et à grands cris les insectes dans les plus hautes régions. Ils nichent dans des trous de murs et de rochers, et grimpent avec rapidité le long des surfaces les plus lisses.

L'espèce commune (*Hirundo apus*. L.) Enl., 542, 1.

Est noire, à gorge blanche.

L'espèce des hautes montagnes (*Hirundo melba*. L.) Edw., 27; Vaill. Afr., 243.

Est plus grande, brune dessus, blanche dessous, avec un
collier brun sous le cou (1).

Les Hirondelles proprement dites. (Hirundo. Cuv.)

Ont les doigts des pieds et le sternum disposés comme dans
le grand nombre des passereaux.

Quelques-unes ont les pieds revêtus de plumes jusqu'aux
ongles; leur pouce montre encore un peu de disposition à se
tourner en avant; leur queue est fourchue et de grandeur
médiocre.

L'*Hirondelle de fenêtre.* (*Hirundo urbica.* L.) Enl., 542, 2.

Noire dessus, blanche dessous et au croupion. Tout le
monde connaît les nids solides qu'elle construit en terre
aux angles des fenêtres, sous les rebords des toits, etc... (2)

D'autres ont les doigts nus, la queue fourchue à fourches souvent très-longues.

L'*Hirondelle de cheminée.* (*Hirundo rustica.* L.)
Enl., 543, 1.

Noire dessus, le front, les sourcils, la gorge roux, le
reste du dessous blanc; son nom vient de l'habitation qu'elle
choisit d'ordinaire.

L'*Hirondelle de rivage.* (*Hirundo riparia.* L.) Enl., 543, 2.

Brune dessus et à la poitrine, la gorge et le dessous blancs.
Elle pond dans des trous le long des eaux. Il paraît constant
qu'elle s'engourdit pendant l'hiver, et même qu elle passe
cet état au fond de l'eau des marais (3).

---

(1) Ajoutez *hir. sinensis.* — Le *martinet à croupe blanche*, Vaill. Afr.
244, 1? — Le *martinet vélocifère*, id. ib. 244, 2?

(2) Ajoutez *hirundo Cayennensis*, enl. 725, 2. — *Hir. ludoviciana*,
Nob. enl. 725, 1, et Catesb. 1, 51. — *Hir. montana* (la même que *ru-
pestris.*

(3) Ici viennent: *Hir. rufa*, enl. 724, 1. — *Hir. fasciata*, enl. 724, 2.
— *Hir. violacea*, enl. 722. — *Hir. chalybœa*, enl. 545, 2. — *Hir. Se-*

Les pays étrangers ont quelques hirondelles à queue presque carrée (1), et d'autres dont la queue carrée et courte a ses pennes terminées en pointe (2).

On doit remarquer parmi les hirondelles étrangères

La *Salangane*. (*Hir. esculenta*. L.)

Très-petite espèce de l'archipel des Indes, à queue fourchue, brune dessus, blanchâtre dessous et au bout de la queue, célèbre par ses nids de substance gélatineuse blanchâtre, disposée par couches, qu'elle fait, à ce que l'on croit, avec le frai de certains poissons, ou avec quelque écume qu'elle recueille à la surface de la mer. Les vertus restaurantes attribuées à ces nids en ont fait un article important de commerce à la Chine. On les apprête comme des champignons.

Les Engoulevents. (Caprimulgus. L.) (3)

Ont ce même plumage léger, mou et nuancé de gris et de brun qui caractérise les oiseaux de nuit; leurs yeux sont grands, leur bec, encore plus fendu qu'aux hirondelles, garni de fortes moustaches, et pouvant engloutir les plus gros insectes qu'il retient au moyen d'une

---

negalensis, enl. 310. — *Hir. Capensis*, enl. 723, 2. — *Hir. Indica*, Lath. Syn. II, pl. LVI. — *Hir. Panayana*, Sonn. 1ᵉʳ Voy. pl. 76. — *Hir. subis*, Edw. 120. — *Hir. ambrosiaca*. Briss, II, pl. 45, fig. 4. — *Hir. tapera*, ib. fig. 3. — *Hir. nigra*, id. pl. 46, fig. 3. — *Hir. daurica*. — L'*hir. à front roux*, Vaill. Afr. 245, 2. — L'*hir. de marais*, id. ib. 246, 2. — L'*hir. huppée*, id. ib. 247.

(1) *Hir Dominicensis*, enl. 545, 1. — *Hir. torquata*, enl. 723, 1. — *Hir. leucoptera*, enl. 546, 1.—*Hir. Francica*, enl. 544, 2. — *Hir. Borbonica*. — *Hir. Americana*. — L'*hir. fauve*, Vaill. Afr. 246, 1.

(2) *Hir. Acuta*, enl. 544, 1. — *Hir. pelasgia*, enl. 726, 1 et 2.

(3) *Caprimulgus*, *tête-chèvre*, *ægothelas*, noms tirés de l'idée bizarre, répandue parmi le peuple, qu'ils tètent les chèvres et même les vaches.

salive gluante; sur la base sont les narines en forme
de petits tubes; leurs ailes sont longues, leur queue
carrée leurs pieds courts à tarses emplumés, à doigts
réunis à leur base par une courte membrane; le
pouce lui-même s'unit ainsi au doigt interne et peut
se diriger en avant; l'ongle du milieu est souvent
dentelé à son bord interne, et le doigt externe, par
une conformation rare parmi les oiseaux, n'a que
quatre phalanges. Les engoulevents vivent isolés, ne
volent que pendant le crépuscule ou dans les belles
nuits, poursuivent les phalènes et autres insectes
nocturnes, déposent à terre et sans art un petit
nombre d'œufs; l'air qui s'engouffre, quand ils volent,
dans leur large bec y produit un bourdonnement
particulier.

Nous n'en avons en Europe qu'une espèce

(*Caprimulgus Europœus.* **L.**) Enl., 193.

Grande comme une grive, d'un gris-brun ondulé et moucheté de brun-noirâtre, une bande blanchâtre allant du
bec à la nuque. Elle niche dans les bruyères, pond deux
œufs seulement.

L'Amérique produit plusieurs de ces oiseaux, dont un
aussi grand qu'un hibou (*Caprim. grandis.*) Enl., 525 (1).

L'Afrique en a aussi quelques-uns dont la queue fourchue
est un indice de plus de leurs rapports avec les hirondelles;
leur ongle du milieu n'est pas dentelé (2).

---

(1) Ajoutez : *Capr. Virginianus,* Edw. 63, qui me paraît au moins très-
voisin du *Guyanensis,* enl. 733. — *Capr. Carolinensis ,* Catesb. 8,
espèce fort voisine de la nôtre. — *C. Jamaïcensis ,* Lath. Syn. II , pl. 57.
— *C. rufus ,* enl. 735. — *C. semitorquatus ,* enl. 734. — *C. Cayennensis ,*
enl. 760. — *C. acutus ,* enl. 752.

(2) *Capr. u rcatus ,* Cuv. Vaill. Afr. 47. — *C. pectoralis ,* id. ib. 49.

Une espèce également d'Afrique, mais à queue ronde, est fort remarquable par une plume deux fois plus longue que le corps, qui naît près du poignet de chaque aile, et n'a de barbes que vers son extrémité (*Cap. longipennis.*) Shaw., Natur., Miscell., 265.

La troisième famille des passereaux ou les

CONIROSTRES,

Comprend les genres à bec fort, plus ou moins conique et sans échancrure ; ils vivent d'autant plus exclusivement de grains, que leur bec est plus fort et plus épais.

On distingue d'abord parmi eux le genre des

ALOUETTES. (ALAUDA. L.)

Par l'ongle de leur pouce qui est tout droit, fort et bien plus long que les autres (1); ce sont des oiseaux granivores, pulvérateurs, qui se tiennent et nichent à terre.

Le plus grand nombre a le bec droit médiocrement gros et pointu.

L'*Alouette des champs.* (*Al. arvensis.*) Enl., 368, 1.

Est connue de tout le monde par son vol perpendiculaire qu'elle exécute en chantant avec force et variété, et par l'abondance avec laquelle on la prend pour nos tables. Plumage brun dessus, blanchâtre dessous, tacheté partout de brun plus foncé, les deux pennes externes de la queue brunes en dehors.

---

(1) Ce caractère est plus ou moins marqué dans les bergeronnettes, les alouettes, les anthus, dont nous avons déjà parlé, et dans les bruants de neige dont nous parlerons plus bas.

Le *Cochevis* ou *Alouette huppée*. (*Alauda cristata*.)
Enl., 5o3, 1.

A peu près de même taille et de même plumage, les plumes de la tête pouvant se relever en huppe, moins commune que la précédente, se rapproche des villages, des taillis.

L'*Alouette des bois, Cujelier, Lulu*. (*Al. arborea, Al. nemorosa*.) Enl., 5o3, 2.

Porte aussi une petite huppe, mais moins marquée, est plus petite, et se distingue en outre par un trait blanchâtre autour de la tête; se plaît surtout dans les bruyères de l'intérieur des bois (1).

D'autres ont le bec si gros qu'on pourrait, sous ce rapport, les rapprocher des moineaux,

Telle est

La *Calandre*. (*Al. calandra*.) Enl., 363, 2.

La plus grande espèce d'Europe, brune dessus, blanchâtre dessous, une grande tache noirâtre sur la poitrine du mâle. Du midi de l'Europe et des déserts de l'Asie (2).

Mais surtout

L'*Alouette de Tartarie*. (*Al. Tatarica* et *mutabilis* et *tanagra Sibirica*. Gm.) Sparm., Mus. Carls., pl. xix.

Dont le plumage d'adulte est noir, ondé en dessus de grisâtre. Elle s'égare quelquefois en Europe (3).

_____

(1) Ajoutez en espèces européennes la *girole* (*al. Italica*.) — La *coquillade* (*al. undata*), enl. 662. — La *ceinture noire*, ou *al. de neige, de montagne*, etc. (*al. alpestris* et *sibirica*), enl. 65o, 2. — En espèces étrangères, la *bateleuse*, Vaill. Afr. 194. — Le *dos roux*, id. 197. — La *calotte rousse*, id. 198.

N. B. L'*al. magna* (Catesb. I, 33) n'est que le *sturnus ludovicianus*.

(2) Ici vient l'*alouette gros bec*. Vaill. Afr. 193.

(3) Le *fringilla Lapponica*, Gm. ou *calcarata*, Pall. Voy. trad. fr. III, pl. 1, fig. 1. *Grand montain*, Buff. doit venir à cette subdivision; probablement aussi le *traçal*, Vaill. Afr. pl. 191.

D'autres l'ont allongé, un peu comprimé et arqué, ce qui les rattache aux huppes et aux promerops ;
Tel est

Le *Sirli*. (*Al. Africana*. Gm.) Enl., 712.

Oiseau assez commun dans les plaines sablonneuses d'une extrémité à l'autre de l'Afrique ; son plumage s'éloigne peu de celui de notre alouette commune.

Les Mésanges. (Parus. L.)

Ont le bec menu, court, conique, droit, garni de petits poils à sa base et les narines cachées dans les plumes. Ce sont de petits oiseaux très-vifs, voletant et grimpant sans cesse sur les branches, s'y suspendant en toute sorte de sens, déchirant les graines dont ils se nourissent, mangeant aussi beaucoup d'insectes, et n'épargnant pas même les petits oiseaux quand ils les trouvent malades et peuvent les achever. Ils ont l'habitude de ramasser des provisions de graines, nichent dans les trous des vieux arbres, et pondent plus d'œufs qu'aucun des autres passereaux.

Nous avons en France six mésanges proprement dits.

La *Charbonnière*. (*Parus major*. L.) Enl., 3, 1.

Olivâtre dessus, jaune dessous, la tête noire ainsi qu'une bande longitudinale sur la poitrine ; un triangle blanc sur chaque joue ; l'une des plus communes dans les taillis, les jardins.

La *petite Charbonnière*. (*Parus ater*. L.) Frisch. I, pl. xiii, 2.

Plus petite que la précédente, a du cendré au lieu d'olivâtre, et du blanchâtre au lieu de jaune. Elle habite de préférence les grands bois de sapin.

La *Nonnette*. (*Parus palustris*. L.) Enl., 3, 3.

Cendrée dessus, blanchâtre dessous, une calotte noire.

La *Mésange bleue*. (*Parus cœruleus*.) Enl., 3, 2.

Olivâtre dessus, jaunâtre dessous, le sommet de la tête d'un beau bleu, la joue blanche encadrée de noir, le front blanc; joli petit oiseau assez commun dans les taillis.

La *Mésange huppée*. (*Parus cristatus*.) Enl., 502, 2.

Brunâtre dessus, blanchâtre dessous, la gorge et le tour de la joue noirs, une petite huppe maillée de noir et de blanc.

La *Mésange à longue queue*. (*Parus caudatus*.) Enl. 502, 3.

Noire dessus, les couvertures des ailes brunes, le dessus de la tête et tout le dessous blanc, la queue plus longue que le corps. Elle fait son nid sur les branches des arbrisseaux et le recouvre par-dessus(1).

LES MOUSTACHES.

Diffèrent des mésanges proprement dites, par la mandibule supérieure de leur bec, dont le bout se recourbe un peu sur l'autre.

---

(1) Joignez *parus bicolor* (Catesb. 1 , 57.) — *P. cyanus* (Nov. comm. Petrop. XIV , pl. 13 , fig. 1, et 23, fig. 2.) et *P. sobiensis* , (Sparm. M. Carls. pl. 25) qui paraissent à Bechstein , les deux sexes d'une même espèce. — *P. atricapillus* (Briss. III , pl. 29, fig. 1.) *P, sibiricus* , (enl. 708, fig. 3), et *p. palustris* , B. (enl. 502 , 1), qui sont trois variétés ou espèces très-voisines.

Les *parus malabaricus* , (Sonner. 2e Voy. pl. 110 , 1), et *coccineus* , (Sparm. Mus. Carls. 48 , 49), sont des traquets ou des gobe-mouches , voisins de l'*oranor*, Vaill. du *mot. ruticilla* , L. du *turdus speciosus* , Lath. On peut remarquer que toutes les fois que les caractères d'un oiseau ne sont pas bien tranchés , les auteurs l'ont balloté de genre en genre.

Nous n'en avons qu'une,

La *Moustache*. (*Parus biarmicus.*) Enl. 618, 1 et 2.

Fauve, le mâle à tête cendrée, avec une bande noire qui entoure l'œil et se termine en pointe en arrière. Cet oiseau niche dans les joncs les plus épais. On en trouve dans tout l'ancien continent, quoique rarement.

Les Remiz.

Ont le bec plus grêle et plus pointu que les mésanges ordinaires : ils mettent généralement plus d'art dans la construction de leur nid. Nous n'en possédons aussi qu'un,

Le *Remiz*. (*Parus pendulinus.*) Enl. 618, 3.

Cendré, ailes et queue brunes ; un bandeau noir au front, se prolongeant jusque derrière les yeux dans le mâle. Ce petit oiseau, habitant du midi et de l'orient de l'Europe, est fameux par le joli nid, en forme de bourse, tissu de duvet de saule, de peuplier, et garni en dedans de plumes, qu'il suspend aux rameaux flexibles des arbres aquatiques (1).

Les Bruants. (Emberiza. Lin.)

Ont un caractère extrêmement distinct dans leur bec conique, court, droit, dont la mandibule supérieure, plus étroite et rentrant dans l'inférieure, a au palais un tubercule saillant et dur. Ce sont des oiseaux granivores qui ont peu de prévoyance, et donnent dans tous les pièges qu'on leur tend.

Le *Bruant commun*. (*Emberiza citrinella*. Lin.) Enl. 30, 1.

A dos fauve, tacheté de noir ; à tête et tout le dessous du corps jaune, les deux pennes externes de la queue à bord

---

(1) *Parus Narbonensis* (enl. 708 , 1) paraît la femelle du *pendulinus*; ajoutez le *parus Capensis* (Sonner. 2ᵉ Voy. pl. 112) dont le nid, fait de coton et en forme de bouteille, porte sur le bord du goulot une espèce d'auget pour poser le mâle.

interne blanc. Niche dans les haies ; se rapproche en troupes innombrables des habitations en hiver , avec les moineaux, les pinçons , etc. , quand la neige couvre la terre.

Le *Bruant fou.* (*Emb. cia.* Lin.) Enl. 3o , 2.

En diffère parce qu'il a le dessous gris-roussâtre , les côtés de la tête blanchâtres, entourés de lignes noires en trianglé. Des contrées montagneuses. (1)

Le *Bruant des haies.* (*Emb. cirlus.* Lin.) Enl. 653.

A la gorge noire , les côtés de la tête jaunes. Niche dans les taillis au bord des champs (2).

Le *Bruant de roseaux.* (*Emb. schœniclus.* Lin.) Enl. 247 , 2.

A sur la tête une calotte noire , et des taches de même couleur sur la poitrine. Niche aux pieds des buissons , le long des eaux , etc. (3).

Le *Bruant de neige.* (*Emb. nivalis.*) Enl. 511.

A une large bande longitudinale blanche sur l'aile. Il habite les pays du nord , et devient presque tout blanc en hiver (4).

La plus grande espèce de ce pays-ci est

Le *Proyer.* (*Emb. miliaria.*) Enl. 233.

Gris-brun, tacheté partout de brun-foncé. Il niche dans l'herbe , le blé.

La plus célèbre, par la saveur de sa chair , est

L'*Ortolan.* (*Emb. hortulana.*) Enl. 247 , 1.

A dos brun-olivâtre , à gorge jaunâtre , les deux plumes

---

(1) L'*emb. lotharingica* , enl. 511 , 1 , n'en diffère pas.

(2) On y rapporte aussi l'*emb. passerina.*

(3) M. Wolf croit devoir y joindre l'*Emb. chlorocephala* et l'*emb. Badensis.*

(4) L'*emberiza montana* et l'*emb. mustelina* ne sont que différens états du bruant de neige.

externes de la queue blanches en dedans. Niche dans les haies ; est commun et très-gras en automne (1).

LES MOINEAUX. (FRINGILLA. Lin.)

Ont le bec conique, et plus ou moins gros à sa base ; mais sa commissure n'est point anguleuse. Ils vivent généralement de grains, et sont pour la plupart voraces et nuisibles.

Nous les subdivisons comme il suit :

LES TISSERINS. (PLOCEUS. Cuv.) (2).

A bec assez grand pour les avoir fait en partie classer parmi les cassiques ; mais sa commissure droite les en distingue. Ils ont de plus la mandibule supérieure légèrement bombée.

On en trouve dans les deux continens. La plupart de ceux de l'ancien font leur nid avec beaucoup d'art, en entrelaçant des brins d'herbes, ce qui les a fait nommer TISSERINS.

Tel est le *Toucnam-Courvi* des Philippines. (*Loxia Philippina*. Lin.) Enl. 135.

Jaune tacheté de brun, à gorge noire. Son nid, suspendu, est en forme de boule, avec un canal vertical, et

---

(1) L'*emb. melbensis*, Sparm. Mus. Carls. 1, 21, n'est qu'un jeune ortolan ; après tous ces doubles emplois, il faut encore éloigner de ce genre l'*emb. brumalis*, qui est le même oiseau que *fring. citrinella*, enl. 658, 2.— *E. rubra*, le même que *fringill. erythrocephala*, enl. 665, 1, 2. — Toutes les veuves, comme je dirai ci-dessous. — *Emb. quadricolor*, enl. 101, 2. — *Emb. cyanopis*, Briss. III, pl. VIII, fig. 4. — *Emb. cœrulea*, id. ib. XIV, 2, le même que *cyanella*, Sparm. Carls. II, 42, 43, qui sont trois loxia. — *Emb. quelea*, enl. 223, 1. — *Emb. capensis*, enl. 158 et 664.— *Emb. Borbonica*, enl. 321, 2. — *Emb. Brasiliensis*, ib. 1, qui sont quatre moineaux. — *Emb. ciris*, enl. 158, qui est une linotte. — Enfin *emb. oryzivora*, enl. 388, qui a le bec des linottes, sans compter les espèces que je n'ai pu examiner.

(2) Πλοχευς, tisserand.

ouvert en dessous, qui communique par le côté dans la cavité où sont les petits (1).

Quelques-uns rapprochent leurs nids en grande quantité, pour en former une seule masse à plusieurs compartimens.

Tel est le *Républicain*. (*Loxia socia*. Lath.) Paterson.Voy. pl. 19.

D'un brun-olivâtre, jaunâtre en dessous, à tête et pennes brunes ou noirâtres.

Parmi ceux du nouveau continent, on peut remarquer

Le *Mangeur de riz*, *petit Choucas de Surinam*, *de la Jamaïque*, *Cassique noir*, etc. (*Oriolus niger*, *Or. oryzivorus*, *Corvus Surinamensis*. Gm.) Enl. 534. Brown. Illustr., X.

Qui dévaste en troupes innombrables les champs de plusieurs des parties chaudes de l'Amérique. Il est d'un noir changeant en magnifiques reflets de toutes les teintes de l'acier bruni (2).

---

(1) Ajoutez le *capmore*, Buff. (*Oriolus textor*, Gm.), enl. 375 et 376. — *Fringilla erythrocephala*, enl. 665. — Le prétendu *tangara de malimbe*, Daud. An. Mus. I, p. 148, pl. x. — Le *baglafecht*. (*Lox. Abyssinica*.) — Le *nélicourvi* (*lox. pensilis*), Sonn., 2e Voy. pl. 109.

(2) Les nomenclateurs n'ont pu encore mettre en ordre les oiseaux noirs d'Amérique, plus ou moins voisins des cassiques, parce que les descriptions que les voyageurs en ont données sont insuffisantes.

Nous croyons devoir indiquer ici les principaux, avec ce qu'il y a de plus clair dans leur synonymie.

1° Le *cassique noir à mantelet*, indiqué ci-dessous aux cassiques.

2° L'oiseau ci-dessus, bien dessiné, mais peint, sans reflets, enl. 534, et cité sous *oriol. niger*. L'*oriolus Ludovicianus*, enl. 646, n'en est qu'une variété albine. C'est évidemment le *corvus Surinamensis*, Brown, Ill. pl. x. Le petit *choucas de la Jamaïque* : Sloane Jam. II, 299, pl. 257, 1, cité par Pennant sous *gracula barrita*, et sous *quiscala*, est encore cet oiseau. D'un autre côté, il est impossible de douter que Latham ne l'ait eu sous les yeux, quand il a décrit son *oriolus orizivorus*.

3° Le vrai *carouge noir*, changeant en violet, à bec un peu court, mais bien droit, donné pour un tangara, enl. 710, et dont on a fait le

Les Moineaux proprement dits. (Pyrgita (1). Cuv.)

Ont le bec un peu plus court que les précédens, conique, et seulement un peu bombé vers la pointe.

Le *Moineau domestique*. (*Fring. domestica*.) Enl. 6, 1.

Niche dans les trous des murs, infeste les lieux habités par son audace et sa voracité. Brun tacheté de noirâtre dessus, gris dessous, une bande blanchâtre sur l'aile, calotte du mâle rousse sur les côtés, sa gorge noire.

Le *Friquet* ou *Moineau de bois*. (*Fring. montana*.) Enl. 267, 1.

Se tient plus éloigné des habitations. Il a deux bandes blanches sur l'aile, une calotte rousse, et le côté de la tête blanc, avec une tache noire (2).

---

tanagra bonariensis, mais cette figure représente réellement le petit *troupiale noir*. (*Oriolus minor*.) On donne, mal à propos, à cette espèce, pour femelle, l'oiseau enl. 606, fig. 2, qui est tout différent.

4° Un vrai *troupiale* d'un noir profond avec des reflets violets, à bec aigu un peu arqué, et qui creuse le dessus de sa queue en bateau. C'est le *boat-tailed grakle* de Penn. et de Latham, que ces deux auteurs regardent comme synonyme de *gracula barrita ;* et cependant c'est certainement l'oiseau de Catesb. pl. 12, dont Linné a fait son *gracula quiscala*, mais Catesby en a mal rendu le bec.

5° Un oiseau noir à reflets violets et verts, à queue un peu étagée, à bec de troupiale, mais plus arqué vers le bout.

(1) *Pyrgita*, nom grec du moineau domestique.

(2) Le *hambouvreux*, Buff. (*loxia Hamburgia*, Gm.) n'est que le friquet défiguré par Albin, Ois. III, pl. 24.

On doit joindre aux moineaux ordinaires, les oiseaux éparpillés comme il suit par les naturalistes. *Fringilla arcuata*, enl. 230, fig. 1, où il est beaucoup trop rouge ; ses vraies teintes sont celles des moineaux. — *Emberiza Capensis ♂*, enl. 386, 2 et ♀, enl. 664, 2. — *Tanagra silens*, enl. 742. — *fringilla elegans*, enl. 203, 1.—*Emberiza ciris*, enl. 159.—*Loxia oryx* enl. 6, 2. — *Loxia Dominicana*, enl. 55, 2, et l'autre espèce, enl. 103 — *Fringilla cristata*, enl. 181. — *Loxia Capensis*. Celui-ci commence à se rapprocher un peu des gros becs.

LES PINÇONS. (FRINGILLA. Cuv.)

Ont le bec un peu moins arqué que les moineaux, un peu plus fort et plus long que les linottes. Leurs mœurs sont plus gaies, leur chant plus varié que dans les moineaux.

Nous en avons trois espèces.

Le *Pincon ordinaire.* (*Fring. cœlebs.*) Enl. 54, 1.

Dessus brun, dessous roux-vineux dans le mâle, grisâtre dans la femelle ; deux bandes blanches sur l'aile, du blanc aux côtés de la queue. Mange de toutes sortes de grains, et niche sur toutes sortes d'arbres. C'est un des oiseaux qui égaient le plus les campagnes.

Le *Pincon de montagne.* (*Fring. montifringilla.*) Enl. 54, 2.

Noir-maillé de fauve dessus, poitrine fauve, le dessous de l'aile d'un beau citron. Cet oiseau, qui varie beaucoup, niche dans les forêts les plus épaisses, et ne vient dans les plaines qu'en hiver.

Le *Pinçon de neige* ou *Niverolle.* (*Fring. nivalis.*) Briss. III, xv, 1.

Brun-maillé de plus clair dessus, blanc dessous, tête cendrée, les couvertures des ailes, et presque toutes les pennes secondaires blanches. Il niche dans les rochers des hautes Alpes, d'où il descend, seulement dans le fort de l'hiver, aux montagnes inférieures.

LES LINOTTES et CHARDONNERETS. (CARDUELIS. Cuv.)

Ont le bec exactement conique, sans être bombé en aucun point. Ils vivent de grains. On a nommé particulièrement CHARDONNERETS ceux qui ont le bec un peu plus long et aigu.

Le *Chardonneret ordinaire.* (*Fring. carduelis.* Lin.) enl. 4.

L'un de nos plus jolis oiseaux d'Europe, brun dessus, blanchâtre dessous, le masque d'un beau rouge, une belle tache jaune sur l'aile, etc. C'est aussi l'un des oiseaux les plus dociles, qui apprend bien à chanter et à faire toutes sortes de tours. Il tire son nom de la graine de chardon, d'éryngium, etc., qu'il recherche de préférence (1).

LES LINOTTES (LINARIA, Bechst), ont aussi le bec exactement conique, mais plus court et plus obtus que les chardonnerets. Elles vivent aussi de graines de plantes, surtout de lin et de chanvre, et se laissent aisément tenir en cage.

Nous avons ici deux espèces brunes avec quelques teintes rouges, et nommées plus particulièrement LINOTTES. Les jeunes et les femelles varient pour la quantité du rouge, ou en manquent tout-à-fait. La première a encore le bec presque aussi pointu que le chardonneret. C'est

Le *Siserin* ou *petite Linotte*. (*Fr. Linaria.* Lin.) Enl. 485, 2.

Brun tacheté de noirâtre dessus, deux bandes blanches en travers sur l'aile, la gorge noire, le dessus de la tête rouge ainsi que la poitrine du mâle adulte, quelquefois même le croupion.

La *grande Linotte*. (*Fring. cannabina.* Lin.) Enl. 485, 1.

Dos brun-fauve, pennes de l'aile et de la queue noires, bordées de blanc; dessous blanchâtre, du beau rouge sur la tête et à la poitrine du vieux mâle. Niche souvent ici dans les vignes; ailleurs, dans les taillis et les buissons (2). D'autres espèces plus ou moins verdâtres portent les noms de SERINS ou TARINS.

---

(1) Ajoutez : *Fr. psittacea*, Lath. Syn. II, p. 48. — *Fr. melba*, Edw. 128 et 272. — *Fr. coccinea*, Vieill. Ois. ch. pl. 31.

(2) Les variétés que le plumage des linottes subit selon l'âge ou le sexe, en ont fait multiplier les espèces; il ne paraît pas du moins que l'on ait encore de bons caractères pour distinguer *fr. flavirostris*, de *fr. linaria*, ni *fring. montium*, *linota* et *argentoratensis* de *cannabina*.

On doit aussi rapprocher des linottes *fr. flammea*, L. Bechst. Allem. III, pl. XXXIII, 2.

Le *Tarin commun.* (*Fring. spinus.*) Enl. 485, 3.

A aussi le bec plus voisin du chardonneret, et ressemble même, en beaucoup de points, au siserin. Il est olivâtre dessus, jaune dessous, une calotte, l'aile et la queue noires; deux bandes jaunes sur l'aile. Il ne niche que sur les plus hauts sommets des sapins.

Le *Venturon.* (*Fring. citrinella.* Lin.) Enl. 658, 2.

Olivâtre dessus, jaunâtre dessous, le derrière de la tête et du cou cendrés.

Le *Cini.* (*Fring. serinus.* Lin.) Enl. 658, 1.

Olivâtre dessus, jaunâtre dessous; tacheté de brun, une bande jaune sur l'aile. Deux oiseaux des montagnes du midi de l'Europe, à peu près de la taille du tarin.

Le *Serin des Canaries.* (*Fring. Canaria.* Lin.) Enl. 202, 1.

Est plus grand, et sa facilité à multiplier en esclavage, ainsi que l'agrément de son chant, l'ont répandu partout, et l'ont fait varier en couleur au point qu'il est difficile de lui en assigner une primitive. Il se mêle avec la plupart des autres espèces de ce genre, et produit souvent avec elles des mulets féconds (1).

LES VEUVES. (VIDUA. Cuv.)

Sont des oiseaux d'Afrique et des Indes, à bec de linotte, quelquefois un peu plus renflé à sa base, qui se distinguent

---

(1) Parmi les oiseaux étrangers qui ne peuvent se distinguer des linottes par aucun caractère générique, nous mettons, *fringilla lepida.* — *Fr. tristis*, enl. 202, 2. — *Fr. nitens*, enl. 291. — *Fr. Senegalla.* — *Fr. amandava*, enl. 115, 2 et 3. — *Fr. granatina*, enl. 109, 3. — *F. Bengalus.* — *Fr. Angolensis*, enl. 115, 1. On en trouvera encore plusieurs espèces dans l'ouvrage de M. Vieillot, intitulé: *Oiseaux chanteurs de la Zone-Torride.* Le prétendu *emberiza oryzivora*, enl. 388, a aussi le même bec; mais les pennes de sa queue roides et aiguës le distinguent.

parce que quelques-unes des couvertures supérieures de leur queue sont excessivement allongées dans les mâles (1).

Il y a un passage graduel (2) et sans intervalle assignable des linottes aux

GROS BECS. (COCCOTHRAUSTIS. Cuv.)

Dont le bec exactement conique, ne se distingue que par son excessive grosseur.

Le *Gros bec commun*. (*Loxia coccothraustes*. Lin.) Enl. 99 et 100.

Est un de ceux qui méritent le mieux ce nom. Son énorme bec est jaunâtre ; il a le dos et une calotte bruns,

---

(1) On ne sait pourquoi Linnæus et Gmelin les ont associés aux bruans, sous les noms de *emberiza regia* (enl. 8 , 1.) — *Emb. serena* (ib. 2.) — *Emb. paradisea* (enl. 194.) — *Emb. panayensis* (enl. 647.) — *Emb. longicauda* (enl. 635.) Si on ne laisse pas les veuves avec les linottes , on ne peut les placer qu'avec les gros becs.

N. B. L'*emb. principalis* (Edw. 270) et l'*emb. vidua* (Aldrow. Ornit. II , 565) me paraissent le même oiseau en différens états de plumage. L'*emb. psittacea* , Seb. 1 , pl. 66 , fig. 5 , n'est pas bien authentique. L'*angolensis* , Salern. Orn. 277 ; la *veuve chrysoptère* , Vieill. Ois. ch. pl. 41 , et le *lox. macroura* , enl. 183, 1 , qui n'en diffère peut-être pas , ne sont point des veuves , mais des gros becs ordinaires.

(2) Ce passage se fait pour les espèces que j'ai pu examiner, à peu près dans l'ordre suivant, le bec grossissant toujours : *Loxia quadricolor* , (ember. L.) 101 , 2. — *L. sanguinirostris*, enl. 183,2. — *L. molucca* , enl. 139 , 2. — *L. punctulatia*, ib. 1. — *L. maja* , enl. 109 , 1. — *L. striata* , enl. 153 , 1. — *L. Malacca* , enl. 139 , 3. — *L. astrild*, enl. 157 , 2. — *L. oryzivora* , enl. 152 , 1. — *L. Brasiliana* , enl. 309 , 1. — *L. Ludoviciana* , enl. 153 , 2. — *L. petronia* (*fring. petronia*, L.) enl. 225. — *L. chloris*, enl. 267 , 2. — *L. fasciata* , Brown. Ill. xxvii. — *L. Madagascariensis* , enl. 134 , 2. — *L. cœrulea*. — *L. cardinalis* , enl. 37. — *L. melanura*. — *L. coccottraustes* , enl. 99 et 100. On intercalera aisément dans cette série , même d'après les figures , les jolies espèces données par M. Vieillot, dans ses Oiseaux chanteurs de la Zone-Torride.

le reste du plumage grisâtre, la gorge et les pennes des ailes noires, une bande blanche sur l'aile. Il vit dans les bois des montagnes, niche sur des hêtres, des arbres à fruit, mange toutes sortes de fruits et d'amandes.

Nous en avons encore en Europe deux espèces à bec moins gros.

Le *Verdier*. (*Loxia chloris*. Lin.) Enl. 672, 2.

Verdâtre dessus, jaunâtre dessous, le bord externe de la queue jaune. Habite dans les taillis, mange toutes sortes de semences.

La *Soulcie*. (*Fring. petronia*. Lin.) Enl. 225.

Que l'on a coutume de joindre aux moineaux, dont elle a les couleurs ; mais outre son gros bec, une ligne blanchâtre autour de la tête, et une tache jaunâtre sur la poitrine, l'en distinguent aisément (1).

On doit distinguer des gros becs quelques espèces étrangeres : (Pitylus, Cuv.)

A bec aussi gros, un peu comprimé, arqué en dessus, et qui a quelquefois un angle saillant au milieu du bord de la mâchoire supérieure (2).

On en a déjà distingué depuis long-temps

LES BOUVREUILS (PYRRHULA.)

Dont le bec est arrondi, renflé, et bombé en tout sens.

Nous en avons un,

Le *Bouvreuil ordinaire*. (*Loxia pyrrhula*. Lin.) Enl. 145.

Cendré dessus, rouge dessous, à calotte noire ; la femelle a du gris-roussâtre au lieu de rouge. Niche sur divers ar-

---

(1) Il est évident que la *soulcie* n'est pas moins un gros bec que le *verdier*.

(2) Tels sont *loxia grossa*, enl. 154. — *L. Canadensis*, enl. 152, 2, — *L. erytromelas*, Lath. II, pl. 47. — *L. Portoricensis*, Daud. Orn. II, pl. 29.

bres, dans les taillis, le long des chemins. Son ramage naturel est doux ; il s'apprivoise aisément, et apprend à chanter et à parler. On en connaît une race d'un tiers plus grande (1).

LES BECS CROISÉS. (LOXIA. Briss.) (2).

Ont le bec comprimé, et les deux mandibules tellement courbes, que leurs pointes se croisent tantôt d'un côté, tantôt de l'autre, selon les individus. Ce bec extraordinaire leur sert à arracher les semences de dessous les écailles des pommes de pin.

L'espèce d'Europe, la seule connue, est fréquente partout où il y a de grands bois d'arbres verts.

C'est le *Loxia curvirostra*. Liñ. Enl. 218.

Le plumage du jeune mâle est roux-vif, à ailes brunes ; celui de l'adulte et de la femelle, verdâtre en dessus, jaunâtre en dessous. On en connaît aussi deux races différentes pour la taille, et même, à ce qu'on dit, pour la voix et la forme du bec. (*Loxia curvirostra* et *Loxia pytiopsittacus*. Bechst.)

On ne peut éloigner des bouvreuils ni des becs croisés

LES DURBECS. (CORYTHUS. Cuv.)(3)

Dont le bec bombé de toute part, a sa pointe courbée par dessus la mandibule inférieure.

L'espèce la plus connue,

---

(1) Ajoutez : *Lox. lineola*, enl. 319, 1. — *L. minuta*, ib. 2. — *L. collaria*, enl. 393, 3. — *L. Sibirica*, Falk. Voy. III, xxviii.

(2) *Loxia* de λοξος (courbe) nom imaginé pour cet oiseau par Conrad Gesner. Linnæus l'a généralisé à tous les gros becs.

(3) *Corythus*, nom grec d'un oiseau inconnu.

(*Loxia enucleator.* Lin.) Enl. 135 , 1 , ou mieux, Edw. ,
123, 124.

Habite également le nord des deux Continens , et vit de
la même façon que le bec croisé. Elle est rouge ou rou-
geâtre , les plumes des ailes et de la queue noires bordées
de blanc (1).

Les Colious. (Colius. Gm.) (2).

Sont encore assez voisins des précédens. Leur bec
est court, épais , conique , un peu comprimé , et les
deux mandibules en sont arquées sans se dépasser;
les pennes de leur queue sont étagées et tres - longues ; leur pouce, comme dans les martinets , peut
se diriger en avant avec les autres doigts ; leurs plumes , fines et soyeuses , ont généralement des teintes
cendrées. Ce sont des oiseaux d'Afrique ou des Indes , qui grimpent presque à la manière des perroquets , vivent en troupes, rapprochent même leurs
nids en grand nombre sur les mêmes buissons , enfin dorment suspendus aux branches , la tête en bas,
et pressés les uns contre les autres. Ils se nourrissent
de fruits (3).

C'est probablement encore ici qu'il faut placer

---

(1) On doit probablement mettre dans les durbecs le *lox. psittacea*,
Lath. Syn. II , pl. 42. — *Loxia flamengo* , (Sparm. Mus. Carl. , pl. 17.)
ne me paraît qu'une variété albine de l'*enucleator.*

(2) Κολοιος, nom grec d'une petite espèce de corneille.

(3) Dans les cinq espèces des auteurs, supprimez le *colius panayensis*,
qui est le même que le *striatus* et l'*erythropus* , qui est le même que le
capensis, Vaill. Afr. VI , p. 38.

Les Glaucopes (Glaucopis, Forster ; Callæas, Bechst.)

Dont le bec assez gros, médiocrement long, à mandibule supérieure bombée, est garni sous sa base d'une caroncule charnue.

On n'en connaît qu'une espèce.

Gl. cinerea. Lath., Syn. I, pl. xiv.

Entièrement noirâtre, grande comme une pie, à queue étagée. Elle vit, à la Nouvelle-Hollande, d'insectes et de bayes, se perche peu. Sa chair est excellente.

Les Pique Boeufs. (Buphaga. Briss.)

Petit genre dont le bec, de longueur médiocre, d'abord cylindrique, se renfle aux deux mandibules avant son extrémité, qui se termine en pointe assez mousse. Il leur sert à comprimer la peau des bœufs pour en faire sortir les larves d'oestres qui s'y logent, et dont ces oiseaux font leur nourriture.

On n'en connaît qu'une espèce d'Afrique, brunâtre, à queue médiocre, étagée, de la taille d'une grive. (*Buphaga Africana.*) Enl. 293..Vail., Afr., pl. 97.

Les Cassiques. (Cassicus. Cuv.)

Ont un grand bec exactement conique, gros à la base, singulièrement aiguisé en pointe ; de petites narines rondes percées sur ses côtés ; la commissure des mandibules en ligne brisée, ou formant un angle comme aux étourneaux. Ce sont des oiseaux d'Amérique, de mœurs assez semblables à celles de nos étourneaux, vivant comme eux en troupes, cons-

truisant souvent leurs nids près les uns des autres, et
y mettant quelquefois beaucoup d'artifice. Ils vivent
d'insectes et de grains, et leurs troupes nombreuses
font de grands ravages dans les champs cultivés.
Leur chair est mauvaise.

Nous les subdivisons comme il suit :

Les Cassiques proprement dits. (Cassicus.)

Où la base du bec remonte sur 'le front, et y entame les
plumes par une large échancrure demi-circulaire. C'est parmi
eux que se trouvent les plus grandes espèces (1).

Les Troupiales. (Icterus.)

Dont le bec n'entame les plumes du front que par une
échancrure aiguë , mais est arqué sur sa longueur (2).

Les Carouges. (Xanthornus.)

Ne diffèrent des troupiales que par leur bec tout-à-fait
droit (3).

---

(1) *Oriolus cristatus* α , enl. 344. — γ , 328. — *Hemorrhous* , 482. —
Persicus , 184. (*N. B.* qu'il n'est point de Perse , mais d'Amérique comme
es autres) et une espèce d'un noir à reflets métalliques dont les plumes du cou peuvent se soulever , et former une espèce de mantelet. C'est
le *grand troupiale* , d'Azz. Voy. III , p. 167.

(2) *Oriolus varius* , enl. 607, 1. — *Or. Cayanus* , 535, 2. — *Or.
Capensis* , enl. 607 ; 2. (*N. B.* Il est de la Louisiane et non du Cap.) — *Or.
Chrysocephalus* , Merr. Beytr. I , pl. III. — *Or. Dominicensis* , enl. 5 , 1. —
Et une espèce noire à reflets , dont la queue prend toutes sortes de formes ,
par la direction de ses plumes latérales , tantôt dans le même plan que les
autres , et tantôt redressées et faisant comme un bateau. C'est , à ce qu'il
paraît , à la fois , le *gracula quiscula* , Lin. Catesb. pl. XII , et le *gracula
barita* , Lath. I , pl. XVIII , ou *pie de la Jamaïque* ; on la trouve dans toutes
les Antilles , à la Caroline , etc.

(3) *Oriolus icterus* , enl. 532. — *Oriolus minor* et *tanagra bonariensis* , enl. 710. Ce sont le même oiseau. — Le *carouge à tête grise* , enl. 606 ,
1 , très-différent du précédent. — *Oriolus Guyanensis* , 536. — *Oriolus*

Les Pit-Pits. Buff. (Dacnis. Cuv.)

Représentent en petit les carouges par leur bec conique et aigu. Ils les lient avec les figuiers (1).

Les Étourneaux. (Sturnus. Lin.)

Ne diffèrent des carouges que par leur bec déprimé, surtout vers sa pointe.

L'Étourneau commun. (*Sturnus vulgaris.* Lin.) Enl. 75.

Noir, avec des reflets violets et verts, tacheté partout de blanc ou de fauve. Le jeune mâle est gris-brun.

Cet oiseau, très-nombreux dans tout l'ancien Continent, se nourrit de toutes sortes d'insectes, et rend service aux bestiaux en les en débarrassant. Il vole en troupes nombreuses et serrées, se laisse aisément apprivoiser, et apprend à chanter et même à parler. Il nous quitte en hiver. Sa chair est désagréable (2).

---

phæniceus, 402.— *Oriolus Americanus*, 236, 2.— *Oriolus leucopterus*. Lath. Syn. I, frontisp. — *Oriolus bonana*, 535, 1. — *Oriolus Cayanensis*, ib. 2.— *Or. icterocephalus*, 343.— *Or. Mexicanus*. 533.— *Or. Xanthornus*, 5, 1. — *Or. Baltimore*, 506, 1.— *Or. spurius*, ib. 2. — *Or. malancholicus*, 445.

(1) *Motacilla Cayana*, Gm. enl. 669.

(2) Ajoutez. *Sturnus capensis*, enl. 280, dont *st. contra*, Albin III, 21, ne diffère probablement pas, mais qui est des Indes et non du Cap. — *St. militaris*, enl. 113. — *St. Ludovicianus*, enl. 256; le même que l'*alauda magna*, Gm. Catesb. 1, 33.

N. B. Le *st. cinclus* forme ci-dessus un genre voisin des merles; le *st. sericeus*, Brown. Ill. 21, est plutôt un martin; le *st. collaris* est la même chose que la fauvette des Alpes (*accentor*). Le *st. carunculatus* doit, je pense, aller avec les philédons.

Les espèces d'Osbec, d'Hernandes, etc., sont peu authentiques; quant à celles de Pallas, il est fâcheux que l'on n'en ait pas de figure. Les stournes de Daudin doivent retourner avec les merles ou avec les philédons, et ses quiscales en partie aux martins, en partie aux cassiques. En général Daudin avait achevé d'embrouiller ce genre déjà fort mal traité par ses prédécesseurs.

Les Sittelles ou Torchepots. (Sitta. Lin.)

Ont un bec droit, prismatique, pointu, avec lequel ils entament l'écorce, comme les pics, pour en retirer les vers ; mais leur langue ne s'allonge point, et quoiqu'ils grimpent dans tous les sens aux arbrés, ils n'ont qu'un doigt en arrière, à la vérité très-fort. Leur queue ne sert point à les soutenir, comme celle des pics et des vrais grimpereaux.

Le *Torchepot commun.* (*Sitta Europea.* Lin.) Enl. 623, 1.

Cendré-bleuâtre en dessus, roussâtre en dessous.

Nous ne voyons aucun caractère suffisant pour distinguer nettement des conirostres, les genres de la famille des corbeaux, qui ont tous la même structure intérieure, les mêmes organes externes, et ne se distinguent que par une taille généralement plus grande qui leur permet quelquefois de poursuivre de petits oiseaux ; leur bec fort est le plus souvent comprimé par les côtés.

Ces genres sont au nombre de trois, les corbeaux, les oiseaux de paradis et les rolliers.

Les Corbeaux. (Corvus. Lin.)

A bec fort, plus ou moins aplati par les côtés, et dont les narines sont recouvertes par des plumes roides dirigées en avant. Ce sont des oiseaux subtils, dont l'odorat est très-fin, et qui ont généralement l'habitude de prendre, de cacher même des choses qui leur sont inutiles, comme des pièces de monnoie, etc.

On nomme plus spécialement CORBEAUX ou CORNEILLES, les grandes espèces dont le bec est plus fort proportion gardée, et a l'arête de sa mandibule supérieure plus arquée. Leur queue est ronde ou carrée.

Le *Corbeau*. (*Corvus corax*. Lin.) Vaill., Afr., pl. 51 (1.

Est le plus grand oiseau de la classe des passereaux qui habite en Europe. Sa taille égale celle du coq. Son plumage est tout noir, sa queue arrondie, le dos de sa mandibule supérieure arqué en avant. Il vit plus retiré que les autres espèces, vole bien et haut, sent les cadavres d'une lieue, se nourrit d'ailleurs de toutes sortes de fruits et de petits animaux, enlève même des oiseaux de basse-cour; niche isolément sur des arbres élevés ou des rochers escarpés, se laisse aisément apprivoiser, apprend même assez bien à parler. Son vol est élevé et facile. Il paraît qu'on le trouve dans toutes les parties du monde.

La *Corneille*. (*Corvus corone*. Lin.) Enl. 495.

D'un quart plus petite que le corbeau, à queue plus carrée, à bec moins arqué en dessus.

Le *Freux*. (*Corvus frugilegus*. Lin.) Enl. 484.

Encore un peu plus petit, et à bec plus droit, plus pointu que la corneille. Excepté dans la première jeunesse, le tour de la base du bec est dépouillé de ses plumes, probablement parce que l'oiseau fouille souvent dans la terre pour y chercher sa nourriture.

Ces deux espèces vivent en grandes troupes, se rassemblent même pour nicher; elles dévorent autant de grains

---

(1) *N. B*. Enl. 495, paraît simplement une corneille, et 483 un jeune freux.

que d'insectes. On les trouve dans toute l'Europe ; mais elles ne restent en hiver que dans les cantons les moins froids.

La *Corneille mantelée.* (*Corvus cornix.* Lin.) Enl. 76.

Cendrée, la tête, les ailes et la queue noires. Elle est moins frugivore, fréquente les bords de la mer, y vit de coquillages, etc.

Le *Choucas, petite Corneille de clochers.* (*Corvus monedula.* Lin.) Enl. 523.

Plus petite encore d'un quart que les précédens, à peu près de la taille d'un pigeon, d'un noir moins profond, qui tire même au cendré autour du cou et sous le ventre, quelquefois aussi tout noir ; niche dans les clochers, les vieilles tours, vit en troupes ; a du reste le régime des corneilles, et vole souvent avec elles. Les oiseaux de proie n'ont pas d'ennemi plus vigilant (1).

LES PIES. (PICA. Cuv.)

Moindres que les corneilles, ont aussi la mandibule supérieure plus arquée que l'autre, et la queue longue et étagée.

La *Pie d'Europe.* (*Corvus pica.* Lin.) Enl. 488.

Est un bel oiseau, d'un noir soyeux, à reflets pourpres, bleus et dorés ; à ventre blanc, et une grande tache de même couleur sur l'œil. Son perpétuel babillage l'a rendue célèbre. Elle se tient de préférence dans les lieux habités, et s'y nourrit de toutes espèces de matières, y attaque même les petits oiseaux de basse-cour (2).

---

(1) *N. B.* Le choucas termine la tribu des vrais corbeaux, parce que sa mandibule supérieure n'est guère plus sensiblement arquée que l'inférieure. Ajoutez, à cette tribu, le *corvus Jamaïcensis,* ou *corneille à duvet blanc.* — Le *corvus Dauricus,* enl. 327, le même que *scapulatus* Daud. Vaill. 53. — L'*albicollis,* Lath. Vaill. 50.

(2) Ajoutez le *corv. Senegalensis,* enl. 538. — *C. ventralis,* Sh. Vaill. Afr. 55. — *C. erythrorhynchos,* enl. 622, et mieux Vaill. Afr. 57. — *C. Cayanus,* enl. 373. — *C. Peruvianus,* enl. 625. — *C. cyaneus,* Pall. Vaill. Afr. 58, 2. — *C. rufus,* Vaill. Afr. 59.

Les Geais. (Garrulus. Cuv.)

Ont les deux mandibules peu allongées, et finissant par une courbure subite et presque égale ; quand leur queue est étagée , elle s'allonge peu , et les plumes de leur front, lâches et effilées, se redressent plus ou moins dans la colère.

Le *Geai d'Europe*. (*Corvus glandarius*. Lin.) Enl. 481.

Est un bel oiseau , d'un gris-vineux , à moustaches et à pennes noires, remarquable surtout par une grande tache d'un bleu éclatant, rayé de bleu foncé, que forme une partie des couvertures de l'aile. Le gland fait sa nourriture principale (1).

Les Casse-Noix. (Caryocatactes. Cuv.)

Ont les deux mandibules également pointues , droites et sans courbures.

Il n'y en a qu'un de connu.

Le *Casse-Noix ordinaire*. (*Corvus caryocatactes*. Lin.) Enl. 50.

Brun , tacheté de blanc sur tout le corps. Il niche dans des trous d'arbres , dans les bois épais des montagnes, grimpe aux arbres , en perce l'écorce comme les pics , dévore toutes sortes de fruits, d'insectes et de petits oiseaux , et vient quelquefois en grandes troupes dans les plaines , mais sans régularité (2).

---

(1) Ajoutez : *Corvus cristatus*, enl. 529. — *Corvus stelleri* , Vaill. Ois. de par. et c. I , 44. — *Corv. Sibiricus* , enl. 608. — *Corv. Canadensis* , enl. 530 , et une variété , Vaill. 48. — *Corv. auritus*, Vaill. 43. — *Corv. galericulatus* , Nob. Vaill. 42.

(2) *N. B.* Le *corvus Hottentottus* , enl. 226 , nous paraît voisin des tyrans — *C. balicassius* , enl. 603, est un drongo. — *C. calvus* , enl. 521 , un gymnocéphale. — *C. novæguineæ* , enl. 629 , et *c. papuensis* , enl. 630, des choucaris. — *C. Speciosus* de Sh. , est le *rollier de la Chine* , enl. 620. — *C. flaviventris*, enl. 249, est un tyran. — *C. Mexicanus* , est probable-

LES TEMIA. Vail.

Ont, avec le port et la queue des pies, un bec élevé, dont la base est garnie de plumes veloutées comme dans les oiseaux de paradis.

On n'en connaît qu'un, d'un vert bronzé, d'Afrique. Vaill., Afr., 56.

LES ROLLIERS. (CORACIAS. Lin.)

Ont le bec fort, comprimé vers le bout, dont la pointe est un peu crochue ; les narines oblongues, placées au bord des plumes, et non recouvertes par elles ; les pieds courts et forts. Ce sont des oiseaux de l'ancien continent, assez semblables aux geais par leurs mœurs et par les plumes lâches de leur front ; peints de couleurs vives, mais rarement harmonieuses.

LES ROLLIERS proprement dits.

Ont le bec droit, et partout plus haut que large.
Nous en avons un en Europe.

Le *Rollier commun*. (*Coracias garrula*. Lin.) Enl. 486.

Vert d'aigue-marine, à dos et scapulaires fauves ; du bleu pur au fouet de l'aile ; à peu près de la taille du geai. Oiseau fort sauvage, quoique assez social avec ses semblables,

---

ment un cassique ou un tiherin, et *C. argyrophtalmus* Brown Ill. 10, en est certainement un. — *C. rufipennis*, enl. 199, est un merle, le même que *turd. morio*. — *C. cyanurus*, enl. 353. *C. brachyurus*, enl. 257 et 258, et *C. grallarius*, enl. 702, de Shaw, sont des brèves et des fourmiliers ; *C. carunculatus*, Daud., un philédon.

Nous avons rapproché des merles le *C. pyrrhocorax*, enl. 531, et des huppes le *C. graculus*, enl. 255. Nous pensons que le *C. eremita* n'existe point : enfin le *C. caribæus*, Aldrow. I, 788, est un guépier, dont la description a été pillée par Dutertre, pour rendre un objet dont il se souvenait mal.

qui niche dans les creux d'arbres des bois, et nous quitte en hiver. Il vit de grains, de fruits, d'insectes, de petites grenouilles.

Quelques rolliers étrangers ont, comme le nôtre, la queue carrée (1); cependant les pennes extérieures de celles du nôtre s'allongent un peu dans le mâle, premier indice de leur grand allongement dans plusieurs espèces (2).

LES ROLLES. (COLARIS. Cuv.)

Diffèrent des rolliers par leur bec plus court, plus arqué, et surtout élargi à la base au point d'y être moins haut que large (3).

LES MAINATES. (EULABES. Cuv.)

Ont à peu près le bec des rolles ; mais leur tête est dénuée de plumes en certains endroits, où se trouvent à leurs places des proéminences charnues ; des plumes veloutées s'avancent jusqu'au bord des narines comme dans les oiseaux de paradis.

La seule espèce que nous connaissions dans ce sous-genre,

---

(1) *Coracias Benghalensis*, enl. 285, évid. le même qu'*indica* Edw., 326, et que la fig. d'Albin, 1, 17, citée sous *caudata*. — *Coracias* Nob. *viridis* Vaill., Ois. de par., I, 31.

(2) *Coracias Abyssinica*, enl. 626 et sa variété C. *Senegala* enl. 326. Edw. 327. *Caudata* n'en est qu'un individu défiguré par l'addition de la tête du benghalensis (Vaill. loc. cit. p. 105). — *Cor. cyanogaster*, Nob. Vaill. loc. cit pl. 26.

N. B. Cor. Caffra où Shaw cite Édw. 320, ne serait qu'un *merle*, (*turd. nitens*). — *C. Sinensis* enl. 620, s'écarte du genre par plusieurs caractères. — M. Shaw. croit que *C. viridis* Lath. est un *martin-pêcheur.*— *C. strepera* et *C. varia* Lath. sont des cassicans. — *C. militaris* et *C. scutata* Shaw, des piauhau. — *C. Mexicana*. Seb. 1, pl. 64, f. 5, est le geai du Canada. — *C. Cayana*, enl. 616, un tangara.

(3) *Coracias orientalis* enl. 619. — *Cor. Madagascariensis*. enl. 501. — *Cor. Afra* Lath., Vaill., loc. cit. pl. 35. *Colaris* est le nom grec d'un oiseau inconnu.

Le *Mainate de Java.* (*Gracula religiosa.* Lin.) Enl. 268. (1).

Est de la taille d'un merle, d'un beau noir, à bec et caroncules de la tête jaunes, une tache blanche sur la base des premières pennes de l'aile ; mange également des fruits et de la viande. On dit que c'est, de tous les oiseaux, celui qui imite le mieux le langage de l'homme.

Les Oiseaux de Paradis. (Paradisæa. Lin.)

Ont, comme les corbeaux, le bec droit, comprimé, fort, sans échancrure, et les narines couvertes ; mais l'influence du climat qu'ils habitent, et qui s'étend sur des oiseaux de plusieurs autres genres, a donné aux plumes qui couvrent ces narines, un tissu de velours, et souvent un éclat métallique, en même temps qu'elle a singulièrement développé les plumes de plusieurs parties du corps. Ces oiseaux sont originaires de la Nouvelle-Guinée et des îles voisines. On ne peut guère les obtenir que des naturels fort barbares de ces contrées, qui les préparent pour faire des panaches, et leur arrachent les pieds et les ailes, en sorte que l'on a cru pendant quelque temps en Europe que la première espèce manquait réellement de ces membres, et vivait toujours dans l'air, soutenue par les longues plumes de ses flancs. Cependant, quelques voyageurs s'étant procurés des individus complets de certaines espèces, on sait aujourd'hui que leurs pieds

---

(1) Ce nom de *religiosa* ne lui a été donné qu'à cause d'un trait particulier rapporté par Bontius, Med. ind. or. p. 67, et étranger à ses mœurs naturelles. Cependant, faute d'autre, j'en ai fait le nom générique en le traduisant en grec.

et leurs ailes leur indiquent la place que nous leur assignons. On dit qu'ils vivent de fruits, et recherchent surtout les aromates.

Les uns ont les plumes des flancs effilées et singulièrement allongées en panaches plus longs que le corps, qui donnent une telle prise au vent, que ces oiseaux en sont fort souvent emportés malgré eux; et les deux premiers ont de plus deux filets ébarbés adhérens au croupion, et se prolongeant autant et plus que les plumes des flancs.

L'*Oiseau de Paradis émeraude*, le plus anciennement célèbre. (*Paradisœa apoda*. Lin.) Enl. 254. Vaill., Ois. de Par., pl. 1. Vieill., Ois. de Par., pl. 1.

Grand comme une grive, marron, le dessus de la tête et du cou jaunes, le tour du bec et de la gorge vert d'émeraude. C'est le mâle de cette espèce qui porte ces longs faisceaux de plumes jaunâtres dont les femmes font des panaches. Il y en a une race un peu moindre.

L'*Oiseau de Paradis rouge*. (*Parad. rubra*.) Vaill., pl. 6. Vieill., pl. 3.

A ses faisceaux des flancs d'un beau rouge, et ses filets plus larges, concaves d'un côté.

L'*Oiseau de Paradis* à douze filets. (*Parad. alba.*) Blumenb., Abb., 96. Vaill., pl. 16 et 17. Vieill., pl. 13.

A les longs faisceaux des flancs blancs, et douze longs filets, mais qui ne tiennent pas au croupion, et ne sont que les tiges prolongées de quelques-unes des plumes des flancs. Son corps est ordinairement d'un noir-violet, avec une bordure d'un vert d'émeraude aux plumes du bas de la poitrine. Mais il paraît qu'il en existe aussi des variétés à corps tout blanc. Son bec est plus long et plus pointu que dans les autres espèces, et un peu arqué; ce qui le rapproche des épimaques. Les pennes primaires de ses ailes sont courtes, et beaucoup moins nombreuses qu'aux oiseaux ordinaires.

Dans d'autres oiseaux de paradis, on trouve encore les filets; mais les plumes des flancs, quoique un peu allongées, ne dépassentpas la queue.

Le *Manucode* (1). (*Paradisæa regia.*) Enl. 496. Vaill., 7. Vieill., 5.

Grand comme un moineau, marron-pourpré, à ventre blanc, une bande en travers de la poitrine, l'extrémité des plumes des flancs et les barbes qui élargissent le bout des deux longs filets, vert d'émeraude.

Le *Magnifique.* (*Par. magnifica.*) Sonnerat, 98. Enl. 631. Vaill., 9. Vieill., 4.

Marron dessus, vert dessous et aux flancs; les pennes des ailes jaunes, un faisceau de plumes couleur de paille de chaque côté du cou, un autre de plus jaunes vis-à-vis le pli de l'aile.

D'autres ont encore des plumes effilées mais courtes aux flancs, et manquent de filets au croupion.

Le *Sifilet.* (*Par. aurea*, Gm. *Sexsetacea*, Shaw.) Sonnerat, pl. 97. Enl. 633. Vaill., 12. Vieill. 6.

Grand comme un merle, noir, un plastron vert-doré sur la gorge, trois des plumes de chaque oreille prolongées en longs filets, que termine un petit disque de barbes vert-doré.

D'autres enfin n'ont ni filets, ni plumes des flancs prolongées.

Dans le *Superbe* (*Par. superba*), Sonnerat, 96, enl. 632, Vaill., 14, Vieill., 7,

Les plumes des scapulaires sont cependant prolongéesen une espèce de mantelet qui peut recouvrir les ailes, et

---

(1) *Manucodewata* signifie, dit-on, aux Moluques, oiseau de Dieu. C'est un titre commun à tous les oiseaux de paradis.

celles de la poitrine en une sorte de cotte d'armes pendante
et fourchue. Tout son plumage est noir, excepté sa cotte
pectorale, d'un verd brillant d'acier bruni.

Le seul *Orangé* (*Par. aurea*, Sh., *oriolus aureus*, Gm.),
Edw. 112, Vaill., 18, Vieill., 11,

N'a aucun développement extraordinaire de plumage, et
ne se fait reconnaître qu'au velouté des plumes qui couvrent
ses narines. Le mâle est de l'orangé le plus vif, la gorge et
les pennes primaires des ailes noires; la femelle a du brun
au lieu d'orangé (1).

La quatrième famille des passereaux, ou
celle des

TÉNUIROSTRES,

Comprend le reste des oiseaux de la première division; ceux dont le bec est grêle,
allongé, et plus ou moins arqué dans sa totalité, sans échancrure. On n'en a fait que
trois genres; les huppes, les grimpereaux et les
colibris.. Ce dernier est facile à reconnaître; il
n'en est pas de même des deux autres qui ont
à peu près le même bec et les mêmes pieds, et
que l'on ne peut distinguer qu'au moyen de
subdivisions.

---

(1) Je renvoie aux merles le *paradisæa gularis*, Lath.; *nigra*,
Gm., Vaill. 20 et 21; Vieill., 8 et 9, et le *leucoptera*, Lath.. — Je
renvoie aux cassicans, le *par. chalybæa*, enl. 633, Sonn. 97, Vaill.
23, Vieill. 10. — Le *cirrhata* Aldrov, 814, est trop mutilé pour qu'on
puisse le caractériser, et le *furcata*, Lath., paraît un individu imparfait
du *superba*.

Parmi les Huppes (Upupa, Lin.),

Nous placerons d'abord

Les Craves (Fregilus, Cuv.),

Dont les narines sont recouvertes par des plumes dirigées
en avant ; ce qui les a fait réunir, par plusieurs auteurs, aux
corbeaux, à qui ils ressemblent à quelques égards par les
mœurs : leur bec est un peu plus long que la tête.

Le *Crave d'Europe.* (*Corvus graculus.* Lin.) Enl. 255.

Est de la taille d'une corneille, noir, à bec et à pieds
rouges ; ses ailes atteignent ou dépassent le bout de sa queue.
Il niche dans les fentes des plus hautes Alpes et des Pyrénées, mais est rare partout. Les fruits et les insectes servent
également à sa nourriture (1).

Les Huppes proprement dits. (Upupa.)

Ont sur la tête un ornement formé d'une double rangée de
longues plumes qui se redressent au gré de l'oiseau (2).
Nous en avons une en Europe,

Upupa epops, Lin. , enl. 52 ,

D'un roux-vineux, les ailes et la queue noires, deux bandes blanches en travers sur les couvertures, et quatre sur les
pennes de l'aile. Elle cherche les insectes dans la terre hu-

---

(1) On ne sait quelle combinaison de l'histoire de ce crave avec des
figures défectueuses, peut-être de quelques courlis, a donné naissance
à l'espèce imaginaire du *crave huppé* ou *sonneur* (*corvus eremita.* L.)
prétendu oiseau de Suisse que personne n'a vu depuis Gesner. Mais le
corv. affinis, Lath. paraît un vrai crave, et nous en avons une espèce
toute noire de la Nouvelle-Hollande.

(1) Ce nom de huppe, formé d'après le cri de la huppe commune, est
devenu, en français, le nom de l'ornement qu'elle porte sur la tête,
dans quelque oiseau qu'on le retrouve.

mide, pond dans des trous d'arbres ou de murailles, et nous quitte en hiver (1).

La *Huppe du Cap*. (*Upupa Capensis*.) Enl. 697.

Se lie plus particulièrement aux craves, parce que les plumes antérieures de sa huppe, courtes et fixes, se dirigent en avant et couvrent les narines.

LES PROMEROPS. Briss.

N'ont point de huppe sur la tête, et portent une très-longue queue ; leur langue, extensible et fourchue , leur permet de vivre du suc des fleurs, comme les souïmangas et les colibris (2).

LES ÉPIMAQUES (3). (EPIMACHUS. Cuv.)

Ont, avec le bec des huppes et des promerops, des plumes écailleuses ou veloutées, qui leur recouvrent une partie des narines, comme dans les oiseaux de paradis ; aussi viennent-ils du même pays, et brillent-ils de même par l'éclat de leur plumage. Leurs plumes des flancs sont aussi plus ou moins prolongées dans les mâles. On n'en a , dans les collections

---

(1) Ajoutez la huppe d'Afrique , *upupa minor*, Vieill, , promerops, planche 2.

(2) On ne connaît bien que l'*upupa promerops* , ou *merops cafer*, enl. 637 , qui est le *sucrier du protea* , Vaill. Afr. 139. — M. Vaill. croit que l'*up.fusca*, Gm. ou *papuensis*, Lath. , enl. 638 , est la femelle de l'*épimaque à paremens frisés ;* enl. 639. — L'*up. paradisæa*, Seb. I , pl. xxx , 8 , n'est que le *muscicapa paradisi* , dont le bec a été mal dessiné.— L'*up. aurantia* , Seb. I , lxvi , 3 , est , selon toute apparence , un cassique. — Le *mexicana*, Seb. I , xlv , 3 , n'est du moins pas du Mexique , comme le prétend Seba , en lui appliquant un passage de Nieremberg , Lib. X , c. 44 , où il n'est question que d'un canard. — Le *promer. cœruleus* , Shaw. *Promerops bleu* , Vieill. *Upupa indica*, Lath. paraît bien appartenir ici , mais on ne connaît ni ses pieds , ni sa langue , non plus que ceux des épimaques.

(3) EPIMACHUS , nom grec d'un très-bel oiseau des Indes , d'espèce indéterminée.

européennes, que deux espèces, dont on ne connaît pas
même les pieds, parce que les naturels de la Nouvelle-Guinée
les arrachent à tous les oiseaux qu'ils préparent.

L'Epimaque à paremens frises. (*Upupa magna.* **Gm.** *Up.*
Superba Lath.) Enl. 639.

Noir, à queue étagée trois fois plus longue que le corps ;
les plumes des flancs allongées, relevées, frisées, brillantes
à leur bord, d'un bleu d'acier bruni, qui éclate aussi sur
la tête et au ventre.

L'Epimaque Proméfil.

D'un noir de velours, à queue médiocre un peu fourchue, la tête et la poitrine éclatantes du plus beau bleu
d'acier bruni ; les plumes des flancs allongées, effilées,
noires.

Ici commencent les oiseaux auxquels on a donné
le nom de GRIMPEREAUX ; (CERTHIA. L.) leur petitesse semble avoir tracé la limite, aux yeux de la
plupart des méthodistes.

Nous y distinguons d'abord

Les vrais GRIMPEREAUX. (CERTHIA. Cuv.)

Ainsi nommés de l'habitude qu'ils ont de grimper aux arbres
comme les pics, en se servant de leur queue comme d'un arc-
boutant ; ils se reconnaissent aux pennes de la queue usées et
finissant en pointe roide comme celles des pics.

Nous en avons un,

Le *Grimp. d'Europe* (*Certh. Familiaris*) enl. 681. 1. (1).

Petit oiseau d'un plumage blanchâtre, tacheté de brun
en dessus, teint de roux au croupion et sur la queue. Il

---

(1) Ajoutez : *C. cinnamomea*, Vieill. 62, — *Motacilla spinicauda*,
Lath. Syn. II, pl. 52, ?

niche dans les creux des arbres et grimpe avec rapidité cherchant des insectes et des larves dans les fentes des écorces, sous les mousses, etc.

L'Amérique produit quelques vrais grimpereaux d'une assez grande taille que l'on a nommés.

PICUCULES (DENDROCOLAPTES. Herm.) (1) *Grimpars* Vaill.

Leur queue est la même, mais leur bec est beaucoup plus fort, et plus large transversalement. (2).

Il en est même un qui, par son bec tout droit et comprimé, se rapproche des sittelles ; on pourrait le considérer comme une sittelle à queue usée. (3).

Les ECHELETTES (4) ou Grimpereaux de muraille
(TICHODROMA. Illiger.)

N'ont pas la queue usée, quoiqu'ils grimpent le long des murs et des rochers, comme les grimpereaux ordinaires sur les arbres; mais ils se cramponnent par leurs très-grands ongles. Leur bec est triangulaire et déprimé à sa base, très-long et très-grêle.

On n'en connaît qu'un qui vit dans le midi de l'Europe. (*Certhia Muraria.* L.) enl. 372. C'est un joli oiseau d'un cendré clair, avec du rouge vif aux couvertures et aux bords d'une partie des pennes des ailes. La gorge du mâle est noire (5).

---

(1) DENDROCOLAPTES, nom grec du pic.

(2) Le *picucule*, Buff. (*gracula Cayennensis*, Gm. *grac. scandens*, Lath. et Sh.) enl. 621. Il en existe encore quelques espèces, entre autres une à bec plus de deux fois plus long que la tête, arqué seulement an bout. (Le *nasican*, Vaill. promer., etc. pl. 24.)

(3) Le *talapiot*, Buff. (*oriolus picus*, Gm. et Lath. *gracula picoides*, Sh.) enl. 605.

(4) *Echelette*, nom du grimpereau de muraille dans quelques-unes de nos provioces.

(5) *Certh. fusca*, Lath., Vieill. 65, me paraît devoir appartenir à ce sous-genre.

LES SUCRIERS (NECTARINIA. Illiger.)

Dont la queue non usée montre qu'ils ne grimpent point,
mais dont le bec, de longueur médiocre, arqué, pointu et comprimé, ressemble à celui des grimpereaux. Ils sont tous étrangers.

On donne plus particulièrement le nom de GUITGUITS à
certaines petites espèces dont les mâles ont des couleurs
vives (1).

On ne peut cependant en séparer des espèces plus grandes
et moins belles, comme

Le *Fournier*. (*Merops Rufus.* Gm.) enl. 739.

Oiseau de l'Amérique méridionale, grand comme une
rousserolle, roussâtre dessus, blanchâtre dessous, qui construit en terre sur les arbustes un nid couvert par-dessus
comme un four (2).

LES DICÉES. (DICÆUM. Cuv.) (3).

Ne grimpent pas non plus, et n'ont pas la queue usée;

---

(1) *Certhia cyanea*, enl. 83, 2, Vieill. 41, 42, 43. — *Cærulea*, Edw.
21, Vieill. 44, 45, 46. Deux espèces d'Amérique auxquelles il faudra
probablement ajouter quelques espèces d'Orient, la plupart rouges;
comme *C. sanguinea*, Vieill. 66. — *C. cardinalis*, id. 54, 58. *C. borbonica*, enl. 681, 2.

N. B. *C. armillata*, Sparm. 36. — *C. Cayana*, 682, 2, etc. ne sont
que des variétés du *cyanea* ou du *cærulea*.

(2) Ajoutez: *Certhia flaveola*, Edw. 122, 362, Vieill. 51. — *C. varia*,
(*mot. varia*, L.) Edw. 30, 2, Vieill. 74. — *C. semitorquata*,
Vieill. 56. — Le *promerops olivâtre*, Vieill. Huppes et Prom. pl. 5.
(*Mer. olivaceus*, Sh.) — Je soupçonne que c'est aussi la place des *C.
virens*, Vieill. 57 et 58, et *sannio*, id. 64, que je n'ai pas vus, mais qui
se distinguent par leur queue fourchue.

(3) DICÆUM, nom d'un très-petit oiseau des Indes selon Ælien. A ce
sous-genre appartiennent *certh. erythronotos*, Vieill. II, 35. Le *C. cruen-
tata*, Edw. 81, en est probablement une variété d'âge. — *C. rubra*,
Vieill. pl. 54. — *C. erythropygia*, Lath. 2ᵉ Supp. — *C. tæniata*, Sonn.
IIᵉ Voy. pl. 107, fig. 3. — *C. cantillans*, id. ib. 2.

leur bec aigu, arqué, pas plus long que la tête, est déprimé et élargi à sa base.

Ils viennent des Indes-Orientales, sont fort petits, et portent généralement de l'écarlate dans leur plumage.

Les Hoérotaires. Vieillot.

N'ont pas la queue usée, et leur bec est extrêmement allongé, et courbé presque en demi-cercle. Ils viennent des îles de la mer du Sud.

L'un d'eux (*Certhia Vestiaria*. Sh.) Vieill. Ois. dorés, II, pl. 52.

Est couvert de plumes écarlates, qui servent aux habitans des îles de Sandwich à fabriquer les beaux manteaux de cette couleur qu'ils ont en si grande estime. (1).

Les Souï-mangas. (Cinnyris. Cuv.) (2).

N'ont pas non plus la queue usée; leur bec long et très-grêle a le bord de ses deux mandibules finement dentelé en scie; leur langue, susceptible de s'allonger hors du bec, se termine en fourche; ce sont de petits oiseaux dont les mâles brillent au temps des amours de couleurs métalliques et approchant de l'éclat des colibris, qu'ils représentent à cet égard dans l'ancien monde, se trouvant principalement en Afrique. Ils vivent sur les fleurs dont ils pompent le suc; leur naturel est gai et leur chant agréable. Leur beauté en a fait apporter beaucoup dans nos cabinets; mais le plumage des femelles et celui des mâles pendant la mauvaise saison étant tout différent de leur plumage brillant, on a peine à bien caractériser les espèces.

---

(1) Ajoutez : *Certh. obscura*, Vieill. pl. 53. — *C. pacifica*, id. pl. 65; mais les autres héorotaires de ce naturaliste appartiennent à des genres tout différens, surtout aux philédons, aux dicées, etc.

(2) *Cinnyris*, nom grec d'un très-petit oiseau inconnu. Souï-manga signifie, dit-on, *mange sucre* dans un jargon de Madagascar.

Le plus grand nombre a la queue égale. (1)

Dans quelques-uns les deux pennes du milieu sont plus allongées dans le mâle. (2)

LES COLIBRIS. (TROCHILUS. L.)

Ces petits oiseaux si célèbres par l'éclat métallique de leur plumage et surtout par les plaques aussi brillantes que des pierres précieuses que forment à leur gorge ou sur leur tête des plumes écailleuses d'une structure particulière, ont un bec long et grêle, renfermant une langue qui s'allonge presque comme celle des pics, et se divise en deux filets que l'oiseau emploie à sucer le

---

(1) *Certh. splendida*, Sh. Vieill. 82. — *C. afra*, Edw. 347. — *C. superba*, Vieill. 22. — *C. lotenia*, enl. 575, 2 et 3, Vieill. 34. — *Ametystina*, Vieill. 5, 6. — *Chalybœa*, enl. 246, 3, Vieill. 10, 13, 18, 24, 34, 80. — *Omnicolor*, Seb. I, 69, 5. — *Cuprea*, Vieill. 23. — *Pupurata*, Edw. 265, Vieill. 11. — *Cyanocephala*, Vieill. 7. — *Zeilonica*, enl. 576, 4, Vieill. 29, 30. — *Dubia*, Vieill. 81. — *Senegalensis*, Vieill. 8. — *Sperata*, enl. 246, 1, 2, Vieill. 16, 32. — *Madagascariensis*, Vieill. 18. — *Lepida*, Sparrm. 35. — *Currucaria.* enl. 576, 3, Vieill. 31. — *Rubrofusca*, Vieill. 27. — *Fuliginosa*, Vieill. 20. — *Maculata*, Vieill. 21. — *Rectirostris*, Vieill. 75. — *Venusta*, Vieill. 79. — *Gutturalis*, enl. 578, 3. — Oiseaux dont quelques - uns ne sont probablement que des variétés les uns des autres.

(2) *Certhia famosa*, L. enl. 83, 1. — *C. pulchella*, enl. 670, 1. — *C. violacea*, enl. 670, 2. — Le *sucrier cardinal*, Vaill. Afr. 291. — Le *sucrier figuier*, id. 293, f. 2.

N. B. Après toutes ces distinctions, il faut encore éloigner du grand genre certhia, les *C. lunata*, Vieill. 61. — *C. Novœ-Hollandiœ*, J. White New. S. W. pl. 16 et 65, Vieill. 57 et 71. — *C. australasiana*, Vieill. 55. — *C. carunculata*, Vieill. 69, 70. — *C. auriculata*, Vieill. 85. — *C. cocincinica*, enl. 643, Vieill. 77, 78. — *C. spiza*, enl. 578, 2, Edw. 25. — *C. seniculus*, Vieill. 50. — *C. graculina*, Vieill. 87. — *C. goruck*, Vieill. 88. — *C. cærulea*, Vieill. 83. — *C. xanthotis*, Vieill. 84. — *C. mellivora*, Vieill. 86, qui sont tous des PHILEDONS par leur bec échancré et leur langue en pinceau.

nectar des fleurs. Cependant ils vivent aussi d'insectes. Leurs très-petits pieds, leur large queue, leurs ailes excessivement longues et étroites à cause du raccourcissement rapide de leurs pennes ; leurs humérus courts, leur sternum sans échancrure, constituent un système de vol fort semblable à celui des martinets ; aussi les colibris se balancent-ils en l'air presqu'aussi aisément que certaines mouches. C'est ainsi qu'ils bourdonnent autour des plantes ou des arbustes en fleurs, et ils volent plus rapidement à proportion qu'aucun autre oiseau. Ils vivent isolés, défendent leurs nids avec courage, et se battent entre eux avec acharnement.

On réserve le nom de COLIBRIS. (TROCHILUS. Lac.) à ceux qui ont le bec arqué ; quelques-uns se distinguent par le prolongement des pennes intermédiaires de leur queue.

Nous n'en citerons qu'un des plus grands et des plus beaux.

Le *Colibri Topaze*. (*Troch. pella.*) enl. 599.

Marron-pourpré ; tête noire ; gorge du jaune le plus brillant de topaze changeant en vert, encadré de noir. (1)

D'autres ont les pennes latérales de leur queue très-allongées ; (2) plusieurs ont la queue médiocrement fourchue. (3) Le plus grand nombre l'a ronde ou carrée. (4)
On donne le nom d'OISEAUX MOUCHES (ORTHORHYNCHUS. Lacép.)

---

(1) Ajoutez : *Tr. superciliosus*, enl. 600, 3, Vieill. 17, 18, 19.

(2) *Tr. forficatus*, Edw. 33, Vieill. 30. — *Polythmus*, Edw. 34, Vieill. 67.

(3) *Tr. elegans*, Vieill. 14.

(4) Voyez en général, pour les colibris et les oiseaux mouches, l'ouvrage d'Audebert et Vieillot, et la Zool. gén. de *Shaw*.

A ceux dont le bec est droit; parmi ceux-là il en est à tête huppée. (1)

D'autres ont même des huppes ou plumes prolongées aux côtés de la tête. (2)

D'autres ont les tiges de leurs premières pennes des ailes singulièrement élargies (3), et parmi ceux qui n ont point d'ornemens on peut encore distinguer les espèces à queue fourchue (4), parmi lesquels il en est dont les pennes latérales très-prolongées sont élargies au bout. (5).

Enfin, l'on doit encore remarquer, au moins à cause de son excessive petitesse.

Le *plus petit des Oiseaux Mouches.* (*Troch. Minimus.*)
enl. 276. 1. Edw. 105. Vieill. 64.

D'un gris violet et de la grosseur d'une abeille.

La seconde et la plus petite division des passereaux, comprend ceux où le doigt externe, presque aussi long que celui du milieu, lui est uni jusqu'à l'avant-dernière articulation.

Nous n'en faisons qu'une seule famille.

LES SYNDACTYLES.

Divisés depuis long-temps en cinq genres que nous conservons.

---

(1) *Tr. cristatus*, Edw. 37, enl. 227, 1, Vieill. 47, 48. — *Tr. pileatus* (*puniceus*, Gm.) Vieill. 63.

(2) *Tr. ornatus*, enl. 640, 3, Vieill. 49, 50.

(3) *Tr. latipennis*, enl. 672, 2, Vieill. 21.

(4) *Tr. mellivorus*, enl. 640, Edw. 35, Vieill. 23, 24. — *Tr. smaragdo sàphirinus*, Vieill. 36, 40. — *Tr. colubris*, Edw. 38, Catesb. 65, Vieill. 31, 32, 33. — *Tr. maugeanus*, Vieill. 37, 38.

(5) *Tr. platurus*, Vieill. 52.

LES GUÉPIERS. (MEROPS. L.)

A pieds courts ; à bec triangulaire à sa base, allongé, légèrement arqué, terminé en pointe aiguë : ils volent comme les hirondelles à la poursuite des insectes, et surtout des abeilles, des guêpes, des frélons, etc.

Il y en a une espèce dans le midi de l'Europe.

Le *Guépier commun*. (*Merops apiaster*.) Enl. 938.

Bel oiseau à dos fauve, le front et le ventre bleu d'aigue-marine, la gorge jaune entourée de noir, qui niche dans des trous qu'il creuse le long des berges.

Les deux pennes mitoyennes de sa queue sont un peu allongées, premier indice d'un prolongement beaucoup plus grand dans la plupart des espèces étrangères (1).

Plusieurs espèces ont cependant la queue à-peu-près carrée (2).

Les guépiers paraissent manquer à l'Amérique où ils sont représentés à quelques égards par

LES MOTMOTS. (PRIONITES. Illiger.)

Qui en ont les pieds et le port, mais en diffèrent

---

(1) Tels sont : *Mer. viridis*, enl. 740. — *Ornatus*, Lath. — *Superbus*, Nat. Misc. 78. — *Senegalensis*, enl. 314, et *badius*, 252. — *Superciliosus*, 259.

(2) *Merops Philippinus*, enl. 57. — *Cayennensis*, 454. (*N. B.* Qu'il n'est pas de Cayenne.) — *Nubicus*, 649. — *Erytropterus*, 318. — *Malimbicus*, Sh. ou *bicolor*, Daud. Ann. du Mus. I, LXII.

N. B. Le *merops congener*, Aldr. I, 876, n'est pas bien authentique. — Le *cafer*, Gm. est l'*upupa promerops*. — Le *Brasiliensis*, Seb. I, LXVI, 1, est probablement quelque troupiale, — Les *mer. monachus*, *corniculatus*, *phrygius*, *cincinnatus*, *cucullatus*, *cyanops*, *garulus*, *fasciculatus*, *carunculatus*, de Lath., nous paraissent des PHILÉDONS, et nous nous en sommes même assurés pour presque tous —Le *M. cinereus*, Seb. I, XXXI, 10, est un *soui-manga à longue queue*

par un bec plus fort, dont les bords sont crénelés aux deux mandibules et par une langue barbelée comme une plume à la manière de celle des toucans. Ce sont de beaux oiseaux à taille de pie, à plumage de la tête lache comme aux geais, à longue queue étagée, dont les deux pennes du milieu s'ébarbent dans l'adulte sur un petit espace non loin du bout. Ils volent mal, vivent solitaires, nichent dans des trous, se nourrissent d'insectes et poursuivent même les petits oiseaux (1).

LES MARTINS-PÊCHEURS. (ALCEDO. L.)

Ont les pieds plus courts que les guépiers, le bec bien plus long; droit, anguleux, pointu; la langue et la queue très-courtes. Ils vivent de petits poissons, qu'ils prennent en se précipitant dans l'eau du haut de quelques branches où ils se tenaient perchés pour guetter leur proie. Leur estomac est un sac membraneux. Ils nichent comme les guépiers dans des trous du rivage. On en trouve dans les deux Continens.

L'espèce d'Europe. (*Alcedo ispida.*) Enl. 77.

Grande comme un moineau, est en-dessus d'un verdâtre ondé de noirâtre; une large baude du plus beau bleu d'aigue-marine règne le long de son dos; le dessous et un ruban de chaque côté du cou sont roussâtres.

Les espèces étrangères ont presque toutes comme la notre

---

(1) Le *motmot à tête bleue*, ou le *houtou* de la Guiane ; *guira guay-numbi* au Brésil, selon Margrave, (*ramphastos momota*, Gm.) enl. 370, Vaill. Ois. de Par. etc. I, pl. 37 et 38. — Le *motmot à tête rousse*, ou du Pérou, *tutu* du Paraguay, Dazz. n° 52. *Motmot dombey*, Vaill. loc. cit. pl. 39.

Motmot est le nom du premier, au Mexique, selon Fernandez. *Prionites*, de πρίων, Scie.

un plumage lisse et varié de diverses teintes de bleu et de vert.

On peut les distinguer entre elles selon leurs becs, tantôt simplement droits et pointus comme à la commune , (1) tantôt à mandibule inférieure renflée. (2)

Il en est cependant quelques unes à la Nouvelle-Hollande et dans les terres voisines, à mandibule crochue au bout. (3) Leur plumage grisâtre et non lissé annonce qu'elles ne fréquentent pas les eaux; en effet, elles vivent d'insectes, ce qui leur a fait donner le nom de *martins-chasseurs.*

Les Ceyx. Lacép.

Sont des martins-pêcheurs à bec ordinaire, mais où le doigt interne n'existe point au dehors. On en a deux espèces des Indes (4).

Les Todiers. (Todus L.)

Sont de petits oiseaux d'Amérique, assez semblables aux martins-pêcheurs pour la forme générale et qui en ont aussi les pieds et le bec alongé, mais où ce bec est aplati horizontalement, obtus à son extré-

---

(1) *Alc.* (*afra* , Sh.) *maxima* , enl. 679. — *Alcyon*, 715 et 593. — *Torquata* , 284. — *Rudis* , 62 et 716. — *Bicolor*, 592. — *Americana* 591. — *Benghalensis* , Edw. 11. — *Cæruleocephala* , enl. 356, 2. — *Cristata* , 756 , 1. — *Madagascariensis* , 778 , 1. — *Purpurea* , 778 , 2. — *Superciolosa* , 756 , 1 et 2.

(2) *Alc. Capensis*, 590. — *Atricapilla* , 673. — *Smirnensis* , 232 et 894. — *Dea*, 116. — *Chlorocephala*, 783 , 2. — *Coromanda* , Sonn. 218. — *Leucocephala*, (*Javanica*, Sh.) 757. — *Senegalensis*, 594 et 356. — *Cancrophaga*, Sh. 334.

N. B. Dans plusieurs des figures enluminées le bec n'est pas assez renflé.

(3) *Alcedo fusca* , (*gigantea* , Sh.) 663.

(4) *Alcedo tridactyla* , Pall. et Gm. Pall. Spic. VI , pl. II , f. 2 , Sonn. pl. XXXII. — *Alcedo tribrachys*, Sh. natural. misc. XVI, pl. 681.

mité, le tarse plus élevé et la queue moins courte. Ils
vivent de mouches et nichent à terre. (1)

Nous terminons l'histoire de cet ordre par le plus
extraordinaire de ses genres,

LES CALAOS. (BUCEROS. L.)

Grands oiseaux d'Afrique et des Indes que leur
énorme bec dentelé surmonté de proéminences quelquefois aussi grandes que lui, ou au moins fortement
renflé en dessus, rend si remarquables et lie avec les
toucans, tandis que leur port et leurs habitudes les
rapprochent des corbeaux, et que leurs pieds sont
ceux des mérops et des martins-pêcheurs. La forme
des excroissances de leur bec varie beaucoup avec
l'âge; l'intérieur en est généralement celluleux. Leur
langue est petite, au fond de la gorge; ils prennent
toute sorte de nourriture, chassent aux souris, aux
petits oiseaux, aux reptiles et ne dédaignent pas même
les cadavres. (2)

---

(1) *Todus viridis*, enl. 585, 1 et 2. — *T. cinereus*, ib. 3, Edw. 262.
— *T. maculatus*, Desmarets. — *T. griseus*, id. — *T. sylvia*, id.

On a placé mal à propos, dans le genre des todiers, de vrais moucherolles à bec échancré et à doigt extérieur libre, tels que les *todus regius*,
enl. 289. — *Paradisæus*, ib. 234. — *Leucocephalus*, Pall. Spic. VI,
III, 2, et les deux PLATYRHINQUES de Desmarets, qui sont les *tod. rostratus* et *nasutus* de Shaw.; ou *tod. platyrhynchos* et *macrorhynchos*,
Gmel.

(2) CALAOS A PROÉMINENCES. *Buc. rhinocéros*, enl. 934, Vaill. calaos.
1 et 2. *B. Africanus*, Vaill. pl. XVII, f. 2, pourrait n'en être qu'une
variété d'âge. — *Niger*, Vaill. 13. — *Monoceros*, Sh. (*Malabaricus*,
Lath.) enl. 873, Vaill. 9, 10, 11, 12. — *Gingianus*, Sonn. 2ᵉ Voy.
pl. 100, Vaill. 15. — *Albirostris*, Vaill. 14. — *Bicornis*, id. 7, 8. —
Cavatus, id. 3, 4, 5, 6. — *B. hydrocorax*, enl. 283, en serait le jeune·

LE TROISIÈME ORDRE DES OISEAUX,

OU LES GRIMPEURS,

Sont les oiseaux dont le doigt externe se dirige en arrière comme le pouce, d'où il résulte pour eux un appui plus solide, que quelques genres mettent à profit pour se cramponner au tronc des arbres et y grimper On leur a donné, en conséquence, le nom commun de GRIMPEURS, quoique pris à la rigueur, il ne convienne pas à tous, et que plusieurs oiseaux grimpent véritablement sans appartenir à cet ordre par la disposition de leurs doigts.

Les oiseaux de l'ordre des grimpeurs nichent d'ordinaire dans les trous des vieux arbres ; leur vol est médiocre ; leur nourriture, comme celle des passereaux, consiste en insectes ou en fruits, selon que leur bec est plus ou moins

— *Violaceus*, id. 19. — *Abyssinicus*, enl. 779, Vaill. Afr. 230, 231. — *Undulatus*, Vaill. cal. 20, 21. — *Panayensis*, enl. 780, 781, Vaill. cal. 16, 17, 18; *Manillensis*, enl. 891, serait le jeune. — *Fasciatus*, Vaill. Afr. 233.

CALAOS SANS PROÉMINENCES. *B. Javanicus*, Vaill. cal. 22, Afr. 239. — *Nasutus*, enl. 260, Vaill. Afr. 239. — *Nasica*, nob. ib. 236, 237. — *Coronatus*, enl. 890, Vaill. Afr. 234, 235. — *Bengalensis*, Vaill. cal. 23.

N. B. M. Vaillant pense que l'oiseau nommé *B. galeatus*, dont on ne connaît que la tête, enl. 933, est un oiseau aquatique, et non pas un calao.

robuste ; quelques-uns, comme les pics, ont des moyens particuliers pour l'obtenir.

Le sternum de la plupart des genres a deux échancrures en arrière; mais dans les perroquets il n'a qu'un trou, et souvent il est absolument plein.

LES JACAMARS. (GALBULA. Briss.)

Tiennent de très-près aux martins-pêcheurs, par leur bec allongé, aigu, dont l'arête supérieure est vive, et par leurs pieds courts, dont les doigts antérieurs sont en grande partie réunis; cependant, ce ne sont pas les mêmes doigts que dans les martins-pêcheurs ; de plus, le plumage des jacamars est moins lisse, et toujours d'un éclat métallique. Ils se tiennent isolés dans les bois humides, sur les branches basses, vivent d'insectes, et nichent.

Les espèces d'Amérique ont le bec plus long et absolument droit (1).

Mais il y en a dans l'archipel des Indes, dont le bec plus court, plus gros, et un peu arqué, les rapproche des guépiers. Leurs doigts antérieurs sont plus séparés. Ce sont les JACAMEROPS de Levaillant (2). Ce naturaliste en donne même un dont le bec n'aurait point d'arête en dessus (3).

---

(1) *Alcedo paradisæa* (*galbula paradisæa*, Lath.) enl. 271. — *Alcedo galbula*, L. *Galb. viridis*, Lath. enl. 238. — *Galb. ruficauda*, nob. Vaill. Ois. de par., etc. II, pl. 5o. — *Galb. albirostris*, Lath. Vaill. pl. 51, Vieill. Ois. dorés, I, pl. 4, p. 6.

(2) *Alcedo grandis*, Gm. *Galbula grandis*, Lath. Vaill. L. cit. pl. 54.

(3) Le *grand jacamar*, Vaill. L. cit. pl. 53.

Jacamaciri est le nom de ces oiseaux au Brésil, selon Margrave. *Galbula* paraît avoir indiqué le loriot chez les Latins. C'est Mœring qui a transféré ce nom aux jacamars.

Les Pics. (Picus. Lin.) (1).

Sont des oiseaux bien caractérisés par leur bec
long, droit, anguleux, comprimé en coin à son extrémité, et propre à fendre l'écorce des arbres; par
leur langue grêle, armée vers le bout d'épines recourbées en arrière, qui, poussée par les longues
cornes élastiques de l'os hyoïde, peut sortir très-
avant hors du bec, et par leur queue, composée de
dix pennes (2) à tiges roides et élastiques, qui les
soutiennent en arc-boutant lorsqu'ils grimpent le long
des arbres. Ce sont les oiseaux grimpeurs par excel-
lence : ils se portent dans toutes les directions sur
l'écorce des arbres, qu'ils frappent de leur bec, et
dans les fentes et les trous, de laquelle ils enfoncent
leur longue langue pour y prendre des larves d'insectes, dont ils se nourrissent. Leur langue, outre
son armure, est encore imbibée d'un suc visqueux
fourni par de grosses glandes salivaires : elle est retirée en dedans par deux muscles roulés comme des
rubans autour de la trachée; dans cet état de ré-
traction, les cornes de l'os hyoïde remontent, sous
la peau et autour de la tête, jusque vers la base supérieure du bec, et la gaîne de la langue est plissée
sur elle-même dans le fond du gosier. Leur estomac
est presque membraneux : ils manquent de cœcums ;

---

(1) *Picus*, nom de ces oiseaux en latin. Il leur venait, disait-on, d'un
roi du Latium.

(2) Il y en a proprement douze ; mais les latérales, très-petites, n'ont pas
été comptées.

cependant ils mangent aussi des fruits. Ils nichent dans des trous d'arbres.

Nous en avons cinq ou six espèces en Europe.

Le *grand Pic noir*. (*Picus martius*. L.) Enl. 596.

Presque de la taille d'une corneille , tout noir ; un beau rouge forme une calotte dans le mâle , et seulement une tache à l'occiput dans la femelle.

Le *Pic vert*. (*Picus viridis.*) Enl. 371.

Grand comme une tourterelle , vert dessus , blanchâtre dessous ; la calotte rouge, le croupion jaune ; l'un de nos plus beaux oiseaux.

Plusieurs regardent comme une espèce distincte le *picus canus*, Gm. (Edw. , 65), à teinte plus cendrée, à bec plus menu , et portant une moustache noire.

L'*Épeiche* ou *grand Pic varié*. (*Picus major.*) Enl. 196 , le mâle ; 595 , la femelle ,

De la taille d'une grive , varié dessus de noir et de blanc , dessous blanc , la région de l'anus rouge , ainsi qu'une tache à l'occiput du mâle.

Le *moyen Épeiche*. (*Picus medius.*) Enl. 611.

Un peu moindre, a du rouge sur toute la calotte dans le mâle , sur le front dans la femelle.

Le *petit Épeiche*. (*Picus minor.*) Enl. 598.

Grand comme une alouette , varié de noir et de blanc en dessus, blanc-grisâtre dessous, du rouge sur la tête du mâle seulement. Il va aussi par terre à la recherche des fourmis.

Les pics étrangers sont fort nombreux, et se ressemblent beaucoup entre eux , même pour certaines distributions de couleurs , par exemple pour le rouge de la tête.

On peut faire un sous-genre des

PICOÏDES; Lacép.,

Qui manquent du doigt externe, et n'en ont en conséquence que deux devant et un derrière ; d'ailleurs semblables
en tout aux pics ordinaires.

Nous en avons un dans le nord et l'orient de l'Europe,
(*Picus tridactylus*), Edw. , 114,

Intermédiaire pour la taille entre le grand et le petit
épeiche, noir tacheté de blanc dessus, blanc dessous; la
calotte du mâle orangée ; celle de la femelle blanche.

On peut également faire un sous-genre des espèces que leur
bec, légèrement arqué, commence à rapprocher des coucous (1).

L'une d'elles ne cherche sa nourriture qu'en marchant à
terre, quoiqu'elle ait la même queue que les autres (2).

LES TORCOLS. (YUNX. Lin.) (3).

Ont la langue allongeable comme les pics, et par
le même mécanisme, mais sans épines ; d'ailleurs,
leur bec droit et pointu est à peu près rond et sans
angles; leur queue n'a que des pennes de forme ordinaire. Ils vivent à peu près comme les pics, excepté qu'ils grimpent peu.

Nous en avons un en Europe.

(*Yunx torquilla*, Lin.), enl. 698,

De la taille d'une alouette, brun en dessus, et joliment
vermiculé de petites ondes noirâtres et de mèches longitudinales fauves et noires; blanchâtre, rayé en travers de noirâtre en dessous.

---

(1) Telles que le *picus auratus* (*cuculus auratus* de la Xᵉ édit.) enl. 695.
— Le *picus cafer*, Lath.

(2) Le *pic-laboureur* (*picus arator*, Nob.) Vaill. Afr. pl. 255 et 256.
Nous ne retranchons d'ailleurs du genre des pics, que le *picus minutus*,
Lath. *Yunx minutissimus*, Gm. (enl. 786, 1), qui est en effet un torcol.

(3) YUNX est le nom grec de cet oiseau. *Torquilla*, son nom latin.

Son nom vient de la singulière habitude qu'il a , quand on le surprend , de tordre son cou et sa tête en différens sens (1).

LES COUCOUS. (CUCULUS. Lin.) (2).

Ont le bec médiocre , assez fendu , comprimé , et légèrement arqué ; la queue assez longue. Ils vivent d'insectes , et sont voyageurs. Nous subdivisons ce nombreux genre comme il suit :

Les vrais Coucous.

Ont le bec de force médiocre , les tarses courts , la queue de dix pennes. Ils sont célèbres par la singulière habitude de pondre leurs œufs dans les nids d'autres oiseaux insectivores : les parens étrangers , souvent d'espèces plus petites , prennent soin du jeune coucou comme de leurs propres petits , même lorsque son introduction a été précédée , comme il arrive souvent , de la destruction de leurs œufs. La cause de ce phénomène , unique dans l'histoire des oiseaux , est encore inconnue. Hérissant l'a attribué à la position du gésier , qui est en effet plus en arrière dans l'abdomen , et moins garanti par le sternum que dans les autres oiseaux. Les cœcums de ces coucous sont assez longs , et leur larynx inférieur n'a qu'un muscle propre.

Nous n'avons en Europe qu'un seul coucou.

(*Cuculus canorus*, Lin.), enl. 811 ,

D'un gris-cendré , à ventre blanc , rayé en travers de noir , la queue tachetée de blanc sur les côtés ; le jeune a du roux au lieu de gris.

Mais les pays chauds des deux continens en produisent plusieurs autres (3).

---

(1) Ajoutez : *Yunx minutissima* , enl. 786 , 1.

(2) Κοκκυξ ; cuculus , coucou, expriment le cri de l'espèce d'Europe.

(3) *Cuculus Capensis* , Vaill. Afr. pl. 200, qui n'est probablement qu'une variété du commun. — *Solitarius*, Nob. Vaill. 206. — *Radiatus* , Sonn.

Il y en a surtout en Afrique quelques jolies espèces d'un vert plus ou moins doré; leur bec est un peu plus déprimé qu'au coucou ordinaire (1).

D'autres espèces, la plupart d'un plumage tacheté, ont le bec plus haut verticalement (2).

Les Couas, Vaill.,

Ne diffèrent des coucous que par des tarses élevés (3). Ils nichent dans des creux d'arbres, et ne pondent pas dans des nids étrangers; cela est vrai du moins pour les espèces dont on connaît la propagation.

On peut en séparer une espèce d'Amérique à bec long, courbé seulement au bout (4).

M. Levaillant a déjà séparé, avec raison, des autres coucous,

Les Coucals (5) (Centropus, Illig.),

Espèces d'Afrique et des Indes, qui ont l'ongle du pouce long, droit et pointu comme les alouettes. Ceux que l'on

---

1ᵉʳ Voy. pl. 79. — *Clamosus*, Nob. Vaill. 204, 205. — *Edolius*, Nob. Vaill. 207, 208. (N. B. *Cuc. serratus*, Sparm. Mus. Carls. 3, en est le mâle; *melanoleucos*, enl. 272, la femelle.) — *Coromandus*, enl. 274, 2 et une var. Vaill. 213. — *Americanus*, enl. 816. — *Glandarius*, Edw 57. — *Flavus*, enl. 814.

(1) *Cuc. auratus*, enl. 657, Vaill. 210. — *Clasii*, Vaill. 210. — *Lucidus*, Lath. Syn. I, pl. 23.

(2) *Cuc. punctuatus*, enl. 771, et *scolopaceus*, 586, peut être même encore *maculatus*, 764, ne paraissent que des variétés. — *Honoratus*, enl. 294, Vaill. 216. — *Taitensis*, Sparm. Mus, Carls. 32. — *Mindanensis*, enl. 277.

(3) *Cuc. Madagascariensis*, enl. 815. — *Cristatus*, enl. 589, Vaill. 217. — *Cœruleus*, enl. 295, 2, Vaill. 218. — *Nævius*, enl. 812. — *Cayanus*, enl. 211. — *Seniculus*, enl. 813.

(4) *Cuculus vetula*, enl. 772.

(5) Coucal, mot composé de coucou et d'alouette.

connaît appartiennent à l'ancien monde. Ils nichent aussi dans des creux d'arbres (1).

On doit distinguer également, avec ce naturaliste,

Les Courols (2) ou Vouroudrious de Madagascar,

Dont le bec gros, pointu, droit, comprimé, à peine un peu arqué au bout de sa mandibule supérieure , a ses narines percées obliquement au milieu de chaque côté. Leur queue a douze pennes. Ils nichent comme les précédens, se tiennent dans les bois. On les dit principalement frugivores (3).

Les Indicateurs, Vaill. ,

Sont deux autres espèces d'Afrique, célèbres parce que, se nourrissant de miel , elles servent de guides aux habitans pour découvrir les nids d'abeilles sauvages , qu'elles cherchent elles-mêmes en criant. Leur bec est court, haut, presque conique comme celui du moineau. Leur queue a douze pennes, et est à la fois un peu étagée et un peu fourchue. Leur peau , singulièrement dure, les garantit des coups d'aiguillon ; mais les abeilles, qu'ils tourmentent sans cesse , les attaquent aux yeux , et en tuent quelquefois (4).

Les Barbacous, Vaill.,

Ont le bec conique , allongé , peu comprimé , légèrement arqué au bout, et garni a sa base de plumes effilées ou poils roides, qui leur donnent un rapport avec les barbus (5).

---

(1) *Cuculus Ægyptius* et *Senegalensis* , enl. 332, Vaill. 219. — *Philippensis* , Nob. enl. 884. — *Nigrorufus*, Nob. Vaill. 220. — *Tolu* , enl. 295, Vaill. 219. — *Benghalensis*, Brown. Ill. XIII. — *Rufinus* , Nob. Vaill. 221. — *Æthiops* , Nob. Vaill. 222. — *Gigas* , Nob. Vaill. 223.

(2) *Courol* de coucou et de rollier.

(3) *Cucalus afer* , enl. 387 ; le mâle , dont le bec est mal rendu , et 588 la femelle , où il est mieux , Vaill. 226, 227.

(4) *Cuculus indicator* , Vaill. Afr. 241. — *Minor* , Nob. id. 242.

(5) *Cuculus* [*tranquillus* , enl. 512. — *Cuculus tenebrosus* , enl. 505. *L'arbacou* , composé de barbu et de coucou.

N. B. Il faut encore observer que le *cuc. paradisæus* , Briss. IV , pl.

Les Malcohas. Vaill.

Ont un bec très-gros, rond à sa base, arqué vers
le bout, et un large espace nu autour des yeux.
L'un d'eux a des narines rondes vers la base du
bec (1); l'autre les a étroites près du bord (2). Ces oiseaux, naturels de Ceylan, vivent, dit-on, principalement de fruits.

Les Scythrops. Lath.

Ont un bec encore plus long, plus gros que les
malcohas, creusé de chaque côté de deux sillons
longitudinaux peu profonds; le tour de leurs yeux est
nu, leurs narines rondes. Leur bec les rapproche
des toucans, mais leur langue non ciliée, les en sépare. On n'en connaît qu'une espèce de la Nouvelle-
Hollande, de la taille de la corneille, blanchâtre à
manteau gris. (3)

Les Barbus. (Bucco. Lin.) (4).

Ont un gros bec conique renflé aux côtés de sa
base et garni de cinq faisceaux de barbes roides, dirigées en avant, un derrière chaque narine, un de

---

xiv, A. 1, n'est que le *drongo de paradis* (*lanius Malabaricus*) et que
le *cuc. sinensis*, id. ib. A. 2, n'est que la *pie bleue* (*corvus erythro-
rynchos*); ces deux remarques sont de M. le Vaillant, le naturaliste qui
a le mieux éclairci l'histoire des coucous.

(1) Le *malcoha rouverdin*, Vaill. Afr. 223.

(2) Le *malcoha*, id. 224. *Cuc. pyrroce phalus.* Forster.

(3) *Scythrops Novæ-Hollandiæ*, Lath. *Scyth. Australasiæ*, Sh. Phill.
165, et John Whyte; deux mauv. fig.

(4) Bucco, nom donné à ce genre par Brisson, à cause du renflement
de sa mandibule à sa base, de *bucca* (*joue*).

chaque côté de la base de la mâchoire inférieure ; et le cinquieme sous la symphyse. Leurs ailes sont courtes, leurs proportions assez lourdes ainsi que leur vol. Ils vivent d'insectes et attaquent les petits oiseaux ; cependant ils mangent aussi des fruits. Ils nichent dans des trous d'arbres.

On peut les diviser en trois sous-genres,

Les Barbicans. Buff. (Pogonias. Illiger.)

Ont deux fortes échancrures de chaque côté du bec supérieur, dont l'arète est mousse et arquée ; et l'inférieur sillonnée en travers en dessous ; leurs barbes sont très-fortes. On les trouve en Afrique et aux Indes. Ils mangent plus de fruits que les autres espèces (1).

Les Barbus proprement dits.

A bec simplement conique, légèrement comprimé, l'arète mousse, un peu relevée au milieu. Il y en a dans les deux Continens, dont plusieurs peints de couleurs vives. Ils vont par paires dans la saison de l'amour, et en petites troupes le reste de l'année. (2)

---

(1) *Bucco dubius*, Gm. (*pogonias major*, Nob. enl. 602, Vaill. Ois. de par. II, pl. 19. — *Pogonias minor*, Nob. Vaill. Loc. cit. pl. A.

Barbicans, parce qu'ils tiennent des barbus et des toucans. Pogonias de πώγων, barbe.

(2) *Bucco grandis*, enl. 871. — *Viridis*, enl. 870. — *Flavifrons*, Nob. Vaill. L. cit. 55. — *Cyanops*, Nob. id. ib. 21. — *Lathami*, Lath. Syn. I, pl. 22. — *Phi ippersis*, enl. 336. — *Rubricapillus*, Brown, Ill. XIV.— *Rubri collis*, N b. Vaill. 35, si toutefois ce ne sont pas trois variétés.— *Torquatus*, N. Vaill. 37. — *Roseus*, N. Vaill. 33. — *Niger*, enl. 688, 1. — *Maynanensis*, Lath. Elegans, Gm. enl. 688. — *Barbiculus*, N. Vaill. 56. — *Parvus*, Mas. Vaill. 32, fem. enl. 746, 2. — *Erythronotos*, Nob. Vaill. 57. — *Zeylanicus*, Brown, Ill. XV. — *Cayanensis*, enl. 206. — *Peruvianus*, Nob. Vaill. 27. — *Nigrothorax*, N. Vaill. 28, qui pourraient bien encore être trois variétés. — *Fuscus*, Vaill. 43.

Les Tamatias.

Dont le bec un peu plus allongé et plus comprimé, a l'extrémité de sa mandibule supérieure recourbée en dessous. Leur tête grosse, leur queue courte, leur grand bec, leur donnent un air stupide. Tous ceux qu'on connaît sont d'Amérique, et ne vivent que d'insectes. Leur naturel est triste et solitaire. (1)

Les Couroucous. (Trogon. L.)

Ont avec les faisceaux de poils des barbus, le bec court, plus large que haut, courbé dès sa base, son arête supérieure arquée, mousse, et ses bords dentelés. Leurs petits pieds garnis de plumes jusque près des doigts, leur queue longue et large, leur plumage fin, léger et fourni, leur donnent un autre port. Il y a le plus souvent quelque partie de leur plumage qui brille d'un éclat métallique; le reste est plus ou moins vivement coloré. Ils nichent dans des trous d'arbres, se nourrissent d'insectes, se tiennent solitaires et tranquilles sur les branches basses, dans l'épaisseur des bois humides et ne volent que le matin et le soir.

Il s'en trouve dans les deux Continens. (2)

---

(1) *Bucco macrorhynchos*, enl. 689. — *Melanoleucos*, enl. 688, 2. — *Collaris*, enl. 395 — *Tamatia*, enl. 746, 2. (Nob. *Tamatia maculata*.) Tamatia, nom de l'un de ces oiseaux au Brésil, selon Margrave. On les nomme *chacurus* au Paraguay, selon d'Azzara.

(2) En Amérique : *Trogon curucui*, enl. 452. — *Viridis*, enl. 195. — *Violaceus*, Nov. comm. petr. XI, pl. 16, f. 8. — *Strigilatus*, enl. 765. — *Rufus*, enl. 736. — En Asie, *trogon fasciatus*, ind. Zool. pl. 5. — En Afrique, *trogon narina*, Vaill. Afr. 228, 229.

Il est permis de douter que le *trogon maculatus*, Brown, Ill. XIII, soit un vrai couroucou.

Couroucou, est l'expression de leur cri, et leur nom au Brésil ; celui de *trogon* leur a été donné par Mœhring.

Les Anis. (Crotophaga. L.) (1).

Se reconnaissent à leur bec gros, comprimé, arqué, sans dentelures, élevé et surmonté d'une crête verticale et tranchante.

On en connait deux espèces, l'une et l'autre des cantons chauds et humides d'Amérique, à tarses forts et élevés à queue longue et arrondie, à plumage noir. *Crotophaga major* et *Crotophaga ani.* enl. 102 fig. 1 et 2.

Ces oiseaux vivent d'insectes et de grains; volent en troupe, pondent et couvent même plusieurs paires ensemble dans un nid placé sur des branches et d'une largeur proportionnée au nombre de couples qui le construisent. Ils s'apprivoisent aisément, et apprennent même à parler mais leur chair est de mauvaise odeur

Les Toucans. (Ramphastos. L.) (2)

Se reconnaîtraient parmi tous les oiseaux à leur énorme bec, presque aussi gros et aussi long que leur corps, léger et celluleux intérieurement, arqué vers le bout, irrégulièrement dentelé aux bords, et à leur langue longue, étroite et garnie de chaque côté de barbes comme une plume. On ne les trouve que dans

---

(1) *Ani*, *anno*, nom de ces oiseaux à la Guiane, au Brésil. Crotophagus a été imaginé par Brown, (Hist. Nat. Jam.) parce que dans cette île l'ani vole sur le bétail pour y prendre les taons et les tiques. Κρο'Ιων musca canina.

(2) *Toucan* de leur nom brasilien *tuca*. Ramphastos, nom imaginé par Linnæus, et tiré de ραμφος, bec, à cause de l'énormité de cette partie.

les parties chaudes de l'Amérique ou ils vivent en petites troupes, se nourrissent de fruits et d'insectes et pendant la saison de la ponte, dévorent les œufs et les petits oiseaux nouvellement éclos. La structure de leur bec les oblige d'avaler leur nourriture sans la mâcher; quand ils l'ont saisie, ils la jettent en l'air pour l'avaler plus commodément. Leurs pieds sont courts; leurs ailes peu étendues; leur queue assez longue. Ils nichent dans des trous d'arbres.

Les Toucans proprement dits.

Ont le bec plus gros que la tête; ils sont généralement noirs, avec des couleurs vives sur la gorge, la poitrine et le croupion. On employait même autrefois ces parties de leur plumage pour en faire des espèces de broderies (1).

Les Aracari. Buff. (Pteroglossus. Illiger.)

Ont le bec moins gros que la tête et revêtu d'une corne plus solide; leur taille est moindre et le fond de leur plumage ordinairement vert avec du rouge ou du jaune sur la gorge et la poitrine. (2)

Les Perroquets (Psittacus. L.)

Ont le bec gros, dur, solide, arrondi de toute part, entouré à sa base d'une membrane où sont percées les narines; la langue épaisse, charnue et arrondie; deux circonstances qui leur donnent la plus

(1) *Ramphastos toco*, enl. 82. — *Tucanus*, Edw. 529. — *Piscivorus*, Edw. 64. — *Maximus*, Nob. Vaill. Touc. pl. 6. — *Pectoralis*, Sh. enl. 269 et 307. — *Aldrovandi*, Sh. Alb. II, 25. — *Erythrorhynchos*, Sh. enl. 262.

(2) *Ramph. viridis*, enl. 727, 728. — *Aracari*, enl. 166. — *Piperivorus*, enl. 577, 729.

grande facilité à imiter la voix humaine. Leur larynx inférieur assez compliqué et garni de chaque côté de trois muscles propres, contribue encore à cette facilité. Leurs mâchoires vigoureuses sont mises en action par des muscles plus nombreux qu'aux autres oiseaux. Ils ont de très-longs intestins et manquent de cœcums. Leur nourriture consiste en fruits de toute espèce Ils grimpent aux branches en s'aidant de leur bec et de leurs pieds, nichent dans des trous d'arbres, ont une voix naturelle dure et criarde, et sont presque tous peints des plus vives couleurs. Aussi n'en trouve-t-on guère que dans la Zone-Torride; mais il y en a dans les deux Continens, bien entendu que les espèces sont différentes dans chacun des deux; chaque grande île a même ses espèces, les ailes courtes de ces oiseaux ne leur permettant pas de traverser de grands espaces de mer. Les perroquets sont donc très-nombreux : on les subdivise par les formes de leurs queues et quelques autres caractères.

Parmi ceux à longue queue étagée, on distingue d'abord.

Les Aras.

Dont les joues sont dénuées de plumes; ce sont des espèces d'Amérique, la plupart forts grandes, et d'un plumage très-brillant, qui en fait beaucoup apporter vivans en Europe.

Les autres à longue queue, portent le nom commun de

Perruches.

M. Le Vaillant les divise en :

Perruches-Aras.

Qui ont le tour de l'œil nu; elles viennent d'Amérique, comme les aras.

En Perruches *à queue en flèche.*

Ou les deux pennes du milieu dépassent beaucoup les autres.

En Perruches *à queue élargie vers le bout.*

Et en Perruches ordinaires

A queue étagée à peu près également.

Telle est spécialement l'espèce la première connue en Europe, où elle fut apportée par Alexandre (*Psittacus Alexandri.* L.) enl. 642 , d'un beau vert; portant sur la nuque un collier rouge et sous la gorge une tache noire (1).

Parmi les perroquets à queue courte et égale on distingue :

Les Cacatoes.

Qui portent une huppe formée de plumes longues et étroites, rangées sur deux lignes, se couchant ou se redressant au gré de l'animal. Ils vivent dans les parties les plus reculées des Indes; le plumage du plus grand nombre est blanc; ce sont les espèces les plus dociles; elles fréquentent de préférence les terrains marécageux.

Quelques espèces découvertes depuis peu à la Nouvelle-Hollande, ont des huppes plus simples, moins mobiles et composées de plumes larges et de longueur médiocre. Elles vivent surtout de racines (2).

D'autres ont pour toute huppe, quelques plumes pendantes et garnies seulement vers le bout de barbes effilées, qui leur forment comme des huppes.

Mais le plus grand nombre n'a sur la tête aucun ornement,

---

(1) Voyez pour l'énumération des aras et des perruches, Shaw, Gen. Zool. VIII , part. 2 , et pour les figures bien coloriées du plus grand nombre , outre les planches enluminées de Buff. , l'Histoire Naturelle des perroquets de M. Le Vaillant.

(2) Ps. *Banksii* , Lath. Syn. Supp. p. 63, pl. cix , et plusieurs espèces voisines.

l'espèce la plus connue par sa facilité à apprendre à parler est le

Perroquet gris, ou *Jaco*. (*Psitt. Erythacus.*) enl. 311.

Tout cendré, à queue rouge. Il vient d'Afrique.

Les espèces à plumage vert sont les plus nombreuses.

On donne le nom d'Amazones à celles dont le fouet de l'aile est coloré de rouge ou de jaune, elles viennent d'Amérique.

On appelle loris les espèces dont le fond du plumage est rouge. Il ne s'en est trouvé qu'aux Indes orientales.

Mais toutes ces différences de couleur ne peuvent autoriser des distinctions génériques.

Il n'y a guère que les

PERROQUETS A TROMPE. Vaill.

Qui offrent de bons caractères pour être détachés des autres.

Leur queue courte et carrée, leur huppe, composée de plumes longues et étroites, les font ressembler aux cacatoës. Ils ont les joues nues comme les aras ; mais leur bec supérieur énorme, l'inférieur très-court, ne pouvant se fermer entièrement, leur langue cylindrique, terminée par un petit gland corné, fendu au bout, et susceptible d'être fort prolongée hors de la bouche, leurs jambes nues un peu au-dessus du talon, enfin leurs tarses courts et plats, sur lesquels ils s'appuient souvent en marchant, les distinguent de tous les perroquets. On n'en connaît que deux, originaires des Indes orientales (1).

Peut être pourrait-on faire aussi un sous genre des

PERRUCHES INGAMBES (PEZOPORUS, Illig.), Vaill. perr. I. 32.

Dont le bec est plus faible, les tarses plus élevés et les on-

_____

(1) *Psittacus aterrimus*, Gm. (*Ps. gigas*, Lath.) Edw. 316, ou l'ara noir à trompe, Vaill. perr. I, pl. 12 et 13. — *L'ara gris à trompe*, id. ib. pl. 11, peut n'être qu'une variété.

gles plus droits qu'aux autres perroquets. Elles marchent à terre , et cherchent leur nourriture dans les herbes.

On n'en connaît qu'une de la Nouvelle-Hollande.

On place communément parmi les grimpeurs deux oiseaux d'Afrique très-voisins l'un de l'autre , qui me paraissent bien plus analogues aux gallinacés et nommément au genre des hoccos.

Ils ont les ailes et la queue des hoccos , et se tiennent , comme eux , sur les arbres ; leur bec est court et la mandibule supérieure bombée ; leurs pieds ont une courte membrane entre les doigts de devant ; mais il est vrai que le doigt externe se dirige souvent en arrière comme celui des chouettes. Leurs narines sont aussi simplement percées dans la corne du bec, les bords des mandibules sont dentelées , et le sternum (au moins celui du touraco) n'a pas ces grandes échancrures ordinaires dans les gallinacés.

Ces oiseaux , dont on a fait deux genres , sont

LES TOURACOS, (CORYTHAIX , Illig.),

Dont le bec ne remonte pas sur le front , et dont la tête est garnie d'une huppe qui peut se redresser.

L'espèce la plus commune (*Cuculus persa*, Lin.), enl. 601 ,

Habite aux environs du Cap , est d'un beau vert , avec

une partie des pennes des ailes cramoisie. Elle niche dans des trous d'arbres, et se nourrit de fruits.

Une autre espèce, d'un gris-brun, à ventre blanchâtre, à mêches brunes, paraît le *phasianus africanus* de Latham (1).

Les Musophages. (Musophaga. Isert.)

Ainsi nommés, parce qu'ils vivent surtout du fruit du bananier, ont pour caractère la base du bec formant un disque qui recouvre une partie du front.

L'espèce connue (*Musophaga violacea*, Lath., *Touraco violet*, Vaill., *Promerops*, etc., pl. 18,

A le tour des yeux nu et rouge, le plumage violet, l'occiput et les grandes pennes de l'aile cramoisi : un trait blanc passe sous le nu du tour de l'œil. Elle habite en Guinée, et au Sénégal.

LE QUATRIÈME ORDRE DES OISEAUX

OU LES GALLINACÉS.

Ainsi nommés de leur affinité avec le coq domestique, ont généralement comme lui, les doigts antérieurs réunis à leur base par une courte membrane, et dentelés le long de leur bord, le bec supérieur voûté, les narines percées dans un large espace membraneux de la

---

(1) Ajoutez le *touraco géant*, Vaill. promér. et gnép. pl. 19.

base du bec , recouvertes par une écaille cartilagineuse , le port lourd , les ailes courtes , le
sternum osseux, diminué par deux échancrures
si larges et si profondes, qu'elles occupent presque tous ses côtés, sa crête tronquée obliquement
en avant , en sorte que la pointe aiguë de la
fourchette ne s'y joint que par un ligament ;
toutes circonstances qui , en affaiblissant beaucoup leurs muscles pectoraux, rendent leur vol
difficile. Leur queue a le plus souvent quatorze
et quelquefois jusqu'à dix-huit pennes , mais il
faut encore ici excepter les alectors. Leur larynx
inférieur est très-simple; aussi n'en est-il aucun
qui chante agréablement : ils ont un jabot très-
large et un gésier fort vigoureux. Si l'on excepte
les alectors, ils pondent et couvent leurs œufs à
terre sur quelques brins de paille ou d'herbe
grossièrement étalés. Chaque mâle a ordinairement plusieurs femelles, et ne se mêle point du
nid ni du soin des petits, qui sont généralement
nombreux , et qui , le plus souvent , sont en
état de courir au sortir de l'œuf.

Cette famille très-naturelle , remarquable
pour nous avoir donné la plupart de nos
oiseaux de basse-cour , et pour nous fournir
beaucoup d'excellent gibier , n'a pu être divisée en genres que sur des caractères peu im-

portans, tirés de quelques appendices de la tête.

LES PAONS. (PAVO. Lin.)

Ainsi nommés d'après leur cri, ont pour caractère les couvertures de la queue du mâle plus allongées que les pennes, et pouvant se relever pour faire la roue. Chacun sait combien sont éclatantes les barbes lâches et soyeuses de ces plumes, et les taches en forme d'yeux qui en peignent l'extrémité dans

Notre *Paon domestique* (*Pavo cristatus*, Lin.), enl. 433 et 434,

Espèce où la tête est encore ornée d'une aigrette de plumes redressées et élargies au bout. Ce superbe oiseau, originaire du nord de l'Inde, a été apporté en Europe par Alexandre.

Une autre espèce, l'*Éperonnier* ou *Chinquis* (*Pavo bicalcaratus et Thibetanus*, Gm.), enl. 492 et 493,

N'a sur la tête qu'une courte huppe serrée ; les tarses du mâle sont armés chacun de deux ergots ; ses couvertures de la queue, moins allongées, portent de doubles taches, et celles des scapulaires des taches simples, toutes en forme de miroir. M. Temmink en fait un genre sous le nom de POLYPLECTRUM (1).

LES DINDONS. (MELEAGRIS. Lin.) (2),

Ont la tête et le haut du cou revêtus d'une peau sans plumes toute mamelonnée, sous la gorge un

---

(1) Le *paon du Japon* ou *spicifèrc* (*P. muticus*. L.), fondé uniquement sur une peinture envoyée du Japon dans le seizième siècle (Aldrov. av. II, 33, 34.), n'est rien moins qu'authentique. Le véritable paon sauvage du Japon diffère peu du nôtre par les couleurs et point par l'aigrette.

(2) MELEAGRIS est le nom grec de la peintade, appliqué mal à propos au dindon par Linnæus.

appendice qui pend le long du cou, et sur le front, un autre appendice conique qui, dans le mâle, s'enfle et se prolonge dans les momens de passion, au point de pendre par-dessus la pointe du bec : du bas du cou du mâle adulte pend un pinceau de poils roides ; les couvertures de sa queue, quoique plus courtes et plus roides que dans le paon, se relèvent de même pour faire la roue. Les mâles ont des éperons faibles.

On n'en connaît qu'une espèce (*Meleagris gallopavo*, Lin.), enl. 97,

Apportée d'Amérique, et répandue maintenant par toute l'Europe à cause de la bonté de sa chair, de sa grandeur et de la facilité de sa multiplication. Les dindons sauvages de Virginie, sont d'un brun-verdâtre glacé de cuivré.

LES ALECTORS (Merrem.) (1),

Sont de grands gallinacés d'Amérique assez analogues aux dindons, à queue de douze pennes, grandes, roides, large et arrondie, dont aucun n'a d'éperons. Plusieurs d'entre eux ont des dispositions singulières dans la trachée-artère. Il vivent, dans les bois, de bourgeons, de fruits, y nichent sur les arbres, se perchent, et sont très-sociables et disposés à la domesticité. Gmelin et Latham les ont divisés en Hoccos et en Jacous, mais d'après des caractères peu déterminés. Nous les subdivisons comme il suit :

LES Hoccos proprement dits, Buff., *Mitoux* du Brésil, etc. (CRAX , Lin.),

Ont le bec fort, et sa base entourée d'une peau, quelque-

---

(1) Alector est le nom grec du coq.

fois d'une couleur vive, où sont percées les narines ; sur leur tête est une huppe de plumes redressées, longues, étroites, recoquillées au bout.

Ils ont la taille du dindon, et montent comme lui sur les arbres. L'on en élève volontiers en Amérique, et il nous en vient de ce pays des individus si diversement colorés, qu'on hésite à en caractériser les espèces.

Les plus communs, ou *Mitou-Poranga*, Margr. (*Crax alector*, Lin.), Buff., Ois. II, pl. xiii,

Sont noirs, à bas-ventre blanc, à cire du bec jaune. Leur trachee ne fait qu'un léger repli avant d'entrer dans la poitrine.

Quelques-uns (*Crax globicera*, Lin.), enl. 86, Edw., 295, 1,

Ont sur la base du bec un tubercule globuleux, plus ou moins gros. Parmi les uns et les autres, il en est qui ont le corps diversement rayé de blanc ou de fauve (Albin. II, 52.) (1). Quelquefois tout le dessous est fauve (2).

Ceux du Pérou (*Crax rubra*, Lin.), enl. 125,

Sont d'un marron vif, et ont la tête et le cou diversement variés de blanc et de noir.

LES PAUXI. (OURAX. Cuv.) (3).

Ont le bec plus court et plus gros, et la membrane de sa base, ainsi que la plus grande partie de leur tête, recouvertes de plumes courtes et serrées comme du velours.

---

(1) Celle-ci paraît le véritable hoazin du Mexique de Fernandes.

(2) Telle est la femelle décrite par d'Azzara. Voy. IV, p. 169. Il paraît aussi, d'après d'autres voyageurs, que les femelles sont fauves.

(3) *Pauxi* est le nom sous lequel le désigne Fernandès. Ourax, nom athenien du coq de Bruyère

L'espèce la plus commune, dite *Pierre*, ou plutôt *Oiseau à pierre* (*Crax pauxi*, Lin.), enl. 78,

Porte sur la base du bec un tubercule ovale presque aussi gros que sa tête, d'une couleur bleu-clair, et d'une dureté pierreuse. Cet oiseau est noir, et a le bas du ventre et le bout de la queue blancs. Il pond à terre. On ne connaît pas au juste son pays natal. C'est, de toutes les espèces connues, celle dont la trachée est la plus longue. Elle descend dehors, le long du côté droit jusque derrière le sternum, se recourbe vers le côte gauche, et revient sur ses pas pour rentrer dans la poitrine par la fourchette. Tous ses anneaux sont comprimés.

Il y en a une autre espèce sans tubercule, à ventre et bout de la queue marron (le vrai *mitu* de Margrave) (1).

LES GUANS ou JACOUS. (PÉNÉLOPE. Merrem.) (2).

Ont le bec plus grêle que les hoccos, et le tour des yeux nu, ainsi que le dessous de la gorge, qui est le plus souvent susceptible de se renfler.

On en connaît aussi plusieurs variétés de couleurs entre lesquelles il est difficile d'établir des limites spécifiques, ceux surtout qui ont une huppe, sont tantôt de différens bruns ou bronzés (*Penel. jacupema*, Merr., II, xi), quelquefois tachetés à la poitrine (*Penelope cristata*, Lin.), Edw. 13; tantôt noirs, avec les mêmes taches, et plus ou moins de blanc à la huppe et aux couvertures de l'aile (*Pen.*

(1) Le *chacamel*, Buff. (*Crax vociferans*) fondé sur une indication vague de Fernandès, au. chap. xli, n'a rien d'assez authentique. Sonnini croit même que ce pourrait être le *falco vulturinus*. Le *caracara* de Buff. et de Dutertre, est l'*agami*. (*Psophia.*)

(2) GOUAN et YACOU sont les noms de ces oiseaux à la Guiane et au Brésil. Celui de *Pénélope* qui leur a été imposé par Merrem, désignait, chez les grecs, une espèce de canard qui, disait on ; avait sauvé des eaux la femme d'Ulysse dans son enfance.

leucolophos, Merr., II, xii, et *Pen. cumanensis*, Gm.),
Jacq. Beytr., pl. 10, Bajon, Cay., pl. 5. Il y en a d'inter-
médiaires entre ces deux extrêmes (*Pen. pipile*), Jacq.
Beytr., pl. xi.

La trachée-artère, au moins dans les premières, descend
sous la peau jusque bien loin en arrière du bord postérieur
du sternum, remonte alors et revient pour se recourber encore et remonter vers la fourchette, par où elle va, comme
à l'ordinaire, gagner les poumons.

Une espèce presque sans huppe (*Pen. marail*), enl. 338,

Noir-verdâtre, à ventre fauve, paraît bien distincte. Sa
trachée, dans les deux sexes, fait une petite anse sur le
haut du sternum avant d'entrer dans la poitrine.

LES PARRAQUAS. (ORTALIDA. Merrem.)

Ne diffèrent des jacous que parce qu'ils n'ont presque pas
de nu à la gorge et autour des yeux.

On n'en connaît qu'un, brun-bronzé dessus, gris-blanchâtre dessous, roux sur la tête. (*Catraca*, Buff.; *Phasianus motmot*, Gm., et *Phas. parraqua*, Lath.), enl. 146 (1).
Bajon, Cay., pl. 1.

La voix de cet oiseau est très-forte, et articule son nom.
La trachée du mâle descend sous la peau jusque vers l'abdomen, et remonte ensuite pour entrer dans la poitrine (2).

---

(1) *N. B.* La figure des pl. enl. est mauvaise, en ce qu'elle représente
la queue pointue.

(2) *N. B.* J'ignore encore où l'on doit placer le *napaul* ou faisan cornu
(*Per. satyra*, Gm.) (*Meleagris satyrus*, Lath.) Edw. 116; oiseau des
Indes, dont le mâle porte deux cornes charnues derrière les yeux. Sous
sa gorge est un grand sac lâche et nu, susceptible de beaucoup de gonfle-
ment. Ses tarses ont des éperons dans les deux sexes; sa queue est ronde
et de vingt pennes, son plumage pourpre, tacheté de petites larmes
blanches.

On associe d'ordinaire à tous ces oiseaux.

L'Hoazin. Buff (1). *Sasa* de la Guiane, Sonnini.
(Opisthocomus. Hofmansec.)

Oiseau d'Amérique qui a le même port, dont le bec
est court et gros autant à proportion qu'aux pauxis ; dont
la tête porte une huppe de longues plumes très-étroites et
effilées, mais qui se distingue de tous les gallinacés précédens, parce que l'on n'aperçoit aucune membrane entrè
les bases de ses doigts. C'est le *Phasianus cristatus*. L. Enl.
337 ; brun-verdâtre, varié de blanc dessus, fauve devant
le cou et au bout de la queue, marron sous le ventre. On le
trouve à la Guiane, perché le long des lieux inondés, où il
vit des feuilles et des graines d'une espèce d'arum. Sa chair
a une forte odeur de castoreum, et ne s'emploie que comme
appât pour certains poissons.

Le grand genre des

Faisans. (Phasianus. L.)

A pour caractère, les joues en partie dénuées de
plumes, et garnies d'une peau rouge.

On y distingue d'abord,

Les Coqs. (Gallus.)

Dont la tête est de plus surmontée d'une crête charnue et
verticale, et dont le bec inférieur est garni de chaque côté de
barbillons charnus ; les pennes de leur queue au nombre de
quatorze, se redressent sur deux plans verticaux adossés l'un à
l'autre : les couvertures de celles du mâle se prolongent en
arc sur la queue proprement dite.

L'espèce si répandue dans nos basses-cours,

---

(1) Le nom d'hoazin a été appliqué sans preuve, à cet oiseau, par Buff.,
d'après une indication de Fernandès. Mex. 320, ch. x.

Le *Coq* et *la Poule* ordinaires. (*Phasianus Gallus*. L.)

Enl., 1 et 49.

Y varie à l'infini pour les couleurs; sa grosseur y est très-diverse; il est des races où la crête est remplacée par une touffe de plumes redressées; quelques-uns ont des plumes sur le tarse et même sur les doigts; d'autres ont la crête, les barbillons et le périoste de tout le squelette noirs; certaines races monstrueuses ont pendant plusieurs générations cinq et même six doigts.

On connaît aujourd'hui plusieurs espèces de coqs sauvages; Sonnerat a décrit la première; 2ᵉ Voy. Atl. 117, 118. (*Gallus Sonneratii Temm.*) fort remarquable par les plumes du col du mâle dont les tiges s'élargissent vers le bas en trois disques successifs de matière cornée. La crête du mâle est dentelée. Elle se trouve dans les montagnes des Gates de l'Indostan.

M. Lechenaud vient d'en rapporter deux autres de Java; L'une (*Gall. bankiva Temm.*) qui a la crête dentelée comme la précédente et ne porte sur le cou que de longues plumes tombantes du plus beau roux-doré, me paraît ressembler le plus à nos coqs domestiques; l'autre (*Phas. varius.* Shaw. Nat. Misc. 353.) Noire, à cou vert-cuivré, maillé de noir, a la crête sans dentelures et sous la gorge un petit fanon sans barbillons latéraux.

Les FAISANS proprement dits.

Ont la queue longue, étagée, et ses pennes ployées chacune en deux plans et se recouvrant comme des toits.

Le plus commun (*Phasianus Colchicus.* L.) Enl.,

121 et 122.

A été dit-on apporté des bords du Phase par les Argonautes, et on le nourrit aujourd'hui dans toute l'Europe tempérée, où il exige cependant beaucoup de soin. Le mâle a la tête et le cou vert-foncé avec deux petites touffes à l'occiput et le reste du plumage fauve-doré maillé de vert, la femelle est brunâtre maillée et variée de brun plus foncé.

La Chine nous a envoyé dans des temps plus modernes trois autres races ou espèces qui font avec le paon l'orneme nt de nos ménageries, savoir :

Les *Faisans à collier.*

Qui ne diffèrent guère du commun que par une tache d'un blanc éclatant de chaque côté du col.

Les *Faisans d'argent.* (*Ph. Nycthemerus.* L.) Enl. 123.

Blancs, avec des lignes noirâtres très-fines sur chaque plume et le ventre tout noir. Enfin :

Les *Faisans dorés* (*Ph. pictus.* L.) Enl., 217.

Si remarquables par leur beau plumage ; leur ventre est rouge de feu ; une belle huppe couleur d'or pend de leur tête ; leur cou est revêtu d'une collerette orangée maillée de noir ; le haut du dos est vert ; le bas et le croupion jaunes ; les ailes rousses avec une belle tache bleue ; la que ue très-longue, brune tachetée de gris, etc... Il me paraît que la description du Phénix donnée par Pline (Lib. X, cap. 2.) a été faite sur ce bel oiseau.

Les femelles de tous ces faisans ont la queue plus courte que les mâles et le plumage diversement varié de différens gris ou bruns.

Une des espèces d'oiseau les plus singulières

Est l'*Argus* ou *Luen.* (*Phasianus Argus.* L.)

Grand faisan du midi de l'Asie, à tête presque nue, dont le mâle a la queue très-longue et surtout les pennes secon-daires des ailes excessivement allongées et élargies, couvertes sur toute leur longueur de taches en formes d'yeux, qui, lorsqu'elles sont étalées, donnent à l'oiseau un aspect tout-à-fait extraordinaire. (C'est le genre ARGUS Tem.)

LES HOUPPIFÈRES. Tem.

Ont avec les joues nues communes à tout ce genre la queue verticale et les couvertures arquées propres aux coqs, des plumes qui peuvent se redresser et former sur leur tête une aigrette analogue à celle du paon. Le bord inférieur saillant de la peau nue des joues tient lieu de barbillons. Il y a de forts éperons aux tarses.

On n'en connaît encore qu'un, des îles de la Sonde, grand comme un coq, noir, à croupion fauve, les deux couvertures supérieures de la queue jaunâtres ou blanchâtres, les flancs tachetés de blanc ou de fauve. (*Phasianus Ignitus*, Sh. Nat. Misc. 321.)

Les LOPHOPHORES. Tem.

Ont comme les précédens, les joues nues et la tête surmontée d'une aigrette analogue à celle du paon; mais leur queue est plane comme dans les oiseaux ordinaires. Leur tarse a de forts éperons.

On n'en connaît aussi qu'un des montagnes de l'Indostan, grand comme une dinde, noir, l'aigrette et les plumes du dos diversement changeantes en couleur d'or, de cuivre, en vert et en bleu métallique, les pennes de la queue rousses. C'est le *Phasianus impeyanus*. Lath. Syn. Supp. pl. 114, Nommé d'après lady Impey, qui l'a fait connaître.

Les CRYPTONYX. Tem.

Ont seulement le tour de l'œil nu, la queue médiocre et plane, les tarses sans éperons; mais ce qui leur fait un caractère bien particulier, c'est que leur pouce n'a point d'ongle.

On n'en connaît bien qu'une espèce dont le mâle porte une longue huppe de plumes effilées rousses, et des longs brins sans barbe redressés à chaque sourcil.

C'est le *Rouloul de Malaca*. Sonnerat IIe Voyage pl. 100.

(*Columba cristata*. Gm et Lath. *Phasianus cristatus*. Sparm. Mus. Carls. III. 64).

La femelle, qui n'a qu'un vestige de huppe, est le *Tetrao viridis*. Lath. Syn. II. pl. 67 (1).

---

(1) Le *columba cristata*, B. Gm. Lath. Syn. II, pl. 58, paraît très-voisin, mais la figure lui donne un grand ongle au pouce.

LES PEINTADES. (1) (NUMIDA. L.)

Ont la tête nue; des barbillons charnus au bas des joues, la queue courte, et le crâne le plus souvent surmonté d'une crête calleuse. Leurs pieds n'ont pas d'éperons; leur queue courte et pendante, les plumes fournies de leur croupion donnent à leur corps une forme bombée.

L'espèce commune (*Numida meleagris*. L.) Enl. 108.

Originaire d'Afrique, a le plumage ardoisé, couvert partout de taches rondes et blanches. C'est un oiseau que son naturel criard et querelleur rend fort incommode dans les basses-cours, quoique sa chair soit excellente. Dans l'état sauvage, elle vit en très-grandes troupes et se tient de préférence près des marécages.

On en nourrit aussi une race dont la tête est surmontée d'une crête de plumes, et une autre où elle est armée d'un casque conique. (*Num. cristata* et *Numida mitrata*.) Pall. Spic. IV. pl. II etp l. III, fig. I.

LES TÉTRAS. (TETRAO. L.)

Sont encore un grand genre dont le caractère consiste en une bande nue et le plus souvent rouge, tenant la place du sourcil.

On les divise en sous-genres comme il suit :

Les Coqs de Bruyère. (LAGOPUS Briss. Tetrao Lath.)

Dont les jambes sont couvertes de plumes et sans éperons.

Les uns, qui retiennent plus particulièrement ce nom, ont la queue ronde ou fourchue, les doigts nus.

---

(1) Les anciens grecs nommaient les peintades méléagrides, et supposaient qu'elles étaient le produit de la métamorphose des sœurs de Méléagre. On regardait les taches de leur plumage comme des traces de larmes. Les Romains les nommaient poules d'Afrique, de Numidie, etc. Les modernes ne les ont retrouvées qu'en Guinée.

Nous en avons deux grandes espèces.

Le *grand Coq de bruyère.* (*Tetrao Urogallus.*) Enl. 73 et 74.

Le plus grand des gallinacés ; supérieur au dindon pour la taille , à plumage ardoisé, rayé finement en travers de noirâtre ; la femelle fauve, à lignes transversales brunes ou noirâtres. Il se tient dans les grands bois des hautes montagnes, niche dans les bruyeres ou les nouveaux taillis, et se nourrit de bourgeons , de baies. Sa chair est excellente ; sa trachée-artère fait deux courbures avant de descendre dans le poumon.

Le *Coq de Bruyère à queue fourchue.* (*Tetrao tetrix.*) *Coq de Bouleau.* Enl. 172 et 173.

Le mâle est plus ou moins noir, avec du blanc aux couvertures des ailes et sous la queue dont les deux fourches s'écartent en dehors. La femelle fauve , rayée en travers de noirâtre et de blanchâtre. Leur taille est celle du coq et de la poule. On le trouve aussi dans les bois des montagnes.

Il paraît qu'il en existe , dans le nord de l'Europe, une espèce intermédiaire. (*Tetrao intermedius.*) Langsdorf. Mem. de Petersb. tome III. pl. xiv. Sparm. Carls. pl. xv.

Un peu plus grande que la précédente, à queue moins fourchue, à poitrine tachetée de blanc : des lieux marécageux de Courlande, d'Ingrie, etc... (1)

Nous avons de plus dans les bois de toutes nos contrées tempérées

La *Gelinotte, Poule des Coudriers.* (*Tetrao bonasia. L.*) (2) Enl. 474 et 475.

Qui ne dépasse qu'un peu la perdrix ; agréablement variée de brun, de blanc, de gris et de roux ; une large bande noire

---

(1) Il paraît que c'est à la fois le *tétras à plumage variable* , et le *tétras à queue pleine* de Buffon.

(2) Bonasia ou Bonasa , nom de la gelinotte dans Albert le Grand et d'autres auteurs du moyen âge.

près du bout de la queue; la gorge des mâles noire ; sa tête un peu huppée (1).

L'Amérique produit quelques espèces voisines des coqs de bruyère et gelinottes d'Europe, telles que

Le *Coq de bruyère à fraise*. (*Tetrao cupido, umbellus et togatus.*Gm.) Enl. 104. Edw. 248 et Catesb. Supp. Pl. 1.

Dont les plumes du cou se relèvent de chaque côté en un petit mantelet, et

La *Gelinotte noire d'Amérique*. (*Tetrao canademis et canace.* L.) Enl. 131 et 132. Edw. 118 et 71.

D'un brun plus ou moins noir, le bout de la queue roux.

On donne particulièrement le nom de LAGOPÈDES ou perdrix de neige aux espèces à queue ronde ou carrée dont les doigts sont garnis de plumes comme la jambe. Les plus répandus deviennent tous blancs en hiver.

Le *Lagopède ordinaire, Perdrix des Pyrénées.* (*Tetrao Lagopus.*) (2) Enl. 129 et 494.

A son plumage d'été fauve marqué de petites lignes noires. De toutes les hautes montagnes, où il se tient l'hiver dans des trous qu'il se creuse sous la neige.

Le *Lagopède de la baie de Hudson.* (*Tetrao albus.* Gm.) Edw. 72.

Est plus grand et a son plumage d'été plus roux.

---

(1) L'*attagas* de Buffon , *attagen* d'Aldrov. Ornith. II, p. 75. *Gelinotte huppée*, Briss. ne me paraît , après de longues recherches , faites même en Italie , qu'une gelinotte jeune ou femelle. C'est le même oiseau que l'individu peint par Frisch, pl. 112. Le *tetrao canus* , Gm. (Sparm. Mus. Carls. p. 16.) n'est qu'une variété albine de la gelinotte. Je ne crois pas non plus à l'authenticité du *tetr. nemesianus* ni du *tetr. betulinus* de Scopoli. Ce ne sont que des femelles ou des jeunes *tetr. tetrix* , ou des gelinottes défigurées.

(2) LAGOPUS (pié de lièvre , pié velu) est le nom ancien de cet oiseau.

Cependant il existe en Ecosse un *Lagopède* qui ne change point de couleur en hiver ; c'est

La *Poule de marais*, *Grous*, etc. (*Tetrao scoticus*. Lath.)
Brit. Zool. pl. M. 5.

Varié de fauve, de brun et de noir en dessus, roux foncé rayé de noirâtre au-dessous, à jambes cendrées, à doigts peu velus.

On pourrait séparer sous le nom de

GANGA ou d'ATTAGEN (1). (PTEROCLES. Tem.)

Les espèces à queue pointue, à doigts nus. Elles ont seulement le tour des yeux nu, mais non de couleur rouge : leur pouce est très-petit.

Le *Ganga* ou *Gelinotte des Pyrénées*. (*Tetrao alchata*.
L.) Enl. 105 et 106 (2).

De la taille d'une perdrix, à plumage écaillé de fauve et de brun ; les deux pennes du milieu de la queue très-allongées en pointe, la gorge du mâle noire. On le trouve dans le midi de la France et tout autour de la Méditerranée (3).

LES PERDRIX. (PERDIX. Briss.)

Ont les tarses nus comme les doigts.

Parmi elles, LES FRANCOLINS. Tem.

Se distinguent par leur bec plus long, plus fort, par leur queue plus développée, par leurs éperons plus forts.

---

(1) Attagen, nom grec d'un oiseau pesant, un peu plus grand qu'une perdrix, à plumage de bécasse, désignait probablement la gelinotte.

(2) Ganga est son nom catalan, alchata, ou plutôt chata, son nom arabe.

(3) Ajoutez *tetrao fasianellus* d'Amér. mérid. Edw. 118. — *Tetr. Senegalus*, enl. 130. — *Tetr. arenarius*, Pall. *nov. com. petrop.* xix, pl. viii, dont la *perdix Arragonica*, Lath, paraît au moins tres-voisine. — *Tetr. namaqua.*

L'Europe méridionale en possède un (*tetrao Francolinus.*
L.) (1) Enl. 147, 148.

A pieds rouges ; le cou et le ventre du mâle noir avec des taches rondes et blanches ; un collier d'un roux vif (2).

Quelques francolins étrangers se font remarquer par un double éperon (3), ou par la peau nue de leur gorge (4). Il y en a qui réunissent ces deux caractères (5); d'autres manquent tout à fait d'éperons (6).

Les PERDRIX ordinaires.

Ont le bec un peu moins fort; leurs mâles ont des éperons courts ou de simples tubercules ; les femelles en manquent.

Tout le monde connaît

La *Perdrix grise.* (*Tetrao cinereus.* L.) Enl. 27.

A bec et pieds cendrés, à tête fauve, à plumage varié de différens gris; une tache marron sur la poitrine du mâle. Ce gibier fécond, qui fait les délices de nos tables, niche et vit au milieu de nos champs.

La *Perdrix rouge.* (*Tetrao rufus.* L.) Enl. 150.

A bec et pieds rouges, brune dessus, à flancs maillés de roux et de cendré, à gorge blanche encadrée de noir, se tient plus volontiers sur les collines et les endroits élevés. Sa chair est plus blanche et plus sèche.

Nos provinces méridionales produisent encore

---

(1) *Francolino*, nom qui désigne la défense faite de tuer l'oiseau qui le porte, s'applique, en Italie, à plusieurs espèces réputées bons gibiers, telles que la gelinotte et cet oiseau-ci.

(2) Ajoutez ici les *tetrao ponticerianus.* Sonn. IIe Voy. 11. 165. — *Perlatus.* Briss. pl. xxviii. A. fig. 1 ; le même que *Madagascariensis.* Sonn. 11, 166, pl. 97.

(3) *Tetrao bicalcaratus.* L. enl 137. — *Spadiceus.* Sonn. 11, 169. — *Zeilonensis*, Ind. Zool. pl. xiv.

(4) *Tetrao rubricollis*, enl. 180.

(5) *Tetrao nudicollis.*

(6) *Tetrao javanicus.* Brown. Ill. xvii, (mauv. fig.)

La *Bartavelle* ou *Perdrix grecque*. (*Perdix græca*. Briss.
Perdix saxatilis. Meyer.) Enl. 231.

Qui ne diffère de la perdrix rouge que par une grande
taille et un plumage plus cendré. Elle se tient le long des
grandes chaînes (1).

LES CAILLES. (COTURNIX.)

Sont plus petites que les perdrix, à bec plus menu, à queue
plus courte, sans sourcil rouge, sans éperon.

Tout le monde connaît

La *Caille commune*. (*Tetrao coturnix*. L.) Enl. 170.

A dos brun ondé de noir, une raie pointue blanche sur
chaque plume, à gorge brune; à sourcil blanchâtre; de nos
champs, célèbre par ses migrations; cet oiseau si lourd
trouve alors moyen de traverser la Méditerranée (2).

Les COLINS ou Perdrix et Cailles d'Amérique.

Ont le bec plus gros, plus court, plus bombé; la queue un
peu plus développée (3). Ils se perchent sur les buissons et même

---

(1) Ajoutez la *perdrix rouge de Barbarie*, espèce bien distincte.
(*Tetr. petrosus*. Gm.)lEdw. 70. — La *perdrix de montagne*, (*tetrao montanus*) enl. 136, n'est, selon M. Bonnelli, qu'une variété de la perdrix
grise.

(2) Ajoutez la *petite caille de la Chine* (*tetr. Chinensis*. L.), enl. 126.
F. 2, dont le *tetr. manillensis*. Gm. Sonn. Ier Voy. pl. 24, est la femelle. — Le *tetr. Coromandelicus*, Sonn. 11, 172. — *T. striatus*, Sonn.
11, pl. 98, fort différent de celui de Lath. Syn. 11, pl. LXVI. — La
perdrix de gingi (*tetr. gingicus*.) Sonn. 11, p. 167, me paraît aussi appartenir à ce sous-genre.

(3) Parmi les espèces de la taille de la perdrix, on peut remarquer le
tocro, ou *perdrix de la Guiane*. Buff. (*tetr. Guyanensis*. Gm.) qui
n'est point un *tinamou*, comme le dit Gm., et parmi celles de la taille
de la caille :

Tetrao Mexicanus, enl. 149 et frisch. 11, le même que *Marylandus*.
Albin 1, XXVIII.

Tetrao falclandicus, enl. 222.

Tetrao cristatus, enl. 126. F. 1.

quand on les poursuit sur les arbres; plusieurs voyagent comme nos cailles.

L'on ne peut s'empêcher de séparer de tout le genre tétras.

LES TRIDACTYLES. Lacép. (*Hemipodius.* Tem.)

Qui manquent de pouce et dont le bec comprimé, forme une petite saillie sous la mandibule inférieure. On ne pourra les bien classer que lorsqu'on connaîtra leur anatomie. Ils vivent en polygamie dans les contrées sablonneuses.

Les uns, les TURNIX. Bonnat. (ORTYGIS. Illiger.)

Ont encore tout le port des cailles; leurs doigts sont bien séparés jusqu'à leur base et sans petites membranes (1).

D'autres:

LES SYRRHAPTES. Illiger.

S'éloignent même tellement du type général des gallinacés que l'on est tenté de douter s'ils doivent entrer dans cet ordre.

Leurs tarses courts sont garnis de plumes, ainsi que leurs doigts, qui sont très-courts et réunis sur une partie de leur longueur, et leurs ailes sont extrêmement longues et pointues.

On n'en connait qu'une espèce, des déserts du centre de l'Asie. (*Tetrao paradoxus.* Pall. Voy. trad. fr. in-8° tom. III. pl. 1. pag. 18.)

On est également obligé de séparer des tétras,

_____

(1) Tels sont: *Tetrao nigricollis,* enl. 171. — *Tetr. Andalusicus,* Lath. Syn. II, part. 2, fig. du titre. — *Tetr. Luzoniensis,* Sonn. 1er Voy. pl. 23, et quelques espèces nouvelles. Le *tetr. suscitator,* ou réveil-matin de Java est aussi du nombre. Voyez Bontius, méd. ind. p. 65.

Les Tinamous. (Tinamus. Lath. Crypturus.
Illiger.) Ynambus de d'Azzara.

Genre d'Amérique très-remarquable par un cou
mince, assez allongé, (quoique leurs tarses soient
courts) revêtu de plumes, dont le bout des barbes
est effilé et un peu crépu, ce qui donne à cette portion du plumage une apparence particulière; par un
bec long, grêle, à bout mousse, un peu voûté avec
un petit sillon de chaque côté et à narines percées
dans le milieu de chaque côté et s'enfoncant obliquement en arrière. Leurs ailes sont courtes et leur queue
presque nulle. Leur pouce réduit à un petit ergot ne
peut toucher la terre. Il y a un peu de nu autour de
l'œil.

Ces oiseaux se perchent sur les branches basses; ils
vivent de fruits et d'insectes; leur chair est très-bonne.
Leur taille va selon les espèces de celle du faisan à
celle de la caille (1).

Les Pigeons. (Columba. L.)

Peuvent être considérés comme établissant un léger
passage des gallinacés aux passereaux. Comme les
premiers ils ont le bec voûté, les narines percées
dans un large espace membraneux et couvertes d'une
écaille cartilagineuse qui forme même un renflement
à la base du bec; le sternum osseux, profondément

---

(1) *Tetr. major*, Gm. ou *tinamus Brasiliensis*, Lath. fort mal repré-
senté, enl. 476, et beaucoup mieux Hist. des Ois. IV, in-4° pl. xxiv. —
Tetr. cinereus. — *Tetr. variegatus*, enl. 828. — *Tetr. Sovi*, enl. 829.
Ces deux dernières figures sont bonnes.

et doublement échancré, quoique dans une disposition un peu différente, le jabot extrêmement dilaté, le larynx inférieur muni d'un seul muscle propre.

Mais leurs doigts n'ont d'autres membranes entre leurs bases que celles qui résultent de la continuation des rebords. Leur queue a douze pennes. Ils volent assez bien. Ils vivent constamment en monogamie; nichent sur les arbres, ou dans des creux de rochers, et ne pondent qu'un petit nombre d'œufs, ordinairement deux. Il est vrai qu'ils répètent les pontes. Le mâle couve comme la femelle. Ils nourrissent leurs petits en leur dégorgeant des graines macérées dans leur jabot. On n'en fait qu'un genre que l'on a essayé de subdiviser en trois sous-genres d'après leur bec plus ou moins fort, et les proportions de leurs pieds.

Les COLUMBI-GALLINES. Vaill.

Se rapprochent encore plus que les autres sous-genres des gallinacés ordinaires, par leurs tarses plus élevés et leur habitude de vivre en troupes, cherchant leur nourriture sur la terre, sans se percher. Leur bec est grêle et flexible.

Une espèce tient même aux gallinacés par les parties nues et les caroncules qui distinguent sa tête (1).

Une autre y tient au moins par sa grandeur, à peu près égale à celle du dindon ; c'est le *pigeon couronné* de l'archipel des Indes, *Goura*. Tem. *Coiombihocco*. Vaill. (*Columba coronata*. Gm.) Enl. 118. Tout entier d'un bleu d'ardoise, avec du marron et du blanc à l'aile ; la tête ornée d'une huppe verticale de longues plumes effilées. On l'élève dans les basses-cours, à Java etc... Mais il n'a pas encore voulu propager en Europe.

---

(1) *Columba carunculata*, Tem. pl. 11. Colombi galline , Vaill. 278.

Une troisième y tient encore par les plumes longues et pendantes qui ornent son cou comme celui du coq. C'est le *pigeon de Nincombar* (*Col. nicobarica*, Lin.), enl. 491, du vert doré le plus brillant, la queue blanche. On le trouve dans plusieurs parties de l'Inde (1).

Les Colombes ou Pigeons ordinaires. Vaill.

Ont les pieds plus courts que les précédens, mais le bec grêle et flexible comme le leur.

Nous en possédons ici quatre espèces sauvages.

Le *Ramier*. (*Col. palumbus*. Lin.) Enl. 316.

Est la plus grande. Il habite dans les forêts, surtout dans celles d'arbres verts, est d'un cendré plus ou moins bleuâtre, la poitrine d'un roux-vineux, et se distingue à des taches blanches sur les côtés du cou et à l'aile.

Le *Colombin* ou *petit Ramier*. (*Col. œnas*. Lin.) Frisch., 139.

Gris d'ardoise, poitrine vineuse, les côtés du cou d'un vert changeant ; un peu moindre que le précédent, mais du même genre de vie.

Le *Biset* ou *Pigeon de roche*. (*Col. livia*. Briss.) Enl. 510.

Gris d'ardoise, le tour du cou vert changeant, une double bande noire sur l'aile, le croupion blanc.

De cette espèce viennent nos pigeons de colombier, et, à ce qu'il paraît, la plus grande partie de nos innombrables races domestiques, dans la production desquelles le mélange de quelques espèces voisines pourrait aussi avoir influé.

---

(1) Espèces rangées dans ce sous-genre :
Columba cyanocephala, enl. 174. — *Col. montana*. Edw. 119. — *Col. Martinica*, enl. 141, 162. — *Col. passerina*, enl. 243, 2, Catesb. 26. — *Col. minuta*, enl. 243, 1. — *Col. Hottent tta*, Tem. Vaill. 283, et les autres décrites et représentées dans l'ouvrage de M. Temmink et de Madame Knip.

La *Tourterelle*. (*Col. turtur.* Lin.) Enl. 394.

A manteau fauve tacheté de brun , à cou bleuâtre , avec une tache de chaque côté , maillée de noir et de blanc. C'est notre plus petite espèce sauvage. Elle vit dans les bois comme le ramier.

Nous élevons en volière , pour l'amusement ,

La *Tourterelle à collier* ou *Rieuse* (*Col. risoria*, Lin.),

enl. 244 ,

Qui paraît originaire d'Afrique ; blonde , plus pâle dessous ; un collier noir sur la nuque (1).

Les espèces de cette division sont nombreuses , et peuvent encore se subdiviser selon que leurs tarses sont ou non revêtus de plumes , et d'après le nu qui se trouve autour des yeux de quelques-unes.

On peut même , si l'on veut , séparer des autres quelques espèces à queue pointue (2).

Mais la meilleure des divisions que l'on a faites parmi les pigeons, c'est celle

Des Colombars , Vail. (Vinago , Cuv.) (3),

Qui se reconnaissent à leur bec plus gros, de substance solide , et comprimé par les côtés ; leurs tarses sont courts , leurs pieds larges et bien bordés. Ils vivent tous de fruits , et dans les grands bois. On n'en connaît que quelques espèces , toutes de la Zone-Torride de l'ancien continent (4).

---

(1) Pour les nombreuses colombes des pays étrangers , voyez , outre les planches enluminées , Edwards , Albin , Frisch et Catesby , le bel ouvrage que nous venons de citer , où elles sont presque toutes réunies.

(2) *Col. migratoria*, enl. 176. — *Col. Carolinensis* , ib. 175. — *Col. Dominicensis* , ib. 487. — *Col. Capensis* , ib. 140 , etc.

(3) Vinago , nom latin du biset ou du petit ramier.

(4) *Col. Abyssinica* , ou Walia de Bruce , Vaill. 276, 277. — *Col. australis* enl. 111. — *Col. aromatica* , enl. 163. — *Col. vernans* , enl. 138 , et deux ou trois autres que l'on peut voir dans l'ouvrage cité.

LE CINQUIÈME ORDRE DES OISEAUX,

OU LES ÉCHASSIERS,

autrement Oiseaux de rivage. (Grallæ. Lin.)

Tirent leur nom de leurs habitudes et de la conformation qui les occasionne. On les reconnaît à la nudité du bas de leurs jambes, et le plus souvent à la hauteur de leurs tarses, deux circonstances qui leur permettent d'entrer dans l'eau jusqu'à une certaine profondeur, sans se mouiller les plumes, d'y marcher à gué et d'y pêcher au moyen de leur cou et de leur bec, dont la longueur est toujours proportionnée à celle des jambes. Ceux qui ont le bec fort, vivent de poissons ou de reptiles ; ceux qui l'ont faible, de vers et d'insectes. Très-peu se contentent en partie de graines ou d'herbages, et ceux-là seulement vivent éloignés des eaux. Le plus souvent le doigt extérieur est uni par sa base à celui du milieu, au moyen d'une courte membrane ; quelquefois il y a deux membranes semblables, d'autrefois elles manquent entièrement, et les doigts sont tout à fait séparés. Il arrive aussi, mais rarement, qu'ils sont bordés tout du long ou palmés jusqu'au bout ;

le pouce enfin manque à plusieurs genres, toutes circonstances qui influent sur leur genre de vie plus ou moins aquatique. Presque tous ces oiseaux, si l'on excepte les autruches, ont les ailes longues et volent bien. Ils étendent leurs jambes en arrière lorsqu'ils volent, au contraire des autres qui les reploient sous le ventre.

Nous établissons, dans cet ordre, cinq principales familles et quelques genres isolés.

Cependant

La famille DES BREVIPENNES,

Quoique semblable, en général, aux autres échassiers, en diffère beaucoup en un point, la brièveté de ses ailes qui lui ôte la faculté de voler; son bec et son régime lui donnent d'ailleurs des rapports nombreux avec les gallinacés.

Il paraît que les forces musculaires, dont la nature dispose, auraient été insuffisantes pour mouvoir des ailes aussi étendues que la masse de ces oiseaux les aurait exigées pour se soutenir en l'air ; leur sternum est en simple bouclier, et manque de cette arête qu'on observe dans tous les autres oiseaux ; leurs muscles pectoraux sont fort minces ; mais leurs extrémités postérieures ont repris en force ce que leurs ailes ont perdu. Les muscles de leurs cuisses et surtout de leurs jambes, ont une épaisseur énorme.

Aucun d'eux n'a de pouce (1). On en fait deux genres.

LES AUTRUCHES. (STRUTHIO. Lin.)

Dont les ailes, revêtues de plumes lâches et flexibles, sont encore assez longues pour accélérer leur course. Chacun connaît l'élégance de ces plumes à tiges minces, dont les barbes, quoique garnies de barbules, ne s'accrochent point ensemble comme celles de la plupart des oiseaux. Le bec des autruches est déprimé horizontalement, de longueur médiocre, mousse au bout; leur langue courte et arrondie comme un croissant; leur œil grand, et les paupières garnies de cils; leurs jambes et leurs tarses très-élevées. Elles ont un énorme jabot, un ventricule considérable entre le jabot et le gésier, des intestins volumineux, de longs cœcums, et un vaste cloaque où l'urine s'accumule comme dans une vessie; aussi sont-elles les seuls oiseaux qui urinent. Leur verge est très-grande, et se montre souvent au dehors.

---

(1) Ainsi que Daubenton et Vicq-d'Azyr, j'ai été trompé par de mauvais squelettes, lorsque j'ai dit que tous les doigts des autruches et des casoars avaient également quatre phalanges. Ayant depuis disséqué toutes ces espèces, j'ai trouvé leurs nombres de phalanges comme il suit, en commençant par le doigt interne :

Autruche, 4, 5.

Nandou et Casoar, 3, 4, 5.

Ce qui revient aux nombres communs des oiseaux.

On n'en connaît que deux espèces, dont on pourrait faire deux genres.

L'Autruche de l'ancien Continent. (*Struthio Camelus.* Lin.) Enl. 457.

Ses pieds n'ont que deux doigts, dont l'externe, plus court de moitié qne l'autre, manque d'ongle. Cet oiseau célèbre dès la plus haute antiquité, et très-nombreux dans les déserts sablonneux de toute l'Afrique, atteint à six et huit pieds de hauteur. Il vit en grandes troupes, pond des œufs de près de trois livres de poids, que (dans les pays les plus chauds) il se borne à exposer dans le sable à la chaleur du soleil, mais qu'il couve en decà et au delà des tropiques, et qu'il soigne et défend partout avec courage.

L'autruche vit d'herbages et de graines, et son goût est si obtus, qu'elle avale indifféremment des cailloux, des morceaux de fer et de cuivre, etc. Lorsqu'on la poursuit, elle sait lancer des pierres en arrière avec beaucoup de vigueur. Aucun animal ne peut l'atteindre à la course.

L'Autruche d'Amérique, Nandou, Churi, etc. (*Struthio rhea.* Lin. (1). Hammer. An. Mus. XII, xxxix.

De près de moitié plus petite, à plumes moins fournies, d'un gris uniforme, se distingue surtout par ses pieds à trois doigts, tous munis d'ongles. Son plumage est grisâtre, plus brun sur le dos : une ligne noirâtre descend le long de la nuque du mâle. Elle n'est pas moins abondante dans le sud de l'Amérique méridionale que l'autruche en Afrique. On n'emploie ses plumes que pour faire des balais. Prise jeune, elle s'apprivoise aisément. On dit que plusieurs femelles pondent dans le même nid, ou plutôt dans la même fossette, des œufs jaunâtres qu'un mâle couve. On ne la mange que dans sa jeunesse.

---

(1) Brisson et Buffon lui ont appliqué mal à propos, d'après Barrère, le nom de *touyou*, ou plutôt de *touiouiou*, qui appartient au jabiru. C'est le genre rhea de Brisson. Les portugais du Brésil lui ont transféré le nom d'*émeu*, qui appartient proprement au casoar.

LES CASOARS. (CASUARIUS. Briss.)

Ont les ailes encore plus courtes que les autruches, totalement inutiles pour la course ; leurs pieds ont trois doigts, tous garnis d'ongles ; leurs plumes ont des barbes si peu garnies de barbules, que de loin elles ressemblent à du poil ou à des crins tombans.

On en connaît également deux espèces, dont chacune pourrait faire un genre.

Le *Casoar à casque* ou *Emeu* (1). (*Struthio casuarius*. Lin.) enl. 313, et mieux Frisch. 105.

A bec comprimé latéralement, à tête surmontée d'une proéminence osseuse, recouverte de substance cornée ; la peau de la tête et du haut du cou nue, teinte en bleu céleste et en couleur de feu, avec des caroncules pendantes de la nature de celles du dindon ; l'aile a quelques tiges roides, sans barbes, qui servent à l'oiseau d'armes pour le combat ; l'ongle du doigt interne est de beaucoup plus grand. C'est le plus grand des oiseaux, après l'autruche, dont il differe assez par l'anatomie ; car il a les intestins courts, le cœcum petit ; il manque d'estomac intermédiaire entre le jabot et le gésier, et son cloaque n'excède pas celui des autres oiseaux en proportion. Il mange des fruits, des œufs, mais point de grain. Il pond des œufs verts en petit nombre, qu'il abandonne, comme l'autruche, à la chaleur naturelle. Il habite différentes îles de l'archipel des Indes.

Le *Casoar de la Nouvelle-Hollande*. (*Casuarius novæ Hollandiæ*. Lath.) Voy. de Péron, Atl., prem. part., pl. xxxvi.

A bec déprimé, sans casque sur la tête, du nu seule-

---

(1) *Cassuwaris*, nom de cet oiseau en malai. Selon Clusius, *eme* ou *émeu* serait son nom particulier à Banda.

ment autour de l'oreille, le plumage brun, plus fourni, les plumes plus barbues; point de caroncules, ni d'éperons à l'aile; les ongles des doigts à peu près égaux. Sa chair ressemble à celle du bœuf. Il est plus rapide à la course que le meilleur lévrier. Ses petits sont rayés de brun et de blanc (1).

La famille DES PRESSIROSTRES

Comprend des genres à hautes jambes, sans pouce, ou dont le pouce est trop court pour toucher la terre; à bec médiocre, assez fort pour la percer et y chercher des vers; aussi les espèces qui l'ont le plus faible parcourent-elles les prairies et les terres fraîchement labourées,

---

(1) *N. B.* Je ne puis placer dans ce tableau des espèces aussi mal connues, ou même aussi peu authentiques que celles qui composent le genre didus.

La première ou le dronte (didus ineptus) n'est connue que par une description faite par les premiers navigateurs hollandais et conservée par Clusius, Exot. p. 99, et par un tableau à l'huile, de la même époque, copié par Edwards, pl. 294; car la description d'Herbert est puérile, et toutes les autres sont copiées de Clusius et d'Edwards. Il paraît que l'espèce entière a disparu, et l'on n'en possède plus aujourd'hui qu'un pied conservé au Muséum britannique, (Shaw. Nat. Miscell. pl. 143.) et une tête en assez mauvais état au Muséum Asmoléen d'Oxford. (id. ib. pl. 166.) Le bec ne paraît pas sans quelque rapport avec celui des pingouins, et le pied ressemblerait assez à celui des manchots, s'il était palmé.

La deuxième espèce ou le *solitaire* (didus solitarius) ne repose que sur le témoignage de Leguat, voy. I, p. 98, homme qui a défiguré les animaux les plus connus, tels que l'hippopotame et le lamantin.

Enfin la troisième ou l'oiseau de *Nazare* (*didus Nazarenus*) n'est connu que par *Francois Cauche*, qui le regarde comme le même que le dronte, et ne lui donne cependant que trois doigts, tandis que tous les autres en donnent quatre au dronte.

Personne n'a pu revoir de ces oiseaux depuis ces voyageurs.

pour y recueillir cette nourriture. Celles qui
l'ont plus fort, mangent en même temps des
grains, des herbes, etc.

LES OUTARDES. (OTIS. Lin.)

Ont, avec le port massif des gallinacés, un cou
et des pieds assez longs, un bec médiocre, à mandibule supérieure légèrement arquée et voûtée, et
qui, aussi-bien que les très-petites palmures entre
les bases de leurs doigts, rappelle encore les gallinacés ; mais la nudité du bas de leurs jambes, toute
leur anatomie, et jusqu'au goût de leur chair, les
placent parmi les échassiers ; et comme elles n'ont
point de pouce, leurs plus petites espèces se rapprochent infiniment des pluviers. Leur tarse est réticulé, leurs ailes courtes ; elles volent peu, ne se
servent le plus souvent de leurs ailes, comme les
autruches, que pour accélérer leur course, et vivent également de grains, d'herbes, de vers et
d'insectes.

La *grande Outarde.* (*Otis tarda.* Lin.) Enl. 245.

A le plumage, sur le dos, d'un fauve-vif, traversé d'une
multitude de traits noirs, et sur tout le reste grisâtre. Le mâle,
qui est le plus gros oiseau d'Europe, a les plumes des oreilles
allongées, et formant des deux côtés des espèces de grandes
moustaches. Cette espèce, l'un de nos meilleurs gibiers,
fréquente les pays de grandes plaines, et niche dans les
blés, sur la terre.

La *petite Outarde* ou *Cannepetière.* (*Otis tetrax.* Lin.)
Enl. 25 et 10.

Plus de moitié moindre que l'autre, et beaucoup moins répandue, est brune, piquetée de noir dessus, blanchâtre

dessous. Le mâle a le cou noir, avec deux colliers blancs.

La plupart des espèces étrangères ont le bec plus grêle que les nôtres. Parmi elles on peut remarquer

Le *Houbara* (*Otis Houbara*, Gm.), Desfontaines, Acad. des Sc. 1787, pl. x.

D'Afrique et d'Arabie, à cause du mantelet de plumes allongées qui orne les deux côtés de son cou (1).

LES PLUVIERS. (CHARADRIUS. Lin.) (2).

Manquent aussi de pouce, et ont un bec médiocre, comprimé, renflé au bout. On peut les subdiviser en d eux sous-genres ; savoir :

LES ŒDICNÈMES (ŒDICNEMUS. Cuv.) (3).

Qui ont le bout du bec renflé en dessous comme en dessus, et la fosse des narines étendue seulement sur la moitié de sa longueur Ce sont des espèces plus grandes, qui vivent de préférence dans les terres sèches et pierreuses, y prenant des limacons, des insectes, etc. Elles ont des rapports avec les petites espèces d outardes. Leurs pieds sont réticulés.

L'*OEdicnème ordinaire*, vulg. *Courlis de terre*. (*Charadrius œdicnemus*. Lin.) Enl. 913.

Grand comme une bécasse, gris-fauve, avec une flamme brune sur le milieu de chaque plume, ventre blanc, un trait brun sous l'œil.

---

(1) Je laisse parmi les outardes toutes les espèces de Latham, telles que l'*afra*, Lath. Syn. 11. pl. 79. — Le *benghalensis*, Edw. 250. — L'*arabs*, id. 12 ; mais j'en retire l'*œdicnemus*, qui commence le genre suivant, à cause de son bec comprimé et renflé au bout. Il paraît cependant que quelqu'une des espèces que je n'ai pas vues a aussi ce caractère ; alors elle devrait accompagner l'œdicnemus.

(2) *Charadrius*, nom grec d'un oiseau nocturne et aquatique, vient de χαράδρα fente de berge. Gaza le traduit par *hiaticula*.

(3) *Ædicnemus* (*jambe enflée*), nom forgé par Bélon, pour le courlis de terre.

Les Pluviers proprement dits. (Charadrius.)

Dont le bec, renflé seulement en dessus, a les deux tiers de sa longueur occupés de chaque côté par la fosse nazale, ce qui le rend plus faible. Ils vivent en troupes nombreuses, fréquentent les fonds humides, y frappent la terre de leur pied pour mettre en mouvement les vers dont ils se nourrissent.

Les espèces de notre pays n'y sont que de passage, en automne et au printemps : il en reste près de la mer jusqu'aux fortes gelées. Leur chair est excellente. Elles forment, avec diverses espèces étrangères, un etribu à jambes réticulées, dont les plus remarquables sont

Le *Pluvier doré.* (*Char. pluvialis.* Lin.) Enl. 904.

Noirâtre, pointillé de jaune sur les bords des plumes, à ventre blanc. C'est le plus commun. Le nord en produit un qui ne diffère presque que par sa gorge noire. (*Char. apricarius.*) Edw., 140. Quelques-uns disent que c'est le jeune.

Le *Guignard.* (*Char. morinellus.* Lin.) Enl. 832.

Gris ou noirâtre, à plumes bordées de gris-fauve, un trait blanc sur l'œil, poitrine et haut du ventre d'un roux-vif, bas-ventre blanc.

Le *Pluvier à collier.* (*Char. hiaticula.* Lin.) Enl. 920, 921.

Gris dessus, blanc dessous, un collier noir au bas du cou, très-large en devant ; la tête variée de noir et de blanc. On en trouve en ce pays-ci deux ou trois races ou espèces différentes pour la taille et pour la distribution des couleurs de la tête. Cette distribution de couleurs se répete, à peu de chose près, sur plusieurs espèces étrangères (1).

Beaucoup de pluviers étrangers ont les jambes écussonnées ; ils forment une petite division, dont la plupart des espèces portent des épines aux ailes ou des lambeaux char-

_____

(1) *Char, vociferus*, enl. 286.

nus à la tête ; quelques-unes réunissent ces deux caractères (1).

Les Vanneaux. (Tringa. Lin.) (2).

Ont le même bec que les pluviers, et ne s'en distinguent que par la présence d'un pouce, mais si
petit qu'il ne peut toucher terre ;

Encore la première tribu, les Vanneaux-Pluviers (Squatarola. Cuv.), l'ont-ils à peine perceptible. On la distingue par son
bec renflé en dessous, et dont la fosse nazale est courte comme
aux œdicnèmes. Ses pieds sont réticulés ; ceux du pays ont
tous la queue rayée de blanc et de noirâtre. Ils ne forment,
dit-on, qu'une espèce, que ses variations de plumage ont fait
multiplier. Elle va de compagnie avec les pluviers.

Le *Vanneau gris*. (*Tringa squatarola*.) Enl. 854.

Grisâtre en dessus, blanchâtre, avec des taches grisâtres
en dessous, est le jeune avant la mue. Le *Vanneau varié*
(*Tringa varia*), enl. 923, blanc, tacheté de grisâtre,
manteau noirâtre, pointillé de blanc, comprend les deux
sexes dans leur plumage d'hiver Le *Vanneau suisse* (*Tringa
helvetica*), enl. 853, tacheté de blanc et de noirâtre en
dessus, noir en dessous depuis la gorge jusqu'aux cuisses,
est le mâle dans son plumage de noce.

Les Vanneaux proprement dits,

Ont le pouce un peu plus marqué, les tarses écussonnés,
au moins en partie, et la fosse nazale allant aux deux tiers du

---

(1) Espèces non armées : *Char. coronatus*, enl. 800. — *Char. pluvianus*,
enl. 918. — Espèces armées : *Char. spinosus*, enl. 801. — *Char. Cayanus*, enl. 833. — Espèces à lambeaux : *Char. pileatus*, enl. 834. —
Char. bilobus, enl. 880.

Le *char. cristatus*, Edw. 47, paraît le même que le *spinosus*.

(2) *Tringa*, ou plutôt *trynga*, nom grec d'un oiseau de la taille de la
grive qui fréquente les bords des eaux, et remue la queue. Arist. Il
paraît que c'est Linnæus qui en a fait cette application.

bec. Leur industrie est la même que celle des pluviers pour attraper les vers.

L'espèce d'Europe (*Tringa vanellus*, Lin.), enl. 240,

Est un joli oiseau , grand comme un pigeon , d'un noir bronzé , avec une huppe longue et déliée. Il arrive au printemps , vit dans les champs et les prés , y niche , et part en automne. Ses œufs passent pour délicieux.

Il y a aussi dans les pays chauds des espèces de vanneaux dont l'aile est armée d'un ou de deux ergots , et d'autres qui portent à la base du bec des caroncules ou lambeaux charnus : leurs tarses sont écussonnés. Ce sont des oiseaux importuns par leurs cris, au moindre bruit qu'ils entendent, et qui se défendent avec courage contre les oiseaux de proie. Ils vivent dans les champs (1).

LES HUITRIERS. (HÆMATOPUS. Lin.)

Ont le bec un peu plus long que les pluviers et les vanneaux , droit, pointu et comprimé en coin , et assez fort pour leur permettre d'ouvrir de force les coquillages bivalves afin d'en prendre les animaux. Cependant ils fouillent aussi la terre pour y chercher des vers. La fosse nazale, très-creuse , n'occupe que moitié de la longueur du bec, et les narines y sont percées au milieu comme une petite fente. Leurs jambes sont de hauteur médiocre , leurs tarses réticulés , et leurs pieds divisés seulement en trois doigts.

---

(1) Ce sont les neuf premières espèces de Parra , de Gmel. , enl. 362, 807 , 835 , 836 , etc... mais leurs mœurs, leurs jambes , leur bec , leur forme , la distribution même de leurs couleurs ressemblent aux vanneaux et aux pluviers ; il n'y avait nulle raison de les placer avec les jacanas , qui ont d'autres caractères presque sur tous les points.

L'espèce d'Europe. (*Hœmatopus Ostralegus.* L.) Enl. 929.

Se nomme aussi *Pie de mer*, à cause de son plumage noir, à ventre, gorge, base de l'aile et de la queue d'un beau blanc. C'est un oiseau de la taille du canard à bec et pieds rouges.

On en trouve à la Nouvelle-Hollande une espèce qui n'a point de blanc sous la gorge, et au Cap une à plumage tout noir.

On ne peut guère s'empêcher de placer près des pluviers et des huîtriers.

Les Coure-vite. (Cursorius. Lac. Tachydromus. Ill.)

Dont le bec plus grêle est également cônique, arqué, sans sillon et médiocrement fendu ; leurs ailes sont plus courtes, et leurs jambes plus hautes se terminent par trois doigts sans palmure et sans pouce.

On en a trouvé quelquefois en France et en Angleterre des individus fauve-clair, à ventre blanchâtre (*Charadrius Gallicus.* Gm. Enl. 795) et on en a rapporté des Indes de gris bruns, à poitrine rousse. (*Ch. Coromandelicus.* Enl. 892.) Les uns et les autres ont derrière l'œil un trait blanc et un trait noir ; leur nom vient de la rapidité de leur course. On ne connaît d'ailleurs rien de leurs mœurs.

Autant que l'on en peut juger par l'extérieur, c'est encore ici que l'on peut le mieux placer.

Les Cariama. Briss. (Microdactylus. Geoff. Dicholophus. Illiger.) (1)

Qui ont le bec plus long, plus crochu et fendu jusque sous l'œil, ce qui leur donne quelque chose

_____

(1) *Microdactylus*, doigts courts. *Dicholophus*, crête sur deux rangs. *Hœmatopus*, pieds couleur de sang.

de la physionomie et du naturel des oiseaux de proie et les rapproche un peu des hérons. Leurs jambes écussonnées et très-hautes se terminent par des doigts extrêmement courts, un peu palmés à leur base, et par un pouce qui ne peut atteindre la terre.

On n'en connaît qu'une seule espèce de l'Amérique méridionale (*Microd. cristatus.* Geoff. *Palamedea cristata.* Gm. *Saria* d'Azz.) Ann. du Mus. d'Hist. nat. XIII, pl. 26, qui surpasse le héron pour la taille et se nourrit de lézards et d'insectes qu'elle poursuit dans les lieux élevés et sur les lisières des forêts. Son plumage est gris fauve, ondé de brun; des plumes effilées placées sur la base du bec y forment une huppe légère qui revient en avant. Elle vole mal et rarement; sa voix forte ressemble à celle d'un jeune dindon. Comme sa chair est estimée, on l'a rendue domestique en divers endroits.

La famille des Cultrirostres.

Se reconnaît à son bec gros, long et fort, le plus souvent même tranchant et pointu, et se compose presque en entier d'oiseaux réunis par Linnæus sous son genre ardea. Un grand nombre de ses espèces a la trachée diversement repliée dans le sexe mâle; leurs cœcums sont courts, et même les hérons proprement dits n'en ont qu'un.

Nous la subdivisons en trois tribus; celles des grues, des hérons propres et des cigognes.

La première tribu ne forme qu'un grand genre.

LES GRUES. (GRUS. CUV.)

Ont le bec droit, peu fendu ; la fosse membraneuse des narines qui est large et concave, occupe près de moitié de sa longueur. Leurs jambes sont écussonnées ; leurs doigts médiocres, les externes peu palmés et le pouce touchant à peine à terre. Elles ont presque toutes une partie plus ou moins considérable de la tête et du cou dénuée de plumes. Leurs habitudes sont plus terrestres et leur nourriture plus végétale que celle des genres suivans. Aussi-ont elles un gésier musculeux et des cœcums assez longs. Leur larynx inférieur n'a qu'un muscle de chaque côté On peut laisser selon nous en tête de ce genre comme l'a fait Pallas (1)

LES AGAMIS. (PSOPHIA. L.)

Qui ont le bec plus court que les autres espèces, la tête et le cou revêtus seulement d'un duvet, et le tour de l'œil nu. Ils vivent dans les bois, de grains et de fruits.

On n'en connaît qu'une espèce, de l'Amérique méridionale, *l'oiseau trompette.* (*Psophia crepitans.* L.) Enl. 169, ainsi nommé de la faculté de faire entendre un son sourd et profond qui semble d'abord venir de l'anus. Elle est grande comme un chapon, à plumage noirâtre, avec des reflets d'un violet brillant sur la poitrine, et le manteau cendré nué de fauve vers le haut. Cet oiseau est reconnaissant ; il s'attache comme un chien et se laisse, dit-on, apprivoiser au point de conduire les autres oiseaux de basse-cour. Il vole mal, mais court très vite. Il niche à terre au pied des arbres. Sa chair est agréable (2).

---

(1) Spiul. Zool. IV. 3.

(2) On le nomme *agami* à Cayenne, selon Barrère, *caracara*, aux Antilles, selon Dutertre. Comme le nom d'*oiseau trompette* se donne

Quelques autres grues étrangères, qui ont le bec plus court que les nôtres, doivent être mises en suite.

L'*Oiseau royal* ou *Grue couronnée.*(*Ardea pavonia.* L.)
Enl. 265.

D'une taille très svelte, de quatre pieds de haut, cendré, à ventre noir, à croupion fauve, à ailes blanches ; ses joues nues sont colorées de blanc et de rose vif et son occiput est couronné d'une gerbe de plumes effilées, jaunes, qu'il étale à volonté. Ce bel oiseau, dont la voix ressemble au son éclatant d'une trompette, nous vient de la côte occidentale d'Afrique, où il est souvent élevé dans les cases et s'y nourrit de grains. Dans l'état sauvage, il fréquente les lieux inondés et y prend de petits poissons. C'est fort gratuitement que l'on a cru y retrouver la grue des Baléares de Pline.

La *Demoiselle de Numidie.* (*Ardea virgo.* L.) Enl. 241.

Semblable au précédent pour la forme et presque pour la taille, cendrée, à cou noir, avec deux belles aigrettes blanchâtres formées par le prolongement des plumes effilées qui couvrent l'oreille. On n'a point de renseignement authentique sur sa patrie. Celles qu'on a vues en esclavage se fesaient remarquer par des gestes et des mouvements affectés et bizarres (1).

Les Grues ordinaires ont le bec autant et plus long que la tête.

---

aussi, en Afrique, à un *calao*, Fermin (descrip. de Surin.) transporte ridiculement à l'*agami* le caractère de deux becs l'un sur l'autre. On a confondu long-temps l'agami avec le *macucagua* de Margrave, qui est un *tinamou.* Pso*phia*, nom forgé par Barrère de Ψοφεω faire du bruit.

(1) Les anatomistes de l'académie avaient appliqué à cet oiseau, à cause de ses gestes, les noms de *scops*, d'*otus* et d'*asio*, par lesquels les anciens désignaient le *moyen duc.* Buffon qui avait bien réfuté cette erreur à l'article des ducs, l'adopte, par oubli, dans celui de la demoiselle.

La *Grue commune*. (*Ardea grus*. L.) Enl. 769.

Haute de quatre pieds et plus, cendrée, à gorge noire, à
sommet de la tête nu et rouge, à croupion orne de longues
plumes redressées et crépues, en partie noires, est célèbre
de tous les temps par les migrations qu'elle fait chaque automne du nord au midi, et chaque printemps en sens contraire, en troupes aussi nombreuses que bien ordonnées.
Elle mange du grain dans les champs, mais elle préfère les
insectes et les vers que lui fournissent les contrées marécageuses. Les anciens ont beaucoup parlé de ces oiseaux parce-
que leur chemin principal paraît être par la Grèce et l'Asie
Mineure. (1)
On ne peut placer qu'entre les grues et les hérons.

Le *Courlan* ou *Courliri*. (*Ard. Scolopacea*. Gm.) Enl. 848.

Dont le bec plus grêle et un peu plus fendu que celui des
grues se renfle vers le dernier tiers de sa longueur, et dont
les doigts, tous assez longs, n'ont aucune palmure. Il a les
mœurs et la taille des hérons et le plumage brun avec des
pinceaux blancs sur le cou.

Et Le *Caurale*. (Eurypyga. Ill.) vulg. *petit Paon des
roses* ou *Oiseau du Soleil*. (*Ard. Helias*. L.) Enl. 702.

Dont le bec plus grêle que celui des grues, mais muni
d'une fosse nazale semblable, est fendu jusque sous les yeux
comme aux hérons, mais sans avoir de peau nue à sa base.
C'est un oiseau de la taille d'une perdrix, à qui son cou long
et mince, sa queue large et étalée et ses jambes peu élevées
donnent un air tout différent de celui des autres oiseaux de

---

(1) A ce genre appartiennent encore la *gr. du Canada* (*ard. Canadensis*, Edw. 133.) — La *grue à collier*, enl. 865, et la *grue des Indes*
Edw. 45, (*ard. Antigone.*) — La *grue blanche*, enl. 889 (*ard. Americana*)
et la *grue géant*, Pall. It. 11, n° 30, t. I, (*ard. gigantea*) qui ne nous
paraît différer en rien de la blanche; enfin la *grue caronculée* (*ar. carunculata*) qui n'est point un héron, comme l'a cru Gmelin.

rivage. Son plumage, nuancé par bandes et par lignes de brun, de fauve, de roux, de gris et de noir, rappelle les plus beaux papillons de nuit. On le trouve le long des rivières de la Guiane.

La seconde tribu est plus carnassière et se reconnaît à son bec plus fort, à ses doigts plus grands, on peut mettre en tête

Les Savacous. (Cancroma. Lin.)

Qui se rapprocheraient entièrement des hérons par la force de leur bec, et le genre de nourriture qui en résulte, sans la forme extraordinaire de ce même bec; on trouvera cependant en dernière analyse que ce n'est qu'un bec de héron ou de butor très-écrasé. Il est en effet très large de droite à gauche et comme formé de deux cuillers appliquées l'une contre l'autre par leur côté concave. Ses mandibules sont fortes et tranchantes, et la superieure a une dent aiguë à chaque côté de sa pointe; les narines, percées vers sa base, se prolongent en deux sillons parallèles qui règnent jusque vers sa pointe. Les pieds ont quatre doigts tous longs, et presque point de membranes; aussi ces oiseaux se tiennent-ils sur les arbres aux bords des rivieres, d'où ils se précipitent sur les poissons, qui font leur nourriture ordinaire. Leur démarche est d'ailleurs triste et leur attitude enfoncée comme celle des hérons.

L'*Espèce connue*, (*Cancroma cochlearia*. L.) Enl. 38 et 369.

Est grande comme une poule, blanchâtre, à dos gris ou brun, à ventre roux, à front blanc, suivi d'une calotte noire qui se change en une longue huppe dans le mâle adulte;

elle habite les parties chaudes et humides de l'Amérique méridionale.

Viennent ensuite

LES HÉRONS. (ARDEA. CUV.)

Qui ont le bec fendu jusque sous les yeux; une petite fosse nazale prolongée en un sillon jusque très-près de la pointe; ils se font remarquer de plus par un tranchant dentelé au bord interne de l'ongle du doigt du milieu. Leurs jambes sont écussonnées; leurs doigts et leur pouce assez longs, leur palmure externe notable, et leurs yeux placés dans une peau nue qui s'étend jusqu'au bec. Leur estomac est un très-grand sac peu musculeux et ils n'ont qu'un cœcum très-petit. Ce sont des oiseaux tristes qui nichent et se perchent aux bords des rivières où ils détruisent beaucoup de poissons. Leur fiente brûle les arbres. Il y en a dans les deux continens des espèces très-nombreuses qui ne peuvent guère se subdiviser que par quelques détails de plumage.

Les hérons vrais ont le cou très grêle, garni vers le bas de longues plumes pendantes.

Le *Héron commun.* (*Ardea major* et *Ard. cinerea.* L.)
Enl. 755 et 787.

Cendré bleuâtre, une huppe noire à l'occiput; le devant du cou blanc parsemé de larmes noires; grand oiseau très nuisible à nos rivières; célèbre autrefois par le plaisir que prenaient les grands à le faire chasser par le faucon.

Nous avons aussi un héron gris et roux ou pourpré. (*Ard. purpurea.*) Enl. 788. (1)

_____

(1) Selon M. Meyer, les *ard. purpurea, purpurata, rufa,* Gm. *Africana,* Lath. ne sont que des variétés du héron pourpré.

On a donné aux plus petits hérons a pieds plus courts le nom de *Crabiers*.

Le plus commun en France dans les contrées montagneuses, est

Le *Blongios*. (*Ard. minuta* et *Danubialis*. Gm.) Enl. 323.

Fauve, à calotte, dos et pennes noires ; il n'est guère plus grand qu'un râle et se tient près des étangs.

On voit aussi quelquefois *Le crabier de Mahon*. (*Ard. amata*. Gm.) Enl. 348 et 910. (1)

Fauve, à ailes blanchâtres, à très-longue huppe.

Les AIGRETTES sont des hérons dont les plumes du bas du dos sont à une certaine époque singulièrement longues et effilées, et s'emploient pour l'usage qu'indique le nom donné à ces oiseaux.

Les deux plus belles espèces sont :

La *petite Aigrette*. (*Ardea Garzetta*.) Enl. 901.

Moitié moindre que le héron, toute blanche et dont les plumes effilées ne dépassent pas la queue.

Et La *grande Aigrette*. (*A. Egretta* et *A. Alba*.) Enl. 925 et 886.

Toute blanche aussi, mais plus grande, et dont les plumes effilées dépassent la queue de beaucoup.

On trouve ces deux espèces en Europe, quoique la deuxième ait été appelée *Aigrette d'Amerique*.

Les BUTORS ont les plumes du cou lâches et écartées, ce qui le fait paraître plus gros. Ils sont d'ordinaire tachetés ou rayés.

Le *Butor d'Europe*. (*Ard. Stellaris*.) Enl. 789.

Fauve-doré, tacheté et pointillé de noirâtre, à bec et pieds

---

(1) D'après les recherches exactes de Meyer, les *ardea castanea*, Gm. ou *ralloïdes*, Scopol. — *A. squaiotta*. — *A. marsiglii*. — *A. pumila*, et même *A. erythropus*, et *A. malaccensis*, Gm. ne sont que des variétés ou des âges différens du crabier de Mahon.

verdâtres, se tient dans les roseaux d'où il fait entendre une voix terrible, qui lui a valu son nom *Bos-taurus.*

Les Bihoreaux ont avec le port des butors, quelques plumes grêles et roides implantées dans l'occiput de l'adulte. Nous n'en avons qu'un dans ce pays-ci.

Le *Bihoreau d'Europe.* (*Ard. Nycticorax.* L.) (1) Enl. 758.

Le mâle est blanc, à calotte et dos noirs ; les jeunes, enl. 759, gris, à manteau brun, à calotte noirâtre.

La troisième tribu, outre un bec plus gros, plus lisse que la seconde, a des palmures presque égales et assez fortes entre les bases de ses doigts.

Les Cigognes. (Ciconia. Cuv.)

Ont un bec gros, médiocrement fendu, sans fosse ni sillon, où les narines sont percées vers le dos près de la base, et dont le fonds est occupé par une langue extrêmement courte. Leurs jambes sont réticulées et leurs doigts extérieurs assez fortement palmés à leur base, surtout les externes Les mandibules légères et larges de leur bec, en frappant l'une contre l'autre, produisent un claquement, presque le seul bruit que ces oiseaux fassent entendre. Leur gésier est peu musculeux ; leurs cœcums si petits qu'on les aperçoit à peine ; leur larynx inférieur n'a point de muscle propre ; leurs bronches sont plus longues et composées d'anneaux plus entiers qu'à l'ordinaire.

---

(1) Selon M. Meyer, dont nous suivons encor ici les résultats, l'*ard. grisca*, l'*ard. maculata* et l'*ard. badia*, Gm. se rapportent à différens états du bihoreau.

Nous en avons deux espèces en France.

La *Cigogne blanche*. (*Ardea ciconia.* L.) Enl. 866.

Blanche, à pennes des ailes noires, à bec et pieds rou ges
grand oiseau pour lequel le peuple a un respect particulier fondé sans doute sur ce qu'il détruit les serpents et autres
bêtes nuisibles. Elle fait son nid de préférence sur les tours,
les sommets des clochers, et y revient tous les printemps
après avoir été passer l'hiver dans les diverses contrées de
l'Afrique et y avoir niché une autre fois.

La *Cigogne noire.* (*Ardea nigra.* L.) Enl. 399.

Noirâtre, à reflets pourpres, à ventre blanc, fréquente
les marécages écartés, et niche dans les forêts.

Parmi les espèces étrangères, on peut faire remarquer

La *Cigogne à sac.* (*Ard. dubia.* Gm. *Ard. algala.* Lath.)
Encycl. Méth. pl. d'Orn. 54, fig. 1.

Blanche, à manteau d'un noir-bronzé. C'est la plus grande
espèce du genre. Sa tête et son cou n'ont qu'un duvet gris;
sous le milieu du cou pend un appendice comme un gros
saucisson; son bec jaunâtre, encore plus gros à proportion
que dans les autres espèces, lui sert même à prendre des petits oiseaux au vol. Elle vient de la côte occidentale d'Afrique,
où elle vit en troupes près des embouchures des fleuves (1).

LES JABIRUS. (MYCTERIA. Lin.) (2).

Que Linnæus a séparés des ardea, sont très-voisins des cigognes, beaucoup plus même que celles-ci

---

(1) A ce genre appartient encore le *magari* ou cigogne d'Amérique,
(*A. magari*) qui diffère peu de notre *cig. blanche*, si ce n'est par son bec
cendré.

(2) *Touyouyou*, à Cayenne; *a¡a¡ai*, au Paraguay; *collier rouge*, etc.
Barrère l'a confondu avec *l'autruche d'Amérique*, ce qui a fait transporter
à cette autruche le nom de *touyouyou* ou de *touyou*, par Brisson et par
Buffon.

Mycteria, nom dérivé, par Linnæus, de μυκτήρ, nez, trompe, à
cause de son grand bec.

des hérons proprement dits ; l'ouverture médiocre de leur bec, leurs narines, l'enveloppe réticulée de leurs tarses , et leurs palmures considérables, sont les mêmes qu'aux cigognes ; aussi ont-ils le même genre de vie.

Leur unique caractère est un bec légèrement recourbé vers le haut.

L'espèce la plus connue (*Mycteria Americana*, Lin.), enl. 817 ,

Est très-grande , blanche, à tête et cou sans plumes, revêtus d'une peau noire , rouge vers le bas ; l'occiput seulement a quelques plumes blanches ; le bec et les pieds noirs. Elle vit dans l'Amérique méridionale , au bord des étangs et des marais , où elle poursuit les reptiles et les poissons.

Les Ombrettes (Scopus. Briss.) (1).

Ne se distinguent des cigognes que par un bec comprimé , dont l'arête tranchante se renfle vers la base, et dont les narines se prolongent en un sillon qui court parallèlement à l'arête jusqu'au bout, qui est un peu crochu.

On n'en connaît qu'une espèce (*Sc. umbretta*), enl. 796,

Grande comme une corneille , de couleur de terre d'ombre, et dont le mâle a l'occiput huppé. On la trouve au Sénégal.

Les Becs ouverts. (Hians. Lacep. Anastomus. Illiger.)

N'ont, pour être séparés des cigognes, qu'un caractère à peu près de la force de celui des jabirus. Les

---

(1) Scopus vient de Σκοπὸς , sentinelle.

deux mandibules de leur bec ne se joignent que par
la base et par la pointe, laissant dans le milieu de
leurs bords un intervalle vide ; encore ce vide paraît-
il en partie l'effet de la détrition, car on y voit les
fibres de la substance cornée du bec qui paraissent
avoir été usées.

Ce sont des oiseaux des Indes orientales, dont l'un est
blanchâtre (*Ardea pondiceriana*, Gm.), enl. 932, et l'autre gris-brun (*Ardea coromandeliana*), Sonnerat, it. II,
219. Tous deux ont les pennes des ailes et de la queue noires. Peut-être le dernier n'est-il que le jeune âge.

LES TANTALES. (TANTALUS. L.)

Ont des pieds, des narines et un bec de cigogne ;
mais le dos du bec est arrondi, et la pointe recourbée vers le bas, et légèrement échancrée de chaque
côté : une portion de leur tête, et quelquefois de
leur cou, est dénuée de plumes.

Le *Tantale d'Amérique.* (*Tantalus loculator.* Lin.) Enl. 868.

Est grand comme une cigogne, mais plus grêle ; blanc,
à pennes des ailes et de la queue noires, à bec et pieds noirâtres, ainsi que la peau nue de la tête et du cou. Il vit dans
les deux Amériques, arrivant dans chaque pays à la saison
des pluies, et fréquentant les eaux vaseuses, où il recherche surtout les anguilles. Sa démarche est lente et son naturel stupide.

Le *Tantale d'Afrique.* (*Tantalus ibis.* Lin.) Enl. 339.

Blanc, légèrement nuancé de pourpre sur les ailes, à bec
jaune, à peau du visage nue et rouge, a été long-temps
regardé par les naturalistes comme l'oiseau si révéré des
anciens Egyptiens sous le nom d'*Ibis* ; mais des recherches
récentes ont prouvé que l'ibis est une espèce beaucoup plus

petite, dont nous parlerons plus bas. Ce tantale ne se trouve pas même communément en Egypte ; c'est du Sénégal qu'on nous l'apporte.

Le *Tantale de Ceylan*. (*Tantalus leucocephalus.*) Encyc. méth., Ornit., pl. 66, fig. 1.

Le plus grand de tous, et celui qui a le plus gros bec. Ce bec et la peau de la face sont jaunes, le plumage blanc, avec une ceinture sur la poitrine et les pennes noires, de longues plumes roses sur le croupion, qu'il perd pendant la saison des pluies.

Les Spatules ou Pallettes. (Platalea. Lin.)

Se rapprochent des cigognes par toute leur structure; mais leur bec, dont elles ont tiré leur nom, est long, plat, large partout, s'élargissant et s'aplatissant, surtout au bout, en un disque arrondi comme celui d'une spatule; deux sillons légers partent de la base, s'étendent jusqu'au bout, sans rester exactement parallèles aux bords. Les narines sont ovales, et percées à peu de distance de l'origine de chaque sillon; leur petite langue, leurs jambes réticulées, leurs palmures assez considérables, leurs deux très-petits cœcums, leur gésier peu musculeux, leur larynx inférieur dépourvu de muscles propres, sont les mêmes que dans les cigognes; mais l'élargissement de leur bec lui ôte toute sa force, et ne le rend propre qu'à fouiller dans la vase, ou à pêcher de petits poissons et des insectes d'eau.

---

(1) Platalea ou platea, noms latins, pris quelquefois comme synonymes de pelecanus.

La *Spatule blanche huppée.* (*Platalea leucorodia.* Gm.)
Enl. 405.

Toute de cette couleur, avec une petite huppe à l'occiput, est répandue dans tout l'ancien Continent, y niche sur
les arbres élevés.

La *Spatule blanche sáns huppe.* (*Platalea nivea.* Cuv.)
Buff., Hist. des Ois., tom. VII, pl. 24.

Outre l'absence de la huppe, elle se distingue de la précédente par un bord noir aux pennes des ailes. Elle habite
d'ailleurs les mêmes pays.

La *Spatule rose.* (*Platalea aiaia.* Enl. 165.)

A le visage nu, et des teintes rose-vif de diverses nuances
sur le plumage, qui deviennent plus intenses avec l'âge.
Elle est propre à l'Amérique méridionale.

La famille des LONGIROSTRES.

Se compose d'une foule d'oiseaux de rivage,
dont le plus grand nombre formait le genre
scolopax de Linnæus, et dont les autres avaient
été confondus dans le genre *tringa*, en partie
contre le caractère que ce genre portait, d'un
pouce trop court pour toucher la terre. Enfin,
il en est un petit nombre qui avaient été placés
avec les pluviers, à cause du défaut absolu de
pouce. Tous ces oiseaux ont à peu près les mêmes
formes, les mêmes habitudes, et souvent presque
les mêmes distributions de couleurs, ce qui les
rend très-difficiles à distinguer entre eux. Ils se

caractérisent en général par leur bec grêle, long et faible, qui ne leur permet guère que de fouiller dans la vase pour y chercher les vers et les petits insectes, et les différentes nuances, dans la forme de ce bec, servent à les subdiviser en genres et en sous-genres.

Dans les principes de Linnæus, il aurait dû réunir tous ces oiseaux sous son grand genre.

Bécasse. (Scolopax.)

Que nous diviserons comme il suit, d'après les nuances de forme des becs.

Les Ibis. (Ibis. Cuv.)

Que nous séparons des tantales de Gmelin, parce que leur bec, arqué comme celui des tantales, est cependant beaucoup plus faible, sans échancrure à sa pointe, et que les narines, percées vers le dos de sa base, se prolongent chacune en un sillon qui règne jusqu'au bout. Ce bec est d'ailleurs assez épais, presque carré à sa base, et il y a toujours quelque partie de la tête, ou même du cou, dénuée de plumes. Les doigts externes sont notablement palmés à la base, et le pouce assez long pour bien appuyer à terre.

Il y en a qui ont les jambes courtes et réticulées; ce sont les plus robustes, et ceux qui ont le plus gros bec.

L'*Ibis sacré* (*Ibis religiosa*. Nob. *Abou-Hannès*. Bruce, It., pl. 35. *Tantalus œthiopicus*. Lath.) Cuv. Recherches sur les Ossemens fossiles, tom. I.

Est l'espèce la plus célèbre. On élevait cet oiseau dans les temples de l'ancienne Egypte, avec des respects qui tenaient du culte ; et on l'embaumait après sa mort, à ce que disent les uns , parce qu'il dévorait des serpens qui auraient pu devenir très-dangereux pour le pays ; selon d'autres , parce qu'il y avait quelque rapport entre son plumage et quelqu'une des phases de la lune ; enfin , d'après quelques-uns, parce que son apparition annonçait la crue du Nil (1). On a cru long-temps que cet ibis des Egyptiens était le tantale d'Afrique ; on sait aujourd'hui que c'est un oiseau du genre que nous traitons , grand comme une poule, à plumage blanc , à bec et pieds noirs ; les bouts des pennes des ailes , et les plumes effilées du bas du dos , sont de la même couleur , ainsi que toute la partie nue de la tête et du cou : cette partie est recouverte , dans la jeunesse , au moins à sa face supérieure , de petites plumes noires.

Les anciens, et Bélon, parlent aussi d'un ibis noir , que les naturalistes modernes ne connaissent pas bien (2).

D'autres ibis ont les jambes écussonnées : leur bec est assez généralement plus grêle.

L'Ibis rouge. (*Scol. rubra.* Lin. *Tantalus ruber.* Gm.)
Enl. 80 et 81.

Est un oiseau de toutes les parties chaudes de l'Amérique , remarquable par sa belle couleur rouge-vif , avec les bouts des pennes des ailes noires. Ses petits, couverts d'abord d'un duvet noirâtre, deviennent cendrés , puis blanchâtres quand ils commencent à voler : ce n'est qu'à deux ans que le rouge paraît , et il prend ensuite plus d'éclat avec l'âge. Cette espèce ne voyage point, et vit en troupes dans les lieux marécageux voisins des embouchures des fleuves. On la prive aisément.

---

(1) Savigny , Mém. sur l'Ibis.

(2) Tous les tantales de Gmel. et de Lath., excepté les trois que j'ai laissés dans le genre *tantalus* , sont pour moi des ibis.

L'*Ibis vert*, vulg. *Courlis vert*. (*Scol. Falcinellus.* Lin.)
Enl. 819.

A corps pourpré, à manteau vert. C'est un bel oiseau
du midi de l'Europe. Peut-être est-ce lui que les anciens
appelaient *ibis noir.*

LES COURLIS. (NUMENIUS. CUV.)

Ont le bec arqué comme les ibis, mais plus grêle, rond
sur toute sa longueur, dont le sillon des narines n'occupe
qu'une très-petite partie : le bout du bec supérieur dépasse
l'inférieur, et saille un peu au devant de lui vers le bas.

Le *Courlis d'Europe.* (*Scol. arcuata.* L.) Enl. 818.

Grand comme un chapon, brun, et le bord de toutes
les plumes blanchâtres ; le croupion blanc, la queue rayée
de blanc et de brun. C'est un gibier de goût médiocre,
commun le long des côtes, et de passage dans l'intérieur.
Son nom vient de son cri (1).

On avait réuni aux courlis, à cause de la courbure semblable de leur bec, deux sous-genres qu'il en faut séparer à
cause de sa forme.

LES CORLIEUX. (PHÆOPUS. CUV.) (2).

Dont le bec se déprime vers le bout, et conserve les sillons
des narines sur presque toute sa longueur. On pourrait les
appeler des maubèches à bec long et arqué.

Le *Corlieu d'Europe*, vulg. *petit Courlis*. (*Scol.Phœ-
opus.* Lin.) Enl. 842.

De moitié moindre que le courlis, mais presque du même
plumage.

---

(1) Celui de *numenius* dérive de *néomenie*, nouvelle lune, à cause de
la figure de croissant qu'a son bec.

(2) *Phæopus* (pied cendré), nom composé par Gesner.

Et Les Falcinelles. (Falcinellus. Cuv.)

Dont le bec est déprimé , et conserve ses sillons comme celui des corlieux, mais qui n'ont aucun pouce. Ce sont en quelque sorte des sanderlings à bec arqué.

On n'en connaît qu'une espèce, qui est de ce pays-ci
(*Scol. pygmea* , Lin.), encore à peu près du même plumage
que le courlis et le corlieu , mais à peine de la taille
d'une alouette.

Les Bécasses proprement dites. (Scolopax. Cuv.) (1).

Ont le bec droit , le sillon des narines régnant jusqu'asse
près du bout , qui se renfle un peu en dehors pour dépasser
la mandibule inférieure et sur le milieu duquel il y a un sillon
simple. Ce bout est mou et très-sensible ; en se desséchant après
la mort, il prend une surface pointillée. Un caractère particulier à ces oiseaux , est d'avoir la tête comprimée, et de gros
yeux placés fort en arrière, ce qui leur donne un air singulièrement stupide , qu'ils ne démentent point par leurs mœurs.

La *Bécasse.* (*Scol. rusticola.* L.) Enl. 885.

Tout le monde connaît son plumage varié en dessus de
taches et de bandes grises , rousses et noires , en dessous ,
gris , à lignes transverses noirâtres. Son caractère distinctif
consiste en quatre larges bandes transverses noires , qui
se succèdent sur le derrière de la tête. La bécasse habite pendant l'été sur les hautes montagnes , et descend
dans nos bois au mois d'octobre. Elle va seule ou par paires, surtout dans les temps sombres ; recherche les vers et
les insectes dans le terreau. Il en reste peu dans les plaines
pendant l'été.

La *Bécassine.* (*Scolopax Gallinago.* L.) Enl. 883.

Plus petite et à bec plus long que la bécasse , se distingue

---

(1) Scolopax nom grec de la bécasse de σκολὸψ (pieu), à cause de son bec
droit et pointu.

par deux larges bandes longitudinales noirâtres sur la tête,
par un cou moucheté de brun et de fauve, par un manteau
noirâtre avec deux bandes longitudinales fauves, par des ailes
brunes ondées de gris, par un ventre blanchâtre ondé de
brunâtre aux flancs, etc.

Elle se tient dans les marais, aux bords des ruisseaux, des
fontaines; s'élève à perte de vue, en faisant entendre de très-
loin une voix perçante de chèvre.

La *double Bécassine*. (*Scol. Major.* Gm.) Frisch. 228.

Se distingue de la précédente par une taille d'un tiers supérieure et parce que ses ondes grises ou fauves de dessus
sont plus petites et les brunes de dessous plus grandes et
plus nombreuses.

La *petite Bécassine*. (*Scol. Gallinula.* Gm.) Enl. 884.

De près de moitié moindre que la bécassine commune,
n'a qu'une bande noire sur la tête; le fond de son manteau a des reflets vert bronzés. Un demi collier gris occupe
sa nuque, et ses flancs sont mouchetés de brun comme sa
poitrine. Elle reste dans nos marais presque toute l'année.

Tous ces oiseaux sont excellens à manger et assez communs dans nos marchés en hiver. Il y en a dans les marais
de l'Amérique chaude une espèce fort voisine de notre bécassine. (*Scol paludosa.*) Enl. 895 (1).

On doit distinguer des bécasses.

LES RHYNCHÉES. (RHYNCHŒA. Cuv.)

Oiseaux d'Afrique et des Indes, dont les deux mandibules,
à peu près égales, s'arquent légèrement à leur bout, et où
les sillons des narines règnent jusqu'à l'extrémité du bec supérieur qui n'a point de sillon impair. Au port des bécas-
sines, ils joignent des couleurs plus vives et se font surtout

---

(1) La brunette de Buffon, *Scol. pusilla*, *dunlin* des anglais, n'est que
l'alouette de mer à collier.

remarquer par des taches œ llées sur leurs pennes des ailes
et de la queue.

On en connaît trois ou quatre espèces que Gmelin réunit
comme des vari tés sous le nom de *Scol. Capensis.* Enl. 270,
881, 922 (1)

LES BARGES. (LIMOSA. Bechst.)

Ont le bec droit, quelquefois même légèrement arqué vers
le haut, et encore plus long que les bécasses. *Le sillon* des
narines règne jusque tout près de l'extrémité qui est un peu
déprimée et mousse, sans sill n impair, ni pointillure. Leur
taille est beaucoup plus élancée et leurs jambes plus élevées
que celles des bécasses; elles fréquentent les marais salés et
les bords de la mer.

La Barge aboyeuse ou à queue rayée. (*Scol. Leucophœa.*
Lath. et *Lapponica.* Gm.) Le jeune, Brit. Zool. pl. XIII.
Briss. v. pl. XXIV. F. 2. Et l'adulte en plumage d'été.
Enl. 900 (2).

En hiver gris-brun, foncé, à plumes bordées de blanchâtre poitrine gris-brun; dessous blanchâtre, croupion
blanc ra é de brun, etc. En été rousse, à dos brun, la queue
toujours rayée de blanchâtre et de noirâtre.

La Barge à queue noire. (*Scol. Ægocephala* et *Belgica.*
Gm.) Le plum. d'hiver, enl. 874. Celui d'été, ib. 916.

En hiver gris-cendré, plus brun sur le dos, ventre blanc,
tête, cou et poitrine roux, manteau brun tacheté de roux,
dessous rayé de bandes brunes rousses et blanches, queue
toujours noire, liserée de blanc au bout.

---

(1) Le *chevalier vert*, Briss. et Buff. (*rallus Bengalensis*, Gm.) Albin
III, 90, est encore de ce genre, et ne paraît même pas différer de l espèce
ou variété de Madagascar, enl. 922. *N. B.* Il n'y a que cette dernière planche qui représente bien le bec propre à ce petit sous-genre.

(2) Gmelin a fait de cet oiseau jeune une variété de l'espèce suivante
et cite la figure de Brisson, sous *scol. glottis,* qui est un chevalier. L adulte
est son *scol. Laponica.*

Ces deux oiseaux ont le double de hauteur de la bécasse. Le dernier couvre en été les plaines de la Nord-Hollande. Son cri est très-aigre, comme celui d'une chèvre.

LES MAUBÈCHES. (CALIDRIS. Cuv.) (1).

Ont le bec déprimé au bout, et le sillon nazal très-long, comme les barges, mais ce bec n'est généralement pas plus long que la tête; leurs doigts, légèrement bordés, n'ont point de palmure entre leurs bases, et leur pouce est a peine assez long pour toucher à terre; leurs jambes, médiocrement hautes et leur taille raccourcie, leur donnent un port plus lourd qu'aux barges. Elles sont aussi beaucoup plus petites.

La grande *Maubèche grise*, *Sandpiper* et *Canut*, des Anglais. (*Tringa grisea* et *Tr. Canutus*. Gm.) Le plum. d'hiver, enl. 366. Edw. 276.

Cendrée dessus, blanche dessous, tachetée de noirâtre devant le cou et la poitrine, à croupion et queue blancs rayés de noirâtre. Presque de la taille d'une bécassine.

La petite *Maubèche grise*. (*Tringa arenaria*.) Canut. Brit. Zool. pl. C. 2.

Cendrée dessus, blanche dessous, à poitrine nuagée de gris. De moitié moindre que la précédente (2).

Il y a en Amérique de petites *maubèches* dont les pieds sont à demi palmés par devant.

Nous en avons vu une espèce encore plus petite que la précédente et presque des mêmes couleurs.

---

(1) CALIDRIS, oiseau cendré et tacheté, fréquentant les rivières et les bois. Arist. Brisson l'applique à l'une des espèces de ce genre.

(2) La *maubèche* (*tringa calidris*, Briss. V, xx, f. 1.) est la même chose que le *chevalier varié*, enl. 300, qui est un combattant. La *maubèche* de l'Hist. nat. VII, pl. 31, est la *maubèche grise*. Ainsi cette espèce est imaginaire. La *maubèche tachetée* (*tr. nœvia*, enl. 365.) paraît n'être que la *maubèche rousse* (*tr. Islandica*) en mue; et l'une et l'autre sont regardées, par M. Temmink, comme le premier âge de la maubèche grise.

LES ALOUETTES DE MER. (PELIDNA. CUV.)

Ne sont que de petites maubèches à bec un peu plus long que
la tête et dont les pieds n'ont ni bordures ni palmures. Elles
ressemblent aux alouettes par la taille et par les couleurs et
volent en troupes le long des bords de la mer, où elles forment un bon gibier. Elles déposent leurs œufs sur le sable.

L'*Alouette de mer ordinaire.* (*Tringa cinclus.* L.) Enl. 851 ,
et *Scol. subarcuata.* Gm.

Brun-noirâtre en dessus, chaque penne bordée de fauve,
blanchâtre en dessous; le devant du cou moucheté de brun.
En été tout le devant et le dessous du corps, prend une couleur rousse diversement variée.

L'*Alouette de mer à collier; Dunlin* des Anglais, *Brunette*
de Buff. (*Tringa cinclus.* B. *Tringa Alpina* et *Scolopax
pusilla.* Gmel. Enl. 852.)

Est encore un peu moindre que la précédente et s'en distingue par une ceinture de taches noirâtres serrées sur la
poitrine. Pendant le temps de la ponte et de l'incubation le
ventre est d'un noir profond.

LES COMBATTANS. (MACHETES. CUV.) (1).

Sont de vraies maubèches par le port et par le bec; seulement la palmure entre leurs doigts extérieurs est à peu près
aussi considérable que dans les chevaliers, les barges, etc.

On n'en connaît qu'une espèce *Tringa pugnax.* Lin. Enl.
305.306. Un peu plus petite qu'une bécassine, célèbre par les
combats furieux que les mâles se livrent au printemps pour la
possession des femelles. A cette époque leur tête se couvre
en partie de papilles rouges, leur cou se garnit d'une crinière épaisse de plumes, si diversement arrangées et colorées,
et saillantes en des sens si bizarres, que jamais on ne trouve
deux individus semblables; et même avant et après cette

---

(1) Μαχητὴς , pugnator. Πελιδνὸς , fuscus.

époque, il y a tant de variété dans le plumage des combattans, que les naturalistes en ont formé plusieurs espèces
imaginaires (1). Ils ont toujours les pieds jaunâtres, ce qui,
avec leur bec et leur demi-palmure externe, peut aider à les
reconnaître. Cet oiseau commun dans tout le nord de l'Europe, vient aussi sur nos côtes, surtout au printemps, mais
il n'y niche pas.

LES SANDERLINGS. (ARENARIA. Bechstein. CALIDRIS. Ill.)

Ressemblent en tout aux maubèches, excepté en ce seul
point qu'ils manquent tout-à-fait de pouce comme les pluviers.

L'Espèce d'Europe. (*Charadrius calidris* et *rubidus.* Gm.)
Briss. V. pl. XX. fig. 2.

Est si semblable à la petite maubèche grise, par la forme,
la taille et les couleurs, qu'on l'a plusieurs fois confondue avec
elle (2). Ses mœurs sont les mêmes.

LES PHALAROPES. (PHALAROPUS. Briss.)

Sont de petits oiseaux dont le bec encore plus aplati que
celui des maubèches, a d'ailleurs les mêmes proportions et les
mêmes sillons; et dont les pieds ont leurs doigts bordés de très-
larges membranes comme ceux des foulques.

---

(1) Le *chevalier varié*, Buff. esp. IV, Briss. V, pl. xvii, 2. (*Tringa
littorea*, Lin. *Tringa ochropus*, B. *littorea*, Gm.) Le *chevalier proprement dit*, Buff. esp. II, Briss. V, pl. xvii, fig. 1, cité par Gmel. sous
scol. calidris; la *maubèche proprement dite*, Briss. V, pl. xx, fig. 1.
(*Tringa calidris*, Gm.) L'oiseau de Frisch. pl. 238, ne sont que des
combattans en divers états de plumage , et l'on pourrait en représenter encore beaucoup d'autres variétés.

Selon M. Meyer , le *tringa grenovicensis*, Lath., est aussi un jeune
combattant.

(2) Cela est arrivé notamment à Brisson , qui donne ensemble la figure
d'un oiseau et la description de l'autre. Plusieurs anglais qui donnent
quatre doigts à leur sanderling, n'entendent que la maubèche; mais Wil-
lugby décrit bien notre oiseau.

Le Phalarope gris. (*Tringa lobata.*) Edw. 3o8 (1)

Est cendré dessus et blanchâtre dessous avec deux bandes blanches sur l'aile ; son bec est fort large pour cette famille : l'adulte est

Le Phalarope rouge. (*Phalaropus rufus.* Bechst. et Meyer. *Tringa Fulicaria.* L.) Edw. 142 (2).

Brun dessus, roussâtre dessous ; le croupion blanchâtre ; du blanc à l'aile. Cet oiseau est rare en Europe.

Les Tourne-Pierres. (Strepsilas. Ill.)

Ont les jambes basses, le bec court, et les doigts sans aucune palmure comme les vraies maubèches, mais ce bec est conique, pointu, sans dépression, compression ni renflement et la fosse nazale n'en passe pas la moitié. Le pouce touche très-peu a terre Leur bec un peu plus fort et plus roide à proportion qu'aux précédens, leur aide à retourner les pierres pour chercher des vers dessous.

Il y en a une espèce à manteau varié de noir et de roux, à tête et ventre blanc, à poitrail et joues noires, répandue dans tout l'ancien Continent *Tringa interpres.* L. Enl. 856.) et une autre variée de gris et de brun de l'Amérique méridionale. (Enl. 34o et 857.) (3).

Les Chevaliers. (Totanus. Cuv.) (4).

Ont un bec grêle, rond, pointu, ferme, dont le sillon des narines ne passe pas la moitié de la longueur, et dont la man-

---

(1) M. Meyer confond mal à propos cet oiseau, Edw. 3o8, avec le *tringa hyperborea*, et le *tr. fusca*, qui ont des becs de chevalier, et dont nous faisons des lobipèdes.

(2) Gmelin a fait une autre confusion en citant cet oiseau comme une variété sous l'*hyperborea*.

(3) Le *chevalier varié*, enl. 3oo, que M. Meyer rapporte au tournepierre, n'est qu'un combattant.

(4) *Totano* , nom vénitien d'une barge ou d'un chevalier.

dibule supérieure s'arque un peu vers le bout. Leur taille est légère et leurs jambes élevées ; leur pouce touche très-peu à terre , leur palmure externe est bien marquée.

Le Chevalier à gros bec ou *Grand Chevalier aux pieds verts.* (*Scol. Glottis.* L.) Albin. II. 69. Aldrov. Ornith. III. 535. Brit. Zool pl. C , 1?

Aussi grand qu'une barge, à bec gros et fort, cendré brun dessus et aux côtés, blanc dessous, à croupion blanc à queue rayée de gris et de blanc, à pieds verts. C'est le plus grand de nos chevaliers d'Europe.

Le Chevalier noir. (*Barge brune.* Buff. Enl. 875. *Scol. Fusca.* L. Frisch. 236.) (1).

Svelte comme une barge, brun noirâtre dessus, ardoisé dessous, à plumes liserées ou piquetées au bord de blanchâtre ; croupion blanc, queue blanche rayée de gris et de blanc, deux caractères qui se retrouvent plus ou moins dans tous nos chevaliers ; pieds jaunâtres.

Le petit Chevalier aux pieds verts. (*Scol. Totanus.* L.) Enl. 876 (2).

Gris brun dessus, à plumes piquetées de blanc aux bords. moucheté de brun aux côtés, blanc dessous, à pieds verts ; l'ongle du pouce usé.

Le grand Chevalier aux pieds rouges. (*Scol. Calidris* L.) Enl. 827 ?

Brun dessus, à plumes marquées aux bords de points noirâtres et de points blancs , dévant du cou et dessous

---

(1) Selon M. Meyer, les *scol. curonica* et *cantabrigiensis* , et le *tringa atra*, Gm. , doivent se rapporter à cet oiseau. Les deux premiers sont des jeunes.

(2) Cité mal à propos comme la barge aboyeuse ou le *scol. œgocephala*, B.

du corps blanc, quelques taches grises aux côtés, pieds
et base du bec couleur de minium.

Le *petit Chevalier aux pieds rouges* ou *Gambette*. (*Tringa
Gambetta.*) Enl. 845.

Brun dessus, avec des taches noires et quelque peu
de blanches aux bords des plumes, blanc dessous avec
mouchetures brunes, surtout au cou et à la poitrine,
pieds comme dans le précédent; taille d'un quart moindre.

Le *Bécasseau* ou *Cul Blanc de rivière*. (*Tringa Ochropus*. L.) Enl. 843.

Noirâtre bronzé dessus, le bord des plumes piqueté de
blanchâtre, blanc dessous, moucheté de gris au devant
du cou et aux côtés, les bandes noires de la queue larges
et en petit nombre, les pieds verdâtres; encore plus petit
que la gambette. C'est un bon gibier, commun aux bords
de nos ruisseaux, quoiqu'il y vive assez solitaire.

La *Guignette*. (*Tringa hypoleucos*. L.) Enl. 850.

Le plus petit de nos chevaliers; de la taille de l'alouette
de mer; brun verdâtre bronzé dessus, avec des traits
tranverses fauves et noirs sur l'aile, devant et dessous
blancs, le croupion et les pennes moyennes de la queue
de la couleur du dos, les latérales seules rayées de blanc
et de noir comme aux autres chevaliers. La guignette vit
comme le bécasseau, et dans les mêmes lieux.

Parmi les chevaliers étrangers, il faut surtout remarquer l'espèce à gros bec et à pieds demi-palmés de l'Amérique septentrionale (*scolopax semipalmata*, L.) Encycl.
méth., pl. d'orn.: pl. LXXI, fig. 1, presque aussi grande
que notre première espèce, à bec plus court et plus gros,
à plumage gris brun dessus, blanchâtre dessous, moucheté de brunâtre au cou et à la poitrine, à doigts bien
bordés, à palmures presque égales et considérables (1).

_____

(1) Ce genre des chevaliers, mêlé par Buffon de plusieurs variétés de

LES LOBIPÈDES. (LOBIPES. CUV.)

Que nous croyons devoir séparer des phalaropes, dont ils ont les pieds, s'en distinguent par leur bec, qui est celui d'un chevalier ; tel est

Le *Lobipède à hausse-col* (*Tringa hyperborea*), enl. 766, dont *Tringa fusca*, Edw. 46, est probablement la femelle ou le jeune.

Ce petit oiseau gris dessus, blanc dessous, teinté de roux aux scapulaires, a autour de sa gorge blanche un large hausse-col roux.

LES ECHASSES. (HIMANTOPUS (1), Briss. MACROTARSUS, LAC.)

Ont le bec rond, grêle et pointu, plus encore que les chevaliers ; le sillon des narines n'en occupe que moitié. Ce qui les distingue et leur a donné leur nom, ce sont leurs jambes excessivement grêles et hautes, réticulées et destituées de pouces, dont les os sont si faibles, qu'ils rendent leur marche pénible.

---

combattans a été dispersé par Linnæus dans ses deux genres *scolopax* et *tringa*, sans aucun motif. Buffon en a mis deux espèces parmi les *barges*; cette confusion n'est pas encore entièrement débrouillée, parce que je n'ai pas pu observer toutes les espèces étrangères. Il est aisé de voir cependant qu'après mes déterminations, je n'ai pas dû conserver le genre ACTITES d'Illiger.

On doit encore remarquer que les descriptions les plus exactes ne peuvent faire distinguer sûrement les espèces tant que l'on n'aura pas séparé d'après les formes de becs indiqués ci-dessus, mes chevaliers de mes maubèches et de mes barges. C'est ce qui m'a empêché de donner la synonymie de Bechstein et de Meyer.

(1) Himantopus, pied en forme de cordon, (à cause de leur faiblesse) c'est le nom de cet oiseau dans Pline.

On n'en connaît en Europe qu'une espèce, blanche, à calotte et manteau noirs, à longs pieds rouges (*charadrius himantopus*, L. , enl. 878); elle est assez rare et ses mœurs sont peu connues.

On ne peut guere placer qu'ici

LES AVOCETTES. (RECURVIROSTRA , L.)

Quoique leurs pieds palmés à peu près jusqu'au bout des doigts, puissent presque les faire considérer comme des oiseaux nageurs : mais leurs tarses élevés, leurs jambes à moitié nues, leur bec long, grêle, pointu, lisse et élastique, et le genre de vie qui résultent de cette conformation, tendent egalement à les rapprocher des bécasses. Ce qui les caractérise et les distingue même de tous les oiseaux, c'est la forte courbure de leur bec vers le haut. Leurs jambes sont réticulées et leur pouce beaucoup trop court pour toucher à terre.

L'espèce du pays (*recurvirostra avocetta*, enl. 353) est blanche, avec une calotte et trois bandes à l'aile noires, et des pieds plombés ; c'est un joli oiseau, d'une taille élancée, qui fréquente les bords de la mer en hiver. L'espèce d'Amérique (*r. Americana*) en diffère par un capuchon roux ; il y en a sur les côtes de la mer des Indes une troisième toute blanche, à ailes toutes noires, à pieds rouges (*r. orientalis*, Nob.)

La famille des MACRODACTYLES.

A les doigts des pieds fort longs et propres à marcher sur les herbes des marais, ou même à nager, surtout dans les espèces nombreuses qui les ont bordés. Cependant il n'y a pas de membrane entre les bases de leurs doigts, pas même entre celles des externes. Le bec plus ou moins comprimé par les côtés, s'allonge ou se raccourcit selon les genres, sans arriver jamais à la minceur ni à la faiblesse de celui de la famille précédente. Le corps de ces oiseaux est aussi singulièrement aplati, conformation déterminée par l'étroitesse du sternum ; leurs ailes sont médiocres ou courtes, et leur vol faible. Ils ont tous un pouce assez long.

On peut les diviser en deux tribus, selon que leurs ailes sont armées ou non.

Les Jacanas, Briss. (Parra, Lin.) (1).

Se distinguent beaucoup des autres échassiers par des pieds à quatre doigts très-longs, séparés jusqu'à leur racine, et dont les ongles, surtout celui du pouce, sont aussi très-longs et très-pointus, ce qui les a fait nommer vulgairement *chirurgiens*. Leur bec est assez semblable à celui des vanneaux par sa longueur médiocre et le léger renflement de son bout, et leur aile est armée d'un éperon. Ce sont des oiseaux criards et querelleurs, qui vivent dans les marais des pays chauds, y marchant aisément

---

(1) Jacana ou *Jahana*, est proprement au Brésil le nom des poules d'eau. On y nomme les Chirurgiens *Aquapeazos*, parce qu'ils marchent sur les herbes aquatiques nommées *Aquape* (d'Azz.). Peut-être est-ce par une faute de copiste que l'un d'eux est nommé *Aguapecaca* dans Margrave.

Parra est le nom latin d'un oiseau inconnu.

sur les herbes, au moyen de leurs longs doigts.

L'Amérique en nourrit quelques especes qui ont sur la base du bec une membrane nue couchée et recouvrant une partie du front.

Le *Jacana commun* (*Parra Jacana*, L.) enl. 322.

Noir, à manteau roux, les premières pennes des ailes vertes, des barbillons charnus sous le bec. C'est le plus commun dans toutes les parties chaudes de l'Amérique. Il a des aiguillons très-aigus (1).

Il y en a cependant aussi quelques-unes qui manquent de cet ornement.

Le *Jacana bronzé.* (*Parra ænea.*)

A corps noir, changeant en bleu et en violet, à manteau verd bronzé, à croupion et queue roux sanguins, à pennes antérieures de l'aile vertes; une tache blanche derrière l'œil. Du Brésil. Ses aiguillons sont mousses et petits.

On en a découvert en Orient qui manquent également de cette membrane, et qui se font d'ailleurs remarquer par des singularités dans les proportions de leurs pennes.

Le *J. à longue queue.* (*Parra Chinensis.*) Encycl. méth., orn., pl. 61, f. 1.

Brun à tête, gorge, devant du cou et couverture des ailes blancs, le derrière du cou garni de plumes soyeuses jaune doré, un petit appendice pédiculé au bout de quelques-unes des pennes des ailes, quatre des pennes de la queue noires et plus longues que le corps. Le *Chirurgien de Luçon*,

---

(1) Le *J. varié* (P. variabilis) enl. 846, n'est que le jeune âge du commun. Le *P. Brasilicnsis* et le *P. nigra* n'existent que sur l'autorité un peu équivoque de Margrave. Le *P. viridis* qui ne repose aussi que sur la Description de Margrave, me paraît, par cette Description même, être une talève. Le *P. Africana* de Lath. diffère à peine. Pour le *P. Chavaria* voyez ci-dessous l'article du *kamichi*.

de Sonnerat (*Parra Luzoniensis*) n'est que son jeune âge : outre quelques différences de couleur, il n'a pas encore de longue queue.

Les Kamichi. (Palamedea, L.)

Représentent, à beaucoup d'égards, les jacanas, mais en très-grand, par les deux forts ergots qu'ils portent à chaque aile, par leurs longs doigts sans palmures et par leurs ongles forts, surtout celui du pouce, qui est long et droit comme aux alouettes; mais leur bec, peu fendu, est peu comprimé, non renflé, et sa mandibule supérieure légèrement arquée. Leurs jambes sont réticulées.

On n'en connaît bien qu'une espèce (*palamedea cornuta*, L.), enl. 451, *anhima* au Brésil, *camouche* à Cayenne, etc., plus grande que l'oie, noirâtre, avec une tache rousse à l'épaule, et dont le sommet de la tête porte un ornement singulier ; une longue tige cornée mince et mobile. Cet oiseau se tient dans les lieux inondés de l'Amerique méridionale, et fait entendre de loin les éclats d'une voix très-forte. Il vit par paires avec beaucoup de fidélité. On a dit qu'il chassait aux reptiles ; mais quoique son estomac soit peu musculeux, il ne se nourrit guère que d'herbes et de graines aquatiques (1).

Le *Chaïa* du Paraguai, d'Azz. (Chauna, Illiger.) *Parra chavaria*, L.

Paraît au moins fort voisin du palamedea ; sans corne sur le vertex : son occiput est orné d'un cercle de plumes relevées, et sa tête et le haut de son cou ne sont revêtus que de duvet. Le reste de son plumage est plombé et noi-

---

(1) Bajon, Mém. sur Cayenne, II. 284.

râtre. Il mange surtout des herbes aquatiques, et les Indiens de Carthagène en élèvent quelques individus dans leurs troupeaux d'oies et de poules, parce qu'on le dit fort courageux et capable de repousser même le vautour. Un phénomène singulier, c'est que sa peau, même celle de ses jambes, est enflée par l'air interposé entre elle et la chair et craque sous le doigt (1).

Dans la tribu dont les ailes ne sont point armées, Linnæus comprend, sous le genre *fulica,* ceux dont le bec se prolonge en une sorte d'écusson qui recouvre le front ; et sous le genre *rallus*, ceux qui n'ont point cette particularité.

Les Rales. (Rallus, L.)

Qui d'ailleurs se ressemblent beaucoup entre eux, présentent des becs de proportions très-différentes.

Parmi les espèces qui l'ont plus long (Rallus, Bechst.) on compte

Le Rale d'eau d'Europe. (*Rallus aquaticus*, L.) Enl. 749

Brun-fauve, tacheté de noirâtre dessus, cendré bleuâtre dessous, à flancs rayés de noir et de blanc, commun sur nos ruisseaux et nos étangs, où il nage assez bien et court légèrement sur les feuilles des herbes aquatiques, se nourrissant de petites crevettes ; sa chair sent le marais (2).

_____

(1) Je n'ai point vu cet oiseau ; il paraît cependant qu'il a une demi-palmure entre le doigt externe et celui du milieu, ce qui l'éloignerait du kamichi.

(2) Joignez aux rales d'eau les *rallus Virginianus*, Edw. 279. — *longirostris*, enl. 849. — *variegatus*, enl. 775. — *Philippensis*, enl. 774. —

D'autres espèces (CREX, Bechstein) ont le bec plus court. On y range

Le *Rale de genets*, vulg. *Roi des cailles*. (*Rallus crex*, L.) Enl. 750.

Brun-fauve, tacheté de noirâtre dessus, grisâtre dessous, à flancs rayés de noirâtre, à ailes rousses. Il vit et niche dans les champs, y courant dans l'herbe avec beaucoup de vitesse. Son nom latin *crex* est l'expression de son cri. On l'a appelé roi des cailles, parce qu'il arrive et part avec elles, et vit solitaire dans les mêmes terrains, ce qui a fait croire qu'il les conduisait. Il se nourrit de graines aussi-bien que d'insectes et de vermisseaux.

La *Marouette* ou *petit Rale tacheté*. (*Rallus Porzana*. L.) Enl. 751.

Brun-foncé, piqueté de blanc, à flancs rayés de blanchâtre ; se tient près des étangs, fait avec du jonc un nid en forme de nacelle qu'elle attache à quelque tige de roseau ; nage et plonge fort bien, et ne quitte notre pays que dans le fort de l'hiver (1).

Le genre FULICA. L.

Peut se subdiviser comme il suit, d'après la forme de son bec et les garnitures de ses pieds.

Les POULES D'EAU. (GALLINULA, Briss. et Lath.)

Ont le bec à peu près comme le rale de terre, dont elles

---

torquatus ; — striatus ; le *fulica Cayennensis*, qui est un vrai rale, enl. 352, et même le *rallus fucus*, enl. 773, quoique celui-ci commence à avoir un bec plus court. Il paraît qu'on doit y joindre aussi le *rallus Carolinus*, Edw. 144, qui ne diffère du nôtre que par sa gorge noire.

(1) Parmi les rales à bec court peuvent se ranger les *rallus phœnicurus* dont Buffon fait sans sujet une poule d'eau, enl. 896. — *Cayanensis*, enl. 753 et 368. — *minutus*, enl. 847. — *Jamaicensis*, Edw. 278.

Le *rallus Bengalensis* est une *rhynchée*. Je ne connais pas les autres.

se distinguent par la plaque du front, et par des doigts fort longs et munis d'une bordure très-étroite.

La *Poule d'eau commune.* (*Fulica chloropus.* L.) Enl. 877.

Brun-foncé dessus, gris d'ardoise dessous, avec du blanc aux cuisses, le long du milieu du bas-ventre et au bord extérieur de l'aile. Les jeunes (*Fulica fusca*, Gm.), poulette d'eau, Buff., sont plus claires et ont la plaque frontale plus grande.

La *Poule d'eau tachetée* ou *Grinette* (*Fulica nœvia*).

Ressemble au rale de terre, même par sa teinte brun-fauve, tachetée de noirâtre, l'aile et le dessous ont des stries transverses brun-noirâtre sur un fond fauve.

Les Talèves ou Poules sultanes. (Porphyrio, Briss.)

Qui ont le bec plus haut relativement à sa longueur; les doigts très-longs, presque sans bordure sensible, et la plaque frontale considérable, tantôt arrondie, tantôt carrée dans le haut. Ils se tiennent sur un pied en portant de l'autre les alimens au bec. Leurs couleurs sont généralement de belles nuances de violet, de bleu et d'aigue-marine. Telle est

La *Poule sultane ordinaire.* (*Fulica porphyrio*, L.)
Enl. 810.

Bel oiseau d'Afrique naturalisé aujourd'hui dans plusieurs îles et côtes de la Méditerranée. Sa beauté pourrait faire l'ornement de nos parcs (1).

Enfin, les Foulques proprement dites ou *Morelles*,
(Fulica, Brisson.)

Qui joignent à un bec court et à une plaque frontale

---

(1) Les *fulica maculata*, *flavipes* et *fistulans*, ne reposent originairement que sur de mauvaises figures données par Gesner, d'après les dessins qui lui avaient été envoyés. Mais les *fulica Martinicensis* et *flavirostris* sont de vraies talèves.

considérable des doigts fort élargis par une bordure festonnée, qui en font d'excellens nageurs; aussi passent-elles toute leur vie sur les marais et les étangs. Leur plumage lustré ne s'accommode pas moins que leur conformation à ce genre de demeure, et ces oiseaux établissent une liaison marquée entre l'ordre des oiseaux de rivage et celui des palmipèdes.

Nous n'en avons qu'un.

La *Foulque* ou *Morelle d'Europe*. (*Fulica atra, F. aterrima,* et *F. œthiops,* Gm.) Enl. 197.

De couleur foncée d'ardoise à plaque du front, et bord des ailes de couleur blanche : commune partout où il y a des étangs.

Nous terminerons ce tableau des échassiers par deux genres qu'il est difficile d'associer à d'autres, et que l'on peut considérer comme formant séparément de petites familles.

Les Giaroles ou Perdrix de mer. (Glareola, Gm.)

Leur bec est court, conique, arqué tout entier, assez fendu et ressemblant à celui d'un gallinacé. Leurs ailes excessivement longues et pointues, leur queue souvent fourchue, rappellent le vol de l'hirondelle (1) ou des palmipèdes de haute-mer; leurs jambes sont de hauteur médiocre, leur tarse écussonné, leurs doigts externes un peu palmés et leur pouce touche la terre. Elles volent en troupes et

_____

(1) Linnæus (Edit. XII) avait même rangé l'espèce commune dans le genre hirundo, sous le nom *d'hir. Pratincola.*

en criant aux bords des eaux. Les vers et les insectes aquatiques font leur nourriture.

L'espèce d'Europe. (*Glareola Austriaca*, Gm.) Enl. 882.

Est brune dessus, blanche dessous et au croupion ; sa
gorge est entourée d'un cercle noir ; la base de son bec
et ses pieds sont rougeâtres. Il paraît qu'on la trouve dans
tout le nord de l'ancien Monde (1).

Les Flammants. (Phoenicopterus. L.)

Forment le plus singulier de ces genres et l'un des
plus extraordinaires parmi tous les oiseaux ; leurs
jambes, d'une hauteur excessive, ont les trois doigts
de devant palmés jusqu'au bout, et celui de derrière
extrêmement court ; leur cou, non moins grêle ni
moins long que leurs jambes, et leur petite tête, portent un bec dont la mandibule inférieure est un ovale
ployé longitudinalement en canal demi-cylindrique,
tandis que la supérieure oblongue et plate est ployée
en travers dans son milieu pour joindre l'autre exactement. La fosse membraneuse des narines occupe
presque tout le côté de la partie qui est derrière le
pli transversal, et les narines elles-mêmes sont une
fente longitudinale du bas de la fosse. Les bords des
deux mandibules sont garnis de petites lames transversales très-fines, ce qui, joint à l'épaisseur charnue
de la langue, donne à ces oiseaux quelque rapport avec
les canards. On pourrait même placer les flammants
parmi les palmipèdes, sans la hauteur de leurs tarses et
la nudité du bas de leurs jambes. Ils vivent de coquil-

---

(1) *Glareola nævia*, Gm. n'a rien d'authentique.

lages, d'insectes, d'œufs de poissons qu'ils pêchent au
moyen de leur long cou, et en retournant leur tête
pour employer avec avantage le crochet de leur bec
supérieur. Ils font dans les marais un nid de terre élevé
où ils se mettent à cheval pour couver leurs œufs,
parce que leurs longues jambes les empêchent de s'y
prendre autrement.

L'espèce commune. (*Phœnicopterus ruber.*) Enl. 68.
Catesby, 7³.

Paraît répandue sur tout le globe au dessous de 4o à 45
degrés; haute de trois et quatre pieds, cendré blanchâtre la
première année, elle prend du rose vif aux ailes la seconde;
et devient pour toujours, la troisième, d'une couleur de feu
clair. Les pennes des ailes sont noires; le bec jaune et noir
au bout, les pieds bruns.

On voit des troupes nombreuses de ces oiseaux sur nos
côtes méridionales; elles remontent quelquefois jusque vers
le Rhin.

LE SIXIÈME ORDRE DES OISEAUX OU

LES PALMIPÈDES.

Leurs pieds faits pour la natation, c'est-à-
dire implantés à l'arrière du corps, portés sur
des tarses courts et comprimés, et palmés entre
les doigts, les caractérisent. Leur plumage serré,
lustré, imbibé d'un suc huileux, garni près de
la peau d'un duvet épais, les garantit contre
l'eau sur laquelle ils vivent. Ce sont aussi les
seuls oiseaux où le cou dépasse et quelquefois

de beaucoup la longueur des pieds, parce qu'en
nageant à la surface ils ont souvent à chercher
dans la profondeur. Leur sternum est très-
long, garantissant bien la plus grande partie de
leurs viscères ; et n'ayant de chaque côté
qu'une échancrure ou un trou ovale garni de
membranes. Ils ont généralement le gésier
musculeux, les cœcums longs et le larynx in-
férièur simple, mais renflé dans une famille en
capsules cartilagineuses.

Cet ordre se laisse assez nettement diviser
en quatre familles.

Nous le commencerons par celle

des PLONGEURS OU BRACHYPTÈRES.

Dont une partie a quelques rapports extérieurs avec celle des poules d'eau ; les jambes
implantées plus en arrière que dans tous les
autres oiseaux, leur rendent la marche pénible
et les obligent à se tenir à terre dans une position verticale. Comme d'ailleurs la plupart sont
mauvais voiliers, que plusieurs ne peuvent
même point voler du tout, à cause de l'excessive brièveté de leurs ailes, on peut les regarder comme presque exclusivement attachés
à la surface des eaux; aussi leur plumage est-il
des plus serrés; souvent même offre-t-il une sur-

face lisse et un éclat argenté. Ils nagent sous l'eau
en s'aidant de leurs ailes, presque comme de
nageoires. Leur gésier est assez musculeux;
leurs cœcums médiocres; ils ont un muscle
propre de chaque côté à leur larynx inférieur.

Parmi ces oiseaux le genre des

PLONGEONS. (COLYMBUS. L.) (1).

N'a pour caractère particulier qu'un bec lisse, droit,
comprimé, pointu, et des narines lineaires; mais la
différence de ses pieds l'a fait subdiviser.

LES GRÈBES. Briss. (PODICEPS. Lath. COLYMBUS. Briss.
et Illiger.)

Ont au lieu de vraies palmures les doigts élargis comme
dans les poules d'eau et les antérieurs réunis seulement à leur
base par des membranes. L'ongle du milieu est aplati; le
tarse fortement comprimé, l'éclat métallique de leur plumage
l'a souvent fait employer comme fourrure. Leur tibia, ainsi que
celui du sous-genre suivant, se prolonge vers le haut en une
pointe qui donne des insertions plus efficaces aux extenseurs
de la jambe.

Ces oiseaux vivent sur les lacs et les étangs, et nichent dans
les joncs. Il paraît qu'ils portent dans certaines circonstances
leurs petits sous leurs ailes. Leur taille et leur plumage changent tellement avec l'âge, que les naturalistes en ont trop
multiplié les espèces. M. Meyer réduit celles d'Europe à
quatre.

Le Grèbe huppé. (*Col. cristatus*. Gm. Enl. 400 et 944.
Col. urinator. Gm. Enl. 941.

Grand comme un canard, brun-noir dessus, blanc d'ar-

(1) Colymbus. Nom grec de ces oiseaux.

gent dessous, une bande blanche sur l'aile ; avec l'âge il
prend une double huppe noire, et les adultes ont de plus
une large collerette rousse bordée de noir au haut du col.

Le *Grebe cornu*. (*Col. cornutus*. Enl. 4o4. 2. *Col. obs-
curus*. Enl. 942. et *Col. caspicus*. Gm.)

Semblable au précédent pour la forme, mais la collerette
de l'adulte noire; ses huppes et le devant de son col roux.
Sa taille est d'ailleurs bien moindre.

Le *Grèbe à joues grises*. (*Col. subcristatus, parotis* et
rubricollis. Enl. 942.)

A aussi le devant du cou roux, mais les huppes de l'adulte
sont petites et noires, et sa collerette très-courte et grise. Sa
taille le place entre les deux précédens.

Le *petit Grèbe* ou *Castagneux*. (*Col. minor*. Gm.) Enl. 9o5.

Grand comme une caille, n'a jamais de crête ni collerette,
son plumage est brun, plus ou moins nuancé de roux,
excepté à la poitrine et au ventre, où il est gris argenté. Les
jeunes ont la gorge blanche.

LES PLONGEONS proprement dits. (MERGUS. Briss. (1)
COLYMBUS. Lath. EUDYTES. Illiger.)

Ont avec toutes les formes des grèbes, les pieds des palmipèdes ordinaires; c'est-à-dire, les doigts antérieurs unis jusqu'au bout par des membranes et terminés par des ongles
pointus. Ce sont des oiseaux du nord, qui nichent rarement
chez nous et nous arrivent en hiver. Alors nous voyons quelquefois sur nos côtes

Le *grand Plongeon*. (*Col. glacialis*. Enl. 952. *Col. arc-
ticus*. Edw. 146 et *Col. immer*. Gm. Enl. 914.)

Dont l'adulte long de deux pieds et demi, a la tête et le
cou noirs changeant en vert avec un collier blanchâtre; le

---

(1) Mergus (plongeur), nom latin d'un oiseau de mer difficile à déterminer; Linnæus d'après Gesner, l'a appliqué au harle. Eudytes nom composé par M. Illiger, a le même sens en grec.

dos brun-noirâtre piqueté de blanchâtre, et le dessous blanc. Les jeunes, qui viennent plus souvent sur nos eaux douces, varient diversement pour le plus ou moins de noir du cou et le gris ou le brun du dos, ce qui, joint à leur moindre taille, a fait multiplier les espèces.

Le petit Plongeon. (*Col septentrionalis.* Enl. 3o8 et *Col. Stellatus.* Gm. Enl. 992)

Le mâle adulte est brun dessus, blanc dessous, la face et les côtés du cou cendré; le devant du cou roux. La femelle et les jeunes sont bruns piquetés de blanc dessus, tout blancs dessous.

Les Guillemots. (Uria. Briss et Ill (1).)

Ont avec la forme générale du bec des précédens, des plumes jusqu'à la narine, et une échancrure de la pointe qui est un peu arquée. Mais leur principale distinction est de manquer de pouce. Leurs ailes, beaucoup plus courtes encore que dans les plongeons, suffisent à peine pour les faire voleter. Ils vivent de poissons, de crabes, se tiennent dans les rochers escarpés et y pondent.

L'espèce connue dite *Grand Guillemot.* (*Colymbus troile.* L.) Enl. 903.

Est de la taille d'un canard, la tête et le cou bruns, le dos et les ailes noirâtres, le ventre blanc, une ligne blanche sur l'aile, formée par les bouts des pennes secondaires. Elle habite dans le fond du nord; niche cependant sur les côtes rocailleuses d'Angleterre et d'Ecosse, et nous vient dans les grands hivers.

On pourrait encore séparer des guillemots

---

(1) *Uria*, nom grec ou plutot latin d'un oiseau aquatique qui paraît avoir été un plongeon ou un grèbe. Guillemot, nom anglais de notre oiseau, doit indiquer sa stupidité.

Les Cephus (vulg. *Colombes du Groeland.*) (1).

Dont le bec est plus court, à dos plus arqué, et sans échancrure. La symphise de leur mandibule inférieure est extrêmement courte. Leurs ailes sont plus fortes et les membranes de leurs pieds assez échancrées.

L'espèce la plus connue, dite *Petit Guillemot* ou *Pigeon de Groenland.* (*Colymbus minor* et *Grylle.* Gm.) Enl. 917.

De la taille d'un bon pigeon, est noire dessus, blanche dessous, avec un trait blanc sur l'aile comme au guillemot. Son bec est noir et ses pieds rouges. Il y en a des individus diversement tachetés. (*C. Marmoratus.* Penn. arct. Zool. ii, pl. 22, 2. et Frisch. Supp. B. 185.); d'autres avec les couvertures de l'aile blanche. (*C. Grylle.* Alb. ii. 80) et même de blancs. (*Col. Lacteolus.* Pall.) (2). Elle habite toutes les côtes du nord; niche sous terre. Nous la voyons aussi quelquefois en hiver.

Le genre des

Pingouins. (Alca. Lin.)

Se reconnaît à son bec très-comprimé, élevé verticalement, tranchant par le dos, ordinairement sillonné en travers, à ses pieds entièrement palmes et man-

---

(1) *Cephus*, nom d'un oiseau de mer souvent mentionné par les Grecs, et qui paraît avoir été quelque espèce de pétrel ou de mouette. Il a été appliqué par Mœring et ensuite par *Pallas* aux plongeons et aux guillemots.

(2) Edw. 50, que l'on rapporte au petit guillemot ou cephus me paraît avoir le bec bien plus long. J'en dis autant des oiseaux figurés par Penn. Brit. Zool. ii. pl. 83. 1. Ce sont des guillemots proprement dits. — Au contraire, l'*alca alle*, Pennt. Brit. Zool. ii. pl. 82, 1, Alb. i. 85, appartiennent aux cephus. — Edw. 91. qu'on lui associe ne paraît même qu'une variété du *colymbus grylle*. Il me semble en être de même de Briss. VI. pl. 8. f. 2. que l'on cite sous *alca pica.*

quant de pouces comme ceux des guillemots. Tous ces oiseaux habitent les mers du Nord.

Il peuvent encore être subdivisés en deux sous-genres.

Les Macareux. (Fratercula. Briss. Mormon. Ill.)

Dont le bec plus court que la tête est autant et plus élevé à sa base qu'il n'est long, ce qui lui donne une forme très-extraordinaire; une peau plissée en garnit ordinairement la base. Leurs narines placées près du bord, ne sont que des fentes étroites. Leurs petites ailes peuvent encore les soutenir un instant; ils vivent sur la mer comme les guillemots et nichent sur les rochers.

Le *Macareux le plus commun.* (*Alca arctica.* L. et *Labradoria.* Gm.) Enl. 275.

De la taille d'un pigeon, a la calotte et le manteau noir et tout le dessous blanc. Il niche quelquefois sur les côtes escarpées de l'Angleterre et abonde sur les nôtres en hiver (1).

Les Pingouins proprement dits. (Alca. Cuv.) (2).

Ont le bec plus allongé et en forme de lame de couteau; les plumes en garnissent la base jusqu'aux narines; leurs ailes sont décidément trop petites pour les soutenir et ils ne volent point du tout.

Nous voyons quelquefois sur nos côtes en hiver

_____

(1) Ajoutez les *alca cristatella.* — *A. tetracula.* — *A. psittacula.* — *A. cirrhata,* toutes espèces du nord de la mer Pacifique. Pallas. Spic. V.

(2) Alca, alk, auk, nom du pingouin aux îles de Feroe, et dans le nord de l'Ecosse. Celui de *pingouin,* donné d'abord aux *manchots* du Sud, par les Hollandais, indique leur graisse huileuse. Voyez Clusius, Exot. 101. C'est Buffon qui a transféré exclusivement ce nom aux *alques* du Nord.

Le *Pingouin commun*. (*Alca torda* et *pica*. Gm.) Enl.
1003, 1004.

Noir dessus, blanc dessous; une ligne blanche sur l'aile
et une ou deux sur le bec. Le mâle a de plus la gorge noire
et un trait blanc de l'œil au bec. La taille de cet oiseau est
à peu près de celle du canard.

Le *grand Pingouin*. (*Alca impennis*. L.) Enl. 367.

Approche de celle de l'oie; ses couleurs sont à peu près
celles du précédent; mais son bec est tout noir, marqué de
huit ou dix sillons et il a une tache blanche ovale entre le
bec et l'œil; ses ailes sont plus petites à proportion que
dans aucune espèce de ce genre. On dit qu'il ne pond qu'un
grand œuf, tacheté de pourpre.

Le genre des MANCHOTS. (APTENODYTES. Forst.)

Est encore moins volatile que les pingouins; ses petites ailes ne sont garnies que de vestiges de plumes,
au premier coup d'œil presque semblables à des
écailles; leurs pieds plus en arrière que dans aucun
autre oiseau, ne les soutiennent qu'en s'appuyant sur
le tarse, qui est élargi comme la plante du pied d'un
quadrupède et dans l'intérieur duquel on trouve trois
os soudés ensemble par leurs extrémités. Ils ont d'ailleurs un petit pouce dirigé en dedans, et leurs trois
doigts antérieurs sont unis par une membrane entière.

On n'en trouve que dans les mers Antarctiques où
ils ne viennent à terre que pour nicher. Ils ne vont à
leurs nids qu'en se traînant péniblement sur le ventre.

Leur bec peut les faire diviser en trois sous-genres.

Les MANCHOTS proprement dits. (APTENODYTES. Cuv.)

L'ont grêle, long, pointu; la mandibule supérieure un
peu arquée vers le bout, couverte de plumes jusqu'au tiers de

sa longueur où est la narine et d'ou part un sillon qui s'étend jusqu'au bout.

Le *grand Manchot*. (*Apt. patagonica*. Gm.) Enl. 975.

Est de la taille d'une oie, ardoisé dessus, blanc dessous, à masque noir, entouré d'une cravatte citron. Il habite en très-grandes troupes aux environs du détroit de Magellan et jusqu'à la Nouvelle-Guinée. Sa chair, quoique noire, est mangeable.

LES GORFOUS. (CATARRHACTES. Briss.) (1).

Ont le bec fort, peu comprimé, pointu, à dos arrondi, la pointe un peu arquée; le sillon qui part de la narine se termine obliquement au tiers inférieur du bord.

Le *Gorfou sauteur*. (*Apt. chrysocoma*. Gm.) Enl. 984.

Est grand comme un fort canard, noir dessus, blanc dessous, et porte une huppe blanche ou jaune de chaque côté de l'occiput. On le trouve aux environs des îles Malouines et de la Nouvelle-Hollande. Il saute quelquefois au-dessus de l'eau en nageant, et fait ses œufs dans un trou sur la terre (2).

LES SPHÉNISQUES. (SPHENISCUS. Briss.) (3).

Ont le bec comprimé, droit, irrégulièrement sillonné à sa base, le bout de la mandibule supérieure crochu, celui de l'inférieure tronqué, les narines au milieu, et découvertes.

---

(1) *Gorfou*, corrompu de *goir fugel*, nom du grand pingouin aux îles de Féroë. Voyez Clusius, Exot. 367. *Catarrhactes* est le nom grec d'un oiseau très-différent, qui volait très-bien, et qui se précipite de haut sur sa proie. C'était probablement une espèce de mouette.

(2) Ajoutez *Apt. catarrhactes*, Edw. 49. — *Apt. papua*, Sonnerat. Ier Voy. pl. 115. — *Apt. torquata*, ib. pl. 114. — *Apt. minor*. Latham, Syn. 111, pl. 103.

(3) *Spheniscus*, nom donné, par Moehring, aux macareux; et par Brisson, aux manchots; de Σϕὴν (coin),

Le *Sphénisque du Cap.* (*Apt. demersa.* Gm.) Enl. 382 et 1005.

Noir dessus, blanc dessous, le bec brun, avec une bande blanche au milieu : le mâle a de plus un sourcil blanc, la gorge noire, et une ligne noire dessinée sur la poitrine, et se continuant le long de chaque flanc. Il habite surtout aux environs du Cap, où il niche dans les rochers (1).

La famille des LONGIPENNES ou GRANDS VOILIERS.

Comprend les oiseaux de haute mer, qui, au moyen de leur vol étendu, se sont répandus partout, et que les navigateurs observent dans toutes les plages. On les reconnaît à leur pouce libre ou nul, à leurs très-longues ailes et à leur bec sans dentelures, mais crochu au bout dans les premiers genres, et simplement pointu dans les autres. Leur larynx inférieur n'a qu'un muscle propre de chaque côté ; leur gésier est musculeux et leurs cœcums courts.

LES PÉTRELS. (PROCELLARIA. Lin.)

Ont le bec crochu par le bout, et dont l'extrémité semble faite d'une pièce articulée au reste ; leurs narines sont réunies en un tube couché sur le dos de la mandibule supérieure ; leurs pieds n'ont, au lieu de pouce, qu'un ongle implanté dans le talon. Ce sont, de tous les palmipèdes, ceux qui se tiennent

(2) *Aptenod. torquata* ne paraît pas beaucoup différer d'*apt. demersa.*

le plus constamment éloignés des terres ; aussi ,
quand une tempête approche , sont-ils souvent obligés de chercher un refuge sur les écueils et sur les
vaisseaux ; ce qui leur a valu le nom d'oiseau de
tempête. Celui de pétrel (petit Pierre) leur vient
de l'habitude de marcher sur l'eau en s'aidant de leurs
ailes. Ils font leurs nids dans les trous des rochers ,
et lancent sur ceux qui les attaquent un suc huileux
dont il paraît qu'ils ont toujours l'estomac rempli.
Le plus grand nombre des espèces habite les mers
du côté du pôle antarctique.

On nomme plus particulièrement Pétrels , ceux dont la
mandibule inférieure est tronquée.

La plus grande espèce , *Pétrel géant* , *Quebranta huessos*
ou *Briseur d'os* (*Procell. gigantea* , Gm.) , Lath. ,
Syn. III , pl. 100 ,

N'habite que les mers australes , et surpasse l'oie en grandeur. Son plumage est noirâtre dessus et blanchâtre dessous.

On trouve dans les mêmes mers

Le *Damier* , *Pétrel du Cap* , *Pintado* , etc. (*Proc. Capensis.*). Enl. 964.

De la taille d'un petit canard , tacheté en dessus de noir
et de blanc , blanc en dessous. Les navigateurs en parlent
souvent.

Nous voyons quelquefois sur nos côtes

Le *Pétrel gris-blanc.* (*Proc. glacialis.*) Enl. 59.

Blanc , à manteau cendré , à bec et pieds jaunes , de la
taille d'un gros canard. Il niche sur les côtes escarpées des
îles britanniques et de tout le nord.

Mais l'espèce la plus connue sur toutes les mers , et plus
particulièrement nommée

L'*Oiseau de Tempête* (*Proc. pelagica*) , Briss. , VI , XIII , 1 (1).

N'est guère plus grande qu'une alouette , haute sur jambes , toute brune , hors le croupion , qui est blanc. Quand elle cherche un abri sur les vaisseaux , c'est un signe d'ouragan.

Nous séparons , avec Brisson , sous le nom de

PUFFINS (PUFFINUS) (2) ,

Ceux où le bout de la mandibule inférieure se recourbe vers le bas avec celui de la supérieure , et où les narines , quoique tubuleuses , s'ouvrent , non point par un orifice commun , mais par deux trous distincts. Leur bec est plus allongé à proportion.

Le *Puffin cendré.* (*Proc. puffinus.* Gm.) Enl. 962.

Est cendré dessus , blanchâtre dessous , et a les ailes et la queue noirâtres : sa taille est celle d'un pigeon. Il niche , comme le pétrel gris-blanc , dans les rochers de l'Angleterre , de l'Ecosse et des îles voisines (3).

On juge par les descriptions incomplètes de Forster , qu'il doit y avoir , parmi les nombreux oiseaux des mers Antarctiques , indistinctement appelés pétrels , deux groupes qui peuvent faire des genres particuliers.

LES PÉLÉCANOÏDES, Lacép. (HALODROMA , Illig.)

Qui , avec le bec et les formes des pétrels ou des puffins , auraient la gorge dilatable comme les cormorans , et manqueraient tout-à-fait de pouce comme les albatrosses (*Procellaria urinatrix* , Gm.) , et

---

(1) La fig. enl. 993 , est une espèce voisine , des mers du Sud.

(2) *Puffin* , nom du macareux , sur les côtes d'Ecosse.

(3) Ajoutez *procell. obscura.* — Et *proc. pacifica* , qui n'est peut-être pas différent du *procell. æquinoctialis.* Edw. 89.

LES PRIONS, Lacép. (PACHYPTILA, Illig.)

Qui, semblables d'ailleurs aux pétrels, auraient les narines séparées comme les puffins, le bec élargi à sa base, et ses bords garnis extérieurement de lames comme les canards. (Les *Pétrels bleus*, *procell. vittata* et *cærulea*, Gm.) (1).

LES ALBATROSSES. (DIOMEDEA. Lin.)

Sont les plus massifs de tous les oiseaux d'eau. Leur bec, grand, fort et tranchant, a des sutures marquées, et se termine par un groc croc qui y semble articulé ; leurs narines sont en forme de rouleaux, courts, couchés sur les côtés du bec ; leurs pieds n'ont point de pouce, ni même ce petit ongle qu'on remarque dans les pétrels. Ils habitent tous les mers Australes, vivent de frai de poisson, de mollusques, etc.

L'espèce la plus connue des navigateurs (*Diomedea exulans*, Lin.), enl. 237,

Est nommée par eux mouton du Cap, à cause de sa grandeur, de son plumage blanc à ailes noires, et parce qu'elle est surtout abondante au delà du tropique du Capricorne. Les Anglais l'appellent aussi *vaisseau de guerre*, *etc.* C'est un grand ennemi des poissons volans. Elle fait un nid de

---

(1) Peut-être sera-t-il à propos de distinguer aussi, lorsqu'on les connoîtra mieux, les espèces à queue fourchue (*Proc. fregatta*) Rochef. Antill. pl. 152. — *Proc. furcata*. — *Proc. marina*. — *Proc. fuliginosa*.

(2) *Diomedea*, noms anciens de certains oiseaux habitans de l'île de Diomède, près de Tarente, et que l'on disait accueillir les Grecs, et se jetter sur les Barbares. Quant au mot *albatros*, je vois que les premiers navigateurs portugais ont appelé les fous, et d'autres oiseaux de mer, *alcatros*, ou *alcatras*. Dampierre a appliqué ce nom au genre actuel, Grew l'a changé en *albitros*, et Edw. en *albatros*.

terre élevé , et y pond des œufs nombreux et bons à manger. On dit sa voix aussi forte que celle de l'âne.

On a observé divers albatrosses plus ou moins bruns ou noirâtres; mais on n'a pu encore constater jusqu'à quel point ils forment des variétés ou des espèces distinctes (1).

LES GOELANDS, MAUVES, MOUETTES. (LARUS. L.) (2).

Ont le bec comprimé , allongé , pointu , sa mandibule supérieure arquée vers le bout, l'inférieure formant en dessous un angle saillant. Leurs narines, placées vers le milieu , sont longues, étroites et percées à jour ; leur queue est pleine , leurs jambes assez élevées, leur pouce court. Ce sont des oiseaux lâches et voraces , qui fourmillent sur les rivages de la mer, se nourrissant de toute espèce de poissons , de chair de cadavres , etc. Ils nichent dans le sable ou les fentes des rochers , et ne font que peu d'œufs. Lorsqu'ils s'avancent dans les terres , c'est un signe de mauvais temps. Il s'en trouve plusieurs espèces sur nos côtes ; et, comme leur plumage varie beaucoup avec l'âge, on les a encore multipliées

Buffon nomme

GOELANDS

Les grandes espèces qui surpassent la taille du canard.

L'un des plus grands est

---

(1) Tels sont les *diom. spadicea*, enl. 963. — *D. chlororhynchos* , Lath. Syn. III. pl. 94. — *D. fuliginosa*.

(2) *Larus* , nom grec de ces oiseaux; *gavia* en latin , d'où *gabian* en provençal ; en francais , on les nomme *mauves* ou *mouettes* de leur nom allemand *mœwe*; *goeland*, employé pour la première fois par Feuillée , n'est qu'une corruption de leur nom anglais *gull*, *gull-cnt*.

Le *Goeland à manteau noir* (*Larus marinus* et *nævius*, Gm.), enl. 990 et 266,

Qui, d'abord tacheté de blanc et de gris, devient ensuite tout blanc, à manteau noir ; le bec jaune, avec une tache rouge en dessous ; les pieds rougeâtres.

Le *Goeland à manteau gris* (*Larus glaucus* et *Lar. argentatus*, Gm.), enl. 253,

Ne lui cède guère : il n'en diffère que par son manteau cendré-clair. Le jeune est aussi tacheté.

Les Mauves ou Mouettes sont les espèces plus petites.

La *Mouette à pieds bleus.* (*Larus cyanorhynchus.* Meyer) Enl. 977.

Est, dans son dernier âge, d'un beau blanc, à manteau cendré-clair ; les premières pennes de l'aile en partie noires, avec des taches blanches au bout ; son bec et ses pieds de couleur plombée. Elle vit beaucoup de coquilles. Elle devient quelquefois toute blanche. (*Larus eburneus.* Gm.) Enl.

La *Mouette à pieds rouges.* (*Larus canus, Lar ridibundus* ; *Lar. hybernus* ; *Lar. atricilla*, et *Lar. erythropus.* Gm.) Enl. 994.

Est à peu près semblable a la precédente, excepté qu'elle a, dans son premier âge, le bout de la queue noir, et du noir et du brun sur l'aile : la tête de l'adulte devient brune ou noire au printemps, et reste ainsi tout l'été (enl. 970) ; son bec et ses pieds sont plus ou moins rouges. On l'a nommée, d'après son cri, mouette rieuse.

La *Mouette à trois doigts.* (*Larus tridactilus*, et *Lar. rissa.* Gm.)

Encore fort semblable aux précédentes, se distingue par un pouce très-court et imparfait. Jeune, elle est plus ou moins tachetée de brun ou de noir (enl. 387)

On a distingué avec raison des goëlands et mouettes ordinaires,

LES STERCORAIRES, Briss. (LABBES, Buff. (1), LESTRIS, Illiger),

Où les narines membraneuses, plus grandes que dans les autres, reportent l'orifice des narines plus près de la pointe et du bord du bec : leur queue est pointue. Ils poursuivent avec acharnement les petites mouettes pour leur enlever ce qu'elles mangent, et même, à ce que quelques-uns disent, pour dévorer leur fiente. De là leur nom.

Le *Labbe à longue queue.* (*Larus parasiticus.* Gm.)
Enl. 762.

Est brun-foncé, à gorge noire et cou blanchâtre ; les deux pennes du milieu de la queue excèdent les autres du double. Il est très-rare ici.

Le *Labbe à courte queue.* (*Larus crepidatus*, Gm.)
Enl. 991 , ou mieux Edw. 149.

Nous vient un plus peu souvent. Son plumage est brun-noirâtre, ondé de brun-fauve ; la base des premières pennes de l'aile blanchâtre.

Ces deux espèces vivent surtout dans le nord, comme en général tous les goëlands et mouettes, dont on ne voit même pas qu'il se soit trouvé aucun dans les parages antarctiques où les pétrels sont si communs.

LES HIRONDELLES DE MER. (STERNA, L.) (2).

Tirent leur nom de leurs ailes excessivement longues et pointues, de leur queue fourchue, de leurs pieds courts qui leur donnent un port et un

---

(1) *Lab* ou *labbe*, nom de ces oiseaux parmi les pêcheurs suédois.

(2) *Sterna* est leur nom anglais, *stern* ou *tern*, latinisé par Turner, et admis par Gesner.

vol analogues à ceux des hirondelles. Leur bec est pointu, comprimé, droit, sans courbure ni saillie; leurs narines vers la base, oblongues et percées de part en part; les membranes qui unissent leurs doigts fort échancrées; aussi nagent-elles peu. Elles volent en tout sens et avec rapidité sur les mers, jetant de grands cris et enlevant habilement de la surface des eaux les mollusques et petits poissons dont elles se nourrissent. Elles s'avancent aussi dans l'intérieur sur les lacs et les rivières.

La plus commune au printemps,

La grande Hirondelle de mer. (*Sterna hirundo*, L.)
Enl. 987.

Est dans son état adulte blanche, à manteau cendré-clair, culotte noire, bec et pieds rouges, longue d'un pied. Son envergure en a au moins deux.

La *petite Hirondelle de mer.* (*Sterna minuta* L.) Enl. 996.

En diffère par sa taille moindre d'un tiers et par son front blanc.

L'Hirondelle de mer noire. (*St. nigra*, *St. fissipes*, et *St. nœvia.*) Enl. 338 et 924.

A la queue moins profondément fourchue. Jeune elle ressemble assez à la précédente, excepté que son manteau est tacheté de noir. Adulte, elle est presque toute d'un cendré-noirâtre (1).

On pourrait distinguer des autres hirondelles de mer

Les Noddis.

Dont la queue n'est pas fourchue et égale presque les

---

(1) Ajoutez *stern. Caspia*, Gm. Sparrm. Carl. LXII. — *St. cantiaca*, *striata* et *africana*, Gm. Albin. II. LXXXVIII. — *St. leucoptera*, Tem.

ailes. Ils ont aussi sous leur bec une légère saillie, premier indice de celle des mauves. On n'en connaît qu'un.

Le *Noddi noir, oiseau fou*, etc. (*Sterna stolida*, L.)
Enl. 997.

Brun - noirâtre, le dessus de la tête blanchâtre, célèbre parmi les navigateurs par l'étourderie avec laquelle il vient se jeter sur les vaisseaux (1).

Les Coupeurs-d'eau ou Becs-en-ciseaux.

(Rhynchops, L.)

Ressemblent aux hirondelles de mer par leurs petits pieds, leurs longues ailes et leur queue fourchue; mais se distinguent de tous les oiseaux par leur bec extraordinaire, dont la mandibule supérieure est plus courte que l'autre, et où toutes deux sont aplaties en lames simples, dont les bords se répondent sans s'embrasser. Ils ne peuvent se nourrir que de ce qu'ils relèvent de la surface de l'eau, en volant avec leur mandibule inférieure. On n'en connaît qu'une espèce.

(*Rhynchops nigra*, L.) Enl. 357.

Blanche, à calotte et manteau noirs, avec une bande blanche sur l'aile et les pennes externes de la queue blanches en dehors. Son bec et ses pieds sont rouges, et il égale à peine un pigeon. Il habite les mers des Antilles.

La famille des Totipalmes.

A cela de remarquable, que leur pouce est réuni avec les autres doigts dans une seule

---

(1) Le *St. philippensis* (Souner., Ier Voy. pl. 85), ne paraît pas différer du *stolida*. — Le *st. fuscata*, Lath. Briss. vi. pl. xxi. 1, paraît aussi de ce sous-genre.

membrane , et malgré cette organisation qui
fait de leurs pieds des rames plus parfaites ,
presque seuls parmi les palmipèdes , ils se perchent sur les arbres. Tous sont bons voiliers et
ont les pieds courts. Linnæus en faisait trois
genres , dont le premier a dû être subdivisé.

Les Pélicans. (Pelecanus, L.)

Comprenaient tous ceux où se trouve à la base
du bec quelque espace dénué de plumes. Leurs narines sont des fentes dont l'ouverture est à peine
sensible. La peau de leur gorge est plus ou moins
extensible , et leur langue fort petite. Leur gésier
aminci forme , avec leurs autres estomacs, un grand
sac. Ils n'ont que de médiocres ou petits cœcums.

Les Pélicans proprement dits. (Onocrotalus , Briss. , Pelecanus , Illiger.)

Ont le bec très-remarquable par sa grande longueur, sa
forme droite , large et aplatie horizontalement, par le crochet qui le termine , enfin par sa mandibule inférieure ,
dont les branches flexibles soutiennent une membrane nue
et dilatable en un sac assez volumineux. Deux sillons règnent
sur la longueur, et les narines y sont cachées. Le tour des
yeux nu comme la gorge. La queue ronde.

Le *Pélican ordinaire.* (*Pelec. onocrotalus* , L.) Enl. 87.

Grand comme un cygne , entièrement d'un blanc légèrement teint de couleur de chair, le crochet du bec rouge
comme une cerise , est plus ou moins répandu dans tout

---

(1) Pelecanus et onocrotalus sont deux noms grecs latinisés de cet
oiseau

l'ancien monde ; niche dans les marais ; ne vit que de poissons vivans. Il porte, dit-on, des provisions et de l'eau dans le sac de sa gorge. On n'a point assez déterminé les variations d'âge de cet oiseau, pour que l'énumération des espèces de son genre soit assurée (1).

LES CORMORANS (2). (PHALACROCORAX, Briss., CARBO, Meyer., HALIEUS, Illiger.)

Ont le bec allongé, comprimé, le bout de la mandibule supérieure crochu et celui de l'inférieure tronquée ; la langue fort petite, la peau de la gorge moins dilatable ; les narines comme une petite ligne qui ne semble pas percée. Le second doigt a l'angle du milieu dentelé en scie.

LES CORMORANS PROPREMENT DITS ont la queue ronde de quatorze pennes. Nous en possédons un

Le *Cormoran*. (*Pelecanus carbo*, L.) Enl. 927.

D'un brun-noir, ondé de noir-foncé sur le dos et mêlé de blanc vers le bout du bec et le devant du cou ; quatorze pennes à la queue ; le tour de gorge et les joues blancs dans le mâle, dont l'occiput est aussi huppé. De la taille de l'oie. Il niche dans les trous des rochers ou sur les arbres ; fait trois ou quatre œufs.

---

(1) Je ne vois point de différence entre notre pélican et le *pelec. roseus* Sonn. Ier Voy. pl. 54. Quant au *pelec. manillensis*, id. 53. Sonnerat dit lui-même qu'il le croit le jeune âge du *roseus*. Je ne vois pas non plus de différence entre le *fuscus*, Edw. 93, et celui de la pl. enl. 965, que l'on cite sous *roseus* ; mais qui est bien plutôt semblable au *manillensis*. — Le *philippensis*, Briss. vi. pl. 56, est le même individu qui a servi de modèle à cette pl. enl. 965, et l'un et l'autre sont de jeunes *onocrotalus*. — Celui de la pl. 957, cité aussi sous *fuscus*, paraît réellement une espèce.

(2) *Cormoran*, corruption de *corbeau marin*, à cause de sa couleur noire. C'est en effet le corbeau aquatique d'Aristote. *Phalacrocorax* (*corbeau chauve*), nom grec de cet oiseau indiqué par Pline, mais non employé par Aristote. Celui de *carbo* ne lui est donné que par *Albert*, p ut-être d'après son nom allemand *scharb*.

Le *petit Cormoran*. (*Pelec. graculus* et *africanus*, Gm.)
Sparm. mus. Carls. III. LXI, et le jeune. Enl. 974.

Un peu plus petit, d'un noir plus profond et plus bronzé;
point de blanc devant le cou; les plumes au dos plus
pointues : est plus rare que le commun (1).

LES FRÉGATTES.

Diffèrent des cormorans par une queue fourchue, des pieds
courts, dont les membranes sont profondément échancrées,
une excessive envergure, et un bec dont les deux mandibules sont courbées au bout.

Leurs ailes sont si puissantes, qu'elles volent à des distances immenses de toute terre, principalement entre les
tropiques, fondant sur les poissons volans, frappant les fous
pour les contraindre à dégorger leur proie.

On n'en connaît bien qu'une

(*Pelecanus aquilus*, L.) Enl. 961.

A plumage noir, plus ou moins varié de blanc sous
la gorge et le cou, à bec rouge. Son envergure a quelquefois dix et douze pieds (2).

LES FOUS OU BOUBIES. (SULA, Briss., DYSPORUS, Illig.) (3).

Ont le bec droit légèrement comprimé, pointu, sa pointe
un peu arquée; ses bords denticulés en scie, à dents diri-

---

(1) *Pel. cristatus*, Olafs. Voy. en Isl. trad. Fr. pl. 44, dont *pel. punc-
tatus*, Lath.; *nævius*, Gm. Syn. Av. III. pl. 104, et Sparm. Mus. Carls.
pl. 10, ne sont peut-être que des variétés d'âge, me paraît bien voisin
du graculus.

Ajoutez *pelec. pygmœus*, Pall. App. pl. 1.

(2) On a un peu gratuitement élevé au rang d'espèces les *pelec. minor*,
Edw. 309; et *leucocephalus*, Buff. Ois. VIII. pl. 30, peut-être même le
pelec. palmerstoni, Lath.

(3) Sula est le nom du fou de Bassan, aux îles de Ferroë, selon Hoyer,
Clusius, Exot. 36.

Boubie est leur nom anglais booby; fou, stupide.

gées en arrière. Les narines se prolongeant en une ligne
qui va jusqu'auprès de la pointe ; la gorge nue, ainsi que
le tour des yeux et peu extensible ; l'ongle du doigt du
milieu dentelée en scie ; les ailes bien moindres que les
frégattes, et la queue un peu en coin. On les a nommés
fous à cause de la stupidité avec laquelle ils se laissent attaquer par les hommes et les oiseaux, surtout par les frégattes,
qui les frappent pour les contraindre à leur abandonner les
poissons qu'ils ont pêchés.

Le plus commun est

Le *Fou de bassan.* (*Pelecanus bassanus*, L.) Enl. 278.

Blanc ; les premières pennes des ailes et les pieds noirs ;
le bec verdâtre ; presque égal à l'oie. Son nom vient d'une
petite île du golfe d'Edimbourg où il multiplie beaucoup,
quoiqu'il ne ponde qu'un œuf par couvée. Il en vient
assez souvent sur nos côtes en hiver. Le jeune est brun
tacheté de blanc. (Enl. 986.) Les autres espèces de fous
ne sont pas encore suffisamment déterminées.

LES ANHINGA. (PLOTUS , L.) (1).

Sur un corps et des pieds à peu près de cormoran ,
portent un long cou, une petite tête et un bec droit,
grêle et pointu, à bords denticulés ; les yeux et le nu
de la face sont d'ailleurs comme dans les pélécanus ,
dont les anhinga ont aussi les habitudes , nichant
comme eux sur les arbres.

On en connaît quelques espèces ou variétés des pays
chauds des deux Continens. Ils n'excèdent pas la grosseur
du canard , mais leur cou est plus long (2).

(1) *Anhinga*, nom de ces oiseaux chez les Topinambous , selon Margrave
plotus ou *plautus* en latin signifie pied-plat. Klein l'a employé pour
une de ses familles de palmipèdes. Linnæus l'a apliqué aux anhinga.

(2) *Plotus melanogaster*, eul. 959. — Enl. 107. — Latham , Syn.
vi. pl. 96.

PALMIPÈDES. 527

Les Paille en queue. (Phaeton, L.) Vulgairement, *Oiseaux du Tropique.*

Se reconnaissent à deux pennes étroites et très-longues qu'ils portent à la queue, et qui de loin ressemblent à une paille. Leur tête n'a rien de nu. Leur bec est droit, pointu, denticulé, et médiocrement fort ; leurs pieds courts et leurs ailes longues ; aussi volent-ils très-loin sur les hautes mers, et comme ils ne quittent la Zone-Torride que rarement, leur apparition fait reconnaître aux navigateurs le voisinage du Tropique. A terre, où ils ne vont guère que pour nicher, ils se perchent sur les arbres.

On n'en connaît que quelques espèces ou variétés à plumage blanc, plus ou moins varié de noirâtre, et qui ne passent point la taille d'un pigeon (1).

La famille des Lamellirostres

A le bec épais, revêtu d'une peau molle plutôt que d'une véritable corne ; ses bords garnis de lames ou de petites dents ; la langue large et charnue, dentelée sur ses bords. Leurs ailes sont de longueur médiocre. Ils vivent plus sur les eaux douces que sur la mer. Dans le plus grand nombre la trachée-artère du mâle est renflée près de sa bifurcation en capsules de diverses formes. Leur

---

(2) *Phaëton æthereus*, enl. 369 et 998. — *Phœnicurus*, enl. 979.

gésier est grand, très-musculeux, leurs cœcums longs.

Le grand genre DES CANARDS. (ANAS, Lin.)

Comprend les palmipèdes dont le bec grand et large a ses bords garnis d'une rangée de lames saillantes, minces, placées transversalement, qui paraissent destinées à laisser écouler l'eau quand l'oiseau a saisi sa proie. On les divise en trois sous-genres, dont les limites ne sont cependant pas trop précises.

LES CYGNES. (CYGNUS, Meyer.)

Ont le bec aussi large en avant qu'en arrière, plus haut que large à sa base; les narines à peu près au milieu de sa longueur; le cou fort allongé. Ce sont les plus grands oiseaux de ce genre. Ils vivent principalement des graines et des racines des plantes aquatiques. Aussi leurs intestins, et surtout leurs cœcums, sont-ils très-longs. Leur trachée n'a point de renflement.

Nous en avons deux espèces en Europe.

Le *Cygne à bec rouge.* (*Anas olor*, Gm.) Enl. 913.

A bec rouge bordé de noir, chargé sur sa base d'une protubérance arrondie; le plumage d'un blanc de neige. Les jeunes ont le bec plombé et le plumage gris. C'est cette espèce qui, devenue domestique, fait l'ornement de nos bassins et de nos canaux La douceur de ses mouvemens, l'élégance de ses formes, la blancheur éclatante de son plumage, l'ont rendu l'emblème de la beauté et de l'innocence. Il vit également de poissons et de végétaux; vole très-haut et très-vite, et nage avec rapidité, prenant le vent avec ses ailes, qui lui servent d'ailleurs d'une arme puissante pour frapper ceux qui l'attaquent.

Il niche sur les étangs, dans les joncs, et fait six ou huit œufs gris-verdâtres.

Le *Cigne à bec noir*. (*Anas cygnus*, Gm.) Edw. 150.

Le bec noir, à base jaune, le corps blanc, teinté de gris jaunâtre, et tout gris dans les jeunes. Cette espèce fort semblable à la précédente pour l'extérieur, s'en distingue parfaitement à l'intérieur par sa trachée artère qui se recourbe et pénètre en grande partie dans une cavité de la quille du sternum ; particularité commune aux deux sexes, qui n'a point lieu dans le cigne domestique. On nomme encore celui-ci, mais mal à propos, *Cigne sauvage* et *Cigne chanteur*. Le chant du cigne à sa mort n'est qu'une fable.

Le *Cigne noir*. (*Anas plutonia*, Sh. *an. atrata*, Lath.) Natur. misc. pl. 108.

Découvert depuis peu à la Nouvelle Hollande ; de la taille du cigne commun, mais d'un port moins élégant ; il est tout noir, excepté les pennes primaires qui sont blanches, et le bec et une peau nue de sa base qui sont rouges (1).

On ne peut guère séparer des cignes certaines espèces, à la vérité moins élégantes, mais qui ont le même bec.

Plusieurs d'entre elles ont un tubercule sur la base. La plus connue est nommée vulgairement

L'*Oie de Guinée*. (*Anas cygnoides*, L.) Enl. 347.

Nous l'élevons dans nos basses cours, où elle produit aisément avec nos oies. D'un gris-blanchâtre, à manteau gris-brun ; le mâle se reconnaît au fanon emplumé qui pend sous son bec et au gros tubercule qui surmonte sa base.

Une autre espèce beaucoup plus rare, nommée par ses premiers descripteurs

---

(1) L'*oie à cravatte* (*an. Canadensis*, L.), enl. 346, me paraît aussi un vrai cigne.

L'*Oie de Gambie* (*Anas Gambensis*, L.) Lath. syn. III,
p. 2, pl. 102.

Se fait remarquer par sa taille, par ses hautes jambes,
par le tubercule qu'elle porte sur le front, et par les
deux gros éperons dont le fouet de son aile est armé. Son
plumage est d'un noir-pourpré. La gorge, le devant et
le dessous du corps et l'aile sont blancs (1).

Les Oies. (Anser , Briss.)

Ont le bec médiocre ou court, plus étroit en avant qu'en
arrière, et plus haut que large à sa base ; leurs jambes
plus élevées qu'aux canards, et plus rapprochées du milieu
du corps, leur facilitent la marche. Plusieurs vivent d'herbes
et de graines. Elles n'ont aucun renflement au bas de la
trachée, laquelle dans les espèces connues ne forme non
plus aucun repli.

Les Oies proprement dites,

Ont le bec aussi long que la tête ; les bouts des lamelles
en garnissent le bord, et y paraissent comme des dents
pointues.

L'*Oie ordinaire*. (*An. anser*, L.)

Qui a pris toute sorte de couleurs dans nos basses cours,
vient d'une espèce sauvage, grise à manteau brun, ondé
de gris, à bec orange, noir à sa base et au bout (*Ans.
cinereus*, Meyer.) Enl. 985. Mais il existe une autre
espèce fort voisine qui arrive en automne, et se reconnaît
à ses ailes plus longues que la queue et à quelques taches
blanches au front ; son bec est tout orangé. (*Ans. segetum*,
Meyer.)Albin. II, 90.

Nous voyons aussi assez souvent en hyver

---

(1) Buffon a confondu cette oie avec une variété de l'oie d'Egypte ,
enl. 982. La figure de Latham est défectueuse, en ce qu'elle ne montre
qu'un éperon , et que le casque n'y est point saillant.

Ici vient encore l'*oie bronzée* (*an. melanotos*), enl. 937.

L'*Oie rieuse*. (*Anas albifrons*, Gm.) Edw. 153.

Grise à ventre noir , à front blanc.

Le nord des deux continens en produit une troisième espèce.

L'*Oie de neige*. (*An. hyperborea*, Gm.)

Blanche , à bec et pieds rouges , à pennes des ailes noires au bout , qui s'égare aussi quelquefois lors des grands ouragans d'hiver dans nos pays tempérés.

LES BERNACHES (1).

Se distinguent des oies ordinaires par un bec plus court , plus menu , dont les bords ne laissent point paraître au dehors les extrémités des lamelles.

Le nord de l'Europe nous envoie en hiver l'espèce si célèbre par la fable qui la faisait naître sur les arbres comme un fruit (*anas erythropus*, Gm., *an s. leucopsis*, Bechst.) Enl. 855.

Son manteau est cendré , son cou noir , son front , ses joues , sa gorge et son ventre blancs ; le bec noir ; les pieds gris.

Le *Cravant* (2). (*An. bernicla*, Gm.) Enl. 342.

Est du même pays. Sa tête , son cou, les pennes de ses ailes sont noirs ; son manteau gris-brun ; une tache de chaque côté du haut du cou et le dessous de la queue blancs ; le bec noir ; les pieds bruns.

La *Bernache armée, Oie d'Afrique , du Cap, d'Egypte*, etc. (*An. Ægyptiaca*, Gm.) Enl. 379, 982, 983.

Remarquable par l'éclat de ses couleurs et par le petit éperon de ses ailes, appartient aussi à ce sous-genre ; on peut l'élever en domesticité , mais elle a toujours du penchant à s'enfuir.

---

(1) Barnacle , nom écossais de l'*anser leucopsis* , ou bernache proprement dite : klake, en cette langue , signifie une oie.

(2) *Cravant*, corruption de grauent (canard gris).

C'est le *Chenalopex* ou l'*Oie renard*, révéré des anciens Egyptiens à cause de son attachement pour ses petits (1).

LES CANARDS proprement dits. (ANAS, Meyer.)

Ont le bec moins haut que large à sa base, et autant ou plus large à son extrémité que vers la tête. Les narines plus rapprochées de son dos et de sa base ; leurs jambes plus courtes et plus en arrière leur rendent la marche moins facile qu'aux oies et aux cignes ; ils ont aussi le cou moins long ; leur trachée se renfle à sa bifurcation en capsules cartilagineuses, dont la gauche est généralement la plus grande.

Les espèces de la première division, ou celles dont le pouce est bordé d'une membrane, ont la tête plus grosse, le cou plus court, les pieds plus en arrière, les ailes plus petites, la queue plus roide, les tarses plus comprimés, les doigts plus longs, les palmures plus entières. Elles marchent plus mal, vivent plus exclusivement de poissons et d'insectes, et plongent plus souvent.

Parmi elles on peut distinguer

LES MACREUSES ,

A la largeur et au renflement de leur bec.

La *Macreuse* (2). (*Anas nigra*. Lin.) Enl. 972.

Toute noire, grisâtre dans sa jeunesse, le bec très-large, garni sur sa base d'une protubérance. Elle vit en grandes troupes, le long de nos côtes, principalement de moules.

---

(1) Géoffroy-Saint-Hilaire, dans la ménagerie du Muséum d'histoire naturelle, art. oie d'Egypte.

Ajoutez l'*an. Magellanica*, enl. 1006. — *An. antarctica*, qui en est fort voisin, Mus. Carls. 37. — *An. leucoptera*, Brown. Ill. 40. — *Anas ruficolis* et *torquata*, Pall. Spicil. vi. pl. iv., qui, dit-on, vient aussi jusqu'en Allemagne. — *An. Coromandelica*, enl. 949, 950. — *An. Madagascariensis*, enl. 770.

(2) Le nom de macreuse vient peut-être de ce que cet oiseau passe pour un manger maigre.

La *double Macreuse.* (*Anas fusca.* Lin.) Enl. 956.

En diffère par une taille plus forte, par une tache blanche sur l'aile, et par un trait blanc sous l'œil. Sa trachée a dans son milieu un renflement circulaire aplati verticalement.

La *Macreuse à large bec.* (*Anas perspicillata.* Lin.) Enl. 995.

A du blanc à l'occiput et derrière le cou, et la peau nue et jaune de la base de son bec entoure aussi ses yeux.

La Nouvelle-Hollande en fournit une espèce maillée, re-marquable par un grand fanon charnu qui lui pend sous le bec. (*An. lobata.*) Nat. misc. VIII, pl. 255 (1).

On peut encore séparer

Les Garrots,

Dont le bec est court et plus étroit en avant ; et à leur tête, on peut mettre les espèces dont la queue a ses pennes du milieu plus longues, ce qui la rend pointue.

Telles sont

Le *Canard de Terre-Neuve* (*An. glacialis*, Lin.), enl. 1008 ; le jeune mâle (*An. hyemalis*), enl. 999.

Blanc, une tache fauve sur la joue et le côté du cou ; la poitrine, le dos, la queue, un partie de l'aile noires. C'est, de tous nos canards, celui qui a le bec le plus court. Sa trachée, ossifiée vers le bas, a d'un côté comme cinq vitres carrées, simplement membraneuses, au dessous desquelles elle se renfle en une apsule cosseuse.

Le *Canard Arlequin* (*Anas histrionica*, Lin.), enl. 798, et la femelle (*Anas minuta*), 799.

Cendré, le mâle bizarrement bigarré de blanc ; le sourcil et les flancs roux.

_____

(1) Ajoutez l'*anas mersa* et *leucocephala.* Voy. de Pall. trad. fr. II, pl. 5 et 6.

L'un et l'autre nous vient en hiver, mais à des intervalles éloignés.

Les *Garrots* ordinaires ont la queue ronde ou carrée.

Le *Garrot* (*An. clangula*, Lin.), enl. 802; le jeune (*An. glaucion*, Lin.) (1).

Blanc; la tête, le dos, la queue noirs; une petite tache en avant de l'œil et deux bandes à l'aile blanches; le bec noirâtre. La femelle, cendrée, à tête brune. Il vient par troupes du nord en hiver, et niche quelquefois sur nos étangs. Sa trachée, dans son milieu, a une grosse dilatation, dont les arceaux conservent de la mobilité. Elle s'évase singulièrement vers sa bifurcation (2).

LES EIDERS

Ont le bec plus allongé que les garots, remontant plus haut sur le front où il est échancré par un angle de plumes, mais de même plus étroit en avant.

L'*Eider*. (*An. mollissima.*) Enl. 208, 209 (les adultes des deux sexes) et *an. spectabilis*, Edw. 154. Sparm. mus. Carls. 39 (le jeune mâle de trois ans.)

Est célèbre par le duvet précieux qu'il fournit et que l'on nomme édredon.

Après ces distinctions il reste

LES MILLOUINS.

Dont le bec large et plat n'offre d'ailleurs aucune marque notable. Nous en possédons plusieurs dans notre pays dont il paraît que les trachées se terminent toutes par des renflemens à peu près semblables, formant à gauche une capsule

---

(1) *Glaucion*, nom grec d'un canard, ainsi appelé à cause de la couleur de ses yeux.

(2) Ajoutez *an. albeola*, enl. 948, le même qu'*an. bucephala*, Catesb. I, 95.

en partie membraneuse, soutenue par un cadre et des ramifications osseuses.

Le *Millouin commun*. (*An. ferina*, L. et *an. rufa*, Gm.)
                    Enl. 8o3.

Cendré, finement strié de noirâtre, la tête et le haut du cou roux ; le bas du cou et la poitrine bruns ; le bec plombé clair. Niche quelquefois dans les joncs de nos étangs. Sa trachée à peu pres d'égal diamètre.

Le *Millouin huppé*. (*An. rufina*, L.) Enl. 928.

Noir, le dos brun, du blanc aux flancs et à l'aile, la tête rousse, à plumes du sommet relevées en huppe ; le bec rouge. Cette espèce habite les bords de la mer Caspienne, et est quelquefois portée par les vents jusqu'ici. Sa trachée a deux renflemens successifs outre la capsule de la bifurcation.

Le *Millouinan*. (*An. marila*, L.) Enl. 1002. La femelle.
             (*An. frœnata*.) Mus. Carls. 58.

Cendré, strié de noir, la tête et le cou noir changeant en vert, le croupion et la queue noires, le ventre et des taches à l'aile blancs, le bec plombé ; nous vient en hiver du fond de la Sibérie par petites troupes. Sa trachee, très-grosse d'abord, se rétrécit ensuite.

Le *petit Millouin*. (*An. Nyroca*, Gm. ; la femelle. *An.*
             Africana, Gm.) Enl. 1000.

Brun, la tête et le cou roux, une tache blanche à l'aile, le ventre blanchâtre ; un collier brun au bas du cou du mâle. Niche dans le nord de l'Allemagne ; nous arrive rarement. Sa trachée est ventrue au milieu.

Le *Morillon*. (*An. Fuligula*, L.) Enl. 1001 ; le jeune,
             enl. 1007. *An. Scandiaca.*

Noir ; les plumes de l'occiput prolongées en huppe ; le ventre et une tache à l'aile blancs ; le bec plombé. Il nous vient assez régulièrement du nord tous les hivers (1).

Les Canards de la deuxième division, dont le pouce n'est point bordé d'une membrane, ont la tête plus mince, les pieds moins larges, le cou plus long, le bec plus égal, le corps moins épais; ils marchent mieux; recherchent les plantes aquatiques et leurs graines, autant que les poissons et autres animaux. Il paraît que les renflemens de leurs trachées sont de substance homogène, osseuse et cartilagineuse.

On peut aussi établir parmi eux quelques subdivisions et d'abord

Les Souchets

Sont très-remarquables par le bec long dont la mandibule supérieure, ployée parfaitement en demi-cylindre, est élargie au bout. Les lamelles en sont si longues et si minces, qu'elles ressemblent plutôt à des cils. Ces oiseaux vivent des vermisseaux qu'ils recueillent dans la vase au bord des ruisseaux.

Le *Souchet commun*. (*An. clypeata*, L.) Enl. 971, 972.

Est un très-beau canard à tête et cou verts, poitrine blanche, ventre roux, dos brun, ailes variées de blanc-cendré, de vert et de brun, etc., qui nous vient au printemps. Sa chair est excellente. Le renflement du bas de sa trachée est peu considérable.

Il s'en trouve à la Nouvelle Hollande une espèce (*an. fasciata*,) Sh. natur. miscell. xvii, pl. 697, où les bords du bec supérieur se prolongent de chaque côté en un appendice membraneux.

Les Tadornes.

Ont le bec très-aplati vers le bout, relevé en bosse saillante à sa base.

---

(1) Ajoutez en espèces étrangères : *an. spinosa*, enl. 967, 968. — *an. stelleri*, Pall. Spic. VI, pl. 5.

Le *Tadorne commun* (1). (*An. Tadorna*, L.) Enl. 53.

Est le plus vivement peint de tous les canards : blanc
à tête verte, une ceinture canelle autour de la poitrine,
l'aile variée de noir, de blanc, de roux et de vert. Commun sur les rives de la mer du nord et de la Baltique,
où il niche dans les dunes, souvent dans les trous aban-
donnés par les lapins. Sa bifurcation se renfle en deux
capsules osseuses peu différentes.

D'autres de ces canards de la deuxième division ont des
parties nues à la tête, et souvent aussi une bosse sur la base
du bec.

Le *Canard musqué*. (*An. moschata*, L.) Enl. 989, vulgairement et mal à propos, *Canard de Barbarie*.

Originaire d'Amérique, où on le trouve encore sauvage,
et où il se perche sur les arbres, est maintenant fort multiplié dans nos basses cours à cause de sa grandeur. Il se
mêle aisément au canard ordinaire. Sa capsule est très-
grande, circulaire, aplatie verticalement, et toute du
côté gauche.

Quelques-uns ont la queue pointue.

Le *Pilet*. (*An. acuta*, L.) Enl. 954.

Le dessus et les flancs cendrés, rayés finement de noir,
le dessous blanc ; la tête tannée, etc.; la capsule de sa
trachée est petite.

Dans d'autres, le mâle porte au moins quelques plumes relevées sur la queue.

Le *Canard ordinaire*. (*An. boschas*, L. (2). Enl. 776, 777.

Reconnaissable à ses pieds aurores, à son bec jaune,
au beau vert changeant de la tête, et du croupion

---

(1) *Tadorne*, nom de cet oiseau dans Bélon. Buffon, d'après Turner, l'a
cru, mais à tort, le chenalopex, ou vulpanser des anciens. Voyez ci-dessus à l'oie d'Égypte.

(1) Βοσχας, nom grec de la sarcelle.

du mâle, etc. Dans nos basses-cours il varie en couleur comme tous nos animaux domestiques. Le sauvage, commun dans nos marais, niche dans les joncs, les vieux troncs des saules, quelquefois sur des arbres. Sa trachée se termine vers le bas par une grande capsule osseuse.

Une variété singulière est Le *Canard à bec courbe.* (*An. adunca*, L.)

Il y en a dont la tête est huppée et le bec un peu plus étroit en avant, et qui, venus de l'étranger, s'élèvent dans presque toutes nos ménageries; tels que

Le *Canard de la Chine.* (*An. galericulata*, L.) Enl. 805 et 806.

Dont le mâle a de plus des plumes de l'aile élargies et relevées verticalement, et

Le *Canard de la Caroline.* (*An. sponsa*, L.) Enl. 980 et 981.

Leurs capsules sont de grandeur médiocre et arrondies.

D'autres espèces, également étrangères, ont avec le bec des canards des jambes plus hautes mêmes que celles des oies; elles se perchent et nichent sur des arbres (1).

Enfin, parmi ceux qui n'ont aucune marque notable, nous possédons, surtout en hiver,

Le *Chipeau* ou *Ridenne.* (*An. strepera*, L.) Enl. 958.

Maillé et finement rayé de noirâtre, l'aile rousse, avec une tache verte et une blanche. La capsule de sa trachée est petite.

Le *Siffleur.* (*An. Penelops*, L.) Enl. 825 (2).

Finement rayé de noirâtre, la poitrine de couleur vi-

_____

(1) *An. arborea*, enl. 804. — *An. autumnalis*, 826. — *An. viduata*, enl. 808.

(2) Penelops, nom grec d'un canard à tête rousse. (Le siffleur ou le millouin.)

neuse, la tête rousse, le front pâle, du blanc, du vert et noir à l'aile : la capsule de sa trachée est arrondie, médiocre et fort osseuse (1).

Et diverses petites espèces que l'on désigne sous le nom commun de SARCELLES.

La *Sarcelle ordinaire*. (*An. querquedula*, L.) Enl. 946; et le vieux mâle (*an. circia*).

Maillée de noir sur un fond gris, un trait blanc autour et à la suite de l'œil, etc. Commune sur les étangs, les mares, etc. Sa capsule est un évasement osseux en forme de poire.

La *petite Sarcelle*. (*An. crecca*, L.) Enl. 947.

Rayée finement de noirâtre, tête rousse, une bande verte à la suite de l'œil, bordée de deux lignes blanches, etc. La capsule est comme un pois (2).

Le genre des HARLES. (MERGUS, L.)

Comprend les espèces dont le bec plus mince, plus cylindrique que celui des canards, a chaque mandibule armée tout le long de ses bords de petites dents pointues comme celles d'une scie, et dirigées en arrière ; le bout de la mandibule supérieure est crochu. Leur port et même leur plumage sont à peu près ceux des canards proprement dits ; mais leur gésier est moins musculeux, leurs intestins et leurs cœcums plus courts.

---

(1) Ajoutez : *An. cana* et *casarca*, Brown. Ill. 41, 42.—*An. pœcilorhyncha*, Indian. Zool. pl. XIV. —Le *jensen* (*an. Americana*) enl. 955. — Le *marec* (*an. bahamensis*) Catesb. 93.

(2) Aj. *An. discors*, enl. 966 et 403.—*An. manillensis*, Sonn. 1er Voy pl. 55.

Sarcelle ou Cercelle vient de querquedula, qui lui-même est imité du i de l'oiseau.

Le renflement du larynx inférieur des mâles est énorme et en partie membraneux. Ils vivent sur les lacs et les étangs, où ils détruisent beaucoup de poissons.

Il nous en vient en hiver en France trois espèces, que leurs variations de plumage ont fait multiplier à quelques naturalistes. On dit qu'elles nichent dans le nord entre les rochers ou parmi les joncs, et font beaucoup d'œufs.

Le *Harle vulgaire*. (*Merg. merganser*, L.) Enl. 951.

De la taille d'un canard, à bec et pieds rouges. Le vieux mâle a la tête d'un vert foncé, les plumes du sommet y forment en se relevant une espèce de toupet; le manteau noirâtre, avec une tache blanche sur l'aile; le cou et le dessous blancs légèrement teints de rose. Les jeunes et les femelles (*Merg. castor*. Enl. 053) sont gris à tête rousse.

Le *Harle Huppé*. (*Merg. serrator.*) Enl. 207.

A bec et pieds rouges, le corps diversement varié de noir, de blanc et de brun, la tête d'un vert noir, une huppe pendante à l'occiput. Les jeunes et les femelles (*Harles noirs*, *H. à manteau noir*) ont la tête brune.

La *Piette*, *nonnette*, *petit harle*. (*M. Albellus.*) Enl. 449.

A bec et pieds bleus, blanc diversement varié de noir sur le manteau; une tache noire à l'œil, et une à l'occiput.

Les jeunes mâles et les femelles (*merg. minutus*, *mustelinus*, etc., enl. 450) sont gris à tête rousse (1).

---

(1) Parmi les harles étrangers, il n'y a guère de bien constaté que les *m. cucullatus* de la Caroline, enl. 935 et 936.

FIN DU TOME PREMIER.